KB058121

이 책에 쏟아진 찬사

◆ "세계적인 물리학자 스티븐 와인버그는 우리에게 인류의 과학 시대를 꿰뚫는 멋진 여행을 제공한다. 이것은 세상의 움직임에 대한 인간의 깊은 성찰을 추적할 뿐만 아니라, 우리가 어떻게 과학적 통찰의 의미를 이해하게 되었는지를 알려주는 이야기다. 《스티븐 와인버그의 세상을 설명하는 과학To Explain the World》은 신선하고, 솔직하고, 우아한 문체를 통해 세상에 대한 온갖 의문에 답하려는 우리의 열정에 행복한 축복을 내린다."
   ─브라이언 그린Brian Greene(《엘러건트 유니버스》 저자)

◆ "스티븐 와인버그는 '뛰어난 이론물리학자, 그리고 진정한 지식의 수호자'라는 노벨상 문구로 묘사되기에는 이미 그 수준을 훨씬 뛰어넘은 사람이다."
   ─리처드 도킨스Richard Dawkins(《이기적 유전자》 저자)

◆ "스티븐 와인버그는 세계에서 가장 뛰어나고 존경받는 과학자 중 한 명이다. 하지만 이 엘리트들 사이에서도 그는 과학자이자 명쾌한 글을 쓰는 작가로서 특별한 위치를 차지하고 있다. 와인버그는 더 많은 대중과 소통하기를 원하는 많은 사람들의 롤 모델이다. 과학에 대한 글을 쓰는 누구도 와인버그만큼 풍부한 지혜를 가지고 있거나, 그 지혜를 대중에게 잘 전달하지는 못할 것이다."
   ─로렌스 크라우스Lawrence Krauss(《무로부터의 우주》 저자)

◆ "프리먼 다이슨을 제외하고는 어떤 최고의 이론물리학자도 스티븐 와인버그처럼 권위와 우아함이 결합된 글을 쓰지는 못할 것이다. 와인버그의 책을 읽을 때 사람들이 느끼는 압도적인 전율은 두 가지 사실을 깨닫는 데서 온다. 우리가 사실은 물리학을 사랑한다는 것, 그리고 물리학자가 세상을 바라보는 방법에는 특별한 가치가 있다고 믿는 사람의 눈을 통해 우리가 세상을 보고 있다는 것이다."
   ─그레이엄 파멜로Graham Farmelo(《20세기를 만든 아름다운 방정식들》 저자)

"우리는 과거의 유산이 소중하다는 말을 자주 한다. 하지만 나는 과거가 현재 속에 살아 숨 쉬고 있을 때만 이 말이 맞다고 생각한다. 위대한 과학적 유산들은 마치 현재라는 시공간 속에 화석처럼 꼭꼭 숨어 있는 것 같지만, 사실 우리 곁에 생생하게 살아 움직이고 있다. 스티븐 와인버그는 이러한 유산을 찾아내고 그것의 현대적 의미를 파악하는 데 탁월한 능력을 지녔다. 이 책은 와인버그가 현대인들에게 선물하는, 현재를 이해하기 위한 핵심 교양서이자 거대한 문화유산에 대한 해설서다."

—이명현(천문학자 · 과학 저술가, 한국 세티SETI 연구소 책임자)

"현대 과학 혁명은 어떻게 시작되어 지금의 지적 풍요를 이루어냈는가? 이 책은 시, 수학, 철학, 기술, 종교를 포함해 거의 모든 분야를 아우르며 질문에 답한다. 그리스의 과학에서 뉴턴의 물리학까지 이어지는 과학의 역사를 세밀하게 다루고 있어, 온갖 흥미진진한 요소로 가득하다."

—이기진(물리학자, 《보통날의 물리학》 저자)

"스티븐 와인버그는 오늘날 인간이 알고 있는 세상의 가장 기본적인 존재들에 관한 이론을 건설한 사람이다. 이 책에서 와인버그는 탈레스부터 뉴턴까지 인간이 세상을 어떻게 이해하고 설명해왔는지 구체적으로 이야기함으로써, 이를 통해 '과학이란 무엇인가'에 대한 답을 얻게 한다. 이는 와인버그가 말하는 과학이 작동하는 귀납적인 방식이며, 과학 그 자체에 대해 가장 잘 설명할 수 있는 방식이다. 이 책에서 와인버그는 이러한 사실을 메타적으로 보여준다. 이 시대의 가장 철두철미한 과학자가 '과학이란 무엇인가'라는 질문에 어떻게 답하는지 잘 보여주는, 물리학자조차 읽으면서 몇 번이고 감탄하게 하는 훌륭한 책이다."

—이강영(물리학자, 《불멸의 원자》 저자)

스티븐 와인버그의
세상을 설명하는 과학

스티븐 와인버그의
세상을 설명하는 과학
TO EXPLAIN THE WORLD

스티븐 와인버그 지음 | 이강환 옮김

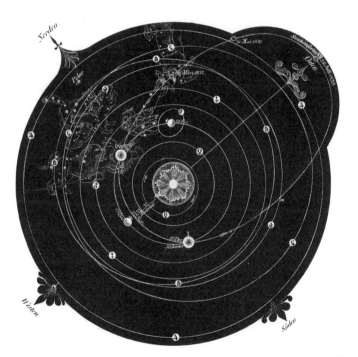

시공사

일러두기

1. 이 책의 본문에 사용된 그림의 저작권은 Lara Eakins에게 있습니다.

2. 본문에 등장하는 인명과 지명은 최대한 외래어표기법에 맞게 음역하여 옮겼습니다. 국내에 널리 알려진 표기와는 다를 수도 있습니다. 예를 들어. 크리스티안 하위헌스Christiaan Huygens의 경우 국내에는 호이겐스로 알려져 있으나 표기법에 의해 하위헌스로 음역하였습니다.

3. 본문의 괄호 안에 있는 글은 옮긴이라고 표시된 경우를 제외하고는 모두 저자 주입니다. 이외에 각주는 기호로, 미주는 번호로 표기하였습니다.

루이스, 엘리자베스, 개브리엘에게
To Louise, Elizabeth, Gabrielle

우리가 함께 보낸 이 3시간
우리가 걸어가는 동안
우리가 만들어낸 두 개의 그림자가 우리와 함께했다.
하지만 지금 태양은 바로 우리 머리 위에 있고,
우리는 그 그림자들을 밟고 있다.
그리고 모든 것이 명확해지면서 단순해졌다.

존 던John Donne, '그림자에 관한 강의A lecture upon the Shadow'

나는 역사학자가 아니라 물리학자다. 하지만 시간이 흐르면서 나는 과학자로서 과학의 역사에 점차 매료되었다. 과학의 역사는 인류의 역사에서 가장 재미있는 이야기들 중 하나이며, 나와 같은 과학자들에게는 개인적으로 중요한 의미를 가지는 이야기이기도 하다. 현재의 연구 내용에서 나타나는 문제가 과거의 지식을 통해 해결될 수도 있고, 가끔 어떤 과학자들에게는 과학의 역사가 연구의 자극제가 될 수도 있기 때문이다. 과학자들은 자신의 연구가 자연과학의 거대한 역사적 흐름 속에서 아주 작은 일부라도 되기를 바란다.

나는 과거에도 역사를 다룬 적이 있지만, 대부분의 경우 19세기 말에서 현재에 이르는 물리학과 천문학의 현대사에 대해 이야기했다. 이 기간 동안 우리가 새로운 사실을 많이 알게 되기는 했지만 물리학의 목표와 기준은 실질적으로 전혀 변하지 않았다. 1900년의 물리학자가 현대의 우주론이나 입자물리학의 표준 모형을 알게 된다면 아마도 깜짝 놀랄 것이다. 하지만 수학으로 공식화할 수 있고 실험으로 검증될 수 있는 객관적인 원리를 찾고, 여러 다양한 현상들을 설명하고자 하는 우리의 방식은 그들에게도 상당히 익숙할 것이다.

10년 전 나는 물리학과 천문학의 목표와 기준이 현재의 모습을 갖추기 전인 과학의 역사 초기 시대에 대해서 좀 더 깊이 공부해보기로 결심했다. 나는 보통 무언가에 대해서 공부를 하고 싶을 때는, 그 주제에 대한 강의를 하겠다고 자청한다. 이것은 정말 공부를 하는 가장 좋은 방법이다. 그래서 지난 10년 동안 나는 가끔씩 텍사스대학교에서 과학과 수학, 역사에 대한 특별한 배경 지식이 없는 학부생들에게 물리학과 천문학의 역사를 가르쳤다. 이 책은 이 수업의 강의 노트에서 시작된 것이다.

하지만 책을 써나가면서, '단순한 역사적 사실만을 나열하는 것보다 더 많은 것을 할 수 있지 않을까?' 하는 생각이 들었다. 바로 과거의 과학을 지금 활동하고 있는 현대 과학자의 관점으로 보는 것이었다. 나는 이 책을 통해 물리학의 본질에 대한 나의 관점을 설명하고, 물리학이 종교, 기술, 철학, 수학, 그리고 미학과 지속적으로 어떤 관계를 가져왔는지 보여주고자 한다.

역사가 기록되기 이전에도 과학과 비슷한 것은 있었다. 자연은 언제나 다양한 현상으로 우리를 당황스럽게 만들었다. 과거의 사람들은 불, 천둥번개, 전염병, 행성의 운동, 빛, 밀물과 썰물 등 자연 현상을 관찰함으로써 유용한 정보를 얻을 수 있었다. 불은 뜨겁고, 천둥은 비의 전조이며, 밀물과 썰물은 보름달이나 초승달일 때 가장 크다. 하지만 이런 것들은 누구나 아는 상식이다. 어디에서나 단순한 사실보다 더 많은 것을 알고 싶어 하는 사람들이 있었다. 그들은 세상을 설명하기를 원하는 사람들이었다.

물론 이것은 과거의 학자들에게 결코 쉬운 일이 아니었다. 단지 우리가 지금 알고 있는 지식을 우리의 선조들은 몰랐기 때문이 아니라, 그들은 자연에 대해서 무엇을 알아야 하고 어떻게 알아내야 하는지에 대해 우리와 전혀 다르게 생각했기 때문이다.

나는 강의를 준비하면서, 과거의 연구 방식이 내가 활동하고 있는 현대 과학에서 사용하는 방식과 얼마나 다른지를 깊이 느꼈다. 마치 하틀리Leslie Poles Hartley의 소설에 나오는 문구 같았다. "과거는 다른 나라다. 그곳의 사람들은 다르게 행동한다." 나는 이 책을 통해 과학의 역사에 그동안 어떤 일이 있었는지, 그리고 이 모든 과정이 과거의 학자들에게 얼마나 어려운 일이었는지 독자들이 흠뻑 느낄 수 있기를 바란다.

그러므로 이 책은 단순히 세상에 대한 여러 가지 사실을 우리가 어떻게 알게 되었는지를 설명하는 책이 아니다. 그것은 모든 과학의 역사에 당연히 포함되는 것이다. 이 책에서 내가 강조하고자 하는 내용은 조금 다르다. 우리가 어떻게 지금의 방식대로 세상을 이해하게 되었는지에 대한 것이다.

나는 이 책의 제목에 쓴 '설명explain'이라는 단어(이 책의 원제는 《To Explain the World : The Discovery of Modern Science》이다-옮긴이)가 과학철학자들이 보기에 문제가 될 수 있다는 사실을 잘 알고 있다. 그들은 언제나 설명과 서술을 정확하게 구별하는 것이 어렵다고 지적해왔기 때문이다(여기에 대해서는 8장에서 조금 다룰 것이다). 하지만 이 책은 과학철학보다는 역사에 대한 책이다. 설명이라는 단어의 의미가 조금 불명확하다는 점은 인정하지만, 그냥 어떤 말이 왜 경주에서 이겼고 비행기는 왜 추락했는지를 설명할 때와 같이 일상적인 의미라고 생각하면 된다.

부제에 사용된 '발견discovery'이라는 단어도 문제가 될 수 있다. 나는 사실 이 책의 부제를 '현대 과학의 발명The Invention of Modern Science'으로 할까 생각하기도 했었다. 그러나 나는 과학이 여러 가지 우연한 발명 때문이 아니라, 인류가 자연이 존재하는 방식 그 자체를 이해하고 발견했기 때문에 생겨났다는 의미를 담기 위해서 '발명invention' 대신 '발견'이라는 단어를 선택했다.

많은 결함이 있긴 하지만 현대 과학은 자연 현상과 잘 맞게 작동하며, 세상을 그럴듯하게 이해할 수 있게 해준다. 이런 사실을 본다면 과학이 사람들에게 발견되기를 기다리고 있었다고 볼 수도 있다. 결국 과학은 그것을 사용하는 인류가 아니었으면 존재하기 어려웠을 것이다. 그러므로 과학의 발견은 역사학자들이 농업의 발견에 대해 이야기하는 방식으로도 논의될 수 있다. 약간의 불완전함을 감안한다면 농업도 생물학적 현상과 잘 맞게 작동하고, 우리가 식재료를 재배하는 방법을 이해할 수 있게 해주기 때문이다.

그리고 나는 이 책의 부제에 여러분이 과학의 과정뿐만 아니라 그 결과물까지도 특정한 문화적 환경의 산물로 설명하는 사회학자, 철학자, 역사학자 들과 같은 사회구성주의자들과 거리를 두기를 바라는 마음도 담았다.

과학의 여러 분야 중에서 이 책은 물리학과 천문학에 중점을 둘 것이다. 과학의 역사에서 처음으로 현대적인 모습을 갖춘 과학은 천문학에 적용된 물리학이다. 물론 생물학 같은 분야는 너무나 많은 역사적인 우연에 의존하고 있기 때문에 물리학의 모델을 적용하기에는 한계가 있다. 하지만 19세기와 20세기에 생물학과 화학이 급속도로 발전한 것은

17세기 물리학 혁명의 모델을 따르고 있다고 볼 수 있다.

현재의 과학은 국제적이다. 아마도 우리 문명에서 가장 국제적인 학문일 것이다. 하지만 현대 과학의 발견은 대체로 '서양'이라고 불리는 곳에 중심을 두고 있다. 현대 과학은 과학 혁명 시대에 유럽에서 이루어진 연구에서 발전되어 온 것이다. 그것은 다시 중세 유럽과 아랍의 나라들에서 이루어진 연구에서 발전된 것이고, 궁극적으로는 그리스의 초기 과학에서 온 것이다. 물론 서양도 다른 곳에서 많은 과학 지식들을 얻어 왔다. 이집트의 기하학, 바빌로니아의 천문 자료, 바빌로니아와 인도의 수학 기술, 중국의 나침반 등이다. 하지만 적어도 내가 아는 한 현대 과학의 연구 방식을 얻어 오지는 않았다.

그래서 이 책은 오즈월드 슈펭글러Oswald Spengler와 아널드 토인비Arnold Toynbee가 서술한 방식처럼 중세의 이슬람을 포함한 서양을 중심으로 과학의 역사를 다룰 것이다. 나는 서양 밖의 과학에 대해서는 아는 것이 별로 없고, 콜럼버스 이전에 아메리카 대륙이 완벽하게 고립되었을 당시 이루어졌던 흥미로운 발전에 대해서는 아는 바가 전혀 없다.

이 이야기를 하면서 나는 현대의 역사학자들이 가장 위험하게 여기고 피하는 방법을 사용할 것이다. 과거를 현재의 기준으로 판단하는 것이다. 이것은 정통 역사가 아니다. 나는 과거의 방법이나 이론을 현대의 관점으로 비판하는 것을 피하지 않을 것이다. 심지어 나는 역사학자들이 언급하지 않은 과학 영웅들의 몇 가지 오류를 찾아내면서 즐거움까지 느꼈다.

과거 위대한 인물들의 업적에 대해 수년간 연구한 역사학자는 자신의 영웅이 이룬 성과를 과장하고 싶을 수도 있다. 나는 특히 플라톤, 아리스토텔레스, 아비센나, 그로스테스트, 그리고 데카르트에 대한 책들에서 이런 경향을 보았다. 하지만 여기서 나의 목적은 과거의 위대한 자연철학자들의 어리석음을 지적하는 것이 아니다. 그보다는 이렇게 뛰어난 지적 능력을 갖춘 사람들조차도 현재의 과학 개념과는 얼마나 멀리 떨어져 있는지를 보여줄 것이다. 그래서 현대 과학의 발견이 얼마나 어려웠고 현대 이전의 과학에서 볼 수 있던 경험과 기준들이 얼마나 불명확했는지 보여주기를 원한다.

이것은 현대 과학이 아직 최종 형태가 아닐 수도 있다는 경고이기도 하다. 나는 이 책의 곳곳에서, 현대 과학이 이루었다고 여겨지는 발전의 위대함만큼이나 현대 과학이 과거의 오류를 되풀이하고 있을 위험성도 크다는 사실을 지적하고 있다.

과학사학자들은 과거의 과학에 대해 연구할 때 현재의 과학 지식을 언급하지 않는 경향이 있다. 하지만 나는 과거의 과학을 명확하게 설명하기 위해서 현재의 지식을 사용할 것이다. 예를 들어 아폴로니오스나 히파르코스와 같은 헬레니즘 시대의 천문학자들이 어떻게 주전원을 이용하여 행성들이 지구 주위를 돌고 있다는 이론을 만들었는지, 그들이 이용한 자료만으로 이해하려고 시도하는 것도 좋은 지적 훈련이 될 수는 있을 것이다. 하지만 그들이 이용했던 자료 중 많은 부분이 유실되었기 때문에 아마 이 방법은 불가능할 것이다. 우리는 고대에도 지구와 행성들이 지금처럼 태양 주위를 거의 원에 가까운 궤도로 돌고 있었다는 사실을 잘 알고 있다. 그리고 이 지식을 이용하면 고대의 천문학자들이 어떻게 주전원 이론을 제안했는지 이해할 수 있을 것이다. 어쨌든 현재의 사람이 고대 천문학을 읽는다고 해서 어떻게 태양계에서 실제 일어나고 있는 일에 대한 현재의 지식을 잊어버릴 수 있겠는가?

과거 과학자들의 연구가 현실에 어떻게 적용될지 더 자세히 알고 싶은 독자들을 위하여 이 책의 뒷부분에 '전문 해설'을 준비했다. 그저 책의 내용을 따라가기 위해서라면 꼭 읽을 필요는 없지만, 전문 해설을 통해서는 내가 강의를 준비하면서 새로운 지식을 얻었던 것처럼 여러분도 물리학과 천문학에 대해 몇 가지 재미있는 사실들을 배울 수 있을 것이다.

현재의 과학은 과학이 처음 시작되었을 때와는 다르다. 과학의 결과물은 비인격적이다. 영감과 미학적 판단이 과학 이론의 발전에 중요하긴 하지만, 그 이론에 대한 검증은 결국 객관적인 실험에 의해 이루어진다. 수학이 물리학 이론을 공식화하고 그 결과를 이끌어내는 데 사용되긴 하지만, 과학은 수학의 한 분야가 아니고 과학 이론이 순수한 수학적 추론만으로 만들어지지도 않는다. 과학과 기술은 서로에게 도움을 주지만 가장 근본적인 수준의 과학은 실용적인 목적으로 수행되지 않는다.

과학은 신이나 사후세계에 대해서는 아무런 이야기도 하지 않는다. 과학의 목적은 현상에 대한 자연적인 설명을 찾아내는 것이다. 그러므로 과학은 누적된다. 새로운 이론은 이전의 이론을 근사치로 포함시킬 수 있어야 하며, 그 근사치가 언제 어떤 이유로 작동하는지도 설명할 수 있어야 한다. 이런 원칙들은 고대나 중세 시대의 과학자들에게는 명확하게 정립되어 있지 않았다. 이것은 16세기와 17세기에 일어난 과학 혁명을 통해 우리가 너무나 어렵게 얻어낸 것이다.

우리는 처음부터 현대 과학과 같은 형태를 목표로 한 것은 아니었다.

그렇다면 우리는 어떻게 과학 혁명을 이루었고, 그것을 넘어 지금 여기에까지 도달하게 되었을까? 이것이 이제부터 현대 과학의 발견 과정을 살펴보면서 우리가 이해하려고 노력해야 하는 부분이다.

스티븐 와인버그

차례

4부 과학 혁명

1부
그리스의
물리학

TO
EXPLAIN
THE
WORLD:
The Discovery of
Modern Science

Before history there was science, of a sort. At any moment nature presents us with a variety of puzzling phenomena: fire, thunderstorms, plagues, planetary motion, light, tides, and so on. Observation of the world led to useful generalizations: fires are hot; thunder presages rain; tides are highest when the Moon is full or new, and so on. These became part of the common sense of mankind. But here and there, some people wanted more than just a collection of facts. They wanted to explain the world.

It was not easy. It is not only that our predecessors did not know what we know about the world—more important, they did not have anything like our ideas of what there was to know about the world, and how to learn it. Again and again in preparing the lectures for my course I have been impressed with how different the work of science in past centuries was from the science of my own times. As the much quoted lines of a novel of L.P. Hartley put it, "The past is a foreign country; they do things differently there." I hope that in this book I have been able to give the reader not only an idea of what happened in the history of the exact sciences, but also a sense of how hard it has all been.

그리스 과학이 꽃피던 시기는 바빌로니아인, 중국인, 이집트인, 인도인, 그리고 다른 여러 지역의 사람들이 그리스에서 기술, 수학, 천문학 분야의 중요한 발전을 이루던 때이다. 현대 과학이 시작된 곳은 유럽이지만, 유럽은 그리스를 모델로 삼아 영감을 얻었기 때문에 과학의 발견에 특별한 역할을 한 것은 그리스인들이라고 할 수 있다.

그리스인들이 어떻게 그렇게 많은 것을 이루었는지에 대해서는 끝없이 토론할 수 있다. 그리스의 과학이 시작되었을 때가 그리스인들이 작고 독립적인 도시 국가에 살던 시기이고, 그 국가들 대부분이 민주 국가였다는 사실이 중요한 역할을 했을 수도 있다. 하지만 앞으로 살펴보겠지만, 그리스인들이 가장 인상적인 과학적 성취를 거둔 것은 작은 국가들이 헬레니즘 왕국이나 로마 제국과 같은 거대한 힘에 흡수되었을 때였다. 헬레니즘 시대와 로마 시대에 그리스인들이 과학과 수학 분야에서 이루어낸 성과들은 대단했다. 16세기와 17세기 유럽에서 과학 혁명이 일어나기 전까지는 그 성과를 아무도 추월하지 못했을 정도였다.

1부에서 다루는 그리스의 과학은 물리학에 한정되며, 천문학은 2부에서 논의될 것이다. 1부는 다섯 개의 장으로 나누었다. 과학과 연관이 있는 다섯 분야인 시, 수학, 철학, 기술, 종교를 가능한 한 연대순으로 다룰 것이다. 그리고 이 다섯 분야와 과학의 관계는 이 책 전반에 걸쳐 계속 등장한다.

1장
물질과 시

먼저 무대를 구성하자. 기원전 6세기경, 현재 터키의 서해안 지역에 주로 이오니아 방언을 사용하는 그리스인들이 자리를 잡았다. 이후 이 지역은 이오니아Ionia라고 불렸다. 이오니아에서 가장 부유하고 강력한 도시들은 미앤더Meander 강이 에게 해로 흘러들어가는 곳 근처의 항구에 건설된 밀레투스Miletus라는 거주지 내에 있었다. 소크라테스 시대보다 한 세기 전, 이미 밀레투스의 그리스인들은 세상을 구성하고 있는 기본적인 재료들에 대해 연구하기 시작했다.

나는 코넬대학 학부생 시절에 과학과 철학의 역사를 다루는 수업을 들으며 밀레투스인들에 대해 처음으로 알게 되었다. 그 수업에서는 밀레투스인들을 '물리학자들'이라고 불렀다. 이 시기에 나는 현대의 원자 이론이 포함된 물리학 수업도 들었는데, 밀레투스인들은 현대 물리학자들과 너무나 거리가 멀어 보였다. 그것은 물리학과 물질의 본성에 대한 밀레투스인들의 결론이 틀렸기 때문이라기보다는 그들이 어떻게 그런 결론에 이르게 되었는지를 내가 이해할 수 없었기 때문이었다. 플라톤 시대 이전의 그리스 사상에 대한 역사적인 기록은 단편적이기는 하지만, 나는 상고Archaic 시대(기원전 600년~기원전 450년)와 고전 시대 (기원전 450년~기원전 300년)에는 밀레투스인뿐만 아니라 자연을 연구 하던 그리스의 그 누구도 오늘날의 과학자들이 사용하는 방식의 추론 을 하지 않았다는 것을 확신했다.

처음으로 알려진 밀레투스인은 플라톤보다 약 200년 앞서 살았던 탈 레스Thales이다. 그는 밀레투스에서 기원전 585년에 실제로 일어났던 일식을 예측했다고 한다. 탈레스가 바빌로니아의 일식 기록을 이용하 여 이 예측을 한 것 같지는 않다. 일식은 아주 제한된 지역에서만 보이 기 때문이다. 하지만 탈레스가 이 예측을 했다는 사실은 기원전 500년 대 초반에 그가 과학 분야에서 왕성하게 활동했다는 것을 보여준다. 탈 레스가 그의 아이디어를 글로 남겼는지는 알 수 없다. 지금은 탈레스가 쓴 것도, 심지어 이후의 학자들이 그를 인용한 기록도 남아 있지 않다. 그는 플라톤 시대의 그리스에서 솔론Solon(탈레스와 동시대 사람으로, 아테 네 법률을 만든 것으로 알려져 있다)과 함께 '7인의 현자'로 알려졌던 사람 들 중 하나이니, 그야말로 전설적인 인물이다. 기하학 정리들을 증명하 거나 이집트로부터 들여온 것으로도 유명하다(전문 해설 1 참조).

여기에서 우리에게 중요한 것은 탈레스가 '모든 물질은 하나의 기본 재료로 구성되어 있다'는 관점을 가지고 있었다는 사실이다. 아리스토 텔레스Aristotle의 《형이상학Metaphysics》에 의하면, "물질의 본성이 모든 것 의 유일한 원리라고 생각했던 대부분의 초기 철학자들 중에서 (…) 이 철학 학교를 세운 탈레스는 그 원리가 물이라고 말했다."[1] 한참 후에 그 리스 철학자들의 전기 작가 디오게네스 라에르티오스Diogenes Laertius는 이렇게 썼다. "그의 원칙은 물이 우주의 기본 재료이고, 세상은 살아 있으며 신성으로 가득 차 있다는 것이다.”**2**

　탈레스가 “우주의 기본 재료가 물”이라고 한 것은 모든 물질이 물로 이루어져 있다는 의미였을까? 만일 그렇다 해도 우리는 그가 어떻게 그런 결론에 이르게 되었는지 알 길이 없다. 하지만 누군가가 모든 물질이 단 하나의 평범한 재료로 구성되어 있다고 확신했다면 물은 나쁜 후보가 아니다. 물은 액체 상태로만 존재하는 것이 아니라 얼려서 고체로도, 끓여서 수증기로도 쉽게 바꿀 수 있다. 더구나 물이 생명체에게 필수적인 물질이라는 사실은 명확하다. 하지만 우리는 탈레스가 ‘바위가 실제로 보통의 물에서 만들어졌다’고 생각했는지, 아니면 ‘바위와 같은 모든 고체가 얼음과 공통적으로 가지는 심오한 무언가가 있다’고 생각했는지 알 수 없다.

　탈레스에게는 아낙시만드로스Anaximandros라는 학생 또는 조수가 있었다. 아낙시만드로스는 탈레스와는 다른 결론에 이르렀다. 그는 단 하나의 기본적인 재료가 있다고 생각했지만 그것을 평범한 물질과 연관시키지는 않았다. 대신 그는 이것을 의문의 물질로 규정했는데, 무제한unlimited 또는 무한infinite이라고 불렀다. 그의 관점에 대해서는 약 1,000년 후에 살았던 신플라톤주의자인 심플리키오스Simplicius가 서술한 기록이 있다. 심플리키오스는 아낙시만드로스의 말을 직접 인용한 것으로 보이는 문장을 포함시켰다.

　‘원리는 하나이고 움직이며 제한이 없다’는 관점을 공유하는 사람들 중에서, 프락시아데스Praxiades의 아들이며 탈레스의 학생이자 계승자가 된 밀레투스인 아낙시만드로스는 ‘무제한’이 존재하는 물질의 원리일 뿐만 아니라 기본 요소라고 말했다. 그는 '무제한'이 물도 아니고 소위 원소라고 불리는 어떤 것도 아니며, 하늘과 세상이 나오게 된 제한이 없는 본성이라고 말한다. 그리고 존재하는 물질은 존재해야만 하는 이유에 따라 구분되어 생겨나므로 그 무제한의 본성에서 나오는 물질도 존재하게 된다. 그가 "물질은 시간의 규칙에 따라 서로를 침범한 데 대한 정의와 보상을 주고받는다"라고 말한 것은 어느 정도는 시적 용어라고 할 수 있다. 네 가지의 원소가 서로 변하는 것을 관찰한 그는, 근본적인 재료가 네 가지 원소 중 하나가 아니라 원소와는 다른 어떤 물질이라고 생각한 것이 분명하다.[3]

얼마 후, 또 다른 밀레투스인인 아낙시메네스Anaximenes가 '모든 것이 하나의 평범한 재료로 만들어졌다'는 생각을 되살렸다. 하지만 그가 지목한 것은 물이 아니라 공기였다. 아낙시메네스가 쓴 책은 단 한 문장만이 살아남아 있다. "영혼은 공기가 되어 우리를 지배하고, 이 호흡과 공기가 세상을 에워싸고 있다."[4]

그러나 아낙시메네스에서 밀레투스인들의 역할은 끝났다. 기원전 550년경 밀레투스와 여러 소아시아Asia Minor의 이오니아 도시들은 팽창하는 페르시아 제국의 목표물이 되었다. 밀레투스는 기원전 499년부터 페르시아에 격렬히 저항했지만, 결국 궤멸되고 말았다. 밀레투스는 나중에 그리스의 도시로 되살아나긴 했으나 다시는 그리스 과학의 중심지가 되지 못했다.

물질의 본성에 대한 사유는 밀레투스 바깥의 이오니아 그리스인들에 의해 계속되었다. 기원전 570년경 이오니아의 콜로폰Colophon에서 태어나 남부 이탈리아로 옮겨간 크세노파네스Xenophanes에게서는 흙이 기본적인 재료라는 생각이 언뜻 드러난다. 그의 시에 이런 구절이 있다. "모든 것은 흙에서 나오고, 모든 것은 흙에서 끝난다."[5] 하지만 이것은 그저 흔한 장례식 소감인 "재에서 재로, 먼지에서 먼지로"를 자신의 방식으로 표현한 것일 수도 있다. 우리는 종교를 다루는 5장에서 크세노파네스를 다시 만날 것이다.

기원전 500년경 밀레투스에서 멀지 않은 에페수스Ephesus에서는 헤라클레이토스Heraclitus가 불이 만물의 기본 재료라고 가르쳤다. 그가 쓴 책은 극히 일부만 남아 있는데, 그중에 이런 구절이 있다. "모두에게 똑같은, 이 정돈된 코스모스kosmos*는 어떤 특별한 신이나 인간이 창조한 것이 아니라, 적당히 타고 적당히 꺼지면서 언제나 존재했으며 존재하고 있고 존재해야 할, 영원히 살아 있는 불이다."[6] 다른 곳에서 헤라클레이토스는 자연의 끊임없는 변화를 강조했다. 그는 좀 더 안정적인 흙이나, 공기, 물보다는 불안정한 '불'이 변화의 요인이며 기본적인 원소라고 생각했다.

이들과는 달리, 모든 물질이 하나가 아니라 네 개의 원소(물, 공기, 흙, 불)로 이루어져 있다는 관점은 아마도 엠페도클레스Empedocles에게서 왔을 것이다. 그는 기원전 400년대 중반에 시칠리아의 아크라가스Acragas(현재의 아그리젠토Agrigento)에서 살았고, 이 이야기의 초반부에 등

---

*그레고리 블라스토스Gregory Vlastos가 《플라톤의 우주Plato's Universe》(Seattle: University of Washington Press, 1975)에서 지적했듯이, 호메로스(고대 그리스의 시인으로, 〈일리아드〉와 〈오디세이아〉를 썼다―옮긴이)가 사용한 코스모스의 부사적 형태는 '사회적으로 적절한'이나 '도덕적으로 적합한'이라는 의미였다. 이러한 용법은 영어의 'cosmetic'이라는 단어에 남아 있다. 반면 헤라클레이토스의 용법에는 세상이 어떠해야만 한다는 헬레니즘적인 관점이 반영되어 있다. 이 단어는 영어의 'cosmos'와 'cosmology'의 어원에 나타난다.

장하는 그리스인 중 최초이자 거의 유일하게 이오니아인이 아닌 도리아Doria인이었다. 그는 6보격의 시를 두 개 썼는데, 다행히도 그중 많은 부분이 아직 남아 있다. 그의 시 〈자연에 관하여On Nature〉에는 이런 글귀가 있다. "물, 흙, 에테르(공기), 태양(불)이 혼합되면 결국에는 사라질 물질들의 형태와 색깔이 나타난다."**7** 또한 이런 글귀도 있다. "불, 물, 흙, 끝없는 높이의 공기, 그리고 이들과는 별개인 저주받은 증오가 모든 면에서 균형을 이루고 있다. 그중에서 사랑은 높이와 넓이가 같다."**8**

아인슈타인Albert Einstein이 종종 '신'을 자연의 알 수 없는 기본 법칙들에 대한 비유로 사용했던 것처럼, 엠페도클레스와 아낙시만드로스도 사랑이나 증오, 정의와 불의 같은 단어를 그저 질서와 무질서에 대한 비유로 사용했을 가능성도 있다. 하지만 소크라테스 이전 시대의 단어들을 현대적으로 해석하려 해서는 안 된다. 엠페도클레스의 사랑과 증오 같은 인간의 감정이나 아낙시만드로스의 정의와 보상 같은 가치가 자연의 본성에 대한 사유에 끼어드는 것은 소크라테스 이전 시대의 사상과 현대 물리학 정신 사이의 엄청난 거리를 보여주는 증거에 더 가깝기 때문이다.

탈레스에서 엠페도클레스에 이르는 소크라테스 이전 시대의 철학자들은 원소를 매끈하고 분화되지 않은 재료로 생각했던 것으로 보인다. 현대적인 이해에 좀 더 가까운 다른 관점은 얼마 후 등장하게 된다. 기원전 499년 페르시아에 저항하던 이오니아 도시들에서 망명한 사람들이 건설한 도시인 아브데라Abdera에서 말이다. 처음으로 알려진 아브데라의 철학자는 레우키포스Leucippus인데, 그에 대해서는 그의 결정론적인 세계관을 보여주는 하나의 문장만이 남아 있다. "어떤 일도 그냥은 일어나지 않는다. 모든 일은 이유와 필요성에 의해 일어난다."[9]

그보다 훨씬 더 잘 알려진 사람은 레우키포스의 계승자인 데모크리토스Democritus이다. 그는 밀레투스에서 태어나 바빌론, 이집트, 아테네를 여행하고 기원전 400년대 말에 아브데라에 정착했다. 데모크리토스는 윤리학, 자연과학, 수학, 음악에 관한 책을 썼고, 꽤 많은 부분이 현대까지도 남아 있다. 그중에는 모든 물질이 원자atom(그리스어로 '쪼갤 수 없는'이라는 말에서 왔다), 즉 텅 빈 공간을 움직이는 작고 쪼갤 수 없는 입자들로 이루어져 있다는 관점을 보여주는 곳이 있다. "좋은 것과 나쁜 것은 관습으로만 존재한다. 실제로 존재하는 것은 원자들과 빈 공간(뿐)이다."[10]

초기의 그리스인들은 현대의 과학자들처럼 겉으로 드러나는 세상의 내부를 들여다보고 현실보다 더 깊은 수준에 있는 진리를 추구하려 했다. 세상의 물질은 그냥 보아서는 물이나, 공기나, 흙이나, 불이나, 혹은 그 네 가지가 합쳐졌거나, 혹은 원자로 이루어진 것처럼도 보이지 않으므로 아주 깊이 들여다보아야 한다.

플라톤이 너무나 존경했던 남부 이탈리아 엘레아Elea(현재의 벨리아 Velia) 출신 파르메니데스Parmenides는 아주 소수만이 공유하던 관점을 받아들였다. 파르메니데스는 기원전 400년대 초반 헤라클레이토스에 반대하여 겉으로 보이는 자연의 변화와 다양성은 환상일 뿐이라고 가르쳤다. 그의 제자인 엘레아의 제논Zeno of Elea(스토아학파 제논Zeno the Stoic 등 다른 제논들과 혼동하지 말아야 한다)이 그의 사상을 지지했다.

제논은 그의 책 《공격Attacks》에서 운동이 불가능하다는 것을 보여주는 몇 가지 역설을 제시했다. 예를 들어, 달리기 코스 전체를 완주하기 위해서는 먼저 전체의 절반 거리를 가야 하고, 그다음에는 그 절반, 그리고 또 그 절반, 이런 식으로 무한히 계속해야 한다. 그러므로 코스 전체를 완주하는 것은 불가능하다. 남아 있는 기록으로 볼 때, 이와 같은 추론이라면 제논에게는 어떤 거리도 이동하는 것이 불가능하고 따라서 모든 운동은 불가능했다.

물론 제논의 추론은 틀렸다. 아리스토텔레스가 나중에 지적한 것처럼,[11] 매 걸음에 필요한 시간이 충분히 빨리 줄어들기만 한다면 유한한 시간에 무한한 수의 걸음을 떼지 못할 이유가 없다. 1/2 + 1/3 + 1/4 + …과 같은 무한급수는 무한한 합을 가지지만, 무한급수 1/2 + 1/4 + 1/8 + …는 유한한 합을 가지며 그 값은 1이 된다.

파르메니데스와 제논이 틀렸다는 점보다 훨씬 더 놀라운 사실은 운동이 불가능하다면 왜 물체들이 운동하는 것처럼 보이는지를 그들이 설명하려고 하지 않았다는 것이다. 사실 밀레투스, 아브데라, 엘레아, 아테네 등 어디에서건 초기의 그리스인들은 탈레스에서 플라톤까지 어느 누구도 현실에 대한 그들의 이론이 사물의 겉모습을 어떻게 설명하는지에 대해서는 자세히 다루지 않았다.

이것은 그들이 지적으로 게을러서 그런 것이 아니었다. 초기의 그리스인들은 눈에 보이는 현상을 이해하는 것은 가치가 없다고 여기는 일종의 지적 우월의식을 가지고 있었다. 이것은 과학의 역사를 망가뜨린 여러 태도들 중 하나의 예일 뿐이다. 오랫동안 원 궤도가 타원 궤도보다 더 완벽하고, 금이 납보다 더 고귀하며, 인간이 유인원보다 더 뛰어난 존재라고 생각되어왔다. 혹시 지금도 우리는 관심을 끌긴 하지만 가치가 없어 보이는 현상을 무시함으로써 과학이 발전할 기회를 놓치는

1부_그리스의 물리학

실수, 즉 초기 그리스인들과 비슷한 실수를 범하고 있지는 않을까?

확신할 수는 없지만, 나는 그렇지는 않다고 생각한다. 물론 우리가 모든 것을 탐구할 수는 없다. 하지만 우리는 맞건 틀리건 과학적 이해를 가장 잘 제공할 수 있다고 생각하는 문제들을 선택한다. 염색체나 신경 세포에 관심이 있는 생물학자는 독수리나 사자가 아니라 초파리나 오징어를 연구한다. 억울하게도 종종 입자물리학자들은 '얻을 수 있는 최대 에너지에서 나타나는 현상'과 같이 고상하고 비용이 많이 드는 연구에만 집착한다는 비난을 받는다. 하지만 천문학자들이 우리 우주에 있는 물질의 6분의 5를 차지하고 있다고 이야기하는 암흑물질처럼, 이론적으로 큰 질량을 가진 입자들은 높은 에너지에서만 만들어지고 연구될 수 있기 때문에 그런 것이다. 우리는 전자보다 100만 배나 질량이 작은 뉴트리노처럼 낮은 에너지에서 일어나는 현상에도 충분한 관심을 가지고 있다는 사실을 꼭 이야기하고 싶다.

소크라테스 이전 시대의 편견을 이야기하면서, 현대의 과학에 사전 추론 과정이 전혀 없다는 말을 하려고 하는 것은 아니다. 지금도 우리는 가장 근본적인 물리학 법칙들이 '대칭의 원리'를 만족할 것이라고 기대한다. 우리가 관점을 바꾸더라도 그 법칙들은 바뀌지 않을 것이라는 기대다. 파르메니데스가 불변을 이야기한 것처럼, 이런 대칭의 원리 중 어떤 것들은 자연 현상에서는 바로 볼 수 없다. 흔히 "자연적으로 깨진다"고 말한다. 즉, 각 이론의 방정식들은 특정한 종류의 입자들을 같은 방법으로 다루는 어떤 단순성을 가지고 있지만, 실제 현상을 지배하는 방정식의 해들은 이런 단순성을 공유하지 않는다. 하지만 파르메니데스가 내세운 불변성과는 달리, 대칭의 원리에 대한 기대는 현실 세계를 설명하는 물리학 원칙들을 오랫동안 연구한 경험에서 나온 것이다. 깨지지 않는 대칭뿐만 아니라 깨지는 대칭도 그 결과를 확인하는 실험에 의해 입증된다. 우리가 인간의 일에 적용하는 가치 판단을 포함하지 않는 것이다.

기원전 5세기 말의 소크라테스에서, 그로부터 약 40년 후의 플라톤까지 이어지면서 그리스 지성의 중심 무대는 이오니아 그리스 도시들 중 하나인 아테네로 옮겨 갔다. 우리가 소크라테스에 대해 알고 있는 것의 대부분은 플라톤의 대화편에 나오는 모습이나 아리스토파네스Aristophanes의 희곡 〈구름The Clouds〉의 코믹한 캐릭터에서 온 것이다. 소크라테스가 자신의 생각을 글로 표현해둔 것은 없다고 알려져 있긴 하지만, 우리가 아는 한 그는 자연과학에는 별로 관심이 없었다. 플라톤의 대화편 파이돈Phaedo에서 소크라테스는 아낙사고라스Anaxagoras(아낙사고라스에 대해서는 7장에 다시 언급된다)의 책을 읽고 그가 얼마나 실망했는지를 회상한다. 아낙사고라스가 지구, 태양, 달, 별들을 순전히 물리적인 용어로만 설명하고 어떤 것을 가장 뛰어나다고 여기지 않았기 때문이었다.[12]

소크라테스와는 달리, 플라톤은 아테네 학자였다. 그는 많은 저작들이 거의 원본 그대로 남아 있는 최초의 그리스 철학자이다. 플라톤도 소크라테스처럼 물질의 본성보다는 인간의 일에 더 많은 관심을 가졌다. 그는 자신의 유토피아적이고 반민주적인 사상을 실천에 옮길 수 있도록 해줄 정치적 지위를 희망했다. 기원전 367년 플라톤은 시라쿠세Syracuse로 와서 정부를 개혁하는 것을 도와달라는 디오니시오스 2세Dionysius II의 초청을 받아들였다. 하지만 시라쿠세에게는 다행히도 개혁

프로젝트에서 이루어진 것은 아무것도 없었다.

그의 대화편 중 하나인 《티마이오스Timaeus》에서 플라톤은 원소에 대한 아브데라의 개념과 네 가지 원소 사상을 하나로 묶었다. 플라톤은 엠페도클레스의 네 가지 원소가 수학에서 정다면체로 알려진 다섯 종류 중 네 종류의 모양을 가진 입자들로 이루어져 있다고 가정했다. 정다면체는 모서리의 길이가 모두 같은 정다각형이 하나의 꼭짓점에서 만나는 입체이다(전문 해설 2 참조). 예를 들어, 정다면체 중 하나인 정육면체는 면이 모두 똑같은 정사각형이고 세 개의 정사각형이 하나의 꼭짓점에서 만난다. 나머지 정다면체들은 정사면체(네 개의 삼각형 면을 가지는 피라미드), 정팔면체, 정십이면체, 정이십면체이다.

플라톤은 흙 원소가 정육면체의 모양을 가진다고 보았다. 그리고 불은 정사면체, 공기는 정팔면체, 물은 정이십면체라고 가정했다. 그렇게 하면 정십이면체가 남는다. 플라톤은 정십이면체는 '우주kosmos'를 표현한다고 생각했다. 나중에 아리스토텔레스는 달의 궤도 밖의 공간을 채우고 있는 물질로 다섯 번째 원소인 에테르 혹은 제5원소quintessence를 도입했다.

물질의 본질에 대한 이런 초기의 사상들을 서술할 때, 이것이 어떻게 현대 과학의 전신이 되었는지 강조하는 것은 흔히 있는 일이다. 데모크리토스는 특별히 숭배되었는데, 현대 그리스 최고의 대학 중 하나의 이름이 데모크리토스대학일 정도이다. 때때로 원소의 종류가 바뀌기는 했지만, 물질을 이루는 기본 재료를 알아내려는 노력은 1,000년이 넘게 계속되었다.

현대 과학이 시작될 즈음에 연금술사들은 원소로 여겨지는 물질 세

가지를 찾아냈다. 수은, 소금, 황이었다. 화학 원소에 대한 현대적인 생각은 화학 혁명이 촉발된 18세기 후반부터 시작되었는데, 프리스틀리Joseph Priestley와 라부아지에Antoine Lavoisier, 돌턴John Dalton을 비롯한 여러 과학자들에 의해서였다.

지금은 수소에서 우라늄까지 자연적으로 생성된 92개의 원소들(수은과 황은 포함되지만 소금은 포함되지 않는다)이 있고, 인공적으로 만들어진 우라늄보다 무거운 원소들이 계속 늘어나고 있다. 평범한 조건에서 순수한 화학 원소는 각각 단일한 종류의 원자들로 이루어지고, 원소를 구성하고 있는 원자가 무엇인지에 따라 서로 구별된다. 오늘날 우리는 화학 원소를 넘어 원자를 이루는 기본 입자들을 연구하고 있지만, 어쨌든 밀레투스에서 시작된 자연의 기본적인 재료를 찾아가는 일을 계속하고 있는 것이다.

그렇지만 나는 그리스 상고 시대나 고전 시대의 과학 속 현대적인 측면을 지나치게 강조해서는 안 된다고 생각한다. 탈레스에서 플라톤까지, 내가 언급한 모든 사상가들은 현대 과학의 특징 하나를 거의 완벽하게 놓치고 있다. 어느 누구도 자신들의 사상을 증명하거나 심지어는 (어쩌면 제논은 제외하고) 정당화하려는 시도조차도 진지하게 해보지 않았다는 점이다. 그들의 글을 읽을 때면 끊임없이 묻고 싶은 말이 있다. "그걸 어떻게 알았습니까?" 이것은 데모크리토스도 마찬가지다. 남아 있는 그의 책 어느 부분에서도 물질이 실제로 원자들로 이루어져 있다는 것을 보여주려는 노력은 찾을 수 없다.

다섯 원소에 대한 플라톤의 생각은 그가 정당화 과정에 무관심했다는 사실을 보여주는 좋은 예가 된다. 《티마이오스》를 보면 그는 정다면체에서부터 시작하지 않고, 정다면체의 면을 이루는 것으로 자신이 생각한 삼각형들에서부터 시작한다. 어떤 삼각형들이었을까? 그는 그 삼각형들이 45도, 45도, 90도의 각을 가지는 이등변삼각형과 30도, 60도, 90도의 각을 가지는 직각삼각형이어야 한다고 제안한다. 흙의 원자인 정육면체의 면인 정사각형은 두 개의 직각 이등변삼각형으로 만들어지고, 불, 공기, 물의 원자인 정사면체, 정팔면체, 정이십면체의 삼각형 면들은 다른 직각삼각형 두 개로 쉽게 만들어질 수 있다(신비한 우주를 표현하는 정십이면체는 이런 방법으로 만들어질 수 없다).

이 선택의 이유를 설명하기 위해서 플라톤은 《티마이오스》에서 이렇게 말한다. "만일 누군가가 네 종류의 물체를 구성하는 것으로 삼각형보다 더 나은 선택을 제안할 수 있다면 그의 비판을 환영할 것이다. 하지만 여기서는 나머지 설명을 모두 생략하기로 한다. (…) 이것은 이유를 설명하기에는 너무 긴 이야기이다. 하지만 누군가 그렇지 않다는 증명을 해낼 수 있다면 우리는 그의 성취를 환영할 것이다."[13] 만일 지금 내가 물리학 논문에서 물질에 대한 새로운 이론을 제안하면서, 나의 논증을 설명하기는 너무 길기 때문에 읽는 사람들이 그 이론이 틀렸다는 것을 증명해보라고 제안한다면 어떤 반응이 있을지는 쉽게 상상할 수 있다.

아리스토텔레스는 초기의 그리스 철학자들을 '피지올로지physiologi'라고 불렀는데, 이 말이 간혹 '물리학자physicist'로 번역된다.[14] 하지만 이것은 잘못된 것이다. 피지올로지라는 단어는 단순히 자연을 연구하는 학생이라는 의미이며, 초기의 그리스인들은 현재의 물리학자들과 공통점이 거의 없다. 그들의 이론으로는 할 수 있는 것이 없다. 엠페도클레스는 원소에 대해서, 데모크리토스는 원자에 대해서 추론했지만, 그들의 추론은 자연에 대한 아무런 새로운 정보도 이끌어내지 못했고 그들의 이론을 시험할 수 있는 방법은 아무것도 없었다.

내가 보기에는 초기의 그리스인들을 이해하기 위해서는 이들을 물리학자나 과학자가 아니고 심지어 철학자도 아닌, 시인들이라고 생각하는 것이 더 좋을 것 같다.

이 말의 의미를 좀 더 명확하게 하자면 다음과 같다. 시에 대해서는 좁은 의미가 있다. 언어를 박자, 리듬, 운율과 같은 말의 도구로 사용하는 것이다. 이런 좁은 의미로 보더라도 크세노파네스와 파르메니데스, 엠페도클레스는 모두 시를 썼다. 기원전 12세기 도리아인의 침입과 청동기 시대 미케네 문명의 파괴 이후에 그리스인들은 대부분 문맹이 되었다. 글이 없는 경우, 시는 사람들이 후대와 소통할 수 있는 거의 유일한 방법이다. 시는 산문으로는 불가능한 방법(구전을 의미-옮긴이)으로 기억될 수 있기 때문이다. 글을 읽고 쓰는 능력은 기원전 700년경에 되살아났지만, 페니키아인들에게서 빌려온 알파벳은 호메로스와 헤시오도스가 시를 쓰는 데 처음으로 사용되었고, 그중 일부는 그리스 암흑기에 대해 쓴 것으로 오랫동안 기억된 시가 되었다. 산문은 나중에 등장했다.

아낙시만드로스나 헤라클레이토스, 데모크리토스와 같이 산문으로 글을 쓴 초기의 그리스인들도 시적인 문체를 사용했다. 어릴 때 시인이 되고 싶어 했던 플라톤은 산문으로 글을 썼고, 《국가Republic》에서도 시에 대해서 호의적이지 않았지만 그의 문체는 항상 많은 사랑을 받았다.

나는 여기서 시를 좀 더 폭넓은 의미로 해석하여, 자신이 진실이라고 믿는 것을 명확하게 말하기 위해서보다는 미학적인 효과를 위해서 선택하는 언어로 본다. 딜런 토머스Dylan Thomas가 "푸른 도화선 속 꽃을 몰아가는 힘이 나의 푸른 젊음을 몰아간다"라고 썼을 때 우리는 이것을 식물학과 동물학에서 힘의 통합에 대한 진지한 설명이라고 생각하여 그 증거를 찾지는 않는다. 우리는 (적어도 나는) 이것을 늙음과 죽음에 대한 슬픔의 표현이라고 받아들인다.

가끔은 플라톤이 자신의 글이 문자 그대로 받아들여지기를 의도하지 않았던 것이 명확해 보인다. 모든 물질의 근원으로 두 개의 삼각형을 선택한 것은 그가 예외적으로 평소보다 주장의 강도를 약하게 한 하나의 예이다. 좀 더 확실한 예로는 《티마이오스》에서 플라톤이 그의 시대보다 수천 년 전에 번성했던 것으로 알려져 있던 아틀란티스에 대해 소개한 것을 들 수 있다. 플라톤이 수천 년 전에 일어났던 일에 대해서 실제로 자신이 뭔가를 알고 소개할 수 있다고 진지하게 생각했을 리는 없을 것이기 때문이다.

초기의 그리스인들이 자신들의 이론을 입증하는 것을 회피하기 위해서 시적으로 글을 썼다는 의미는 절대 아니다. 그들은 그럴 필요성을 전혀 느끼지 않았다. 오늘날 우리는 관측으로 입증될 수 있을 정도로 자세한 결론을 제공하는 이론을 제안하여 자신의 가설을 평가받는다. 초기의 그리스인들과 그들의 많은 계승자들은 아주 단순한 이유 때문에 그렇게 하지 않았다. 그들은 그런 과정을 아예 본 적이 없었던 것이다.

초기 그리스인들이 스스로의 이론에 의심을 가지고 있었고, 믿을 만한 지식에는 결코 도달할 수 없다고 생각했다는 흔적이 여기저기에 남아 있다. 나는 일반상대성이론에 대해 1972년에 논문을 쓸 때 하나의 예를 들었다. 우주론에 대한 논의를 다룬 장의 도입부에 크세노파네스의 글귀를 인용한 것이다. "확실한 진실은 누구도 본 적이 없고, 신에 대해서, 그리고 내가 언급한 것들에 대해서 알 수 있는 사람은 앞으로도 절대 없을 것이다. 만일 누군가가 완벽하게 진실인 것을 말함으로써 그 끝에 이르는 데 성공한다면, 자신은 깨닫지 못하겠지만, 모든 것에 대한 생각이 운명적으로 고정되어버릴 것이기 때문이다."[15] 같은 맥락으로 《형태에 관하여On the Forms》에서 데모크리토스는 이렇게 말했다. "현실에서 우리는 어떤 것도 분명하게 알 수 없다." 그리고 다시 이렇게 말했다. "현실에서 무언가가 어떻다거나 그렇지 않다거나 하는 것에 대해 우리가 잘 모른다는 사실은 이미 여러 방법으로 드러났다."[16]

현대 물리학에도 시적인 요소가 남아 있긴 하다. 우리는 시를 쓰지 않고, 대부분의 물리학자들이 쓰는 글은 산문 수준에도 미치지 못한다. 하지만 우리는 이론에서 아름다움을 찾고, 연구의 방향을 잡는 데 미학적인 판단을 사용한다. 이것이 꽤 잘 들어맞는다고 생각하는 사람들도 있다. 우리는 수백 년 동안 물리학 연구에서 성공과 실패를 반복하며 자연의 법칙에 무언가 특별한 면이 있을 것이라고 기대하도록 훈련받았고, 이 경험을 통해 자연의 법칙이 '아름답다'는 생각을 가지게 되었기 때문이다.[17] 하지만 우리는 이론의 아름다움을 그 이론이 진실이라는 증거로 여기지는 않는다.

예를 들어, 여러 종류의 기본 입자들을 작은 끈의 진동 방식으로 설명하는 끈 이론은 보기에 매우 아름답다. 이 이론은 구조가 임의적이지 않고 대부분 수학적으로 일관적이다. 그래서 소네트나 소나타처럼 예술적인 아름다움을 가지고 있다. 하지만 불행히도 끈 이론은 실험으로 검증될 수 있는 어떤 예측도 내놓지 못하고 있다. 그래서 이론과학자들은 (적어도 우리 대부분은) 그 이론이 실제로 현실 세계에 적용될 수 있을지에 대해 의문을 가지고 있다. 탈레스에서 플라톤에 이르기까지 모든 자연에 대한 시인들이 결정적으로 빠뜨린 것은 바로 이 검증에 대한 노력이었다.

2장
음악과 수학

탈레스와 그의 계승자들이 물질에 대한 자신들의 이론에서 관측으로 증명될 수 있는 결과를 끌어내는 것이 필요하다는 사실을 이해하고 있었다 하더라도, 그것은 사실상 불가능할 정도로 어려웠을 것이다. 당시 그리스 수학으로는 한계에 부딪혔을 것이기 때문이다. 바빌로니아인들은 10진법이 아니라 60진법을 이용하여 수학에서 위대한 성과를 거뒀다. 그들은 다양한 이차방정식을 푸는 규칙을 포함하여, 비록 기호로 표시되지는 않았지만 간단한 대수학 기술도 발전시켰다. 하지만 초기 그리스인들에게 수학은 대부분 도형을 다루는 기하학이었다.

앞에서 보았듯, 플라톤 시대에 이르기까지 그리스의 수학자들은 삼각형과 다면체에 대한 정리들을 발견했다. 유클리드Euclid의 《기하학원론Elements》에 나오는 많은 기하학 정리는 유클리드 시대 이전인 기원전 300년경에 이미 잘 알려져 있었다. 하지만 그때까지도 그리스인들은 대수학이나 삼각법, 혹은 미적분학은 고사하고 수학에 대해서도 부분적인 이해만 가지고 있을 뿐이었다.

수학을 활용하여 가장 먼저 연구된 현상은 음악이었던 것 같다. 이것은 피타고라스학파 사람들이 한 일이다. 사모스Samos 섬 출신의 이오니아인인 피타고라스는 기원전 530년경에 이탈리아 반도 남부로 옮겨 갔다. 그곳에 있던 그리스의 도시 크로톤Kroton(현재 이탈리아의 크로토네Crotone-옮긴이)에서 그는 추종과 숭배에 가까운 하나의 '컬트cult'를 만들었는데, 이것은 기원전 300년대까지 유지되었다.

컬트라는 단어가 이상해 보일지도 모르겠지만, 사실 상당히 어울린다. 초기의 피타고라스학파는 자신들의 저작을 남기지 않았기 때문에 다른 저자들의 이야기를 참고하자면,[1] 피타고라스학파는 영혼의 윤회를 믿었다. 그들은 흰색의 가운을 입었고, 태아를 닮았다는 이유로 콩을 먹는 것을 금했다고 한다. 크로톤 사람들은 일종의 신권정치를 조직했고, 그 지배하에 기원전 510년경 이웃 도시 시바리스Sybaris를 파괴했다.

그러나 과학사에서 중요한 것은, 피타고라스학파가 수학에 대한 열정을 가지고 있었다는 사실이다. 아리스토텔레스의《형이상학》에 다음과 같은 이야기가 나온다. "피타고라스학파라고 불리는 사람들은 수학에 몰두했다. 그들은 수학 속에서 자라나 수학을 발전시킨 첫 번째 사람들이고, 수학의 원리가 모든 것의 원리라고 생각했다."[2]

피타고라스학파의 수학에 대한 강조는 아마도 음악을 관찰한 데서 왔을 것이다. 그들은 현악기를 연주할 때 두께와 재료가 같은 두 개의 줄을 동시에 튕기면 줄의 길이 비율이 작은 정수일 때 비교적 밝은 소리가 난다는 사실을 알게 되었을 것이다. 이것의 가장 단순한 경우는 하나의 길이가 다른 줄 길이의 절반일 때이다. 현대의 용어로는 이 두 줄의 음이 1옥타브 차이가 난다고 이야기하고, 두 줄이 만드는 소리에 같은 알파벳을 붙인다. 한 줄의 길이가 다른 줄의 3분의 2일 때 만들어지는 두 음은 특히 밝은 화음인 '5도 화음'이 된다. 한 줄이 다른 줄 길이의 4분의 3이면 '4도 화음'이 만들어진다. 반면에 두 줄의 길이 비율이 작은 정수배가 아니거나 아예 정수배가 아닐 때(예를 들어 한 줄의 길이가 다른 줄의 100,000/314,159가 될 때)에는 불안하거나 어두운 소리가 난다.

우리는 이제 여기에 두 가지 이유가 있다는 것을 알고 있다. 하나는 동시에 연주되는 두 현이 만들어내는 소리의 주기성과 관련이 있고, 다른 하나는 각각의 선이 만들어내는 배음 사이의 어울림과 관련이 있다(전문 해설 3 참조). 둘 중 어떤 것도 피타고라스학파 사람들은 이해하지 못했고, 사실 17세기 프랑스의 마랭 메르센Marin Mersenne 신부의 연구가 나오기 전까지는 어느 누구도 알지 못했다. 대신, 아리스토텔레스에 따르면[3] 피타고라스학파는 전체 우주를 '음계'라고 판단했다. 이 아이디어는 오랫동안 살아남았다. 예를 들어 키케로의 《국가론On the Republic》에는 위대한 로마의 장군 스키피오 아프리카누스Scipio Africanus의 유령이 그의 손자에게 천체의 음악(천체의 운행으로 생기는 음악. 사람 귀에는 들리지 않는다고 한다-옮긴이)을 알려주는 이야기가 나온다.

피타고라스학파가 커다란 진전을 이룬 분야는 물리학이라기보다는 순수 수학이다. 직각삼각형의 빗변으로 만드는 정사각형의 면적은 다른 두 변으로 만드는 두 개의 정사각형의 합과 같다는 피타고라스의 정리는 누구나 들어보았을 것이다. 피타고라스학파의 어떤 사람이, 어떻게 이 정리를 증명했는지는 아무도 모른다. 하지만 플라톤과 동시대에 살았던 피타고라스학파 사람인 타렌툼 출신 아르키타스Archytas of Tarentum가 주장한 비례 이론으로 이것을 간단하게 증명할 수 있다(전문 해설 4

참조. 유클리드《기하학원론》1부의 명제 46에 나오는 증명은 더 복잡하다). 아르키타스는 유명한 미해결 문제도 풀었다. 육면체가 주어졌을 때 순전히 기하학적인 방법을 이용하여 부피가 정확하게 두 배인 또 하나의 육면체를 만드는 것이었다.

피타고라스의 정리는 곧바로 또 하나의 위대한 발견을 이끌어냈다. 정수비로 표현될 수 없는 길이를 기하학적으로 만들 수 있다는 것이다. 직각삼각형에서 직각을 이루는 두 변의 길이가 어떤 길이 단위로 1이면 이 변들이 만드는 두 개의 정사각형의 면적의 합은 1의 제곱과 1의 제곱을 더해서 2가 된다. 그러면 피타고라스의 정리에 따라서 빗변의 길이는 제곱해서 2가 되는 수가 되어야 한다. 그런데 제곱해서 2가 되는 수는 정수비로 표현될 수 없다는 것은 쉽게 보일 수 있다(전문 해설 5 참조). 그 증명은 유클리드의《기하학원론》10부에 있고, 그보다 앞서 아리스토텔레스의《분석론 전서Prior Analytics》에 '불가능의 귀류법reductio ad impossibile'의 예로도 언급되어 있지만[4] 출처는 나와 있지 않다. 이것에 대해서는 이탈리아 반도 남부 메타폰툼Metapontum 출신으로 보이는 피타고라스학파 히파소스Hippasus가 발견했는데, 이 발견을 유출했다는 이유로 피타고라스학파에 의해 추방되었거나 혹은 살해되었다는 전설이 있다.

지금은 이것을 2의 제곱근과 같이 정수들의 비로 표현될 수 없는 무리수의 발견으로 보고 있다. 플라톤에 의하면[5] 3, 5, 6, …, 15, 17 등(즉, 플라톤이 언급하지는 않았지만 정수의 제곱인 1, 4, 9, 16 등을 제외한 모든 정수)의 제곱근이 같은 이유로 무리수라고 증명한 것은 키레네의 테오도로스Theodorus of Cyrene였다. 하지만 초기의 그리스인들은 이런 식으로 표현하지 않았다. 그 대신 플라톤이 번역한 것처럼, 면적이 2, 3, 5 등이 되는 사각형의 변은 "약분할 수 없다"라고 표현했다. 초기의 그리스인들은 유리수 이외의 수에 대한 개념이 없었기 때문에 그들에게 2의 제곱근과 같은 수는 오직 기하학적으로만 주어질 수 있었고, 이런 제한은 수학의 발전을 더욱 방해했다.

순수한 수학에 대한 관심의 전통은 플라톤의 아카데미에서도 계속되었다. 그 입구에는 기하학을 모르는 사람은 들어올 수 없다는 글귀가 있었다고 알려져 있다. 플라톤 자신은 수학자가 아니었지만 수학에 대한 열정을 가지고 있었다. 아마도 그 이유 중 하나는 플라톤이 시라쿠세의 디오니시오스 2세를 가르치기 위해 시칠리아로 여행하던 중 피타고라스학파의 아르키타스를 만났기 때문이었을 것이다.

아카데미에서 플라톤에게 큰 영향을 준 수학자들 중 한 명은 플라톤의 대화편 중 하나의 주인공이며 다른 글에도 등장하는 아테네의 테아이테토스Theaetetus이다. 테아이테토스는 플라톤의 원소 이론의 기반이 된 다섯 종류의 정다면체를 발견한 사람이라고 한다. 유클리드의 《기하학원론》에 나오는 이 다섯 종류가 볼록한 정다면체의 전부라는 증명*은 테아이테토스가 한 것으로 보인다. 테아이테토스는 오늘날 '무리수'로 불리는 이론에도 기여했다.

기원전 4세기, 가장 위대한 헬레니즘의 수학자는 아마도 아르키타

---

*전문 해설 2에서 논의되는 것처럼, 《기하학원론》은 테아이테토스가 볼록한 정다면체가 다섯 종류뿐이라는 명제를 증명했다고 주장하지만 사실은 증명한 것이 아니다. 《기하학원론》은, 다면체의 면을 이루는 변의 수와 각 꼭짓점에서 만나는 면의 수 조합이 정다면체에서는 오직 다섯 개의 조합뿐이라는 것을 증명하고 있지만, 이 각각의 조합이 만들 수 있는 볼록한 정다면체가 하나씩밖에 없다는 사실을 증명하지는 않는다.

1부_그리스의 물리학

스의 제자이며 플라톤과 동시대에 살았던 크니도스 출신 에우독소스Eudoxus of Cnidus일 것이다. 에우독소스는 대부분의 생을 소아시아 해변의 크니도스에서 보냈고, 플라톤 아카데미에서 공부가 끝난 뒤에도 다시 아카데미로 돌아가 학생들을 가르쳤다. 에우독소스의 저작은 남아 있는 것이 없지만, 그는 '원뿔의 부피는 높이와 밑면 넓이가 같은 원기둥의 3분의 1'이라는 것과 같은 여러 가지 어려운 수학 문제를 해결한 것으로 알려져 있다(나는 에우독소스가 미적분학 없이 어떻게 이것을 증명했는지 모르겠다).

하지만 그가 수학에 가장 크게 기여한 점은, 명확하게 설명된 공리로부터 이론을 끌어내야 한다는 엄격한 방식을 도입한 것이다. 나중에 유클리드의 저작에서 우리가 발견한 것이 바로 이 방식이다. 사실 유클리드의 《기하학원론》에 있는 세부적인 내용은 상당수가 에우독소스에게서 온 것이다.

에우독소스나 피타고라스학파에 의해 이루어진 수학의 발전은 그 자체로도 위대한 지적 성취였지만 자연과학에도 여러모로 축복이었다. 그중 하나로, 자연과학 연구자들은 유클리드의 《기하학원론》에 등장하는 수학 이론들의 유도 방식을 끊임없이 모방했다(그 형태가 그렇게 적절하지는 않았다). 나중에 보겠지만, 자연과학에 대한 아리스토텔레스의 저작에는 수학이 거의 포함되어 있지 않으나 가끔씩 수학적 추론을 흉내 낸 것처럼 보이는 부분이 있다. 아리스토텔레스의 《자연학Physics》 중 운동에 대한 논의에서 그런 사례를 볼 수 있다. "A가 B를 C시간 동안 지나가고 더 작은 밀도의(더 얇은) D를 E시간 동안 지나가는데, B와 D의 길이가 같다면 그 시간은 방해하는 물체의 밀도에 비례한다. B는 물, D는 공기라고 하자."[6]

아마도 그리스 물리학에서 가장 위대한 업적은 4장에서 소개할 아르키메데스Archimedes의 《부체에 관하여On Floating Bodies》일 것이다. 이 책은 마치 수학 교과서처럼 쓰여 있다. 의문의 여지가 없는 공리에 이어 그 공리로부터 유도된 명제가 나온다. 아르키메데스는 올바른 공리가 무엇인지 판단할 수 있을 정도로 충분히 명석했지만, 솔직히 과학 연구는 유도와 귀납, 추측이 복합적으로 뒤섞여 있는 경우가 더 많다.

방식에 대한 문제보다 더 중요한 것은, 역시 연관된 것이기는 하지만 수학에 영감을 받아 잘못된 목적을 설정하는 것, 즉 지성이 가이드가 없는 채로 특정한 진실에 이르는 것이다. 플라톤의 《국가》에서 소크라테스는 철학자 왕의 교육에 대해 논의하면서 천문학이 기하학과 같은 방법으로 행해져야 한다고 주장한다. 소크라테스에 따르면 기하학 도형을 보는 것이 수학에 도움이 되는 것처럼 하늘을 바라보는 것도 지식인에게 도움이 될 수 있지만, 두 경우 모두 진정한 지식은 오직 생각만으로 얻을 수 있다. 소크라테스는 《국가》에서 이렇게 설명한다. "우리는 예외적인 기하학 모형을 마주했을 때 하는 것처럼, 다른 영역을 연구하는 데 도움을 주는 그림으로만 하늘의 물체를 이용해야 한다."[7]

수학은 물리학 원리의 결과들을 이끌어내는 수단이다. 그리고 그 이상으로, 수학은 물리학의 원리들을 표현하는 필수적인 언어다. 수학은 자연과학에 새로운 아이디어를 불러일으키기도 하고, 과학에서의 필요성이 수학의 발전을 가속시키기도 한다. 이론물리학자 에드워드 위튼Edward Witten의 업적은 수학에 너무나 많은 통찰을 제공하여, 그는 1990년에 수학에서 가장 중요한 상인 필즈상Fields Medal을 받았다. 하지만 수학은 자연과학이 아니다. 관측 없이 수학 그 자체는 세상에 대해서 아무것도 우리에게 이야기해줄 수 없다. 그리고 수학 이론들은 세상에 대한 관측으로 검증될 수도, 반박될 수도 없다.

고대에는 이것이 명확하지 않았고, 심지어 현대의 초기에도 그랬다. 우리는 플라톤과 피타고라스가 숫자나 삼각형과 같은 수학적인 물체들을 자연의 기본적인 재료로 간주하는 것을 보았다. 그리고 우리는 이후 일부 철학자들이 수학적인 천문학을 자연과학이 아니라 수학의 한 분야로 간주하는 것을 볼 것이다.

지금 수학과 과학은 상당히 잘 구분되어 있다. 하지만 자연과는 아무런 상관없이 추론을 위하여 발명된 수학이 왜 종종 물리학 이론에서 유용한지는 아직도 의문으로 남아 있다. 물리학자 유진 위그너$^{Eugene\ Wigner}$는 한 유명한 논문에서 "수학의 불합리한 유효성"이라고 표현하기도 했다.[8] 하지만 궁극적으로 과학의 원리와 수학적 아이디어 모두 세상에 대한 관측으로 정당화되기 때문에 우리는 대부분의 경우 둘을 구분하는 데 그렇게 문제를 느끼지는 않는다.

현재 수학자와 과학자들 사이에 일어나는 갈등은 대부분 수학적 엄밀함에 대한 문제다. 19세기 초부터 순수 수학 연구자들은 엄밀함을 극히 중요하게 여겼다. 정의와 가정은 정밀해야 하고 추론은 절대적으로 확실하게 이루어져야 한다는 것이다. 물리학자들은 좀 더 편의적이다. 심각한 오류를 피하기에 충분한 정도의 정밀성과 확실성만 요구한다. 나는 장의 양자론$^{quantum\ theory\ of\ fields}$에 대한 논문에서 이렇게 쓴 적이 있다. "이 책에는 수학을 사랑하는 독자들의 눈에 눈물이 나게 할 만한 부분들이 있다."

때로는 이것이 소통에 문제가 되기도 한다. 수학자들은 나에게 물리학 논문들이 종종 화가 날 정도로 허술하다고 이야기하곤 한다. 그리고 고급 수학 도구를 필요로 하는 나와 같은 물리학자들은 종종 수학자들의 논문들이 물리학자의 관심을 전혀 끌지 못할 정도로 엄밀하고 복잡하다고 생각한다.

수학 쪽으로 치우친 물리학자들은 엄밀한 수학적 기반 위에 현대의 입자물리학(장의 양자론) 공식을 만들기 위해 많은 노력을 했고, 흥미 있는 진전도 이루어냈다. 하지만 지난 50년간 이루어진 입자물리학 표준 모형의 발전이 더 높은 수준의 수학적 엄밀성에 도달하려는 노력 덕분에 가능했던 것은 아니다.

그리스의 수학은 유클리드 이후에도 계속 번성했다. 4장에서는 후기 헬레니즘 시대의 수학자들인 아르키메데스와 아폴로니오스Apollonius의 위대한 업적들을 살펴볼 것이다.

3장
운동과 철학

플라톤 이후, 자연에 대한 그리스인들의 사상은 시적인 면이 줄고 좀 더 논증적인 방식으로 바뀌었다. 이런 변화는 특히 아리스토텔레스의 저작에서 잘 드러난다. 아테네인도 이오니아인도 아닌 아리스토텔레스는 기원전 384년에 마케도니아의 스타기라Stagira에서 태어났다. 그는 플라톤이 세운 학교인 아카데미에서 공부하기 위해 기원전 367년에 아테네로 옮겨갔고, 기원전 347년에 플라톤이 죽고 나자 아테네를 떠나 에게 해의 레스보스Lesbos 섬과 해변도시 아소스Assos에서 잠시 살았다. 기원전 343년에는 필리포스 2세Philippos II의 요청으로 마케도니아로 돌아가서 훗날 알렉산더 대왕으로 불리게 되는 필리포스 2세의 아들을 가르쳤다.

마케도니아는 필리포스 2세의 군대가 기원전 338년 카이로네이아Chaeronea 전투에서 아테네와 테베를 물리친 후 그리스 세계의 주인공이 되었다. 기원전 336년 필리포스 2세가 세상을 떠나자 아리스토텔레스는 아테네로 돌아가 자신의 학교인 리케이온Lyceum을 세웠는데, 이것은 후일 아테네의 4대 학교 중 하나가 되었다. 나머지 학교들은 플라톤의 아카데미, 에피쿠로스^{Epicurus}의 가든^{Garden}, 스토아학파의 콜로네이드^{Colonnade}(또는 스토아)였다. 리케이온은 수백 년간, 아마도 기원전 86년 로마의 술라^{Sulla} 장군 부대가 아테네를 약탈할 때까지 계속되었다. 플라톤의 아카데미는 이보다 훨씬 더 오래 지속되어 서기 529년까지 존재했다. 이것은 지금까지 유럽의 어떤 대학들보다도 오래 지속된 것이다.

남아 있는 아리스토텔레스의 저작들은 주로 리케이온에서의 강의를 위한 노트였던 것으로 보인다. 거기에는 엄청나게 다양한 주제들이 포함되어 있다. 천문학, 동물학, 꿈, 형이상학, 논리학, 윤리학, 수사학, 정치학, 미학, 그리고 흔히 '물리학'으로 번역되는 것 등이다. 현대의 한 번역가에 의하면, 아리스토텔레스의 그리스어는 "간결하고, 치밀하고, 돌발적이고, 주장이 응축되어 있고, 생각이 밀도 있다"고 한다.[1] 아리스토텔레스의 문체는 플라톤의 시적인 문체와는 상당히 달랐다. 솔직히 나는 아리스토텔레스의 글이 플라톤의 것에 비해 자주 지루하게 느껴졌다. 하지만 아리스토텔레스는 종종 틀리기는 했어도 플라톤이 가끔 그랬던 것처럼 어리숙하지는 않았다.

플라톤과 아리스토텔레스는 둘 다 현실주의자였지만 느낌은 상당히 달랐다. 플라톤은 중세 느낌의 현실주의자였다. 그는 추상적인 생각이 실재하고, 특히 물체의 이상적인 형태가 실재한다고 믿었다. 실재하는 것은 이상적인 형태의 소나무이지 이상적인 형태를 불완전하게 나타내고 있는 개별적인 소나무들이 아니었다. 플라톤이 생각한 이상적인 형태는 파르메니데스나 제논이 생각했던 것처럼 변화가 없는 것이었다. 반면, 아리스토텔레스는 평범한 현대적인 느낌의 현실주의자였다. 분류하는 행위 자체는 상당히 흥미로워하긴 했지만, 그에게 실재하는 것은 개별적인 소나무와 같은 개별적인 물체이지 플라톤의 이상적인 형태가 아니었다.

아리스토텔레스는 결론을 정당화하기 위해서 영감보다는 논리를 사용하려고 노력했다. 우리는 고전학자 한킨슨Jim Hankinson의 말에 동의할 수밖에 없다. "아리스토텔레스가 그 시대의 사람이었다는 사실을 놓쳐서는 안 된다. 그 시대에 그는 특이할 정도로 명석했고, 급진적이었고, 앞서나갔다."[2] 그럼에도 불구하고 아리스토텔레스의 사상의 바탕에 흐르고 있는 원칙들 중에는 현대 과학의 발견을 위해서라면 버려야 할 것들이 있었다.

그중 하나를 들자면, 아리스토텔레스의 저작은 목적론으로 가득 차 있다는 점이다. 목적론은 사물이 그렇게 되어 있는 것이 목적에 부합하기 때문이라는 이론이다. 그의 《자연학》에는 이런 글이 있다. "그러나 자연은 그것의 종점이거나 목표 지점이다. 어떤 사물이 어떤 종점을 향해 계속해서 변화한다면 그 사물의 마지막 장소는 실제로 그 목표 지점이 되기 때문이다."[3]

목적론을 강조했다는 사실은 아리스토텔레스처럼 생물학에 많은 관심을 가졌던 사람에게는 자연스러운 것이었다. 아리스토텔레스는 아소스와 레스보스에서 해양생물학을 공부했고, 그의 아버지 니코마코스Nicomachus는 마케도니아에서 내과 의사로 일했다. 나보다 생물학을 더 잘 아는 친구들은 동물들에 대한 아리스토텔레스의 저작이 경탄스럽다고 말했다. 아리스토텔레스가 《동물의 부분에 관하여Parts of Animals》에 쓴 것처럼 동물의 심장이나 위를 연구한 사람들에게 목적론은 자연스러운 흐름이다. 그 기관들이 존재하는 목적을 묻지 않을 수 없을 테니 말이다.

　사실 19세기 찰스 다윈과 앨프리드 월리스Alfred Wallace의 업적이 나오기 전까지, 자연주의자들은 동물의 기관들이 여러 목적에 이용되기는 하지만 그 기관들이 진화할 때는 특별한 목적이 없다는 것을 이해하지 못했다. 생명은 수백만 년 동안 특정한 방향이 없는 유전적 다양성으로 자연 선택되었기 때문에 지금의 모습이 된 것이다. 물론 물리학자들은 다윈보다 훨씬 이전부터 목적을 묻지 않고 물질과 힘에 대해서 연구해오고 있었다.

　초기에 아리스토텔레스가 동물학에 관심을 가졌기 때문에, 사물을 범주에 따라 나누는 분류학에 대해서도 강조를 많이 하게 되었던 것으로 보인다. 이 분류는 지금도 가끔 사용된다. 예를 들면 아리스토텔레스의 정부 분류법이 있는데, 정부를 군주제, 귀족제, 그리고 민주주의가 아닌 입헌 정부로 분류한다('군주제'와 '귀족제'에 비해, '입헌 정부'는 헌법을 바탕으로 통치하는 정치 형태 모두를 포함할 수 있는 단어이기 때문에 저자가 이 분류를 비판하고 있는 것으로 보인다-옮긴이). 하지만 이 분류의 대부분은 의미가 없어 보인다. 나는 아리스토텔레스의 분류법을 바탕으로, 그가 과일을 어떻게 분류했을지 상상할 수 있다. "모든 과일은 세 종류로 나뉜다. 사과와 오렌지, 그리고 사과도 오렌지도 아닌 과일들이다."

　아리스토텔레스의 저작 구석구석에 스며든 그의 분류법은 과학의 미래에 방해물이 되었다. 그는 자연적인 것과 인공적인 것의 구분을 주장했는데,《자연학》2부를 보면 이렇게 시작한다. "존재하는 사물들 중 일부는 자연적으로 존재하고 일부는 다른 이유로 존재한다."[4] 그에게 관심을 가질 가치가 있는 것은 자연적인 것이었다. 어쩌면 이렇게 자연적인 것과 인공적인 것을 구분했기 때문에 아리스토텔레스와 그의 후계자들이 실험에 관심을 가지지 않았을 수도 있다. 정말로 관심이 있는 것이 자연적인 현상이라면, 인공적인 상황을 만들 이유가 무엇이 있겠는가?

그렇다고 아리스토텔레스가 자연 현상의 관측도 무시한 것은 아니었다. 그는 번개를 본 후 천둥소리가 들리는 시간의 차이, 그리고 멀리 있는 배에서 노가 물을 때리는 것을 본 순간과 그 소리가 들리는 시간의 차이를 근거로 소리가 유한한 속도로 이동한다고 결론을 내렸다.[5] 우리는 뒤에서 그가 관측을 훌륭하게 사용하여 지구의 모습과 무지개의 원리에 대한 결론에 이르는 과정도 살펴볼 것이다. 하지만 이것은 모두 자연 현상을 그냥 관측만 한 것이지, 실험을 목적으로 인공적인 상황을 만든 것은 아니다.

자연적인 것과 인공적인 것 사이의 이러한 구분은 아리스토텔레스의 생각에 큰 영향을 미쳤는데, 과학의 역사에서 너무나 중요한 문제에 대한 그의 생각도 바꾸어놓았다. 바로 낙하하는 물체의 운동에 대한 것이다. 그는 단단한 물체가 아래로 떨어지는 이유는 흙 원소가 자연스럽게 위치하는 장소가 우주의 중심 방향인 아래쪽이기 때문이고, 불꽃이 위를 향하는 이유는 불이 자연스럽게 위치하는 장소가 하늘이기 때문이라고 설명했다. 지구는 거의 구형이고 그 중심은 우주의 중심이므로 대부분의 흙은 중심으로 향하게 된다는 것이다. 그리고 저절로 낙하하는 물체의 속도는 무게에 비례한다고 설명했다.

《천체에 관하여On the Heavens》에서 아리스토텔레스는 이렇게 말했다.

"특정한 무게의 물체는 특정한 시간에 특정한 거리를 움직인다. 무게가 더 큰 물체는 같은 거리를 더 짧은 시간에 움직인다. 그 시간은 물체의 무게에 반비례한다. 예를 들어, 어떤 물체의 무게가 다른 물체의 두 배라면 같은 거리를 움직이는 데 절반의 시간이면 된다."[6]

우리는 낙하하는 물체에 대한 실제 관측을 완전히 무시했다는 이유로 아리스토텔레스를 비난할 수는 없다. 그는 이유를 몰랐지만, 공기와 같은 주변 물질의 저항 때문에 낙하하는 물체의 속도는 결과적으로 일정한 속도인 최종 속도가 되고, 최종 속도는 낙하하는 물체의 무게가 클수록 크다(전문 해설 6 참조). 하지만 아마도 아리스토텔레스에게는 낙하하는 물체의 속도가 무게에 따라 커질 때 물체를 구성하는 재료의 자연스러운 위치에 대한 그의 관념과 잘 일치한다는 사실이 더 중요했을지도 모른다.

아리스토텔레스에게 공기와 같은 물질의 존재는 운동을 이해하는 핵심이었다. 그는 저항이 없다면 물체는 무한한 속도로 움직일 것이라고 생각했다. 이런 불합리한 이유로 그는 빈 공간, 즉 진공의 가능성을 부정했다. 《자연학》에서 그는 이렇게 주장한다. "진공은 있다 하더라도 독립적으로 존재할 수 없다."[7] 사실 저항에 반비례하는 것은 낙하하는 물체의 최종 속도일 뿐이다. 최종 속도는 아무런 저항이 없다면 실제로 무한해질 것이다. 하지만 이런 경우 낙하하는 물체는 결코 최종 속도에 도달할 수 없다.

《자연학》의 같은 장에서 아리스토텔레스는 좀 더 복잡한 주장을 한다. 진공에서는 물체가 움직인다는 것을 보여줄 수 있는 기준이 없다는 것이다. "진공에서 물체는 반드시 정지해 있어야 한다. 물체가 어떤 것보다 더 빠르게 혹은 더 느리게 움직일 장소가 없기 때문이다. 진공이 진공인 이상 아무것도 달라지는 것이 없다."[8] 하지만 이것은 무한한 진공에서만 할 수 있는 주장이다. 그렇지 않다면 진공은 진공의 바깥 영역과 비교될 수 있기 때문이다.

아리스토텔레스는 저항 속에서의 움직임만을 생각했기 때문에 모든 운동*에는 원인이 있어야 한다고 믿었다(그는 원인을 네 가지로 구별했다. 물질적 원인, 형식적 원인, 효율적 원인, 최종적 원인이다. 그중 최종적 원인은 목적론적인 것으로, 이것이 아리스토텔레스가 생각한 변화의 목적이 된다). 운동의 원인은 반드시 또 다른 무언가를 원인으로 해서 발생되고, 이 과정은 계속된다. 하지만 반복되는 원인이 영원히 갈 수는 없다.

《자연학》에는 이런 글이 있다.[9] "움직이는 모든 것은 다른 것에 의해 움직여져야 한다. 어떤 물체가 다른 어떤 움직이는 물체에 의해 움직이고 있다면, 그 물체 역시 또 다른 물체에 의해 움직이고 있는 다른 물체에 의해 움직이는 것이며 이것이 계속 반복된다. 하지만 이 연속적인 움직임은 영원히 갈 수 없고, 반드시 최초의 움직임이 있어야 한다." 이 최초의 움직임이라는 말이 나중에 기독교와 이슬람교가 신의 존재를 주장하는 근거가 되었다. 그러나 나중에 살펴보겠지만, 아리스토텔레스는 신이 진공을 만들 수 없다는 결론을 내리기도 했기 때문에, 이후 이 사실은 중세의 기독교와 이슬람교 양쪽의 아리스토텔레스 추종자들에게 모두 문제가 되었다.

---

*흔히 '운동motion'으로 번역되는 그리스 단어 키네손kineson은 사실 좀 더 일반적인 의미로 모든 종류의 변화를 뜻하는 말이다. 그러므로 아리스토텔레스가 분류한 원인의 종류는 위치의 변화뿐만 아니라 어떤 변화에도 적용된다. 그리스 단어 포라fora는 특히 위치의 변화를 의미하는 것이고 주로 '이동운동locomotion'으로 번역된다.

물론 물체들이 언제나 그들의 자연스러운 위치로 움직이지는 않는다. 하지만 이 사실이 아리스토텔레스에게 문제가 되지는 않았다. 예를 들면, 손에 들려 있는 돌은 아래로 떨어지지 않는다. 아리스토텔레스에게 이것은 자연의 질서에 인공적인 간섭이 미치는 효과를 보여주는 것일 뿐이었다. 그러나 아리스토텔레스는 위로 던져 올린 돌이 손을 떠난 후에도 땅에서 반대쪽으로 계속 올라간다는 사실에 대해서는 심각하게 고민했다. 그의 설명은, 사실은 설명이 아니지만, 돌이 위로 잠시 동안 계속 올라가는 것은 공기에 의해 운동이 주어지기 때문이라는 것이었다. 《천체에 관하여》 3부에서 그는 이렇게 설명한다. "물체에 움직임을 전해주는 힘이 그대로 공기에 묶여 물체와 함께 올라간다. 던지는 작용이 물체를 따라가기를 멈춘 후에도 얼마 동안 물체가 계속 움직이는 것은 이것 때문이다."[10] 나중에 보겠지만 이 개념은 고대와 중세에 자주 비판의 대상이 되었다.

낙하하는 물체에 대한 아리스토텔레스의 글은 적어도 그의 물리학에서는 전형적인 방식이다. 수학을 쓰지는 않지만 자신이 가정한 첫 번째 원칙에 근거하여 정교한 추론을 하는 것이다. 물론 그 첫 번째 원칙은 자연에 대한 가장 평범한 관측에 근거한 것일 뿐이고, 원칙을 검증하려는 노력은 없다.

나는 아리스토텔레스의 철학이 그의 추종자나 계승자들에게 과학의 대안으로 여겨졌다고 말하는 것이 아니다. 고대나 중세에는 과학을 철학과 분리된 어떤 것으로 보는 개념이 없었다. 오히려 자연 세계에 대해서 생각하는 것은 철학이었다. 19세기까지 독일의 대학들이 예술과 과학을 연구하는 학자들에게 신학, 법학, 의학과 같은 수준의 박사 학

1부_그리스의 물리학

위를 주기 위해서 만들어낸 이름은 '철학 박사'였다. 자연에 대해서 생각하는 방법들을 비교할 때 과학이 아니라 철학과 수학을 함께 놓고 논의하던 시절이었다.

철학의 역사에서 아리스토텔레스만큼 영향력이 있었던 사람은 아무도 없다. 9장에서 보겠지만 그는 아랍의 철학자들에게 엄청난 존경을 받았고, 아베로에스Averroes(본명은 이븐 루시드Ibn Rushd-옮긴이)는 그를 우상처럼 여겼다. 10장에서는 아리스토텔레스의 사상이 토마스 아퀴나스에 의해 기독교와 결합되면서 1200년대 기독교 유럽에 어떤 영향력을 가지게 되었는지 살펴볼 것이다.

중세의 철학 연구가 정점을 찍을 무렵 아리스토텔레스는 그저 '철학자'로 불렸고 아베로에스는 '해설자'로 불렸다. 아퀴나스 이후에야 아리스토텔레스에 대한 연구가 대학 교육의 중심이 되었다. 초서Geoffrey Chaucer의 《캔터베리 이야기Canterbury Tales》의 서문에는 옥스퍼드의 학자가 등장한다.

옥스퍼드의 학자 역시…
그는 그의 머리맡에 차라리
아리스토텔레스와 그의 철학에 대한
검은색이나 붉은색 표지의 책 스무 권을 둘 것이다.
귀한 예복이나 바이올린이나 화려한 하프보다는.

물론 지금은 다르다. 과학의 발견을 다루는 역사에서 과학을 현재 철학이라고 불리는 것과 구별하는 일은 매우 중요했다. 과학철학에도 활발하고 재미있는 연구 내용이 많지만 이것이 과학 연구에 미치는 영향은 거의 없다.

10장에서 소개할 14세기의 초기 과학 혁명은 대부분 아리스토텔레스주의에 반대하는 것이었다. 그러나 최근의 아리스토텔레스 연구는 일종의 반혁명을 보였는데, 아리스토텔레스를 옹호하는 쪽으로 다시 돌아서는 경향이었다. 매우 영향력 있는 역사학자인 토머스 쿤Thomas Kuhn은 그가 아리스토텔레스를 얕보다가 왜 존경하게 되었는지 설명하기도 했다.[11]

나에게는 특히 운동에 대한 그의 글들이 논리와 관측 모두에서 지독한 오류로 가득 차 있는 것처럼 보였다. 이 모습이 정말 이상했다. 아리스토텔레스는 어쨌든 고대의 논리를 정립한 매우 존경받는 사람이 아닌가. 그의 죽음 이후 거의 2,000년 동안 논리학에서 그가 한 작업은 기하학에서 유클리드가 한 것과 같은 역할을 했다. (…) 그의 특별한 재능이 왜 운동과 역학에 대한 연구에서는 그렇게 철저하게 발휘되지 못했을까? 마찬가지로, 물리학에 대한 그의 저작들이 왜 그의 죽음 이후에도 그렇게 오랫동안 진지하게 받아들여졌을까? (…) 갑자기 머릿속 파편들이 새로운 방식으로 정렬되어 자리를 잡았다. 나는 놀라서 입을 다물지 못했다. 아리스토텔레스가 내가 꿈에도 생각하지 못했던 종류의, 너무나 훌륭한 물리학자로 보였기 때문이다. (…) 나는 갑자기 아리스토텔레스의 글을 읽는 방법을 깨달은 것이다.

쿤과 나는 파도바Padova대학에서 함께 명예 학위를 받았는데, 나는 쿤

이 이런 말을 했었다는 것을 그때 듣고 나중에 설명을 해달라고 말했다. 그는 이렇게 대답했다. "(아리스토텔레스의 물리학에 대한 글들을) 처음 읽고 나서 그 글들이 성취한 것에 대한 나의 이해가 바뀐 것이지, 나의 평가가 바뀐 것이 아닙니다." 나는 이 말을 도무지 이해할 수가 없었다. "너무나 훌륭한 물리학자"라는 말이 나에게는 의심의 여지 없이 평가로 보이는데 말이다.

아리스토텔레스가 실험에 대해 그다지 관심이 없었다는 사실을 두고 역사학자 데이비드 린드버그David Lindberg는 이렇게 말했다. "그러므로 아리스토텔레스의 과학적 방식은 그의 무능함이나 부족함(과학적 절차가 명백히 발전했는데도 파악하지 못한 것)으로 설명되어서는 안 되고, 그가 이해하고 있는 세계에 적합하며 그의 관심을 끄는 의문과 잘 맞는 방법으로 이해해야 한다."[12] 조금 더 큰 목표인 '아리스토텔레스의 성공을 어떻게 판단해야 하는가'에 대해서 린드버그는 이렇게 덧붙인다. "아리스토텔레스의 목표가 그 자신이 가진 의문이 아니라 우리가 가진 의문에 대답하는 것이었긴 하지만, 현대 과학에 얼마나 잘 부합하느냐의 관점으로 그의 성공을 보는 것은 불공정하고 핵심이 없는 것이다." 그리고 같은 책의 두 번째 판에서는 이렇게 썼다. "철학 체계나 과학 이론의 적절성은 그것이 현대 사상에 얼마나 잘 부합하느냐가 아니라 바로 그 당시의 철학이나 과학의 문제들을 얼마나 성공적으로 다루고 있느냐로 평가해야 한다."[13]

나는 린드버그의 말에 동의하지 않는다. 과학에서 궁극적으로 중요한 것은(철학은 다른 사람들에게 남겨놓겠다) 그 시기의 몇몇 인기 있는 과학 문제들에 대한 해결책을 주는 것이 아니라 세상을 이해하는 것이다.

이런 과정에서 어떤 종류의 설명이 가능하며, 어떤 종류의 문제들이 그런 설명을 이끌어내는지 찾아내는 것이다. 과학의 발전은 상당 부분 '어떤 질문을 해야 하는가'를 발견하는 데서 이루어졌다.

물론 과학적인 발견들의 역사적 맥락을 이해하려고 시도하는 것은 중요하다. 하지만 그보다도 역사학자의 일은 과거로부터 자신이 무엇을 얻으려고 하는지에 달려 있다. 역사학자의 목표가 단지 과거를 재구성하고 '그 당시 실제로 그것이 어떠했는지'를 이해하는 것이라면, 과거 과학자들의 성공을 현대의 기준으로 판단하는 것이 당연히 별 도움이 되지 않을 것이다. 하지만 이런 종류의 판단은 과학이 과거에서 현재로 어떻게 발전했는지 이해하기를 원하는 사람에게는 필수적인 것이다.

이 발전 과정은 어떤 목적이 있는 것이지, 그저 과학 분야의 유행이 진화한 것이 아니다. 뉴턴이 아리스토텔레스보다 운동에 대해서 더 잘 이해하고 있었는지, 혹은 우리가 뉴턴보다 운동을 더 잘 이해하고 있는지 의심하는 것이 가능할까? 어떤 운동이 자연적인 것인지, 혹은 이런 저런 물리적인 현상의 목적이 무엇인지를 물어보는 것은 전혀 실속이 없는 일이다.

나는 아리스토텔레스가 어리석었다고 결론내리는 것은 불공정하다는 린드버그의 의견에 동의한다. 여기서 과거를 현대의 기준으로 판단하자는 나의 목적은 아리스토텔레스같이 뛰어난 지식인조차도 자연을 어떻게 연구해야 하는가를 배우는 일이 매우 어려웠다는 점을 이해하자는 것이다. 현대 과학이 이루어지는 과정을 한 번도 본 적이 없는 사람에게는 명확해 보이는 것이 전혀 없을 것이다.

알렉산더 대왕은 기원전 323년에 사망했고 아리스토텔레스는 그 직후인 기원전 322년에 아테네를 떠났다. 마이클 매튜스Michael Mattews에 따르면 이것은 "인류 역사에서 가장 밝은 지성의 시대 중 하나의 황혼을 상징하는 죽음"이었다.[14] 실제로 이것이 고전 시대의 끝이었다. 그러나 앞으로 살펴보겠지만, 과학적으로는 훨씬 더 밝은 시대의 새벽이기도 했다. 바로 헬레니즘 시대이다.

4장
헬레니즘 시대의
물리학과 기술

알렉산더 대왕의 죽음 이후 그의 제국은 몇 개의 나라로 나뉘었다. 그중 과학의 역사에서 가장 중요했던 나라는 이집트였다. 이집트는 알렉산더 대왕의 장군들 중 하나였던 프톨레마이오스 1세Ptolemaios I에서 시작하여 클레오파트라와 율리우스 카이사르의 아들로 추정되는 프톨레마이오 스 15세까지, 그리스인 왕들이 줄곧 다스렸다. 마지막 프톨레마이오스 15세는 기원전 31년 악티온Actium에서 안토니우스Antonius와 클레오파트 라가 패한 직후에 살해당했고, 이집트는 로마 제국에 합병되었다.

알렉산더 대왕에서 악티온까지의 이 시대는 1830년대에 요한 구스 타프 드로이젠Johann Gustav Droysen이 명명한 헬레니즘Hellenistic 시대[1]로 알 려져 있다. 이것이 드로이젠의 의도였는지는 모르겠지만 나에게는 접 미어인 '-istic'이 어느 정도 경멸의 의미를 담고 있는 것처럼 들린다. 'archaistic(고풍스러운)'이라는 단어가 'archaic(그리스의 미술에서 기원전 7~5세기에 걸쳐 볼 수 있는, 예스럽고 소박하지만 깊은 정취나 생명력을 느끼게 하는 양식을 묘사하는 표현-옮긴이)'을 모방하는 표현으로 사용되는 것처 럼, 'Hellenistic'이라는 단어도 충분히 그리스적Hellenic이지 못하고 기원전 4세기와 5세기 고전 시대의 성과를 모방한 것에 불과하다는 의미를 내포하는 것처럼 보인다.

고전 시대의 성과는 기하학, 연극, 역사 기록, 건축, 조각, 그리고 아마도 지금은 남아 있지 않은 음악과 미술 같은 여러 예술 분야에서 특히 훌륭하다. 하지만 헬레니즘 시대의 과학은 고전 시대의 과학적인 성과를 무색하게 할 뿐만 아니라, 16세기와 17세기의 과학 혁명이 일어나기 전까지는 어느 시대에도 뒤지지 않는 수준에 올랐다.

헬레니즘 시대에 강력한 과학의 중심지는 알렉산더 대왕이 나일강 입구에 세워 프톨레마이오스 왕조의 수도가 되었던 알렉산드리아Alexandria였다. 알렉산드리아는 그리스 세계의 최대 도시가 되었고, 이후 로마 제국에서도 그 규모와 부가 로마에 이어 두 번째로 컸다.

기원전 300년경에 프톨레마이오스 1세는 왕궁의 일부로 알렉산드리아 박물관을 지었다. 이 박물관은 원래 문학과 철학 연구의 중심지가 되려는 의도로, 아홉 명의 뮤즈들Muses에게 바치는 것이었다(박물관을 뜻하는 영어 단어 'museum'은 뮤즈의 신전이라는 말에서 온 것이다-옮긴이). 그러나 기원전 285년 프톨레마이오스 2세의 즉위 이후에는 과학 연구의 중심지가 되었다. 문학 연구도 알렉산드리아 도서관과 박물관에서 계속되기는 했지만, 이제 알렉산드리아 박물관에서는 천문학의 뮤즈인 우라니아Urania가 나머지 예술 분야의 뮤즈들 여덟 명 모두보다 더 빛나게 된 것이다. 알렉산드리아 박물관과 로마 제국 그리스의 과학은 프톨레마이오스 왕조의 왕국보다 더 오래 지속되었다. 고대 과학의 가장 위대한 성취들은 주로 이곳에서 이루어졌다.

헬레니즘 시대의 그리스 본토와 이집트 사이의 학문적 관계는 20세기 미국과 유럽 사이의 관계와 유사하다.[2] 이집트의 부와 프톨레마이오스 왕들의 넉넉한 지원(적어도 처음 세 명은 해당된다)은 아테네에서 이름을 얻은 학자들을 알렉산드리아로 끌어들였다. 이것은 1930년대 이후 유럽의 학자들이 미국으로 모여든 것과 비슷하다.

기원전 300년경에 리케이온의 일원이었던 팔레론 출신 데메트리오스Demetrius of Phaleron는 알렉산드리아 박물관의 첫 번째 관장이 되면서 아테네에 있던 자신의 도서관을 함께 가져왔다. 역시 리케이온의 일원이었던 람사코스 출신 스트라톤Strato of Lampsacus은 비슷한 시기에 프톨레마이오스 1세에게 불려와, 그 아들의 가정교사가 되었다. 프톨레마이오스 2세가 이집트의 왕이 되었을 때, 알렉산드리아 박물관에서의 연구를 과학 쪽으로 집중하게 하는 데 중요한 역할을 한 사람이 아마도 스트라톤이었을 것이다.

헬레니즘과 로마 시대에 아테네와 알렉산드리아 사이를 항해하는 데 걸린 시간은 20세기에 증기선이 리버풀과 뉴욕 사이를 항해하는 데 걸린 시간과 비슷했기 때문에, 이집트와 그리스 사이에는 많은 교류가 있었다. 대표적인 예시로 스트라톤은 이집트에만 머무르지 않고 아테네로 돌아가 리케이온의 세 번째 학장이 되었다.

스트라톤은 통찰력 있는 관찰자였다. 그는 지붕에서 물방울이 떨어지면서 점점 더 멀어지는 것을 관찰하여, 낙하하는 물체가 아래쪽으로 가속된다는 결론을 내렸다. 이어진 물줄기가 아래로 떨어지면서 물방울로 분리가 되는 것이었다. 이것은 가장 멀리 낙하한 물방울이 같은 시간에 가장 길게 떨어지기 때문이다. 따라서 멀리 낙하한 물방울이 따라오는 물방울보다 더 빠르게 움직여 같은 거리를 더 짧은 시간에 떨어진다는 의미이므로 가속된다는 사실을 알 수 있다(전문 해설 7 참조). 또한 스트라톤은, 물체가 짧은 거리에서 떨어질 때는 바닥에 닿는 충격이 무시할 정도로 작지만 아주 높은 곳에서 떨어지면 충격이 큰 것도, 물체가 떨어질 때 속도가 점차 빨라진다는 사실을 보여주는 것이라고 생각했다.[3]

알렉산드리아와 같은 그리스 자연철학의 중심지가 밀레투스나 아테네처럼 무역의 중심지가 되었던 것은 우연이 아닐 것이다. 활발한 시장은 서로 다른 문화의 사람들을 모아 단조로운 농경사회를 바꾸어놓았다. 알렉산드리아의 무역 범위는 아주 넓었다. 인도에서 지중해로 운반된 화물이 아라비아 해를 건너 홍해로 올라가고, 다시 나일 강을 따라 알렉산드리아로 갔다.

하지만 알렉산드리아와 아테네의 지적 분위기에는 큰 차이가 있었다. 그중 하나로, 알렉산드리아 박물관의 학자들은 탈레스에서 아리스토텔레스까지 그리스를 사로잡았던 '모든 것을 포함하는 이론'을 추구하지 않았다. 플로리스 코엔Floris Cohen의 말처럼 "아테네의 사상은 종합적이고 알렉산드리아의 사상은 부분적"이었다.[4] 알렉산드리아인들은 실제 과정이 이루어지는 세부적인 현상을 이해하는 것에 집중했다. 그들이 연구한 주제에 포함된 것은 광학과 유체역학, 그리고 특히 이 책의 2부에서 다루는 주제인 천문학이었다.

모든 것에 대한 일반적인 이론을 만들려는 노력에서 물러섰다고 해서 헬레니즘 시대 그리스인들이 실패했다는 것은 아니다. 계속해서 강조하지만, 어떤 문제가 연구하기에 적합하고 어떤 것이 그렇지 않은가를 이해하는 것이 곧 과학의 발전을 나타낸다. 예를 들어, 20세기로 넘어가던 시기에 헨드릭 로런츠Hendrik Lorentz와 막스 아브라함Max Abraham을 포함한 가장 뛰어난 물리학자들은 당시 발견되었던 전자의 본질을 이해하기 위해 몰두했지만 이것은 불가능했다. 약 20년 후 양자역학이 등장하기 전까지 누구도 전자의 본질을 이해하는 데 진전을 이뤄내지 못했다. 알베르트 아인슈타인Albert Einstein의 특수상대성이론은 아인슈타인이 전자가 무엇인지 고민하는 것을 거부했기 때문에 가능했다. 대신에 그는 전자를 포함한 모든 물체의 관측이 관측자의 운동에 어떻게 의존하는지를 고민했다. 다음으로는 자연의 힘들을 통합하는 문제가 제기되었지만 말년의 아인슈타인도 이에 대해서는 진전을 이루지 못했다. 당시에는 누구도 이 힘들에 대해 충분히 알지 못했기 때문이다.

헬레니즘 시대의 과학자들과 고전 시대 과학자들 사이에 존재하는 또 하나의 중요한 차이는, 헬레니즘 시대의 과학자들은 지식을 위한 지식과 활용을 위한 지식을 고상하게 구별하는 데 덜 집착했다는 것이다. 사실 역사를 통해서 많은 철학자들은 발명가들을 〈한여름 밤의 꿈〉에서 법원 관리 필로스트레이트Philostrate가 피터 퀸스Peter Quince와 그의 직공들을 묘사할 때와 비슷한 관점으로 보았다. "지금은 아테네에서 일하고 있는, 한 번도 자신의 마음을 가지고(머리로) 일한 적이 없는 육체노동자들."

기본 입자나 우주론처럼 실용적으로 바로 적용될 수 없는 주제를 연구하는 물리학자로서, 나는 지식을 위한 지식에 반대하는 말을 할 생각이 전혀 없다. 하지만 사람들이 필요로 하는 것을 제공하겠다는 목적으로 과학 연구를 하는 것은 과학자들이 시를 쓰는 것을 멈추고 현실을 마주하도록 강제하는 아주 좋은 방법이다.[5]

물론 사람들은 초기의 인류가 불을 이용하여 요리하는 법을 배우고 돌을 깨뜨려서 간단한 도구를 만드는 법을 익힐 때부터 기술적인 발전에 관심을 가져왔다. 하지만 고전 시대의 완고한 지적 허영심 때문에, 플라톤이나 아리스토텔레스 같은 철학자들은 자신의 이론을 기술적으로 적용하는 쪽으로 방향을 돌리지 않았다.

이런 선입견은 헬레니즘 시대에도 사라지지는 않았지만 영향력은 줄어들었다. 실제로, 평범하게 태어난 사람들도 발명가로 유명해질 수 있었다. 이발사의 아들로 태어나 기원전 250년경에 흡입기와 압상 펌프, 그리고 물이 흘러들어오는 그릇의 수위를 일정하게 유지하여 이전의 물시계들보다 더 정확하게 작동하는 물시계를 발명한 알렉산드리아의 크테시비오스Ctesibius가 그 좋은 예이다. 크테시비오스는 200년 후 로마의 비트루비우스Vitruvius의 논문 〈건축에 관하여On Architecture〉에 등장할 정도로 유명했다.

헬레니즘 시대에 체계적이고 과학적인 연구, 그리고 기술의 발전에 도움이 되는 연구에도 관심을 가진 학자들이 있었던 덕분에 몇 가지 기술이 발전했다. 예를 들어, 기원전 250년경에 알렉산드리아에 머물렀던 비잔티움의 필론Philo은 《기계통사론Michanice syntaxism》에서 항구, 요새, 포위 작전, 그리고 투석기(일부는 크테시비오스의 연구에 바탕을 두었다)에 대해서 쓴 군사 기술자였다. 하지만 필론은 《공기역학Pneumatics》에서 공기가 실재한다는 아낙시메네스, 아리스토텔레스, 그리고 스트라톤의 관점을 지지하는 실험적인 주장을 하기도 했다. 예를 들어, 빈 병의 뚜껑을 열고 입구가 아래쪽을 향하게 하여 그대로 물에 담그면 물이 흘러들어오지 않는다. 병 속에 있는 공기가 갈 곳이 없기 때문이다. 하지만

병에 구멍이 뚫려서 공기가 빠져나오게 되면 물이 흘러들어가 병을 가득 채운다.[6]

이와 더불어, 그리스의 과학자들이 반복해서 다루었고 심지어 로마 시대까지 연구가 이어졌던 실용 과학 주제가 있다. 바로 빛의 행동이었다. 이 주제에 대한 관심은 헬레니즘 시대가 시작되던 시기의 유클리드에까지 거슬러 올라간다.

유클리드의 생애는 거의 알려진 것이 없다. 그는 프톨레마이오스 1세 시대에 살았던 것으로 알려져 있고, 알렉산드리아 박물관에서 수학을 연구했던 것으로 보인다. 그의 가장 유명한 저작은 몇 개의 기하학적 정의, 공리, 가정에서 시작하여 점점 더 복잡한 이론을 꽤 엄격하게 증명하는 데까지 나아가는 《기하학원론》이다.[7] 하지만 그는 원근법을 다루는 《광학Optics》도 썼다. 유클리드의 이름은 거울에 의한 반사를 연구한 《반사광학Catoptrics》에도 등장하지만 현대의 역사학자들은 이것이 그의 저작이라고는 믿지 않는다.

생각해보면 반사에는 뭔가 특별한 것이 있다. 평면거울에 반사되는 작은 물체를 보면 물체의 상이 거울에 퍼지지 않고 명확한 지점에 맺힌다. 물체에서 거울 위의 지점을 지나 눈으로 들어가는 경로는 아주 많이 그릴 수 있다.* 하지만 결과적으로는 실제로 택하는 경로가 하나뿐이기 때문에 이 경로가 만나는 거울의 한 지점에 상이 나타나는 것으로

---

*고대 세계에서는 일반적으로 무언가를 볼 때 눈에서 빛이 나와서 물체에 닿는다고 생각했다. 당시에는 시각을 만지는 것의 일종으로 여겨, 보는 사람이 보이는 대상에 가서 닿아야 한다고 생각한 것이다. 이후 논의에서는 물체에서 나온 빛이 눈에 닿는다는 현대적인 이해를 바탕으로 시각을 이야기할 것이다. 다행히 반사나 굴절을 분석할 때는 빛이 어느 방향으로 가든지 아무런 차이가 없다.

보인다. 거울에서 그 지점의 위치를 결정하는 것은 무엇일까? 작자 미상의 《반사광학》에는 이 질문에 대답하는 기본적인 원리가 나와 있다. 광선이 평면거울과 만나는 각도와 그것이 반사되는 각도는 같고, 이 조건을 만족하는 빛의 경로는 단 하나뿐이라는 것이다.

헬레니즘 시대에 누가 이 원리를 처음 발견했는지는 알 수 없다. 하지만 이제 우리는 서기 60년경에 알렉산드리아의 헤론Hero이 자신의 저서 《반사광학 Catoptrics》에서 '물체에서 나와 거울에 반사되어 관측자의 눈으로 들어오는 광선이 선택하는 경로는 길이가 가장 짧은 경로'라는 가정에 기반을 두어 등각 규칙을 수학적으로 증명했다는 사실을 알고 있다(전문 해설 8 참조). 자신의 가정을 정당화하는 과정에서 헤론은 단지 이렇게만 말하는 것으로 만족했다. "자연은 쓸모없는 일을 하지 않고 필요 없이 애쓰지 않는다는 데 동의할 수 있다."[8] 아마도 그는 모든 것은 목적을 가지고 일어난다는 아리스토텔레스의 목적론에서 영향을 받은 것 같다.

하지만 헤론은 옳았다. 14장에서도 보겠지만, 17세기에 하위헌스 Christiaan Huygens는 빛의 파동적 특징으로부터 최단 거리(실제로는 최소 시간)의 원리를 끌어낼 수 있었다. 광학의 기초를 연구한 헤론은 그 지식을 이용하여 실용적인 관측기기인 경위의經緯儀를 발명하고 사이펀 siphon(용기를 기울이지 않고 높은 곳에 있는 액체를 낮은 곳으로 옮기는 연통관 – 옮긴이)의 원리를 설명했으며 군사용 투석기와 원시적인 증기 기관도 설계했다.

광학에 대한 연구는 서기 150년경에 알렉산드리아에서 위대한 천문학자인 클라우디오스 프톨레마이오스Claudios Ptolemaeos (프톨레마이오스 왕조와는 관계가 없다)가 더 깊게 이어갔다. 그의 책《광학Optics》은 없어진 그리스어 원본의 아랍어 판(중간본인 시리아어 판과 아랍어 판도 현재는 없어진 상태이다)을 라틴어로 번역한 판본이 남아 있다. 이 책에서 프톨레마이오스는 유클리드와 헤론의 등각 규칙을 증명하는 측정을 설명했다. 그는 또한 이 규칙을 오늘날 놀이공원에서 찾을 수 있는 곡면거울의 반사에도 적용했다. 그는 곡면거울에서의 반사는 실제 거울의 반사되는 지점에 접선으로 평면거울이 있는 것과 똑같다는 사실을 정확하게 이해했던 것으로 보인다.

광학의 마지막 장에서 프톨레마이오스는 공기와 같은 하나의 투명한 매질에서 물과 같은 다른 투명한 매질로 빛이 지나갈 때 나타나는 굴절에 대해서도 연구했다. 그는 물이 담긴 그릇의 가장자리에 각도 눈금을 표시한 원반을 매달았다. 프톨레마이오스는 원반에 붙은 관을 따라 물에 잠긴 물체를 관찰함으로써 표면에 수직한 선에 대하여 입사된 빛과 굴절된 빛이 만드는 각도를 몇 분에서 몇 초 정도의 정확성으로 측정할 수 있었다.[9]

13장에서 보겠지만 이 각도와 관련된 정확한 법칙은 17세기에 페르마Pierre de Fermat가 헤론이 반사에 적용했던 원칙을 단순하게 확장함으로써 알아냈다. 물체에서 굴절을 거쳐 눈으로 향하는 빛이 택하는 경로는 가장 짧은 경로가 아니라 가장 짧은 시간이 걸리는 경로이다. 가장 짧은 거리와 가장 짧은 시간이 걸리는 거리는 광선이 같은 매질을 통과하고 거리가 단순히 시간에 비례하는 반사에서는 차이가 없다. 하지만 하나의 매질에서 다른 매질로 광선이 지나갈 때 빛의 속도가 변하는 굴절에서는 문제가 된다. 프톨레마이오스는 이것을 이해하지 못했고, 스넬Snell

의 법칙으로 알려진(프랑스에서는 데카르트Rene Descartes의 법칙으로 알려져 있다) 정확한 굴절의 법칙은 1600년대까지 실험으로 발견되지 않았다.

헬레니즘 시대에서(어쩌면 모든 시대에서) 가장 인상적인 과학-기술자는 아르키메데스Archimedes이다. 아르키메데스는 기원전 200년대에 시라쿠세에 살았지만 적어도 한 번은 알렉산드리아를 방문했던 것으로 보인다. 그는 여러 종류의 도르래와 나사, 그리고 '갈고리'와 같은 다양한 전쟁 무기를 발명했다고 알려져 있다. 갈고리는 그의 지렛대에 대한 이해에 기반을 둔 것으로, 해안 근처에 정박해 있는 배를 잡아서 뒤집을 수 있는 무기였다. 수백 년 동안 농업에서 사용된 그의 발명품은 강에서 물을 끌어올려 들판에 물을 댈 수 있는 거대한 스크루펌프였다. 아르키메데스가 시라쿠세를 방어하기 위해 곡면거울로 햇빛을 모아 로마의 군함에 불을 질렀다는 이야기는 꾸며낸 이야기가 거의 확실하지만, 이것은 그의 마법 같은 기술에 대한 명성을 잘 보여준다.

《물체의 균형에 관하여On the Equilibrium of Bodies》에서 아르키메데스는 균형을 결정하는 것에 대해서 연구했다. 막대가 놓여 있는 받침점에서 막대 양쪽 끝까지의 길이가 양쪽 끝의 무게에 반비례하면 막대는 균형을 이룬다. 예를 들어, 한쪽 끝은 5파운드이고 다른 쪽 끝은 1파운드인 막대는 받침점에서 1파운드 쪽의 길이가 5파운드 쪽 길이의 5배가 되면 균형을 이룬다.

물리학에서 아르키메데스의 가장 큰 업적은 그의 책《부체에 관하여》에 포함되어 있다. 아르키메데스는 액체 자체의 무게 혹은 떠 있거나 잠겨 있는 물체의 무게에 의해서 액체의 어떤 부분이 다른 부분에 비해 아래로 더 강한 압력을 받으면, 액체는 모든 부분이 아래로 똑같은 무게를 받을 때까지 움직인다고 추론했다.[10] 그는 이렇게 썼다.

액체는 균일하고 연속적으로 퍼져 있고, 약하게 밀치는 부분은 강하게 밀치는 부분에 의해 영향을 받는 성질을 가지고 있으며, 액체에 무언가가 잠겨 있거나 다른 물체에 의해 압력을 받으면 액체의 각 부분은 그 위에 있는 액체에 의해 수직 방향으로 힘을 받는다고 가정하자.

여기에서부터 아르키메데스는 물에 뜨는 물체는 물체에 의해 밀려나는 물의 무게와 물체의 무게가 같아지는 깊이만큼 잠기게 된다는 결론을 이끌어냈다(이 때문에 배의 무게는 '배수량displacement'이라고 불린다). 마찬가지로 너무 무거워서 가라앉아 있거나 액체 속에서 균형을 잡고 매달려 있는 물체는 밀려난 액체의 무게만큼 실제 무게보다 더 가벼워진다(전문 해설 9 참조). 이것을 바탕으로 물체의 실제 무게와 물에 잠겨 있을 때 줄어드는 무게의 비인 '비중specific gravity'을 구할 수 있다. 비중은 그 물체의 무게, 그리고 그 물체와 같은 부피의 물이 가지는 무게의 비를 말한다. 모든 물질은 자신만의 비중을 가진다. 예를 들면, 금의 비중은 19.32이고 납의 비중은 11.34이다.

액체의 상태에 대한 체계적이고 이론적인 연구로부터 얻어낸 이 방법은 아르키메데스가 왕관이 순수한 금으로 만들어졌는지 아니면 싼 금속이 섞인 것인지 알아낼 수 있도록 해주었다. 아르키메데스가 실제로 이 방법을 사용했는지는 명확하지 않지만, 이 방법은 수백 년 동안 물체의 구성 성분을 판단하는 데 사용되었다.

이보다 훨씬 더 인상적인 것은 수학에서의 아르키메데스의 성과다.

그는 적분을 앞서간 기술을 이용하여 여러 종류의 도형 및 입체의 면적과 부피를 구했다. 예를 들어 원의 면적은 원의 둘레와 반지름의 곱의 절반이다(전문 해설 10 참조). 아르키메데스는 기하학적인 방법을 사용하여 우리가 지금은 파이^{pi}라고 부르는(아르키메데스는 이 용어를 사용하지 않았다) 원의 둘레와 지름의 비율이 3과 7분의 1에서 3과 71분의 10 사이라는 것을 보였다. 키케로는 아르키메데스의 묘비에서 테니스공 하나가 크기가 딱 맞는 통에 들어 있는 것처럼, 하나의 구가 원통의 모든 면에 접하고 있는 그림을 보았다고 말했다. 아마도 아르키메데스는 이 그림에서 구의 부피가 원통 부피의 3분의 2가 된다는 사실을 증명했다는 것을 가장 자랑스러워했던 모양이다.

아르키메데스의 죽음에 대해서는 로마의 역사학자 리비우스Livy, Titus Livius가 전하는 일화가 있다. 아르키메데스는 기원전 212년에 죽었는데, 시라쿠세가 마르쿠스 클라우디우스 마르켈루스Marcus Claudius Marcellus가 이끄는 로마군에 의해 점령당한 해였다(제2차 포에니 전쟁 동안에는 친카르타고파가 시라쿠세를 지배하고 있었다). 로마군이 시라쿠세로 밀고 들어갔을 때, 아르키메데스는 기하학 문제를 풀고 있다가 한 군인에게 죽음을 당했다고 한다.

너무나 탁월했던 아르키메데스를 제외하면 헬레니즘 시대의 가장 위대한 수학자는 아르키메데스보다 젊은 동시대인 아폴로니오스였다. 아폴로니오스는 기원전 262년경에 당시 페르가몬Pergamon 왕국의 지배하에 있던 소아시아의 동남쪽 해안도시 페르게Perga에서 태어났지만, 기원전 247년에서 203년 사이인 프톨레마이오스 3세와 프톨레마이오스 4세 시절에 각각 알렉산드리아를 방문했다. 그의 위대한 업적은 원뿔곡선인 타원, 포물선, 쌍곡선에 관한 연구였는데, 이 곡선들은 원뿔을 여러 각도의 평면으로 자를 때 만들어지는 곡선이다. 원뿔곡선에 대한 이론은 후대에 케플러와 뉴턴이 매우 요긴하게 사용했지만, 고대 세계에서는 어떤 물리적인 이용법도 찾지 못했다.

뛰어난 성과이긴 했으나, 그리스의 수학은 기하학을 강조했기 때문에 현대 물리학에 필수적인 기술이 빠져 있었다. 그리스인들은 대수학적인 공식들을 만들거나 다루지 못했다. $E = mc^2$이나 $F = ma$와 같은 공식들은 현대 물리학의 핵심이다(서기 250년경에 알렉산드리아에서 맹활약했던 디오판토스Diophantus에 의해 순수하게 수학적인 공식들이 이용되었으나, 그의 방정식에 사용된 기호들은 물리학 공식에서 사용하는 기호들과는 달리 정수나 유리수를 표현하는 데 국한되었다). 현대의 물리학자들은 17세기에 데카르트 등이 개발한 분석기하학 기술(13장 참조)을 이용하여 기하학적 사실들을 대수학적으로 표현함으로써 필요한 결론을 이끌어내는 경향이 있다.

그리스 수학의 이유 있는 명성 덕분에, 기하학적인 방법은 17세기의 과학 혁명 때까지 꾸준히 이어졌다. 1623년에 갈릴레이는 《황금계량자 The Assayer》라는 책에서 수학을 찬양할 때 기하학을 언급했다.* "철학은 언제나 당신의 눈앞에 열려 있고, 우주 자체인 그 모든 것을 포함하는 이 책에 쓰여 있다. 하지만 그것은 쓰여 있는 언어를 배우고 등장인물

---

*《황금계량자》는 갈릴레이가 예수회 반대자들을 비판한 것으로, 교황청의 비르지니오 체사리니Virginio Cesarini에게 보내는 편지 형식을 취하고 있다. 11장에서 살펴보겠지만 《황금계량자》에서 갈릴레이는 혜성이 지구에서 달보다 더 멀리 있다는 티코 브라헤Tycho Brahe와 예수회의 관점을 공격하고 있다. 그러나 사실 브라헤와 예수회의 관점이 현대 시점에서는 올바르다.

들을 알기 전에는 이해할 수 없다. 그것은 수학적인 언어로 쓰여 있고, 등장인물들은 삼각형과 원, 그리고 여러 기하학적인 도형들이다. 이것이 없으면 인간이 그 단어를 이해하는 것은 불가능하기 때문에 어둠의 미로를 헤매게 될 것이다."

갈릴레이는 대수학보다 기하학을 더 강조했다는 점에서 약간은 시대에 뒤떨어졌다. 그의 저작에서 대수학을 일부 사용하고 있긴 하지만, 그는 동시대 사람들보다는 좀 더 기하학적이었고 현대의 물리학 논문들에 비해서는 훨씬 더 기하학적이다.

현대에는 순수 과학을 위한 자리가 만들어졌고 과학은 실제 적용에 관계없이 그 자체의 목표로 추구된다. 과학자들이 이론을 증명할 필요를 느끼지 못했던 고대 세계에서는 과학을 기술적으로 적용하는 것이 특별한 중요성을 가졌다. 누군가가 과학 이론을 그냥 말로만 하지 않고 사용을 한다고 하면, 올바른 결론에 도달하는 것이 매우 중요해지기 때문이다. 만일 아르키메데스가 도금한 납 왕관을 순금이라고 틀리게 판정했다면 그는 시라쿠세에서 인기를 얻지 못했을 것이다.

나는 헬레니즘 시대와 로마 시대에 과학에 기반을 둔 기술이 중요했다고 과장할 생각은 없다. 크테시비오스나 헤론이 만든 기기들은 장난감이나 연극 소품 정도로밖에 보이지 않는다. 헤론의 장난감 증기 기관에서 노동력을 절감하는 기기가 개발될 수도 있었을지 모르지만, 역사학자들은 노예제도에 기반을 둔 경제에서는 이런 기기에 대한 수요가 없었을 것이라고 생각한다. 고대 세계에서 군사 기술이나 도시 공학은 매우 중요했고, 알렉산드리아의 왕들은 아마도 박물관에서 투석기나 대포들을 연구하도록 지원했을 것이다. 하지만 이런 연구는 당시의 과학에서 얻어온 것이 별로 없어 보인다.

그리스에서 가장 많은 실용적인 가치를 가졌던 과학 분야는 당시 가장 발전되어 있던 분야이기도 하다. 그 과학 분야는 바로 2부에서 다루게 될 천문학이다.

'과학을 실제로 적용하는 것이 과학을 올바르게 만드는 데 강한 유인책을 제공한다'는 앞의 주장에는 사실 큰 예외가 있었다. 의학에서의 처방이었다. 현대 이전까지는 아무리 유능한 의사라도 그 효과가 경험적으로 검증된 적이 없고 실제로 이로운 면보다는 해로운 면이 더 많은 관행적인 방법(출혈 등)을 사용했다. 19세기에 처음 소독 기술이 등장했을 때, 대부분의 의사들은 소독이 아주 유용하고 과학적 기반이 두터움에도 불구하고 이것을 거부했다. 20세기가 되어서야 약을 사용할 수 있도록 승인하기 전에 임상 실험이 요구되었다.

의사들은 일찍부터 여러 종류의 병들을 인지했고, 키니네를 함유하고 있는 '기나피幾那皮, Peruvian bark'처럼 말라리아에 효과적인 치료제를 알고 있기도 했다. 그들은 진통제, 마취제, 구토제, 변비약, 최면제, 독약을 만드는 법을 알았다. 하지만 20세기가 시작되던 시기까지도 심하게 아프지 않은 사람은 의사의 진료를 피하는 편이 더 좋다는 말이 자주 나왔다.

의학에서의 처방을 뒷받침하는 이론이 없었던 것은 아니다. 사람을 낙관적으로 만드는 '혈액', 침착하게 만드는 '점액', 우울하게 만드는 '흑담즙', 화나게 만드는 '황담즙'에 대한 이론인 4체액설이 있었다. 4체액설은 고대 그리스 시대에 히포크라테스Hippocrates와 그가 인용했던 저작을 쓴 동료들에 의해 제안된 것이었다. 이 이론의 핵심은 '네 가지 체액이 골고루 섞이지 않으면 죽는다'는 것이다.

4체액설은 로마 시대 페르가몬의 갈레노스Galenos에 의해 도입되었는데, 그의 저작들은 서기 1000년경 이후 아랍에 이어 유럽에서 매우 큰 영향력을 발휘했다. 나는 4체액설이 통용되는 동안 그것의 효과를 실험적으로 검증해보려는 노력이 한 번이라도 있었는지 궁금하다. 4체액설은 인도의 전통 의학인 아유르베다Ayurveda 요법에 지금까지 남아 있다. 다만 체액의 수는 점액, 담즙, 바람의 세 가지로 줄었다.

4체액설과 함께 현대 이전까지 유럽의 내과 의사들은 의학적으로 적용할 수 있는 또 하나의 이론을 이해하고 있다고 믿고 있었다. 바로 점성술이었다. 역설적이게도 대학에서 이런 이론들을 공부할 기회를 가진 내과 의사들은 외과 의사들보다 훨씬 더 높은 대접을 받았다. 외과 의사들은 부러진 뼈를 바로잡는 것과 같이 대학에서 가르치지는 않았지만 정말로 실용적인 방법을 알고 있었는데도 말이다.

그런데 왜 의학에서의 원리와 처방은 실험에 의해 수정되지 않고 그렇게 오랫동안 잘못된 채로 계속되었을까? 물론, 생물학에서의 발전은 천문학에서보다 더 어렵다. 8장에서 논의하겠지만 태양과 달, 그리고 행성들의 운동은 너무나 명확하게도 규칙적이어서 이전의 이론이 정확하게 맞지 않는다는 것을 어렵지 않게 알 수 있었고, 이런 인식이 수백 년 후 더 나은 이론을 이끌어냈다. 하지만 숙달된 의사가 최선을 다해 노력했음에도 환자가 죽는다면 그 원인을 누가 알 수 있겠는가? 환자가 의사에게 너무 늦게 왔을 수도 있고, 의사의 지시를 충분히 잘 따르지 않았을 수도 있는 것이다. 4체액설이나 점성술은 적어도 의학이 과학적인 학문이 되려고 노력하는 분위기를 보여주기는 하지만, 달리 어떤 대안이 있겠는가? 아스클레피오스Aesculapius(그리스 신화의 의술의 신-옮긴이)에게 동물을 바치던 시절로 되돌아가겠는가?

또 다른 요인은 환자들에게는 병에서 회복하는 것이 너무나 중요하다는 사실일 것이다. 이 사실만으로 의사들은 권위를 가지게 되었고, 자신들의 치료법을 계속 적용하기 위해서는 주어진 권위를 유지해야 했다. 권위를 가진 사람이 자신의 권위를 약화시킬 수 있는 연구에 저항하는 것은 의학에서만 있는 일이 아니다.

5장
고대의 과학과 종교

그리스인들은 종교에 의존하지 않고 자연 현상에 대한 합리적 설명을 찾기 시작하면서 현대 과학을 향한 큰 걸음을 뗐다. 하지만 과거와의 이런 단절은 매우 일시적이고 불완전한 것이었다. 1장에서 보았듯이, 디오게네스 라에르티오스는 탈레스의 원칙 중 "물이 우주의 기본 재료"라는 것뿐만 아니라 "세상은 살아 있으며 신성으로 가득 차 있다"는 것도 있다고 설명했다. 그래도 레우키포스와 데모크리토스의 가르침만 놓고 보아도, 이미 과거와의 단절은 이루어졌다. 이후 그들이 남긴 물질의 본성에 대한 어떤 저작에서도 신에 대한 언급은 없다.

과학의 발견에 대해 이야기할 때 자연에 대한 연구가 종교적인 사상과 결별했다는 것은 매우 중요하다. 이 결별은 수백 년이 걸렸고, 물리학에서는 18세기까지 완성되지 않았으며 생물학에서는 그때도 완성되지 않았다.

현대의 과학자들이 처음부터 초자연적인 인물이 없다고 전제하는 것은 아니다. 나는 그런 관점을 가지고 있지만, 진지하게 종교를 믿는 훌륭한 과학자들도 있다. 현대 과학자들의 관점은 초자연적인 개입을 가정하지 않고 얼마나 멀리까지 갈 수 있느냐 하는 것이다. 오직 이 방법으로만 과학을 할 수 있다. 초자연을 끌어들이면 모든 것을 설명할 수 있고, 어떤 설명도 검증할 수가 없기 때문이다. 최근에 등장한 '지적 설계론'이 과학이 아닌 이유가 바로 이것이다. 이것은 과학이라기보다 과학의 포기라고 해야 한다.

그러나 플라톤의 사상은 종교로 가득 차 있다. 《티마이오스》에서 그는 신이 어떻게 행성들을 궤도에 올려놓았는지 서술하고 있다. 플라톤은 행성들이 그 자체로 신성하다고 생각했을 수도 있다. 헬레니즘 철학자들이 신과 결별할 때조차도, 그 철학자들 중 일부는 인간의 가치와 감정의 관점에서 자연을 서술했다. 아마 죽어 있는 것 같은 세상보다는 살아 있는 인간의 세상이 더 그들의 관심을 끌었을 것이다.

앞에서 본 것처럼, 물질의 변화를 논할 때 아낙시만드로스는 정의를 이야기했고 엠페도클레스는 갈등을 이야기했다. 플라톤은 자연의 요소와 여러 측면들이 그 자체로 연구할 가치가 있다고 생각하지 않았다. 자연 현상이 인간사뿐만 아니라 자연 세계에도 나타나는 신성의 예시이기 때문에 연구할 가치가 있다고 생각했던 것이다. 그의 종교는 《티마이오스》에 있는 다음 문단에서 알아볼 수 있다. "신은 가능한 한 모든 것이 선이고 악이 없기를 원하기 때문에 눈에 보이는 모든 것을 받아들이고, 신은 정지해 있는 상태가 아닌 조화롭지 않고 무질서한 운동을 볼 때 모든 면에서 질서가 무질서보다 좋다고 여겨 무질서한 것을 질서 있게 만든다."[1]

오늘날 우리는 자연에서 질서 찾기를 계속하고 있다. 하지만 우리는 질서가 인간의 가치에 바탕을 두고 있다고 생각하지 않는다. 물론 모든

1부 _ 그리스의 물리학

사람들이 여기에 만족하지는 않는다. 20세기의 위대한 물리학자 에어빈 슈뢰딩거Erwin Schrödinger는 과학과 인간의 가치가 섞여 있던 고대의 모습으로 돌아가자고 주장했다.[2] 같은 맥락으로 역사학자 알렉상드르 쿠아레Alexandre Koyré는 과학이 지금 우리가 철학이라고 부르는 것과 분리되어 있는 현실을 '재앙'으로 보았다.[3] 나는 자연에 대한 이런 전체론적인 접근을 동경하는 관점이 바로 과학자들이 극복해야 하는 문제라고 생각한다. 우리는 자연의 법칙에서 선, 정의, 사랑, 갈등과 같은 사상을 찾지 말고, 철학을 과학적인 설명에 적합한 안내자로 생각하지도 말아야 한다.

기독교를 제외한 종교의 경우, 그들이 대체 어떤 논리를 가지고 자신들의 종교를 믿는지 이해하기가 쉽지 않다. 폭넓게 여행하고 독서했던 그리스인들은 유럽, 아시아, 아프리카의 나라들에서 여러 종류의 신들을 숭배하고 있다는 것을 알고 있었다. 그리스인들 중 일부는 이것을 같은 신들의 다른 이름으로 보려고 시도했다. 예를 들어 독실한 역사학자 헤로도토스Herodotus는 이집트의 원주민들이 그리스의 여신 아르테미스와 유사한 부바스투스Bubastus라는 이름의 여신을 섬기는 것이 아니라, 아르테미스를 부바스투스라는 이름으로 섬기고 있다고 기록했다. 그러나 어떤 사람들은 이런 신들이 모두 다르고, 모두 실재한다고 생각했으며 심지어 다른 곳의 신들을 자신들이 섬기는 신에 포함시키기도 했다. 디오니소스와 아프로디테와 같은 몇몇 올림포스 산의 신들은 아시아에서 수입된 것이다(디오니소스 신화의 발생지로 추측되고 있는 곳은 그리스, 트라키아, 아시아, 에티오피아 등으로 다양하다-옮긴이).

하지만 어떤 그리스인들에게는 신의 다양성이 불신을 키우는 원인이 되었다. 소크라테스 이전의 크세노파네스는 이런 유명한 말을 했다.

"에티오피아인의 신들은 넓적한 코에 검은 머리를 가지고 있고, 트라키아인의 신은 회색 눈과 붉은 머리를 가지고 있다. 만일 황소나 사자가 손이 있어서 사람처럼 그림을 그릴 수 있었다면 사자는 사자처럼 생긴 신을 그릴 것이고 황소는 황소처럼, 그리고 모든 종들은 자신들의 모습과 비슷한 신을 만들어냈을 것이다."[4]

헤로도토스와는 반대로 역사학자 투키디데스Thucydides는 종교적인 믿음을 전혀 드러내지 않았다. 그는 아테네의 장군 니키아스Nicias가 시라쿠세에 맞서던 자신의 군대를 철수시키는 시기를 월식 때문에 연기했다는 사실이 끔찍하다고 비판했다. 투키디데스는 니키아스가 "점술과 같은 것에 지나치게 빠졌다"고 말했다.[5]

자연을 이해하고자 하는 그리스인들 사이에서는 특히 회의주의가 보편화되었다. 앞에서 보았듯이 원자에 대한 데모크리토스의 사상은 완벽하게 자연주의적이었다. 몇몇 학자들은 데모크리토스의 사상을 종교에 대한 해결책으로 받아들였다. 그 첫 번째 사례는 아테네에 정착하여 헬레니즘 시대 초기에 '가든'으로 알려진 학교를 건설한 사모스 섬의 에피쿠로스였다. 에피쿠로스의 사상은 다시 로마의 시인 루크레티우스Titus Carus Lucretius에게 영감을 주었다. 루크레티우스의 시 〈만유의 본성On the Nature of Things〉은 수도원의 도서관에 묻혀 있다가 1417년에 재발견되어 르네상스 시대의 유럽에 큰 영향을 주었다. 스티븐 그린블랫Stephen Greenblatt은 루크레티우스가 마키아벨리, 모어Thomas More, 셰익스피어, 몽테뉴, 가상디Pierre Gassendi,* 뉴턴, 그리고 제퍼슨

---

*피에르 가상디는 에피쿠로스와 루크레티우스의 원자론을 기독교와 조화시키려고 시도한 프랑스의 성직자였다.

Thomas Jefferson*에게 준 영향을 추적했다.[6]

　신에 대한 믿음을 포기하지 않은 곳에서조차도, 그리스인들 사이에서는 신에 대한 이야기를 숨겨진 진실에 대한 단서를 의미하는 비유로 사용하는 경향이 점점 커졌다. 기번Edward Gibbon이 말했듯이 "그리스 신화의 광대함은 진실한 탐구자들이 문자 그대로의 해석에 분노하거나 만족해하지 않고, 신중한 고대인들이 어리석음과 우화의 가면 아래에 숨겨둔 신비한 지혜를 부지런히 탐구해야 한다고 분명하고 잘 들리는 목소리로 말하고 있다."[7]

　숨겨진 지혜에 대한 탐구는 지금은 신플라톤주의로 알려진 학교가 등장하며 로마 시대까지 이어졌다. 이 학교는 서기 3세기에 플로티노스Plotinus와 그의 제자 포르피리오스Porphyrios가 세웠다. 신플라톤주의자들은 과학적으로는 별로 창의적이지 않았지만, 플라톤이 수학에 대해 가지고 있었던 관심은 계속 유지했다. 예를 들어 포르피리오스는 피타고라스의 삶과 유클리드의 《기하학원론》에 대한 해설을 썼다. 표면에 보이는 것 아래에 숨어 있는 의미를 찾는 것은 과학에서 큰 부분을 차지하는 일이기 때문에, 신플라톤주의자들이 과학에 적어도 관심을 보이기는 했던 것이 그리 놀라운 일은 아니다.

　당시의 종교인들은 서로의 사적인 믿음을 감시하는 데 별로 관심이 없었다. 그들에게는 성경이나 코란처럼 종교적인 교리에 대해 글로 쓰인 권위 있는 자료가 없었다. 〈일리아드〉와 〈오디세이아〉, 그리고 헤시오도스의 〈신통기神統記, Theogony〉는 신학이 아니라 문학으로 분류되었

---

*토머스 제퍼슨은 미국의 제3대 대통령으로, 독립선언서를 작성하여 미국 민주주의를 상징하는 인물로 불린다.

다. 당시의 종교에도 수많은 시인과 사제들이 있었지만, 신학자는 없었다. 하지만 무신론을 공개적으로 표현하는 것은 위험했다. 적어도 아테네에서는 무신론자라는 공격이 정치적인 논쟁에서 무기로 종종 사용될 정도였고, 신을 믿지 않는다는 표현을 한 철학자들은 국가의 노여움을 샀다. 소크라테스 이전의 철학자인 아낙사고라스는 태양이 신이 아니라 펠로폰네소스 반도보다 더 큰 뜨거운 돌이라고 가르쳤다는 이유로 아테네에서 추방을 당했다.

특히 플라톤은 자연에 대한 연구에서 종교의 역할을 지키는 데 열심이었다. 그는 데모크리토스의 무신론적인 가르침에 경악을 금치 못했다. 《법률Laws》 10권에서 플라톤은 자신이 이상적이라고 여기는 사회에 대해 말하면서, 신이 존재한다는 것과 신이 인간의 일에 개입한다는 것을 부정하는 자는 누구든 5년 동안 독방에 감금되고 그동안 회개하지 않으면 사형에 처해져야 한다고 규정했다. 그러나 다른 많은 부분과 마찬가지로 이 부분에서도 알렉산드리아의 정신은 아테네와 달랐다. 나는 저작에 어떤 종교적 관심이라도 표현한 헬레니즘 과학자를 아무도 알지 못하며, 믿음이 없다는 이유로 고통받은 사람도 알지 못한다.

로마 제국에서도 종교적인 박해는 있었지만, 그렇다고 이방의 신들을 거부하지는 않았다. 로마 제국 후기의 신에는 프리기아의 키벨레Cybele, 이집트의 이시스Isis, 그리고 페르시아의 미트라스Mithras가 포함되었다. 하지만 어떤 신을 믿든지 국가에 대한 충성을 맹세하고 로마의 공식적인 종교를 공개적으로 존중해야 했다. 기번에 따르면 로마 제국의 종교들은 "사람들에게는 모두 똑같이 진실로, 철학자들에게는 모두 똑같이 거짓으로, 그리고 관리들에게는 모두 똑같이 유용한 것으로 생각되었다."[8] 기독교인들은 여호와나 예수를 믿어서가 아니라 로마의 종교를 공개적으로 부정했기 때문에 박해를 받았다. 그들도 로마 신들의 제단에 향을 올려놓았다면 사면을 받았을 것이다.

로마 제국하에 있는 그리스 과학자들의 작업도 종교에 의해 방해받지는 않았다. 히파르코스Hipparchos와 프톨레마이오스도 그들의 무신론적인 행성 이론 때문에 박해받지 않았다. 독실한 이교도인 황제 '배교자' 율리아누스Julianus는 에피쿠로스의 추종자들을 비판하긴 했지만 그들을 박해하는 일은 전혀 없었다.

과학에 대한 위협은 다른 곳에 있었다. 국가의 종교를 부정했기 때문에 불법이었음에도 불구하고, 기독교는 서기 2세기와 3세기에 걸쳐 로마 제국에 광범위하게 퍼졌다. 기독교는 313년에 콘스탄티누스 1세 Constantinus I에 의해 합법화되었고, 380년에 테오도시우스 1세Theodosius I 에 의해 로마의 유일한 합법적인 종교가 되었다. 그 기간 동안 그리스 과학의 위대한 성과들은 종말을 고하고 있었다. 역사학자들은 기독교의 발흥이 과학의 몰락과 관계가 있는 것인지에 대해 자연스러운 의문을 가지게 되었다.

과거에는 주로 종교의 가르침과 과학적 발견 사이에서 충돌이 일어나곤 했다. 예를 들어 코페르니쿠스는 그의 작품《천체의 회전에 관하여De Revolutionibus Orbium Coelestium》를 교황 바오로 3세에게 헌정하면서, 헌정사에 "성경의 구절을 과학 연구를 부정하는 데 사용하지 말아 달라"고 부탁했다. 그는 최악의 예로, 기독교인이자 콘스탄티누스 황제의 큰아들의 가정교사였던 락탄티우스Caecilius Firminaus Lactantius를 인용했다.

하지만 수학에 대해서는 전혀 무지하면서도 스스로 판단을 하려고 하며 어떤 '쓸데없는 이야기를 하는 사람들'이 있거나, 자신의 목적에 맞게 성서의 어떤 구절을 부끄러움도 없이 왜곡하는 사람들이 있다면, 그들은 어쩌면 저의 작업을 비난하고 공격하려 할 것입니다. 저는 그런 사람들을 전혀 신경 쓰지 않으며 그들의 무모함을 경멸하기까지 할 것입니다. 다른 분야에서는 뛰어난 저술가였지만 수학자라고는 할 수 없는 락탄티우스가, 지구가 구형이라고 말하는 사람들을 비웃으며 지구의 모양에 대해 너무나 유치한 생각을 말했다는 것은 잘 알려져 있습니다.[9]

이것은 별로 공정하지 못하다. 락탄티우스는 하늘이 땅 아래에 있는 것은 불가능하다고 말했을 뿐이었다.[10] 락탄티우스는 지구가 구형이라면 반대편에도 사람이나 동물이 살아야 한다고 주장했다. 물론 이것은 불합리한 생각이다. 사람이나 동물이 구형인 지구의 모든 곳에서 살아야 할 이유는 없다. 사람이나 동물이 지구의 반대편에 있는 것이 왜 문제가 되는가? 락탄티우스는 그들이 '하늘 아래쪽'으로 굴러 떨어질 것이라고 생각했다. 그러고는 "중심으로 끌려가는 것은 무게를 가진 물체의 본성이다"라고 했던 아리스토텔레스(그의 이름을 직접적으로 언급하지는 않았다)와 반대되는 관점을 피력하며, 아리스토텔레스와 같은 관점을 가진 사람을 "엉터리를 엉터리로 방어하는 것"이라고 비난했다. 정작 엉터리 논리를 주장했던 사람은 락탄티우스였기는 하지만, 코페르니쿠스가 말한 것과는 반대로 락탄티우스는 성서에 의존한 것이 아니라 자연 현상에 대한 너무나 얄팍한 추론에 의존했을 뿐이었다. 대체로 나는 성서와 과학 지식 사이의 직접적인 충돌이 기독교와 과학 사

1부_그리스의 물리학

이에 존재하는 긴장의 주요한 원인이라고 생각하지 않는다.

내가 보기에 훨씬 더 중요한 것은 과학이 우리에게 영향을 미쳐 정신을 산만하게 한다는, 초기 기독교인들 사이에 퍼져 있던 관점이었다. 이것은 기독교의 시초인 사도 바오로에까지 거슬러 올라간다. 사도 바오로는 이렇게 경고했다. "그리스도가 아닌, 인간의 전통과 세상의 기본 원리에 따른 철학과 헛된 속임수로 당신을 오염시키려 하는 자를 경계하라."[11] 이것과 비슷한 가장 유명한 말은 서기 200년경 교부 테르툴리아누스Quintus Septimius Florens Tertullianus의 다음과 같은 질문이다. "아테네가 예루살렘과 무슨 관계가 있으며, 아카데미와 교회가 무슨 관계가 있는가(테르툴리아누스는 알렉산드리아의 과학보다는 자신에게 좀 더 익숙한 아테네와 아카데미를 헬레니즘 철학의 상징으로 선택한 것으로 보인다)?"

교부들 중 가장 중요한 인물인 히포 출신 아우구스티누스Aurelius Augustinus of Hippo에게서는 비기독교의 지식을 배우는 것에 대한 환멸감도 발견된다. 아우구스티누스는 어릴 때 라틴어로 번역된 것뿐이었지만 그리스 철학을 공부했고, 아리스토텔레스의 이론을 이해한 것을 자랑하기도 했지만 나중에는 이렇게 질문했다. "내가 실제로는 사악한 욕망의 노예라면 소위 '교양 과목liberal arts'에 대한 그 모든 책들을 읽고 이해할 수 있다고 해서 나에게 무슨 이득이 되겠는가?"[12]

아우구스티누스는 기독교와 비기독교 철학 사이의 충돌에 대해서도 관심을 가졌다. 그의 말년인 426년에 그는 자신의 지난 저작들을 돌아보며 이렇게 말했다. "나는 플라톤이나 플라톤주의자들, 혹은 아카데미의 철학자들에게 그런 반종교적인 사람들, 특히 기독교의 가르침이 반드시 방어해야 할 오류를 저지른 사람들이 받기에는 너무 과한 칭찬을 했던 것에도 화가 났다."**13**

또 다른 요인으로는 기독교가 어쩌면 수학자나 과학자가 될 수도 있었을 영민한 젊은이들에게 교회에서 출세할 수 있는 기회를 제공했다는 것을 들 수 있다. 주교와 사제는 보통 민사 법원의 사법권에서 벗어났고 세금이 면제되었다. 알렉산드리아의 키릴로스Cyril of Alexandria나 밀라노의 암브로시우스Aurelius Ambrosius와 같은 주교들은 알렉산드리아 박물관이나 아테네 아카데미의 학자들보다 훨씬 더 강한 정치적 권력을 발휘했다.

이것은 새로운 현상이었다. 이전 시대에서는 부와 권력이 종교인에게 간 것이 아니라 부와 권력을 가진 사람들이 종교적인 직책을 맡았었기 때문이다. 예를 들어 율리우스 카이사르와 그의 후계자들은 독실함이나 지식을 인정받아서가 아니라 정치적인 힘의 결과로 교황의 직책을 차지했다.

비록 대부분이 이전의 연구에 대한 해설의 형태이긴 했지만, 그리스의 과학은 기독교를 받아들인 후 얼마 동안은 살아남았다. 5세기에 플라톤의 아테네 아카데미에서 신플라톤주의 후계자로 활동한 철학자 프로클로스Proclus Lycaeus는 새로운 내용이 추가된 유클리드의《기하학원론》의 해설서를 썼다. 8장에서도 나는 아카데미의 후기 구성원인 심플리키오스가 아리스토텔레스 해설서에서 행성의 궤도에 대한 플라톤의 관점을 언급한 것을 인용할 예정이다.

300년대 후반에는 알렉산드리아의 테온이 프톨레마이오스의 위대한 천문학 저작인《알마게스트Almagest》의 해설서를 쓰고 유클리드 저작의 발전된 개정판을 준비했다(미모로 유명했던 그의 딸 히파티아Hypatia

는 알렉산드리아 신플라톤주의 학교의 교장이 되었다). 한 세기 후에 알렉산드리아에서는 필로포누스 출신의 크리스티안 존Christian John of Philoponus이 아리스토텔레스에 대한 해설서를 썼는데, 여기에서 그는 운동에 대한 아리스토텔레스의 원칙을 쟁점으로 잡았다. 크리스티안 존은 위로 던져진 물체가 곧바로 아래로 떨어지지 않는 이유는 아리스토텔레스의 생각처럼 물체가 공기에 의해 운반되기 때문이 아니라, 물체가 던져질 때 그 물체를 계속 움직이게 하는 어떤 것이 주어지기 때문이라고 주장했다. 이것은 이후에 나온 '임페투스'나 '운동량'의 전신이라고 할 수 있다. 하지만 에우독소스, 아리스타르코스, 히파르코스, 유클리드, 에라토스테네스, 아르키메데스, 아폴로니오스, 헤론, 프톨레마이오스 같은 정도의 창의적인 과학자나 수학자는 더 이상 등장하지 않았다.

그러나 기독교의 성장 때문이든 아니든, 곧 해설가들도 사라졌다. 테온의 딸 히파티아는 415년에 키릴로스 주교가 부추긴 군중들에 의해 살해당했다. 그것이 종교적인 이유인지 정치적인 이유인지는 알기 어렵다. 그리고 529년 유스티니아누스Justinianus 황제(이탈리아와 아프리카의 재정복을 이끌고 로마법전을 편찬했으며 콘스탄티노플에 거대한 교회를 지은 황제)는 아테네의 신플라톤주의 아카데미를 폐교하라고 명령했다. 이 사건에 대해서, 기번의 반기독교적인 시각에도 불구하고 그의 멋진 글을 인용하지 않을 수 없다.

아테네의 학교들에게는 고트족의 손길이 오히려 새로운 종교의 확립보다 덜 치명적이었다. 사제들은 이성의 훈련을 거부하고, 믿음으로 모든 질문을 해결하고, 영원한 불꽃에 대한 불신과 회의를 비난했다. 많은 치열한 논쟁에서 그들은 이해심의 나약함과 양심의 변질을 옹호하고, 고대의 현자들이 말한 인간의 본성을 모욕하고, 교리에 불손하거나 아니면 적어도 기분 나쁜, 믿음이 부족한 사람들의 철학적인 탐구 정신을 금지했다.[14]

로마 제국의 그리스는 1453년까지 살아남았다. 그러나 앞으로 9장에서 살펴보겠지만 과학 연구의 핵심적인 중심지는 한참 전에 동쪽 바그다드로 옮겨간 후였다.

　　　　　　　　　　　　　　　1부_ 그리스의 물리학

2부
그리스의
천문학

TO
EXPLAIN
THE
WORLD:
The Discovery of
Modern Science

Before history there was science, of a sort. At any moment nature presents us with a variety of puzzling phenomena: fire, thunderstorms, plagues, planetary motion, light, tides, and so on. Observation of the world led to useful generalizations: fires are hot; thunder presages rain; tides are highest when the Moon is full or new, and so on. These became part of the common sense of mankind. But here and there, some people wanted more than just a collection of facts. They wanted to explain the world.

It was not easy. It is not only that our predecessors did not know what we know about the world—more important, they did not have anything like our ideas of what there was to know about the world, and how to learn it. Again and again in preparing the lectures for my course I have been impressed with how different the work of science in past centuries was from the science of my own times. As the much quoted lines of a novel of L.P. Hartley put it, "The past is a foreign country; they do things differently there." I hope that in this book I have been able to give the reader not only an idea of what happened in the history of the exact sciences, but also a sense of how hard it has all been.

고대 세계에서 가장 큰 발전을 이룩한 과학은 천문학이었다. 그 한 가지 이유는 천문학적인 현상들이 지구 표면에서의 현상들보다 더 단순하다는 것이다. 고대인들은 몰랐지만 지구와 다른 행성들은 단 하나의 힘(중력)에 의해 태양의 주위를 거의 일정한 속도를 유지하며 원에 가까운 궤도로 돌고, 거의 일정한 속도를 유지하며 자전을 한다. 지구의 주위를 도는 달도 마찬가지다. 결과적으로 태양, 달, 행성들은 지구에서 아주 정밀하게 연구될 수 있을 정도로 일정하고 예측 가능하게 움직이는 것으로 보인다.

고대 천문학의 또 다른 중요한 특징은 고대 물리학과는 달리 실용적이었다는 점이다. 6장에서는 천문학의 실용성에 대해서 논할 것이다. 7장에서는 헬레니즘 과학의 오류뿐만 아니라 헬레니즘 과학이 이룬 큰 성과에 대해서도 논할 것이다. 태양, 달, 지구의 크기 및 태양과 달까지의 거리를 측정해낸 것이 그 성과이다. 8장에서는 행성들의 겉보기 운동에서 나타나는 문제를 다룰 것이다. 이 문제는 중세 내내 천문학자들을 괴롭혔고, 결국에는 현대 과학의 탄생을 이끌어낸 위대한 고민이었다.

6장
천문학의 이용[1]

역사가 기록되기 전부터 하늘은 나침반, 시계, 그리고 달력으로 사용되어 왔던 것이 분명하다. 태양은 매일 아침 같은 방향에서 떠오르니 하늘에서 태양의 높이를 이용해 밤이 오기까지 시간이 얼마나 남았는지 알아내거나, 낮이 가장 긴 날이 지나면 날씨가 더워질 것이라는 사실을 알아차리는 등의 일은 전혀 어렵지 않았을 것이다.

우리는 아주 이른 역사 시대부터 별들이 이와 유사한 목적으로 사용되었다는 사실을 알고 있다. 기원전 3000년경의 이집트인들은 한 해 농업에서 가장 중요한 사건인 6월의 나일 강 범람이 시리우스(하늘에서 볼 수 있는 가장 밝은 별)가 태양과 함께 떠오르는 시기와 일치한다는 사실을 알고 있었다(이것은 일 년 중 처음으로 해가 뜨기 직전에 시리우스가 눈에 보이는 날이다. 이날 전에는 시리우스가 해뜨기 전에 보이지 않고, 이날 후에는 해뜨기 전부터 잘 보인다). 기원전 700년 이전에 활동했던 호메로스는 늦은 여름에 하늘 높이 떠 있는 시리우스를 아킬레우스에 비유했다. "밤하늘의 어둠 속에서 빛나는 많은 별들 중 월등히 밝게 빛나는 가을의 별, 오리온의 사냥개라는 이름이 붙은 별, 가장 밝게 빛나지만 악의 신호이자 불쌍한 영혼들에게 열병을 가져오는 것으로 여겨지는 별."[2]

얼마 후 시인 헤시오도스는 〈노동과 나날Works and Days〉에서 아르크투루스(목동자리에서 가장 밝은 별)가 태양과 함께 떠오를 때 포도를 수확하고, 플레이아데스가 태양과 반대편에 있을 때 땅을 갈아야 한다고 했다(이것은 일 년 중 플레이아데스성단이 처음으로 태양이 뜨기 직전에 지는 날이다. 이날 전에는 플레이아데스성단이 태양이 뜨기 전에는 지지 않고, 이날 이후에는 태양이 뜨기 전에 진다). 헤시오도스 시대 이후에는 그날의 가장 밝은 별이 뜨고 지는 것을 알려주는 파라메그마타paramegmata라는 달력이 광범위하게 사용되었는데, 주로 날짜를 같이 계산할 수 있는 다른 방법이 없는 그리스의 도시 국가들에서 이 달력을 활용했다.

현대의 도시 불빛에 방해를 받지 않고 밤하늘의 별을 관측했던 많은 초기 문명의 관측자들은 거의 모든 별들이 언제나 상대적으로 같은 위치에 있다는 사실을 분명히 알 수 있었다. 이것이 바로 날이 바뀌고 해가 지나도 별자리가 달라지지 않는 이유다. 이 고정된 별들은 매일 밤 '천구의 북극'이라고 하는 북쪽 하늘의 한 점을 중심으로 동쪽에서 서쪽으로 회전을 한다. 현대의 관점에서 보면 천구의 북극은 지구의 자전축을 지구의 북극에서 하늘로 연장한 점이다.

이런 관측을 통해 아주 이른 시기부터 선원들이 별들을 밤중에 방향을 잡는 데 사용하곤 했다. 우리는 호메로스의 작품에서 오디세우스가 고향 이타카로 돌아가던 중 지중해 서쪽에 있는 요정 칼립소의 섬에 잡혀 있었던 이야기를 들을 수 있다. 칼립소는 7년 후에야 결국 제우스의 명령으로 오디세우스를 풀어주는데, 그때 그에게 이렇게 말했다. "큰곰 또는 수레라고 불리기도 하는 이것을 왼쪽에 두고 바다를 건너가세요."[3] 큰 곰은 당연히 큰곰자리이며, 수레자리라고 불리기도 했고 지금은 북두칠성Big Dipper이라고 불린다(북두칠성은 실제로는 큰곰자리의 일부이다-옮긴이). 큰곰자리는 천구의 북극 근처에 있다. 그래서 지중해의 위도에서 큰곰자리는 절대로 지지 않고(호메로스는 "결코 바다로 가라앉거나 젖지 않는"이라고 표현했다), 언제나 북쪽 방향에 있다. 큰곰자리를 왼쪽에 두고 오디세우스는 이타카가 있는 동쪽 방향으로 계속 갈 수 있었다.

별자리를 더 잘 사용한 그리스인들도 있었다. 아리아노스Arrian가 쓴 알렉산더 대왕의 전기에 따르면, 대부분의 선원들이 큰곰자리로 북쪽을 찾았지만 고대 세계 최고의 선원이었던 페니키아인들은 큰곰자리만큼 밝지는 않으나 천구의 북극에 더 가까이 있는 작은곰자리를 사용했다. 디오게네스 라에르티오스의 인용에 따르면, 시인 칼리마코스Callimachus는 작은곰자리를 사용한 것이 탈레스 시대까지 거슬러 올라간다고 말했다고 한다.[4]

태양 역시 낮 동안에 천구의 북극을 중심으로 동쪽에서 서쪽으로 회전하는 것처럼 보인다. 낮에는 당연히 별을 볼 수 없지만, 헤라클레이토스Heraclitus와 그전 시대의 몇 사람은 별들이 낮에는 햇빛 때문에 보이지 않을 뿐이지 언제나 그 자리에 있다는 사실을 알고 있었던 것으로 보인다.[5] 해가 뜨기 직전이나 해가 진 직후에 보이는 별들을 통해 하늘에서 태양의 위치를 알 수 있었기 때문에, 태양과 별들의 상대적인 위치가 일정하지 않다는 사실도 분명히 알 수 있었다.

바빌로니아와 인도에서는 아주 일찍부터 알려져 있었듯이, 태양은 매일 별들과 함께 동쪽에서 서쪽으로 회전할 뿐만 아니라 특정한 길을 따라 서쪽에서 동쪽으로 일 년에 한 바퀴씩 회전한다. 여기에는 양자리, 황소자리, 쌍둥이자리, 게자리, 사자자리, 처녀자리, 천칭자리, 전갈자리, 궁수자리, 염소자리, 물병자리, 물고기자리가 순서대로 있다. 나중에 보겠지만, 달과 행성들도 거의 같은 길을 따라 움직인다. 별자리들을 따라 태양이 지나가는 이 길을 황도黃道라고 부른다.

황도에 대해 알게 되자 배경의 별에 대해서 태양의 상대적 위치를 정하는 것이 쉬워졌다. 단지 자정에 황도의 어떤 별자리가 하늘에서 가장 높이 떠 있는지만 찾으면 된다. 태양은 정확하게 그 반대 방향의 황도 별자리에 있을 것이다. 태양이 황도를 따라 완전하게 한 바퀴를 도는 데 365일이 걸린다는 것을 알아낸 사람은 탈레스로 알려져 있다.

별들은 천구에 고정되어 있고, 지구의 북극을 연장한 천구의 북극을 중심으로 천구가 회전하는 것으로 생각할 수 있다. 하지만 황도가 천구의 적도는 아니다. 아낙시만드로스는 황도가 천구의 적도에 대해 23.5도 기울어져 있고, 게자리와 쌍둥이자리가 천구의 북극에 가장 가까우며 염소자리와 궁수자리가 가장 멀다는 사실을 발견했다.

현대의 관점에서 보면 계절 변화의 원인이 되는 이 기울기는 태양계에 있는 대부분의 천체들이 회전하고 있는, 평면에 아주 가까운 천구의 궤도면과 지구의 자전축이 수직을 이루지 않고 23.5도만큼 기울어져 있기 때문에 생기는 것이다. 북반구의 여름에는 지구의 북극이 태양을 향하고 있고, 겨울에는 태양의 반대 방향을 향하고 있다.

태양의 겉보기 운동을 정확하게 관측할 수 있게 해주는 그노몬gnomon (고대의 해시계-옮긴이)이라는 기기가 등장하면서 천문학은 정밀한 과학이 되었다. 4세기 카이사레아Caesarea의 유세비오스Eusebius 주교는 아낙시만드로스가 그노몬을 처음 사용했다고 말했고, 헤로도토스는 이것을 바빌로니아인들이 처음 사용했다고 말했다. 그노몬은 햇빛이 비치는 편평한 바닥에 세우는 수직의 막대일 뿐이지만 이것이 있으면 정오가 언제인지 정확하게 알 수 있다. 정오는 태양이 가장 높이 뜨는 순간이므로 이때 그노몬의 그림자가 가장 짧다. 정오에는 적도보다 북쪽이라면 어디에서나 태양이 정남쪽에 있으므로 그노몬의 그림자는 정북쪽을 향한다. 그래서 바닥에 방향을 영구적으로 표시할 수 있다.

그노몬은 달력으로 사용되기도 한다. 봄과 여름에는 태양이 동쪽보다 약간 북쪽에서 뜨고, 가을과 겨울에는 동쪽보다 약간 남쪽에서 뜬다. 새벽에 그노몬의 그림자가 정서쪽을 향하면 태양은 정동쪽에서 뜬다. 이날은 겨울에서 봄으로 넘어가는 춘분春分이거나 여름이 끝나고 가을이 시작되는 추분秋分이다. 정오에 그노몬의 그림자 길이가 가장 짧은 날은 하지이고 가장 긴 날은 동지이다(그노몬은 우리가 생각하는 해시계와는 다르다. 해시계의 막대는 수직이 아니라 지구의 자전축과 평행하기 때문에 같은 시간에 그림자의 방향이 매일 똑같다. 그래서 해시계는 시계로는 유용하지만 달력으로는 유용하지 않다).

그노몬은 과학과 기술 사이의 연관성을 보여주는 좋은 예가 된다. 실용적인 목적으로 발명된 기술이 과학적 발견의 길도 열어줄 수 있다는 것이다. 그노몬 덕분에 춘분에서 하지까지, 그리고 다시 추분까지의 길이와 같은 계절의 날짜를 정확하게 셀 수 있게 되었다. 이런 방법으로 아테네의 유크테몬Euctemon은 계절의 길이가 정확하게 같지 않다는 사실을 발견했다. 이것은 지구를(또는 태양을) 중심에 두고 태양이(또는 지구가) 일정한 속도로 원운동을 한다면 나타날 수 없는 일이다. 그런 경우라면 계절의 길이가 같아야 하기 때문이다. 천문학자들은 수백 년 동안 계절의 길이가 서로 다른 이유를 이해하려고 노력했지만, 이것을 비롯한 다른 이상한 현상들은 17세기 요하네스 케플러가 다음 세 가지를 깨달은 다음에야 설명될 수 있었다. 지구가 태양의 주위를 도는 궤도는 원이 아닌 타원이고, 태양이 궤도의 중심이 아니라 초점이라고 하는 옆으로 치우친 위치에 있으며, 지구가 움직이는 속도는 태양에 가까울수록 빨라지고 멀어질수록 느려진다는 것이었다.

달도 역시 별처럼 천구의 북극을 중심으로 매일 동쪽에서 서쪽으로 회전하는 것처럼 보인다. 그리고 더 긴 시간 동안 태양처럼 황도를 따라서 서쪽에서 동쪽으로 움직인다. 하지만 달이 별들을 배경으로 한 바퀴를 도는 데에는 일 년이 아니라 27일이 조금 더 걸린다. 태양은 더 느리긴 하지만 황도를 따라 달과 같은 방향으로 움직이기 때문에, 달이 태양에 대해서 같은 위치로 돌아오는 데에는 약 29.5일이 걸린다(정확하게는 29일 12시간 44분 3초가 걸린다).

달의 위상(달의 모양이 한 달을 주기로 변하는 모습)은 태양과의 상대적인 위치에 의해 결정되므로, 이 29.5일은 초승달이 새로운 초승달이 되는 데 걸리는 시간이 되고 이것은 음력으로 한 달이 된다.* 월식이 약 18년마다 보름달일 때 일어난다는 사실 또한 일찍부터 알려져 있었다. 이것은 별들을 배경으로 하는 달의 경로가 태양의 경로를 가로지를 때이다.**

---

*더 정확하게 말하면 이것은 '삭망월朔望月'이다. 달이 고정된 별에 대해서 같은 장소로 돌아오는 주기인 27일은 '항성월恒星月'이라고 한다.
**이것은 매달 일어나지 않는다. 달이 지구 주위를 도는 궤도 평면은 지구가 태양 주위를 도는 궤도 평면에 비해 약간 기울어져 있기 때문이다. 달은 매 항성월마다 두 번씩 지구

어떤 면에서는 태양보다 달이 더 편리한 달력을 제공해준다. 밤에 달을 보기만 하면 지난 초승달 이후 대략 며칠이나 지났는지 쉽게 알 수 있다. 이것은 태양만으로 일 년 중 언제인지를 알아내는 것보다 훨씬 더 쉽다. 그래서 음력은 고대에 흔하게 사용되었고, 이슬람교처럼 음력을 종교적인 목적으로 사용하던 곳에는 지금까지도 남아 있다. 하지만 농업이나 항해, 전쟁과 같은 목적을 위해서는 당연히 계절의 변화를 알아야 했고 이것은 달이 아닌 태양에 의해 결정된다. 불행히도 일 년에는 음력 달이 꼭 맞게 들어가지 않아서, 일 년은 음력의 열두 달보다 11일 정도 더 길다. 그래서 하지나 동지, 춘분, 추분 등이 음력에서는 일정한 날로 정해지지 않는다.

또 한 가지 잘 알려진 복잡한 문제는 일 년이 하루의 정수배가 되지 않는다는 것이다. 이것 때문에 율리우스 카이사르의 시대에는 4년마다 한 번씩 윤년을 도입했다. 하지만 이것은 더 큰 문제를 만들어냈다. 일 년은 정확하게 365일과 4분의 1일이 아니라, 그보다 11분이 더 길기 때문이다.

이런 복잡한 문제들을 고려한 달력을 만들기 위해서 역사적으로 무수히 많은 노력들이 있었다. 기원전 432년경에 유크테몬의 동료로 추정되는 아테네의 메톤^{Meton}이 중요한 발견을 해냈다. 19년이 235번의 음력월과 거의 정확하게 일치한다는 사실을 알게 된 것이다. 아마도 바빌로니아인들의 기록을 이용한 것으로 보이는데, 겨우 두 시간의 오차가 있을 뿐이었다. 그는 일 년 중의 날짜와 달의 위상을 정확하게 알 수

의 궤도 평면을 가로지른다. 하지만 월식은 지구가 태양과 달 사이에 위치하고 달의 위상이 보름달일 때 일어나는데, 이것은 약 18년에 한 번씩만 일어난다.

있는 19년 동안의 달력을 만들 수 있었고, 19년마다 이 달력을 반복하면 되었다. 그런데 19년이 235번의 음력월과 거의 같기는 하지만 정확히는 6,940일보다 3분의 1일 정도 짧기 때문에, 메톤은 19년의 주기가 몇 번 지날 때마다 달력에서 하루를 빼도록 조정해야 했다.

태양과 달을 함께 고려한 달력을 만들기 위한 천문학자들의 노력은 부활절을 결정하는 것에 잘 나타나 있다. 서기 325년에 열린 니케아공의회(소아시아의 니케아Nicaea에서 열린 가톨릭 최초의 종교 회의-옮긴이)에서는 부활절 행사를 춘분이 지나고 첫 번째 보름달 다음에 오는 첫 번째 일요일에 해야 한다고 선언했다. 테오도시우스 1세Theodosius I는 다른 날에 부활절 행사를 하는 것을 중대한 범죄로 선언했다.

하지만 불행히도 지구에서 춘분점이 실제로 관측되는 정확한 날은 장소에 따라 달라진다.* 부활절 행사가 지역마다 다른 날에 열릴 위험을 피하기 위해서 춘분과 그다음 첫 번째 보름날을 정확하게 알려줄 필요가 있었다. 로마 시대 말기의 교회는 메톤 주기를 사용했지만, 아일랜드의 수도승 사회는 과거의 유대식 84년 주기를 사용했다. 7세기 영국 교회의 지배권을 놓고 로마 선교회와 아일랜드의 수도승들 사이에 벌어진 갈등은 주로 부활절 날짜를 두고 벌어진 것이었다.

현대에 이르기까지 달력을 만드는 것은 천문학자들의 중요한 역할이었지만, 교황 그레고리 13세Gregory XIII의 영향력으로 1582년에 현대적인 달력이 채택되었다. 부활절을 계산하기 위해서 춘분은 3월 21일

---

*분점은 별들을 배경으로 움직이는 태양이 천구의 적도를 가로지르는 순간(현대의 관점에서 보면 지구와 태양을 연결하는 선이 지구의 자전축과 수직을 이루는 순간)이다. 지구에서 경도가 다른 곳에서는 이 순간이 하루 중 다른 시간에 일어난다. 그래서 분점을 관측하는 날짜는 하루가 달라질 수 있다. 달의 위상에 대해서도 비슷한 현상이 나타난다.

로 고정되었다. 그러나 이 3월 21일이 서방에서는 그레고리력으로 결정되고, 동방의 그리스정교에서는 율리우스력으로 결정되기 때문에 부활절은 아직도 다른 지역에서 서로 다른 날이 되어 있다.

과학적인 천문학은 헬레니즘 시대에 유용하게 사용되었지만 플라톤에게는 큰 인상을 주지 못했던 것 같다. 《국가》에는 소크라테스와 글라우콘Glaucon 사이에 오고간 대화가 있다. 소크라테스는 천문학이 철학 군주들의 교육 내용에 포함되어야 한다고 주장하고 글라우콘이 적극적으로 동의한다. "농부나 선원들만이 계절, 달, 태양의 변화에 민감해야 하는 것이 아니라 군사적인 목적으로도 충분히 중요하다는 의미다." 소크라테스는 글라우콘의 생각이 순진하다고 말하고는, 천문학의 핵심에 대해 언급한다. "천문학을 공부하는 것은 특정한 정신적인 감각을 정화하고 새롭게 작동시키는 것이다. (…) 그리고 이 감각은 어떤 눈보다도 1,000배나 더 가치가 있다. 이것은 진실을 볼 수 있는 유일한 감각이기 때문이다."[6]

알렉산드리아에서는 이런 지적인 우월 의식이 아테네보다는 덜했다. 하지만 서기 1세기에, 알렉산드리아의 철학자 필론Philo의 기록에서는 비슷한 지적 우월감을 볼 수 있다. "지적인 사람들이 가지고 있는 정신적인 감각은 외부 기관으로 보는 감각보다 언제나 우월하다."[7] 그래도 과학자들에게 실용성이 요구되었던 덕분에, 천문학자들도 다행히 지적 능력에만 의존하지는 않았던 것으로 보인다.

7장
태양, 달, 지구 측정하기

그리스 천문학의 성과들 중 가장 주목할 만한 하나는 지구, 태양, 달의 크기와 지구에서 태양과 달까지의 거리를 측정한 것이다. 그 결과가 수치로 정확해서가 아니다. 정확한 크기와 거리를 측정하기에는 이 계산들의 바탕이 된 관측이 너무나도 부정확했다. 중요한 것은 처음으로 세상의 본질에 대한 정량적인 결론을 끌어내기 위해서 수학이 올바르게 사용되었다는 사실이다.

이 과정을 위해서는 먼저 일식과 월식의 본질을 이해하고 지구가 둥글다는 사실을 발견하는 것이 중요했다. 활동 시기는 불확실하지만 자주 인용되는 철학자 아에티우스Aetius와 기독교 순교자 히폴리투스Hippolytus는 일식과 월식을 처음으로 이해한 사람으로 아낙사고라스를 지목한다.[1] 아낙사고라스는 기원전 500년경 클라조메나이Clazomenae에서 태어나 아테네에서 공부한 이오니아 그리스인이었다.

아낙사고라스는 "달에 빛을 비춰주는 것은 태양"이라는 결론을 내렸다.[2] 아마도 달의 밝은 쪽은 항상 태양을 향하는 쪽이라는 파르메니데스의 관측에 기반을 두었을 것이다. 그러므로 월식이 지구의 그림자 속을 달이 지나가는 것이라고 추론하는 것은 당연했다. 그는 또한 일식은 달의 그림자가 지구에 떨어질 때 일어난다고 이해했던 것으로 보인다.

지구의 모양에 대해서는 아리스토텔레스가 추론과 관측을 아주 잘 결합했다. 디오게네스 라에르티오스와 그리스의 지리학자 스트라본 Strabo은 파르메니데스가 아리스토텔레스보다 훨씬 전에 지구가 둥글다는 사실을 알았다고 이야기한다. 하지만 우리는 그것이 사실이라고 하더라도 파르메니데스가 어떻게 그런 결론에 이르게 되었는지는 알 수 없다.

《천체에 관하여》에서 아리스토텔레스는 지구의 둥근 모양에 대한 이론적 주장과 경험적 주장을 함께 펼치고 있다. 3장에서 보았듯이 아리스토텔레스의 물질에 대한 이론에서는 무거운 원소인 흙과 좀 덜 무거운 원소인 물은 우주의 중심을 향하고, 가벼운 원소인 공기와 좀 덜 가벼운 원소인 불은 그 반대로 움직이는 경향이 있다고 말한다. 지구는 그 중심이 우주의 중심과 일치하는 구형이다. 그래야 흙 원소의 대부분이 그 중심을 향할 수 있게 되기 때문이다. 아리스토텔레스는 이러한 이론적인 주장에 머무르지 않고, 지구가 구형이라는 경험적인 증거를 추가했다. 월식 때 달에 비친 지구의 그림자가 휘어져 있고,* 하늘에 있는 별들의 위치가 지구에서 남북으로 이동할수록 점차 달라져 보인다는 것이다.

---

*달에 비친 지구의 그림자 모양에 대한 아리스토텔레스의 추론이 결정적인 것은 아니라는 주장이 있어왔다. 똑같은 휘어진 그림자를 만들 수 있는 지구와 달의 모양은 무한히 많기 때문이다(Otto Neugebauer, A History of Ancient Mathematical Astronomy 〔New York: Springer-Verlan, 1975〕, 1093-1094).

월식이 일어날 때 경계선은 휘어져 있다. 그리고 월식을 만드는 것은 중간에 있는 지구이기 때문에 그 선은 구형인 지구 표면의 모양에 의한 것이다. 별 관측을 통해 지구가 둥글 뿐만 아니라 그렇게 크지 않다는 사실도 분명히 알 수 있다. 우리가 남쪽이나 북쪽으로 위치를 조금만 움직여도 지평선에 큰 변화가 생긴다. 누군가가 남쪽이나 북쪽으로 움직이면 머리 위에 있는 별들에 많은 변화가 생겨서 다르게 보인다는 말이다. 실제로 이집트와 사이프러스Cyprus(터키의 남쪽, 시리아의 서쪽 해상에 위치한 공화국. 키프로스라고도 한다—옮긴이) 근처에서는 보이는데 그보다 더 북쪽 지역에서는 보이지 않는 별들이 있다. 그리고 북쪽에서는 항상 볼 수 있는 별들이 이 지역에서는 뜨고 진다.[3]

별에 대한 자신의 관측을 지구의 크기를 측정하는 데 이용하려고 시도하지 않은 것은 수학에 대한 아리스토텔레스의 부정적인 태도 때문이다. 이것과는 별개로, 아리스토텔레스가 모든 선원들에게 익숙했을 것이 분명한 현상을 인용하지 않은 것도 의아하다. 바로 맑은 날 바다 멀리서 배가 처음으로 보일 때는 지구의 곡면이 돛대의 꼭대기를 제외한 모든 것을 숨기는 "몸통은 수평선 아래hull down on the horizon"가 되었다가, 가까이 다가오면 다른 부분이 보이게 되는 현상이다.*

---

*새뮤얼 엘리엇 모리슨Samuel Eliot Morison은 콜럼버스의 전기《대양의 장군Admiral of the Ocean Sea(Boston, Mass: Little Brown, 1942)》에서 사람들이 널리 알고 있는 추정과는 달리, 콜럼버스가 항해를 시작하기 전에 지구가 둥글다는 사실을 잘 이해하고 있었다는 근거로 이 현상을 제시한다. 콜럼버스가 제안한 탐험을 지원할 것인지를 논의한 회의에서 논란이 된 것은 지구의 모양이 아니라 '지구의 크기'였다. 콜럼버스는 지구가 충분히 작기 때문에 음식과 물이 떨어지기 전에 스페인에서 아시아의 동해안까지 항해할 수 있을 것이라고 생각했다. 지구의 크기에 대한 생각은 틀렸지만, 유럽과 아시아 사이에 예상치 못하

아리스토텔레스가 지구의 둥근 모양을 이해한 것은 작은 성과가 아니다. 아낙시만드로스는 지구가 원통 모양이고 그 편평한 부분에 우리가 살고 있다고 생각했다. 아낙시메네스는 지구가 편평하고 태양과 달, 별들은 공중에 떠 있으며 지구의 높은 부분 뒤로 들어가면 천체들이 보이지 않게 된다고 생각했다. 크세노파네스는 이렇게 썼다. "우리의 발 아래에 보이는 것은 지구의 위쪽 끝이며, 아래쪽으로는 무한히 내려간다."**4** 후세의 데모크리토스와 아낙사고라스도 아낙시메네스와 마찬가지로 지구는 편평하다고 생각했다.

지구가 편평하다는 믿음은 '지구가 둥글다면 왜 여행자들이 아래로 떨어지지 않는가?'라는 문제 때문은 아니었다. 이 문제는 지구가 둥글 경우에 생기는 명백한 의문이지만, 아리스토텔레스의 물질에 대한 이론으로 잘 설명된 바 있다. 아리스토텔레스는 어떤 물체가 떨어지려고 하는 절대적인 '아래 방향'은 없다고 생각했다. 대신 지구의 모든 곳에서 무거운 원소인 흙과 물로 만들어진 물체는 관측되는 것처럼 세상의 중심을 향해 떨어진다.

이런 면에서 본다면, 무거운 원소들의 자연스러운 장소가 우주의 중심이라고 한 아리스토텔레스의 이론은 현대의 중력 이론과 아주 비슷하다. 차이점이라면 아리스토텔레스는 우주에 단 하나의 중심밖에 없다고 생각했지만, 우리는 어떤 물체든 질량이 크면 자신의 중력 때문에 구형으로 수축하고 다른 물체들을 그 중심으로 끌어당긴다는 것을 이해하고 있다는 점이다. 아리스토텔레스의 이론은 지구가 아닌 다른 물

게 아메리카가 나타난 덕분에 콜럼버스가 살 수 있었다.

체가 왜 구형이 되어야 하는지 설명하지 못한다. 하지만 그는 달의 위상이 계속 변하는 것으로부터 추론하여, 달이 구형이라는 사실은 알고 있었던 것으로 보인다.[5]

아리스토텔레스 이후에는 대부분의 천문학자들과 철학자들이(락탄티우스와 같은 일부는 제외하고) 지구가 둥글다는 사실에 동의했다. 아르키메데스는 마음의 눈으로 유리컵 속의 물에서 둥근 지구의 모습을 보기까지 했다. 《부체에 관하여》의 2부에서 그는 이렇게 설명한다. "가만히 있는 모든 액체의 표면은 지구를 중심으로 하는 구의 표면이다."[6] 그러나 이것은 아르키메데스가 무시했던 표면 장력이 없을 경우에만 사실이 될 수 있다.

이제 고대 세계에서 수학을 자연과학에 적용한 가장 인상적인 예시를 소개할 때가 되었다. 사모스 출신 아리스타르코스Aristarchus의 업적이다. 아리스타르코스는 기원전 310년경에 이오니아의 사모스 섬에서 태어났다. 아테네 리케이온의 세 번째 교장인 람사쿠스 출신 스트라톤 아래에서 공부했고 기원전 230년경에 죽음을 맞을 때까지 알렉산드리아에서 일했다. 다행히도 그의 저작 《태양과 달의 크기와 거리에 관하여 On the Sizes and Distances of the Sun and Moon》는 아직 남아 있다. 이 책에서 아리스타르코스는 네 가지의 천문학적 관측 결과를 공리로 정리했다.[7]

1. 반달일 때 태양과 달 사이의 거리는 직각의 30분의 1만큼 직각보다 작다(즉, 달이 정확하게 반달일 때 달까지의 직선과 태양까지의 직선 사이의 각도는 90도보다 3도 작은 87도이다).
2. 달은 일식이 일어날 때 눈에 보이는 태양의 원반을 정확하게 가린다.

3. 지구 그림자의 넓이는 달 두 개 크기이다(가장 간단하게 설명하면, 달의 위치에서 달보다 두 배 더 큰 구는 월식 동안 지구의 그림자를 꽉 채울 것이다. 이것은 달의 한쪽 끝이 지구 그림자에 의해 가려지기 시작할 때부터 완전히 가려질 때까지의 시간과, 완전히 가려져 있는 동안의 시간, 그리고 그때부터 월식이 완전히 끝날 때까지의 시간을 측정하면 알아낼 수 있다).

4. 달의 크기는 황도의 15분의 1을 차지한다(황도 전체는 360도의 원이다. 하지만 여기서 아리스타르코스는 황도의 별자리 중 하나를 의미하는 것이 틀림없다. 황도에는 열두 개의 별자리가 있으므로 하나의 별자리는 360도를 12로 나눈 30도를 차지하고, 이것의 15분의 1은 2도이다).

여기에서 아리스타르코스는 다음 사항들을 도출할 수 있었다.

1) 지구에서 태양까지의 거리는 지구에서 달까지의 거리보다 19배에서 20배 더 크다.

2) 태양의 지름은 달의 지름보다 19배에서 20배 더 크다.

3) 지구의 지름은 달의 지름보다 108/43배에서 60/19배 더 크다.

4) 지구에서 달까지의 거리는 달의 지름보다 45/2배에서 30배 더 크다.

그가 활동하던 시대에는 삼각법이 알려져 있지 않았기 때문에 아리스타르코스는 위의 상한값과 하한값을 구하기 위해서 복잡한 기하학 계산을 해야만 했다. 지금은 삼각법을 이용해서 더 정확한 결과를 얻을 수 있다. 예를 들어 공리 1번을 통해 지구에서 태양까지의 거리는 지구에서 달까지의 거리보다 시컨트(코사인의 역수) 87도, 즉 19.1배 크게 되므로 아리스타르코스가 계산한 대로 19배에서 20배 사이가 된다는 사실을 알 수 있다(이것과 아리스타르코스의 다른 도출 사항들은 전문 해설 11에 현대적인 방법으로 다시 유도되어 있다). 이 도출 사항들로부터 아리스타르코스는 태양과 달의 크기와 지구로부터의 거리를 지구 지름의 단위로 구할 수 있었다. 특히 도출 사항 2번과 3번을 결합하여 아리스타르코스는 태양의 지름이 지구의 지름보다 361/60배에서 215/27배 더 크다는 결론을 내릴 수 있었다.

아리스타르코스의 추론은 흠잡을 데가 없지만 그가 구한 값들은 실제 값과 차이가 있다. 그가 출발점으로 사용한 공리 1번과 4번의 오차가 아주 컸기 때문이다. 달이 반달일 때 지구에서 달까지의 직선과 태양까지의 직선 사이의 실제 각도는 87도가 아니라 89.853도이다. 그러면 지구에서 태양까지의 거리는 지구에서 달까지의 거리의 390배가 되므로 아리스타르코스가 생각했던 것보다 훨씬 더 크다. 아리스타르코스는 달이 반달일 때 달까지의 직선과 태양까지의 직선 사이의 각도가 87도보다 '작지 않다'고 비교적 정확하게 알아냈지만, 사실 이것은 맨눈으로 할 수 있는 측정이 아니었다. 그리고 달의 겉보기 크기 역시 2도가 아니라 0.519도이다. 그러므로 지구에서 달까지의 거리는 달의 지름의 111배에 더 가깝게 된다. 아리스타르코스는 분명 여건이 더 좋았다면 이보다는 잘할 수 있었을 것이다. 그리고 아르키메데스의 《모래알 계산법The Sand Reckoner》에는 아리스타르코스가 나중에는 더 정확한 계산을 해냈다는 힌트가 있다.*

---

*《모래알 계산법》에 "아리스타르코스가 태양은 황도의 약 1/720 크기라는 것을 발견했다"는 아르키메데스의 흥미로운 언급이 있다(T. L. Heath The Works of Archimedes,

아리스타르코스의 과학과 현대 과학 사이의 거리를 만드는 것은 그의 측정 오류가 아니다. 그것보다 훨씬 심각한 오류들이 그동안 관측천문학과 실험물리학을 괴롭혀왔다. 예를 들어 1930년대에 우주가 팽창하는 비율이라고 알려졌던 값은 지금 우리가 알고 있는 실제 값보다 약 7배 더 컸다. 아리스타르코스와 오늘날의 천문학자 또는 물리학자와의 진정한 차이는 측정 자료의 오류가 아니라, 아리스타르코스는 절대 불확실성을 판단하려고 시도하거나 그 결과가 불완전할 수도 있다는 것을 언급하지 않았다는 점에 있다.

오늘날의 물리학자와 천문학자들은 실험의 불확실성을 매우 진지하게 여기도록 훈련받는다. 나는 학부생일 때 이미 절대 실험을 하지 않는 이론물리학자가 되기를 원했음에도 불구하고 코넬Cornell대학의 다른 모든 물리학과 학생들과 함께 실험 수업을 들어야 했다. 그 수업에서의 대부분의 시간은 우리가 측정한 값의 불확실성을 계산하는 데 사용되

[Cambridge : Cambridge University Press, 1897], 223). 이 말대로라면, 지구에서 본 태양의 각도는 360도의 1/720인 0.5도이므로 정확한 값인 0.519도와 큰 차이가 없게 된다. 아르키메데스는 심지어 이것을 자신이 직접 측정하여 확인했다고 주장한다. 하지만 앞에서 본 것처럼 아리스타르코스의 남아 있는 저작에서는 달의 각도가 2도이며 태양과 달은 겉보기 크기가 같다고 기록되어 있다. 아르키메데스는 기록이 남아 있지 않은 아리스타르코스의 측정을 인용하고 있는 것일까? 아니면 자신이 직접 측정한 것을 인용하면서 그 공을 아리스타르코스에게 돌린 것일까? 일전에 학자들이 "이 불일치의 원인은 옮길 때의 오류였거나 내용을 잘못 설명한 것일 수 있다"고 이야기하는 것을 들은 적이 있다. 하지만 나는 전혀 그럴 것 같지는 않다. 이미 말했듯이 아리스타르코스는 그가 측정한 달의 각도로부터, 지구에서 달까지의 거리는 달의 지름보다 30배에서 45/2배 더 크다는 결론을 얻었다. 이것은 각도가 0.5도 근처라면 나올 수 없는 결과다. 반면 현대의 삼각법을 이용하면 달의 겉보기 크기가 2도라면 지구에서 달까지의 거리는 달의 지름의 28.6배라는 사실을 알 수 있다. 이것은 실제로 45/2에서 30 사이의 값이다(《모래알 계산법》은 본격적인 천문학 저작이 아니라, 아르키메데스가 '별들이 고정되어 있는 천구를 채우기 위해서 필요한 모래알 개수'와 같이 아주 큰 숫자도 계산할 수 있다는 이야기를 하는 책이다).

었다. 하지만 역사적으로는 불확실성에 이렇게 주의를 기울이게 되기까지 오랜 세월이 걸렸다. 내가 아는 한 고대나 중세 시대에 측정의 불확실성을 진지하게 계산하려고 시도한 사람은 아무도 없었다. 14장에서 보겠지만 심지어 뉴턴조차도 자신의 실험 결과가 가지는 불확실성에 대해서는 무관심했다.

우리는 아리스타르코스로부터 수학에 대한 믿음의 놀라운 효과를 본다. 그의 책은 유클리드의 《기하학원론》처럼 되어 있다. 앞에서 그가 관측한 1번부터 4번까지의 자료를 공리로 하여 수학적인 엄격함으로 결과를 끌어내고 있다. 그러나 그가 엄격하게 설명한 여러 크기와 거리의 수학적 정확함보다 그의 측정 오류가 훨씬 더 크다. 어쩌면 아리스타르코스는 반달일 때 달까지의 직선과 태양까지의 직선 사이의 각도가 실제로 87도라는 것을 증명하려고 한 것이 아니라, 그저 어떤 것이 유도될 수 있는지 설명하기 위해서 87도라는 임의의 값을 예로 든 것일 뿐인지도 모른다. '물리학자'로 알려졌던 그의 스승 스트라톤과 대비하여, 아리스타르코스가 동시대의 사람들에게 '수학자'로 알려진 데에는 충분한 이유가 있다.

하지만 아리스타르코스가 한 가지 중요하고도 정확한 결론을 얻은 것은 분명하다. 태양이 지구보다 훨씬 더 크다는 것이다. 이것을 강조하기 위해서 아리스타르코스는 태양의 부피가 지구의 부피보다 적어도 $(361/60)^3$배(약 218배) 더 크다고 적었다. 물론 지금은 이것보다 훨씬 더 크다는 사실을 알고 있다.

아르키메데스와 플루타르코스Plutarchos는 아리스타르코스가 태양의 거대한 크기를 근거로, 태양이 지구의 주위를 도는 것이 아니라 지구가 태양의 주위를 돈다는 결론을 내렸다고 언급하고 있다. 아르키메데스의 《모래알 계산법》에 따르면, 아리스타르코스는 지구가 태양의 주위를 돌 뿐만 아니라 지구의 궤도가 별들까지의 거리에 비해 아주 작다고 결론을 내렸다.[8]

아리스타르코스는 지구의 운동에 대한 이론에서 나타나는 문제도 다루었던 것 같다. 지상의 물체도 내가 움직이면서 보면 앞뒤로 움직이는 것처럼 보이는 것과 똑같이, 움직이는 지구에서 보면 일 년 동안 별도 움직이는 것처럼 보여야 한다. 아리스토텔레스도 이것을 깨닫고 있었던 것으로 보인다. 그는 "지구가 움직인다면 별들도 지나가거나 돌아가야 한다. 그런데 그런 현상은 관측되지 않는다. 언제나 지구 어디에서나 똑같은 별이 뜨고 진다"고 말했다.[9] 구체적으로 말하자면, 지구가 태양의 주위를 돈다면 별은 하늘에서 닫힌곡선을 그리는 것처럼 보여야 하고 그 곡선의 크기는 태양을 도는 지구 궤도의 지름과 별까지의 거리의 비율에 따라 결정된다는 것이다.

이렇게 지구가 태양의 주위를 돈다고 생각했다면, 고대의 천문학자들은 왜 연주 시차年周視差(별을 지구에서 본 방향과 동시에 태양에서 본 방향의 각도 차이-옮긴이)를 통해 알 수 있는 별들의 연주 운동(별이 일 년을 주기로 지구 주위를 한 바퀴 도는 것처럼 보이는 현상. 지구의 공전 때문에 일어난다-옮긴이)을 보지 못했을까? 관측이 되지 않을 정도로 연주 시차가 작으려면 별들이 적어도 어떤 특정한 거리보다 더 멀리 있다고 가정해야 한다. 안타깝게도 아르키메데스의 《모래알 계산법》에는 연주 시차에 대한 명확한 언급이 없다. 그래서 우리는 고대 세계의 누군가가 연주 시차를 지구와 별 사이 거리의 최소 한계로 사용했는지 여부를 알 수가 없다.

아리스토텔레스는 움직이는 지구에 반대되는 주장을 했다. 그 근거의 일부는 3장에서 살펴본 우주의 중심을 향한 자연스러운 운동에 대한 그의 이론이지만, 관측에 근거한 주장도 있었다. 아리스토텔레스는 지구가 움직인다면 위로 던져진 물체는 움직이는 지구보다 뒤처지기 때문에 던져 올린 곳과 다른 곳에 떨어져야 한다고 추론했다. 그리고 이렇게 말했다. "위로 똑바로 던진 무거운 물체는 아무리 멀리 던져져도 출발한 위치로 돌아온다."**10** 이 주장은 니콜 오렘Nicole Oresme (14세기에 활동한 프랑스의 성직자이자 수학자, 물리학자-옮긴이)이 답을 제시하기까지 서기 150년경의 클라우디오스 프톨레마이오스(4장에서 만났던 사람)와 중세의 장 뷔리당Jean Buridan과 같은 사람들을 통해서 여러 번 반복되었다.

태양계의 기계적인 모형인 고대의 오러리orrery*를 잘 살펴보면 움직이는 지구라는 아이디어가 고대 세계에서 어느 정도로 알려져 있었는지 판단할 수 있을 것이다. 키케로는《국가론》에 자신이 태어나기 23년 전인 기원전 129년에 있었던 오러리에 대한 대화를 적어놓았다. 이 대화에서 루시우스 푸리우스 필루스Lucius Furius Philus가 아르키메데스가 만

---

*크레타 섬과 그리스 본토 사이의 지중해에 있는 안티키세라 섬 근처에서 안티키세라 기기Antikythera Mechanism라는 유명한 고대의 기기가 잠수부들에 의해 발견되었다. 이것은 기원전 150년에서 100년 사이쯤 배가 침몰하면서 사라졌던 것으로 여겨진다. 안티키세라 기기는 이미 부식된 구리 덩어리가 되어 있었지만, 학자들은 기기의 내부를 X선으로 조사하여 이 기기의 작동법을 알아냈다. 이것은 오러리라기보다는 특정한 날에 황도에 태양과 행성들의 겉보기 위치가 어디인지를 알려주는 달력용 기기였다. 이 기기의 가장 중요한 점은 톱니바퀴의 배열이 상당히 복잡하게 되어 있어, 헬레니즘 시대의 높은 기술 수준을 보여주는 증거가 된다는 것이다.

든 오러리에 대해서 이야기를 했다고 한다. 이 오러리는 시라쿠세 멸망 후 그 지역을 정복한 마르켈루스가 가져갔다가, 나중에 그의 손자의 집에서 발견되었다. 두 사람이 등장하는 이 이야기만으로는 오러리가 어떻게 작동했는지 알아내기가 쉽지 않지만(심지어 《국가론》에서 이 부분의 몇 페이지는 사라졌다), 이야기의 한 부분에서 키케로는 필루스가 "이 오러리는 태양과 달, 그리고 행성이라고 불리는 다섯 개 별들의 움직임을 상세하게 보여준다"고 말했다고 인용하고 있다. 이것은 이 오러리가 지구의 움직임이 아니라 태양의 움직임을 보여준다는 것을 분명히 말하고 있다.[11]

8장에서 보겠지만 아리스타르코스보다 훨씬 이전의 피타고라스학파는 지구와 태양이 모두 중심의 불 주위를 돈다는 생각을 가지고 있었다. 여기에 대한 증거는 없었다. 그런데 아리스타르코스의 생각은 거의 잊힌 반면, 피타고라스학파의 사상은 잊히지 않았다. 아리스타르코스의 태양 중심 사상을 받아들인 것으로 알려진 고대의 천문학자는 단 한 명으로, 기원전 150년경에 활동한 셀레우케이아 출신 셀레우코스 Seleucus였다.

코페르니쿠스와 갈릴레이 시대 천문학자들이나 종교인들이 지구가 움직인다는 사상을 언급할 때, 그들은 이것을 아리스타르코스의 사상이라고 부른 것이 아니라 피타고라스의 사상이라고 불렀다. 나는 2005년에 사모스 섬을 방문했을 때 피타고라스의 이름을 딴 술집과 식당은 아주 많이 보았지만 아리스타르코스의 이름을 딴 것은 단 하나도 보지 못했다.

고대 세계에서 지구가 움직인다는 생각이 왜 주목을 끌지 못했는지 이해하는 것은 어렵지 않다. 우리는 어차피 지구의 움직임을 느끼지 못하고, 14세기 이전까지는 누구도 우리가 이 움직임을 느껴야 한다고 생각하지 않았다. 아르키메데스뿐만 아니라 어느 누구의 저작에서도 아리스타르코스가 움직이는 지구에서 행성들의 움직임이 어떻게 보일지 연구했다는 사실이 드러나지 않았다.

지구에서 달까지의 거리 측정은 고대 세계에서 가장 위대한 천문 관측자로 여겨지는 히파르코스에 의해 큰 발전을 보였다. 히파르코스는 기원전 161년에서 146년까지 알렉산드리아에서 천문 관측을 했고, 아마도 기원전 127년까지 로도스 섬에서 관측을 계속한 것으로 보인다. 그의 저작은 대부분 사라졌지만, 우리는 주로 3세기 후의 클라우디오스 프톨레마이오스의 증언을 통해 그가 천문학계에 남긴 업적을 알고 있다.[12]

그가 한 계산들 중 하나는, 지금은 기원전 189년 3월 14일에 일어났던 것으로 확인된 일식 관측에 기반을 둔 것이었다. 이 일식 때 알렉산드리아에서는 태양이 완전히 가려졌지만 헬레스폰토스Hellespont(현재는 아시아와 유럽 사이의 다르다넬스Dardanelles 해협)에서는 5분의 4만 가려졌다. 히파르코스는 태양과 달의 겉보기 크기는 거의 같다고 생각했고, 그 크기를 약 33분, 즉 0.55도로 측정했으므로 헬레스폰토스와 알렉산드리아에서 보이는 달의 방향의 차이는 0.55도의 5분의 1, 즉 0.11도라고 결론을 내릴 수 있었다.

태양 관측으로 헬레스폰트와 알렉산드리아의 위도를 알아내고 일식이 일어날 때 하늘에서 달의 위치를 알아낸 히파르코스는, 달까지의 거리를 지구 반지름의 곱으로 계산할 수 있었다. 그는 음력 한 달 동안 달의 겉보기 크기가 변화하는 것을 고려하여 지구와 달 사이의 거리가 지구 반지름의 71배에서 83배 사이로 변한다고 결론을 내렸다. 달까지의 실제 평균 거리는 지구 반지름의 약 60배이다.

크기나 거리 측정과 직접적인 관계는 없지만, 여기서 잠시 히파르코스의 또 하나의 위대한 업적을 언급해야겠다. 히파르코스는 약 800개 별들의 목록을 만들었는데, 각 별들의 위치도 포함되어 있었다. 현재 최고의 별 목록은 별 11만 8,000개의 위치를 알려주고 있으며 히파르코스의 이름을 딴 인공위성의 관측을 통해 만들어졌다.

히파르코스는 별들의 위치를 관측함으로써 뉴턴 이전까지는 이해되지 못했던 새로운 발견을 해냈다. 이 발견을 설명하기 위해서는 먼저 하늘에서 별의 위치가 어떻게 기록되는지 말해둘 필요가 있다. 물론 히파르코스의 목록은 남아 있지 않으므로 그가 위치를 어떻게 기록했는지는 알 수 없다.

가능성이 있는 것은 로마 시대부터 주로 사용되어 온 두 가지 방법인데, 하나는 후일 프톨레마이오스의 별 목록에 사용된 방법으로, 별들을 구의 표면에 점으로 표시하는 것이다.[13] 이 구의 적도는 태양이 일 년 동안 별들 사이를 지나가는 길인 황도이다. 천구의 위도와 경도로 별의 위치를 표시하는 것은 지구 표면에서 위도와 경도로 위치를 표시하는 것과 같은 방법이다.* 히파르코스가 사용한 것으로 보이는 또 다른 방법은[14] 별을 구의 표면에 점으로 표시하는 것은 같지만, 황도가 아니라

---

*여기서의 천구의 위도는 관측자를 기준으로 했을 때 별과 황도 사이의 각거리(한 점에서 두 개의 점으로 닿는 각각의 직선이 이루는 각도-옮긴이)이다. 지구에서는 경도를 그리니치 자오선을 기준으로 측정하는 반면, 천구의 경도는 태양이 춘분점에 있을 때 천구의 자오선에서 별이 위치한 곳까지 천구의 위도를 따라 측정한 각거리가 된다.

지구의 축을 구의 기준으로 하는 것이 다르다. 이 구의 북극은 별들이 매일 밤 회전하는 중심인 천구의 북극이다. 이 구의 좌표는 경도와 위도가 아니라 적경赤經과 적위赤緯라고 부른다.

프톨레마이오스에 따르면, 히파르코스의 관측은 스피카(처녀자리의 가장 밝은 별-옮긴이)의 적경이 아주 오래 전에 천문학자 티모카리스Timocharis가 알렉산드리아에서 관측했을 때의 위치에서 2도 움직였다는 것을 알 수 있을 정도로 정밀했다고 한다.[15] 물론 이것은 다른 별들에 대한 스피카의 위치가 바뀐 것이 아니라 당시 천구의 경도를 측정하는 기준이 되었던, 태양이 천구의 추분점에 있을 때의 위치가 시간이 지나며 바뀐 것이다(지금은 춘분점이 기준이 된다-옮긴이).

이 변화가 일어나는 데 얼마나 걸렸는지 정확하게 알기는 어렵다. 티모카리스는 히파르코스보다 약 130년 앞선 기원전 320년경에 태어나 히파르코스보다 약 160년 앞선 기원전 280년경에 젊은 나이로 죽은 것으로 알려져 있다. 그들의 스피카 관측 시간 간격이 약 150년이라고 가정하면 추분점에 있을 때 태양의 위치는 75년에 약 1도씩 변했다고 할 수 있다.* 이 비율대로라면 추분점이 황도에서 360도 원을 그리는 데 걸리는 시간은 75년이 360번, 즉 2만 7,000년이 된다.

이제 우리는 지축이 회전하는 팽이처럼 흔들리기 때문에 분점들이 이동한다는 사실을 이해하고 있다. 지축은 공전 궤도면에 수직인 방향을 중심으로 돌고 지축의 기울기는 이 방향과 23.5도로 거의 고정되어 있다. 분점은 지구와 태양을 연결하는 선이 지축과 수직이 되는 지점이

---

*프톨레마이오스는 직접 레굴루스Regulus(사자자리의 가장 밝은 별-옮긴이)를 관측한 것을 근거로《알마게스트》에 약 100년에 1도가 변한다고 기록했다.

므로 지축이 흔들리면 분점들이 이동하게 된다. 우리는 이후 14장에서 이 흔들림은 지구 적도의 부푼 부분을 태양과 달이 중력으로 끌어당기는 효과에 의한 것으로, 뉴턴에 의해 처음으로 설명되었다는 사실을 볼 것이다.

실제로 지축이 360도를 완전히 도는 데에는 2만 5,727년이 걸린다. 히파르코스가 이렇게 긴 시간을 얼마나 정확하게 예측했는지는 놀라울 정도다. 고대의 항해자들이 북쪽 방향을 판단하기 위해서 북극성의 위치가 아니라 천구의 북극 근처 별자리들의 위치를 이용한 이유가 바로 분점들의 이동 때문이었다. 북극성은 다른 별들에 대해서 움직이지는 않았지만 지금과 달리 고대에는 지축이 지금처럼 북극성을 향하지 않았고, 미래에는 다시 북극성이 천구의 북극에 위치하지 않게 될 것이다.

천체 관측으로 다시 돌아오면, 아리스타르코스와 히파르코스가 한 모든 관측에서 달과 태양의 크기와 거리는 지구 크기의 배수로 표현되었다. 지구의 크기는 아리스타르코스의 연구 이후 수십 년이 지나 에라토스테네스Eratosthenes에 의해 측정되었다. 에라토스테네스는 기원전 273년에 지금의 리비아인 지중해 해안의 그리스 도시 키레네Cyrene에서 태어났다. 키레네는 기원전 630년에 세워져 프톨레마이오스 왕조의 일부가 된 도시였다. 그는 아테네에서 교육을 받으면서 리케이온에도 잠시 있었고, 기원전 245년경에 프톨레마이오스 3세에 의해 알렉산드리아로 불려가 박물관의 연구자가 되었으며, 미래의 프톨레마이오스 4세의 가정교사가 되었다. 그는 기원전 243년경에 알렉산드리아 도서관의 다섯 번째 관장이 되었다. 그의 주요 저작인《지구 측정, 지리학 회고, 그리고 헤르메스에 관하여On the Measurement of the Earth, Geographic Memoirs, and Hermes》는 불행히도 모두 사라졌지만 고대의 기록에서 광범위하게 인용되고 있다.

에라토스테네스가 지구의 크기를 측정한 방법은 기원전 50년 이후 쓰인 것으로 알려진 클레오메데스Cleomedes(스토아학파의 철학자)의 저서 《천상에 관하여On the Heavens》에 설명되어 있다.[16] 에라토스테네스는 그가 알렉산드리아의 정남쪽에 있다고 생각한 이집트의 도시 시에네Syene에서 하짓날 정오에 태양이 바로 머리 위에 위치한다는 관측에서 시작했다. 반면 알렉산드리아에서 그노몬으로 관측해보니 하짓날 정오에 태양이 머리 위에서 원의 50분의 1, 즉 7.2도만큼 벗어나 있었다. 이것을 근거로 그는 지구의 둘레가 알렉산드리아에서 시에네 사이 거리의 50배라고 결론을 내렸다(전문 해설 12 참조). 알렉산드리아에서 시에네 사이의 거리는 5,000스타디아stadia로 측정되었기 때문에(아마도 발걸음 간격을 똑같이 하도록 훈련을 받은 사람이 걸어서 측정했을 것이다), 지구의 둘레는 25만 스타디아가 되어야 한다.

이 측정은 얼마나 정확할까? 우리는 에라토스테네스가 사용한 스타디아의 길이를 모르고, 클레오메데스도 몰랐던 것으로 보인다. 마일이나 킬로미터와 달리 스타디아에 대한 표준적인 정의가 없었기 때문이다. 하지만 우리는 스타디아의 길이를 모르는 상태에서도 에라토스테네스가 천문학을 얼마나 정확하게 사용했는지 판단할 수 있다. 실제 지구의 둘레는 알렉산드리아와 시에네(지금의 아스완Aswan) 사이 거리의 47.9배이므로 지구의 둘레가 알렉산드리아와 시에네 사이 거리의 50배라는 에라토스테네스의 결론은 스타디아의 길이가 얼마이든지 상당히 정확하다.* 지리학은 모르겠지만 천문학은 에라토스테네스가 아주 잘 이용했던 것 같다.

---

*에라토스테네스는 운이 좋았다. 시에네는 정확하게 알렉산드리아의 정남쪽에 있지는 않다. 시에네의 경도는 32.9도이고 알렉산드리아의 경도는 29.9도이다. 태양은 하짓날 정오에 시에네에서 정확하게 머리 위에 있지 않고 약 0.4도 벗어나 있다. 결국 두 오류가 부분적으로 상쇄된 것이다. 에라토스테네스가 실제로 측정한 것은 알렉산드리아와 지구의 표면 중 하짓날 정오에 실제로 태양이 바로 머리 위에 위치하는 지점인 북회귀선(클레오메데스는 여름회귀선summer tropical circle이라고 이름을 붙였다) 사이의 거리이다. 알렉산드리아의 위도는 31.2도이고 북회귀선의 위도는 알렉산드리아보다 7.7도 작은 23.5도이다. 그러므로 지구의 둘레는 실제로 알렉산드리아와 북회귀선 사이 거리의 46.75배(360도를 7.7로 나눈 값)로, 에라토스테네스가 측정한 50배보다 조금 작다.

8장
행성들의 문제

사실 매일 천구의 북극을 중심으로 동쪽에서 서쪽으로 별과 함께 더 빠른 회전을 하면서, 황도를 따라 서쪽에서 동쪽으로 조금씩 움직이는 천체는 태양과 달만이 아니다. 몇몇 고대 문명에서 다섯 개의 특정한 '별들'이 고정된 별들 사이를 태양이나 달과 아주 비슷한 길을 따라 서쪽에서 동쪽으로 움직인다는 사실을 알아냈다.

그리스인들은 그들을 떠도는 별, 즉 행성行星이라고 부르며 자신들이 믿던 올림포스 산의 신들의 이름을 붙였다. 그리스식 이름인 헤르메스Hermes, 아프로디테Aphrodite, 아레스Ares, 제우스Zeus, 크로노스Cronos가 로마에서는 메르쿠리우스Mercurius(수성), 베누스Venus(금성), 마르스Mars(화성), 유피테르Jupiter(목성), 사투르누스Saturnus(토성)로 번역되었다. 로마인들은 바빌로니아인들을 따라 태양과 달도 행성에 포함시켰다.* 그래서 행성은 모두 일곱 개가 되어 이를 기반으로 7일이 일주일로 불리기 시작했다.**

---

*명확하게 하기 위해서 덧붙이자면, 이 장에서 행성이라고 언급할 때는 수성, 금성, 화성, 목성, 토성의 다섯 개 행성만을 의미할 것이다.

**영어에서는 요일의 이름을 행성의 이름으로 부른다. 그리고 이것은 신들의 이름과 연관되어 있다. 토요일Saturday, 일요일Sunday, 월요일Monday은 명확하게 토성Saturn, 태양Sun,

2부_ 그리스의 천문학

행성들이 하늘에서 움직이는 속도는 모두 다르다. 수성과 금성은 황도를 한 바퀴 도는 데 일 년이 걸리고 화성은 일 년 322일, 목성은 11년 315일, 토성은 29년 166일이 걸린다. 이것은 모두 평균적인 주기다. 각 행성들은 황도를 일정한 속도로 움직이지 않기 때문이다. 심지어 가끔씩 잠시 동안 움직이는 방향을 바꾸었다가 다시 동쪽으로 움직이기도 한다. 현대 과학의 등장에 대한 이야기 중 많은 부분은 행성들의 특이한 움직임을 설명하기 위한 2,000년의 노력에 대한 내용이다.

행성, 태양, 달에 대한 이론을 만들려는 초기의 시도는 피타고라스학파에 의해 이루어졌다. 그들은 다섯 개의 행성들이 태양과 달 그리고 지구와 함께 모두 중심의 불 주위를 회전하고 있다고 생각했다. 지구에서 중심의 불을 보지 못하는 이유는 우리가 지구에서 불의 반대편을 향하는 면에서 살고 있기 때문이라고 설명했다(소크라테스 이전의 거의 모든 사람들과 마찬가지로 피타고라스학파 사람들도 지구가 편평하다고 믿었다. 그들은 지구를 항상 같은 면이 중심의 불을 향하고 우리가 반대편에 있는 원반으로 생각했다. 중심의 불 주위를 도는 지구의 운동으로 지구 주위를 도는 태양, 달, 행성, 별들의 겉보기 움직임이 더 느린 것을 설명했다).[1]

아리스토텔레스와 아에티우스에 따르면 기원전 5세기의 피타고라스학파 필로라오스Philolaus는 지구의 우리 쪽 면에서는 보이지 않고, 지구와 중심의 불 사이 혹은 지구에서 볼 때 중심의 불 반대편에서 회전하는 반反지구를 만들어냈다. 아리스토텔레스는 반지구의 등장이 수에

___

달Moon과 연관이 있다. 화요일Tuesday, 수요일Wednesday, 목요일Thursday, 금요일Friday은 라틴 신들에 대응되는 게르만 신들과 연관되어 있다. 게르만 신화에서 마르스는 티르Tyr, 메르쿠리우스는 보탄Wotan, 유피테르는 토르Thor, 베누스는 프리가Frigga이다.

대한 피타고라스학파의 집착 때문이라고 설명했다. 지구, 태양, 달, 그리고 다섯 개의 행성들은 별들이 고정되어 있는 구와 함께 중심의 불주위에 아홉 개의 구를 구성한다. 하지만 피타고라스학파는 이 숫자가 $1+2+3+4$로 만들어지는 완벽한 수인 10이 되어야 한다고 생각했다. 아리스토텔레스는 다음과 같이 조금은 비웃는 듯 피타고라스학파의 이론을 설명했다.[2]

그들은 수의 성분이 모든 물질의 성분이 되고 하늘은 음계와 수로 이루어진다고 생각했다. 그래서 부분 혹은 전체 하늘의 배열 속성과 맞는다는 것을 보여줄 수 있는 모든 수와 음계의 특징들을 모아서 그들의 이론에 맞추었고, 어딘가에서 차이가 생기면 자신들의 전체 이론과 잘 맞도록 기꺼이 무언가를 추가했다. 예를 들어 그들은 숫자 10이 완벽한 수이므로 수의 본질과 일치하기 위해서는 하늘에서 움직이는 물체가 열 개여야 한다고 주장했다. 하지만 눈에 보이는 물체는 아홉 개뿐이었기 때문에 자신들의 이론에 맞추기 위해서 열 번째 물체인 '반지구'를 만들어냈다.

피타고라스학파는 자신들의 이론이 태양, 달, 행성들의 겉보기 운동을 어떻게 설명하는지 보여주려고 시도한 적이 전혀 없어 보인다. 이 천체들의 겉보기 운동을 설명하는 것은 이후 수 세기 동안의 숙제였고, 케플러 시대가 올 때까지 완성되지 못했다.

이런 작업들은 태양의 움직임을 연구하기 위한 그노몬이나, 별들과 행성들 사이의 각도 및 천체들과 지평선 사이의 각도를 측정할 수 있게 해주는 기기 등의 도움을 받았다. 하지만 어쨌든 이 모든 것은 맨눈으

2부_그리스의 천문학

로 하는 천문학이었다. '별들의 겉보기 위치에 대기의 굴절이 미치는 효과'를 포함한 굴절과 반사 현상을 깊이 연구하고 천문학의 역사에서도 중요한 역할을 한 프톨레마이오스가 렌즈나 곡면거울을 갈릴레이의 굴절망원경이나 뉴턴이 발명한 반사망원경처럼 천체들의 모습을 확대하는 데 사용할 수 있다는 사실을 깨닫지 못한 것은 신기한 일이다.

그리스인들의 천문학에 커다란 진보를 가져온 것은 물리적 기기들만은 아니었다. 수학의 발전도 중요한 역할을 했다. 고대와 중세 천문학에서의 중요한 논쟁은 지구가 움직이느냐 태양이 움직이느냐가 아니라, 정지해 있는 지구 주위를 태양, 달, 행성들이 어떻게 회전하느냐에 대한 서로 다른 두 개념 사이에서 일어났다. 이 논쟁의 많은 부분은 자연과학에서 수학의 역할을 서로 다르게 생각했기 때문이었다.

이 이야기는 내가 '플라톤의 숙제'라고 즐겨 부르는 문제에서 시작된다. 신플라톤주의자 심플리키오스는 서기 530년경에 아리스토텔레스의 《천체에 관하여》해설서에서 이렇게 쓰고 있다.

플라톤은 하늘의 물체들의 운동은 원형이고 한결같으며 일정한 규칙을 가지고 있다는 원칙을 세웠다. 그래서 그는 수학자들에게 다음과 같은 문제를 제기했다. "한결같으며 완벽하게 규칙적인 어떤 원운동이 가설로 채택되어야 행성들이 보여주는 모습을 구현할 수 있는가?"[3]

"모습을 구현하다(혹은 보호하다)"라는 것은 고전적인 번역이다. 플라톤은 일정한 속도로 언제나 같은 방향의 원을 그리는 행성들(여기서는 태양과 달을 포함한다)의 운동을 어떻게 조합하면 우리가 실제로 관측하는 것과 같은 모습을 보일 수 있는지를 묻고 있는 것이다.

이 질문은 플라톤과 동시대의 수학자인 크니도스 출신 에우독소스가 처음으로 제기했던 것이다.**4** 에우독소스는 지금은 사라진 그의 책 《속도에 관하여On Speeds》에서 수학적인 모형을 만들었다. 그 내용은 아리스토텔레스**5**와 심플리키오스**6**의 설명을 통해 알려졌다. 그의 모형에 따르면 별들은 동쪽에서 서쪽으로 하루에 한 바퀴씩 지구 주위를 도는 구 위에서 움직이고, 태양, 달, 행성들은 다른 구에 의해 움직이는 자신들의 구 위에서 지구 주위를 돈다.

가장 단순한 모형은 태양이 두 개의 구를 가지는 것이다. 바깥쪽 구는 별들의 구와 같은 축과 회전 속도를 가지고 지구 주위를 동쪽에서 서쪽으로 하루에 한 바퀴씩 돈다. 그리고 태양은 안쪽 구의 적도 위에 있는데 이 구는 바깥쪽 구에 붙어 있는 것처럼 같이 돌지만, 동시에 별도의 축을 중심으로 서쪽에서 동쪽으로 일 년에 한 바퀴씩 돈다. 안쪽 구의 축은 바깥쪽 구의 축과 23.5도 기울어져 있다. 이것은 태양의 하루 동안의 겉보기 운동과, 황도를 따르는 일 년 동안의 겉보기 운동을 모두 설명한다.

마찬가지로 달도 서로 반대 방향으로 지구 주위를 도는 두 개의 구 위에서 움직인다고 설명될 수 있다. 달이 붙어 있는 안쪽 구는 일 년이 아니라 한 달에 한 바퀴씩 서쪽에서 동쪽으로 돈다는 것이 다르다. 명확하지 않은 이유로 에우독소스는 태양과 달에게 각각 세 번째 구를 하나씩 추가한 것으로 여겨진다. 이 이론은 '동심원homocentric 이론'으로 불린다. 태양과 달뿐만 아니라 행성들과 관련된 구들이 모두 지구라는 같은 중심을 가지기 때문이다.

행성들의 불규칙한 움직임은 문제를 더 어렵게 만들었다. 에우독소스는 각각의 행성에게 네 개의 구를 주었다. 제일 바깥쪽 구는 별들의 구와 태양과 달의 바깥쪽 구와 같은 축으로 지구 주위를 동쪽에서 서쪽으로 하루에 한 바퀴씩 돈다. 그다음 구는 태양과 달의 안쪽 구처럼 바깥쪽 구에서 23.5도 기울어진 축을 중심으로 서쪽에서 동쪽으로 더 느리게 돈다. 안쪽의 두 구는 바깥쪽의 두 구에서 큰 각도로 기울어진 두 개의 거의 평행한 축을 중심으로 정확하게 같은 속도로 서로 반대 방향으로 돈다. 행성은 가장 안쪽 구에 붙어 있다. 바깥쪽 두 구는 행성들이 별들을 따라서 매일 한 바퀴씩 지구 주위를 도는 운동과, 황도를 따르는 더 긴 주기의 '평균적인' 움직임을 만들어준다. 서로 반대 방향으로 도는 안쪽의 두 구의 효과는 축들이 정확하게 평행하다면 상쇄된다. 하지만 축들이 완전히 평행하지는 않기 때문에 각 행성이 황도를 따르는 평균적인 움직임에 8자 모양의 움직임을 겹쳐서 행성들이 가끔씩 반대 방향으로 움직이는 모습을 만들어냈다. 그리스인들은 이 경로를 말이 달아나지 못하게 묶어놓는 밧줄과 닮았다고 해서 히포페데hippopede(말의 족쇄라는 뜻-옮긴이)라고 불렀다.

에우독소스의 모형은 태양, 달, 행성들의 관측 결과와 그렇게 잘 맞지 않았다. 예를 들어 이 모형에서 태양의 움직임은 6장에서 본 것처럼 유크테몬이 그노몬을 이용해서 발견했던 계절의 길이 차이를 설명하지 못했다. 수성에서는 크게 틀렸고 금성과 화성에서도 잘 맞지 않았다. 이것을 개선하기 위해서 키지코스 출신의 칼리포스Callippus of Cyzicus가 새로운 모형을 제안했다. 그는 태양과 달에 두 개의 구와 수성, 금성, 화성에 각각 하나의 구를 추가했다. 칼리포스의 모형은 행성들의 겉보기 운동에 새로운 이상한 특징을 추가하긴 했지만 대체로 에우독소스의 모형보다는 잘 맞았다.

에우독소스와 칼리포스의 동심원 모형에서 태양, 달, 행성들은 각각 다른 구들을 가지면서, 동시에 모두 고정된 별들을 운반하는 또 다른 구와 완벽하게 같이 회전하는 바깥쪽 구를 가지고 있다. 이것은 현대의 물리학자들이 '미세 조정fine-tuning'이라고 부르는 것의 초기의 예다. 우리는 어떤 이론이 뭔가와 왜 같아야 하는지 이해하지 못한 채 같아지도록 맞출 때 그 이론을 미세 조정되었다고 비판한다. 과학 이론에서 미세 조정이 된 모습은 뭔가가 더 잘 설명될 필요가 있다고 불평하는 자연의 괴로운 외침과 같다.

현대 물리학자들이 미세 조정에 대해 근본적으로 강한 거부감을 가지고 있었던 덕분에 중요한 과학적 발견이 이루어지기도 했다. 1950년대 후반에 타우tau와 세타theta라고 불리는 두 종류의 불안정한 입자가 발견되었다. 세타는 파이온pion이라고 불리는 더 가벼운 두 개의 입자로 붕괴했고 타우는 세 개의 파이온으로 붕괴했다. 타우와 세타 입자는 붕괴 방식은 완전히 달랐지만 질량이 같을 뿐만 아니라 평균 수명도 같았다! 물리학자들은 타우와 세타가 같은 입자일 수가 없다고 생각했다. 자연의 대칭성(자연의 법칙에 의하면 세상을 거울을 통해서 볼 때도 직접 볼 때와 똑같이 보여야 한다는 성질)은 같은 입자가 어떨 때는 두 개의 파이온으로, 어떨 때는 세 개의 파이온으로 붕괴하도록 허용하지 않을 것이기 때문이었다.

당시 우리의 지식으로도 타우와 세타가 같은 입자로 보이도록 이론의 상수들을 조정할 수 있었다. 하지만 그런 이론은 참을 수 없었다. 그

122   2부_ 그리스의 천문학

것은 지나치게 미세 조정된 것이었다. 다행히도 나중에 아무런 미세 조정도 필요하지 않다는 사실이 밝혀졌다. 두 입자가 사실은 같은 입자이기 때문이었다. 자연의 대칭성은 원자와 원자의 핵을 함께 붙잡는 힘에는 적용되었지만 타우와 세타의 붕괴를 포함한 다양한 붕괴 과정에서는 단순하게 적용되지 않았다.[7] 이 사실을 깨달은 물리학자들은 타우와 세타 입자가 우연히 같은 질량과 평균 수명을 가질 것이라는 생각을 믿지 않았던 자신들이 옳았다는 사실에 기뻐했다. 그것은 너무 많은 미세 조정을 요구하는 것이었다.

하지만 지금 우리는 훨씬 더 어려운 종류의 미세 조정 문제에 직면해 있다. 1998년 천문학자들은 우주의 팽창 속도가 은하들이 서로 당기는 중력 때문에 느려질 것이라는 기대와 달리 오히려 더 빨라지고 있다는 사실을 발견했다. 이 가속 팽창은 암흑에너지라고 알려진, 공간 자체와 연관된 에너지 때문이었다. 각기 다른 암흑에너지의 값을 알려주는 몇 가지 이론들이 있다. 어떤 값은 계산이 가능하고 어떤 값은 계산이 불가능하다. 우리가 계산할 수 있는 암흑에너지의 값은 천문학자들에 의해 관측된 암흑에너지값보다 약 10의 56승만큼 더 큰 것으로 밝혀졌다. 숫자 1 뒤에 0이 56개 붙은 숫자다.

이것은 역설은 아니다. 우리는 계산 가능한 암흑에너지의 값이 우리가 계산할 수 없는 값에 의해 거의 상쇄된다고 가정할 수 있기 때문이다. 하지만 그 상쇄 비율은 정확하게 10의 56승이 되어야 한다. 이런 수준의 미세 조정은 견디기 힘들다. 그래서 이론과학자들은 왜 암흑에너지의 양이 우리가 계산한 값과 그렇게 큰 차이가 나는지 설명하는 더 좋은 방법을 찾기 위해서 열심히 노력하고 있다. 한 가지 가능한 설명은 11장에 소개되어 있다.

이와 함께, 미세 조정처럼 보이는 몇 가지 예는 그저 우연일 뿐이라는 사실을 언급해야겠다. 예를 들어 지구에서 태양까지의 거리와 지구에서 달까지의 거리의 비는 지구와 태양, 지구와 달의 지름의 비와 거의 같기 때문에 개기일식이 일어날 때 달이 태양을 정확하게 가리는 현상에서도 볼 수 있는 것처럼 지구에서 태양과 달은 거의 같은 크기로 보인다. 이것은 우연일 뿐이지 우연이 아니라고 생각할 이유는 아무것도 없다.

아리스토텔레스는 에우독소스와 칼리포스 모형의 미세 조정을 줄이기 위해서 한 걸음 더 나아갔다. 《형이상학》에서 그는 모든 구들을 하나의 연결된 시스템으로 묶는 것을 제안했다.[8] 그는 가장 멀리 있는 행성인 토성에게 에우독소스와 칼리포스처럼 네 개의 구를 주는 대신 세 개의 안쪽 구만 주었다. 동쪽에서 서쪽으로 움직이는 토성의 일주 운동은 이 세 개의 구를 별들의 구에 묶으면 설명이 된다. 아리스토텔레스는 토성의 세 개의 구 안쪽에 반대 방향으로 회전하는 세 개의 구를 추가하여, 다음 행성인 목성의 구 위에 있는 토성의 세 개의 구의 움직임 효과를 상쇄시켰다. 목성의 가장 바깥쪽 구는 목성과 토성 사이의 세 개의 추가적인 구 중에서 가장 안쪽 구와 붙어 있다.

반대 방향으로 회전하는 이 세 개의 구를 추가하고 토성의 바깥쪽 구를 별들의 구와 묶음으로써 아리스토텔레스는 꽤 좋은 결과를 얻었다. 토성의 일주 운동이 왜 별들을 정확하게 따라가는지 더 이상 의문을 가질 필요가 없게 되었다. 토성은 별들의 구에 물리적으로 묶여 있는 것이다. 하지만 여기에서 아리스토텔레스는 모든 것을 망쳐버렸다. 그는

2부_그리스의 천문학

목성에게 에우독소스와 칼리포스가 가정했던 네 개의 구를 모두 주었다. 문제는 이렇게 되면 목성은 일주 운동을 토성에게서도 얻고 자신의 네 개의 구 중 가장 바깥쪽 구에서도 얻기 때문에 지구를 하루에 두 바퀴나 돌게 된다는 점이었다. 그는 토성의 구 안쪽에 있는, 반대 방향으로 회전하는 세 개의 구는 토성의 특이한 움직임만 상쇄하고 지구 주위를 도는 하루 동안의 움직임은 상쇄하지 못한다는 사실을 잊었던 것일까?

더 나쁜 것은 아리스토텔레스가 네 개의 목성의 구 안쪽에 목성의 특별한 움직임은 상쇄하지만 일주 운동은 상쇄하지 않는, 반대 방향으로 회전하는 구만 세 개를 추가했다는 것이다. 그러고는 다음 행성인 화성에게는 칼리포스가 그랬던 것처럼 다섯 개의 구를 모두 주었다. 결과적으로 화성은 지구를 하루에 세 바퀴나 돌게 되었다. 이 방법을 계속 사용하다 보니 아리스토텔레스의 모형에서는 금성, 수성, 태양, 달이 각각 지구 주위를 하루에 네 바퀴, 다섯 바퀴, 여섯 바퀴, 일곱 바퀴씩 돌게 되었다.

나는 아리스토텔레스의 《형이상학》을 읽고 이 분명한 오류에 충격을 받았다. 그리고 존 드레이어John Louis Emil Dreyer, 토머스 히스Thomas Heath, 윌리엄 로스William David Ross를 포함한 몇몇 연구자들이 이미 이것을 알고 있었다는 사실을 알았다.[9] 그들 중 몇 명은 이것을 본문의 오류 탓으로 돌렸다. 하지만 만일 아리스토텔레스가 정말로 표준판《형이상학》에 설명되어 있는 대로 그 모형을 제시했다면, 이것은 그가 우리와 다른 용어로 생각을 했다거나 우리와는 다른 문제에 관심이 있었다는 것 등으로 설명될 수가 없다. 그가 사용한 용어나 그가 관심 있었던 문제에 대해 고려하더라도 우리는 그가 부주의했거나 바보였다고 결론을 내릴 수밖에 없다.

아리스토텔레스가 정확한 수의 반대 방향으로 회전하는 구를 추가하여 모든 행성들이 별을 따라 지구를 하루에 한 바퀴만 회전하도록 만들었다 하더라도 그의 구조는 여전히 엄청난 미세 조정에 의존하고 있다. 토성의 특별한 움직임이 목성에 미치는 효과를 상쇄하기 위해서 토성의 구 안쪽에 추가한 반대 방향으로 회전하는 구들은, 그 상쇄가 이루어지기 위해서는 토성의 세 개의 구들과 정확하게 똑같은 속도로 회전해야 한다. 지구에 더 가까운 다른 행성들도 마찬가지다. 그리고 에우독소스나 칼리포스와 똑같이 아리스토텔레스의 구조에서도 수성과 금성의 두 번째 구는 태양의 두 번째 구와 정확하게 같은 속도로 회전해야 한다. 수성과 금성은 태양과 황도를 따라 같이 움직이며, 절대 태양에서 멀리 떨어진 하늘에서는 보이지 않는다는 사실을 설명하기 위해서다. 예를 들어 금성은 언제나 새벽이나 저녁에만 보이고 한밤중에 하늘 높이 보이는 경우는 절대 없다.

적어도 고대의 천문학자 중 한 명은 미세 조정 문제를 아주 심각하게 여겼던 것으로 보인다. 그는 폰토스 출신 헤라클레이데스Heraclides of Pontus이다. 헤라클레이데스는 기원전 4세기에 플라톤 아카데미의 학생이었고, 플라톤이 시칠리아에 갔을 때 아카데미의 책임을 맡았던 것으로 보인다. 심플리키오스와 아에티우스 모두 헤라클레이데스가 '지구가 자신의 축으로 회전한다'고 가르쳤다고 말한다.**10*** 지구를 중심으로

---

*365와 1/4일인 일 년 동안 지구는 실제로 자신의 축으로 366과 1/4회 회전한다. 이 기간 동안 태양은 지구 주위를 365와 1/4회 회전하는 것처럼 보인다. 지구가 자신의 축으로 366과 1/4회 회전하는 동안 태양 주위도 같은 방향으로 회전하기 때문에, 태양이 지구 주위를 365와 1/4회만 회전하는 것처럼 보이는 것이다. 365.25일 동안 지구는 별을 기준으

회전하는 별, 행성, 태양, 달의 일주 운동을 한번에 없애버리는 것이다. 헤라클레이데스의 이 제안은 이후 고대와 중세의 저자들에 의해 종종 언급되었지만 코페르니쿠스 시대까지는 인기를 끌지 못했다. 이것도 역시 우리가 지구의 회전을 느낄 수 없기 때문이었을 것이다.

4세기에 《티마이오스》를 그리스어에서 라틴어로 번역한 기독교인인 칼키디우스Calcidius에 따르면, 헤라클레이데스가 태양에서 멀리 떨어진 하늘에서는 절대 수성과 금성이 보이지 않기 때문에 이들이 지구가 아니라 태양을 중심으로 회전한다고 말했다고 한다. 그러면 태양과 내행성들의 두 번째 구의 인위적인 회전을 필요로 하는 에우독소스, 칼리포스, 아리스토텔레스의 구조에서 또 다른 미세 조정을 없앨 수 있었다. 하지만 태양과 달, 그리고 세 개의 외행성은 여전히 제자리에서 자전하는 지구를 중심으로 회전한다고 생각했다.

이 이론은 내행성들에서는 아주 잘 맞았다. 이것은 수성, 금성, 지구가 모두 태양을 중심으로 일정한 속도로 원운동을 한다는 코페르니쿠스 이론의 가장 단순한 구조와 정확하게 같은 겉보기 운동을 만들기 때문이다. 내행성에 대해서는 헤라클레이데스와 코페르니쿠스의 유일한 차이는 지구 기준과 태양 기준이라는 관점의 차이뿐이었다.

에우독소스, 칼리포스, 아리스토텔레스의 구조에 내재하는 미세 조정에는 또 다른 문제가 있었다. 이런 동심원 구조들은 관측과 그렇게 잘 맞지 않는다는 것이었다. 당시에는 행성들이 자신의 빛으로 빛나고 있다고 믿었는데, 이 구조에서는 행성들이 놓여 있는 구들이 언제나 지

로 366.25회 회전하므로 한 바퀴 회전하는 데에는 (365.25 ×24시간)/366.25시간, 즉 23시간 56분 4초가 걸린다. 이것을 항성일恒星日이라고 한다.

구 표면에서 같은 거리에 있기 때문에 행성들의 밝기가 변하지 않아야 한다. 하지만 행성들의 밝기가 아주 많이 변하는 것은 너무나 분명했다. 심플리키오스가 인용했듯이 서기 200년경의 소요학파 철학자 소시게네스Sosigenes는 이렇게 말했다.[11]

하지만 에우독소스 동료들의 가설은, 이전부터 알려져왔고 자기 자신들도 인정한 현상을 만들어내지 못한다. 그렇다면 다른 현상들에 대한 이야기를 할 필요가 무엇이 있겠는가? 그중에는 에우독소스가 할 수 없었던 것을 키지코스의 칼리포스 역시 설명하려고 시도한 것이 있었다. 성공했는지는 알 수 없지만 말이다. (…) 내가 하려는 말은 행성들이 가까이 있는 것처럼 보이거나 우리에게서 멀어진 것처럼 보일 때가 아주 많이 있다는 것이다. 그리고 어떤 행성들의 경우 이것이 분명하게 보인다. 금성이라고 불리는 별과 화성이라고 불리는 별은 역행의 중심 기간에 몇 배나 더 크게 보여서 달이 없는 밤에는 금성이 물체의 그림자까지 만들 정도다.

심플리키오스나 소시게네스가 행성들의 크기라고 말한 것은 아마도 그들의 겉보기 밝기로 이해해야 할 것이다. 맨눈으로 우리는 실제 행성의 원반을 볼 수 없다. 하지만 빛의 점이 더 밝게 보이면 더 커 보인다.

실제로 이 주장은 심플리키오스가 생각했던 것만큼 결정적이지는 않다. 행성들은 달처럼 태양 빛을 반사해서 빛나기 때문에 에우독소스 등의 모형에서도 달의 위상처럼 행성의 위상이 변하면서 밝기가 변할 수 있다(거리가 변하지 않아도 밝기가 변할 수 있다는 말이다-옮긴이). 이것은 갈릴레이 이전에는 이해되지 않았다. 하지만 행성들의 위상을 고려

하더라도 동심원 이론에서 예상되는 밝기의 변화는 실제로 보이는 것과 일치하지 않는다.

헬레니즘과 로마 시대의 전문적인 천문학자들(철학자들에게는 아닐지라도)은 에우독소스, 칼리포스, 아리스토텔레스의 동심원 이론을 다른 이론으로 대체했다. 이 이론으로는 태양과 행성들의 겉보기 운동을 훨씬 더 잘 설명할 수 있었다. 아래에 설명할 세 개의 수학적 도구인 주전원epicycle, 편심eccentric, 동시심equant에 기반을 둔 이론이었다. 우리는 주전원과 편심을 누가 발명했는지는 모르지만, 6장과 7장에서 만났던 헬레니즘 시대의 수학자인 아폴로니오스와 천문학자인 히파르코스는 이것을 분명히 알고 있었던 것 같다.[12] 주전원과 편심 이론에 대해서는 동시심을 창안하고 그 이론의 이름에 연관되어 있는 클라우디오스 프톨레마이오스의 저작들을 통해 알 수 있다.

프톨레마이오스는 로마 제국의 전성기이자 안토니우스 황제 시대인 서기 150년경에 활동했다. 그는 알렉산드리아 박물관에서 일했고, 서기 161년이 좀 지나서 죽었다. 우리는 이미 4장에서 반사와 굴절에 대한 그의 연구를 살펴보았다. 그의 천문학 업적은 《천문학 집대성Megale Syntaxis》이라는 책으로 나왔는데, 이것이 아랍인들에 의해 《알마게스트》로 번역되었고 유럽에도 이 이름으로 알려졌다. 《알마게스트》는 너무나 성공적이어서 히파르코스와 같은 이전의 천문학자들의 업적은 더 이상 인용되지 않게 되었고, 결과적으로 지금은 프톨레마이오스의 업적과 그 이전 천문학자들의 업적을 구별하는 것이 어려워졌다.

《알마게스트》에는 히파르코스의 별 목록을 발전시켜, 히파르코스의 것에서보다 수백 개 더 많은 1,028개의 별이 기록되었고, 하늘에서의 위치뿐만 아니라 밝기도 표시되었다.* 행성들과 태양, 달에 대한 프톨레마이오스의 이론은 미래의 과학에 훨씬 더 중요한 역할을 했다. 일단 《알마게스트》에 설명된 이 이론에 적용된 방법은 놀라울 정도로 현대적이다. 행성들의 운동에 대한 다양한 자유 변수들을 포함하는 수학 모형을 제안한 다음, 모형으로 예상한 결과가 관측과 일치하도록 변수들을 찾아냈다. 우리는 그 하나의 예를 편심과 동시심과 연관 지어 아래에서 살펴볼 것이다.

가장 간단한 형태의 프톨레마이오스의 이론에서 각 행성은 '주전원周轉圓'이라고 부르는 원을 그리며 돈다. 이것은 지구가 중심이 아니라 지구 주위를 도는 또 다른 원인 '이심원離心圓' 위에 있는 움직이는 한 점이 중심이 된다. 내행성인 수성과 금성은 각각 88일과 225일 만에 주전원을 한 바퀴 돈다. 그 모형은 주전원의 중심이 이심원 위에서 정확하게 일 년 만에 지구 주위를 돌아서 언제나 지구와 태양을 연결하는 선 위에 위치하도록 미세 조정이 되었다.

우리는 이것이 왜 잘 맞는지 알 수 있다. 행성의 겉보기 운동은 그들이 얼마나 멀리 있는지에 대해서는 아무것도 알려주지 않는다. 마찬가지로 프톨레마이오스의 이론에서는 하늘에서의 행성들의 겉보기 운동이 주전원과 이심원의 절대적인 크기와는 상관이 없고 그 크기의 '비율'에 의해서만 결정된다. 만일 프톨레마이오스가 수성과 금성의 주전

---

*프톨레마이오스의 시대부터 현재까지 별들의 겉보기 밝기는 '등급'이라는 용어를 사용한다. 등급은 밝기가 어두워질수록 커진다. 가장 밝은 별인 시리우스는 -1.4등급이고 그보다 덜 밝은 별인 베가는 0등급이며, 맨눈으로 겨우 볼 수 있는 별은 6등급이다. 1856년에 천문학자 노먼 포그슨Norman Pogson은 역사적으로 부여된 등급을 가지고 있던 별들의 겉보기 밝기를 측정하고 비교하여 5등급이 큰 별은 100배 더 어둡다는 결론을 내렸다.

원과 이심원의 비율을 유지한 채로 크기를 키우고 싶었다면 두 행성 모두 같은 이심원, 즉 태양이 지구 주위를 도는 궤도를 가지게 할 수 있다. 그러면 태양은 이심원 위의 한 점이 되고 내행성들이 회전하는 주전원의 중심이 된다.

이것은 히파르코스나 프톨레마이오스에 의해 제안된 이론은 아니지만, 내행성 운동의 모습은 똑같다. 궤도의 전체적인 크기만 달라질 뿐 겉보기 운동에는 영향을 주지 않기 때문이다. 주전원 이론의 이 특별한 경우는 앞에서 논의한, 수성과 금성은 태양의 주위를 돌고 태양은 지구 주위를 돈다는 헤라클레이데스의 이론과 정확하게 같다. 이미 이야기한 바와 같이 헤라클레이데스의 이론은 지구와 내행성들이 태양의 주위를 도는 것과 관측자의 관점만 다를 뿐 똑같기 때문에 실제 관측과 잘 맞는다. 그러므로 수성과 금성이 헤라클레이데스의 이론과 같은 겉보기 운동을 가지는 프톨레마이오스의 주전원 이론 역시 관측과 잘 맞는 것은 우연이 아니다.

프톨레마이오스는 똑같은 주전원과 이심원 이론을 외행성인 화성, 목성, 토성에도 적용시킬 수 있었다. 하지만 이 이론이 적용되려면 행성들이 주전원을 도는 운동을 주전원의 중심이 이심원을 도는 운동보다 훨씬 더 느리게 하는 것이 필요했다. 나는 이것이 왜 문제가 되었는지 잘 모르겠지만 어떤 이유에서인지 프톨레마이오스는 다른 길을 선택했다.

그의 가장 단순한 구조에서 각 외행성들은 이심원 위의 한 점을 중심으로 주전원을 따라서 일 년에 한 바퀴 돈다. 그리고 이 점은 이심원 위에서 지구 주위를 더 긴 시간 동안 돈다. 화성은 1.88년, 목성은 11.9년,

토성은 29.5년이다. 여기에 또 다른 종류의 미세 조정이 들어간다. 주전원의 중심과 행성을 잇는 선은 언제나 지구와 태양을 잇는 선과 평행하다. 이 구조는 관측된 외행성들의 겉보기 운동과 상당히 잘 맞는다. 이 이론으로는 내행성에서와 마찬가지로 주전원과 이심원의 비율은 일정한 채로 크기만 변하는 특별한 경우를 만들 수 있는데, 이 경우는 모두 똑같은 겉보기 운동이 만들어진다. 그런데 그 크기를 특정한 값으로 하면 이 모형은 가장 단순한 코페르니쿠스 이론과 지구에서냐 태양에서냐의 관점만 다를 뿐 똑같아지기 때문에 관측과 잘 맞을 수밖에 없다(전문 해설 13 참조).

프톨레마이오스의 이론은 행성의 겉보기 역행 운동을 잘 설명한다. 예를 들어 화성은 주전원 위에서 지구로부터 가장 가까운 위치에 있을 때 황도를 따라 역방향으로 움직이는 것처럼 보인다. 주전원을 도는 화성의 운동이 이심원을 도는 주전원의 운동과 반대 방향이면서 더 빠르기 때문이다. 이것은 지구와 화성이 모두 태양의 주위를 돌면서 지구가 화성을 앞지를 때 황도 상에서 화성이 뒤로 움직이는 것처럼 보인다는 현대적인 설명을, 지구를 기준으로 한 관점으로 바꾼 것과 똑같다. 이 때는 앞에서 인용한 심플리키오스의 말처럼 화성이 가장 밝을 때이기도 하다. 화성이 지구에 가장 가까이 오고, 우리가 화성을 보는 면이 태양을 향하고 있기 때문이다.

히파르코스와 아폴로니오스, 그리고 프톨레마이오스에 의해 개발된 이론은 공상이 아니라, 현실과의 관련성은 없지만 운 좋게도 관측과는 상당히 잘 맞게 된 경우이다. 태양과 행성들의 겉보기 운동만 놓고 본다면, 각 행성들이 다른 복잡한 것 없이 주전원을 하나씩만 가지는 이 이론의 가장 단순한 형태는 태양과 행성들이 태양을 중심으로 일정한 속도로 원운동을 하는 코페르니쿠스 이론의 가장 단순한 형태와 정확하게 같은 예측을 한다. 수성, 금성과 관련하여 이미 설명했지만(전문 해설 13에 더 자세히 설명되어 있다), 이것은 프톨레마이오스의 이론이 같은 형태의 태양과 행성들의 겉보기 운동을 만드는 이론에 속하고, 그 이론들 중 하나는(프톨레마이오스가 채택하지는 않았지만) 코페르니쿠스 이론의 가장 단순한 형태가 보여주는 태양과 행성들의 상대적 운동과 실제로 정확하게 일치하기 때문이다.

그리스의 천문학 이야기는 여기서 끝내는 것이 좋을 것 같다. 불행히도 코페르니쿠스 자신도 잘 이해한 것처럼, 행성들의 겉보기 운동에 대한 가장 단순한 형태의 코페르니쿠스 이론은 관측과 잘 맞지 않고, 이것과 똑같은 가장 단순한 형태의 프톨레마이오스 이론도 잘 맞지 않는다. 케플러와 뉴턴 시대 이후로 우리는 지구와 행성들이 정확하게 원운동을 하지 않고, 태양이 궤도의 중심에 있지 않으며, 지구와 행성들이 궤도를 정확하게 일정한 속도로 움직이지 않는다는 사실을 알고 있다. 당연히 그리스의 천문학자 누구도 현대의 이론을 이해하지 못했다. 케플러 이전의 천문학 역사의 상당 부분은 가장 단순한 형태의 프톨레마이오스 이론과 코페르니쿠스 이론에서 나타나는 작은 불일치를 수정하려는 시도가 차지했다.

플라톤은 원운동과 균일한 운동을 도입했고, 우리가 아는 한 고대의 어느 누구도 천체들이 원운동들의 조합이 아닌 다른 운동을 할 것이라고 생각하지 않았다. 프톨레마이오스가 '균일한 운동'이라는 점에 대해서는 타협해보려고 하기는 했다. 원운동으로 제한된 궤도 운동 아래에서 프톨레마이오스와 그의 선배들은 자신들의 이론이 행성들뿐만 아니라 태양과 달의 운동과도 정확하게 잘 맞도록 하기 위해서 여러 복잡한 방법들을 만들어냈다.*

한 가지 방법은 그저 주전원을 추가하는 것이었다. 프톨레마이오스가 이것이 필요하다고 판단한 유일한 행성은 다른 행성들에 비해 궤도가 원과 가장 다른 수성이었다. 또 다른 방법은 '편심'을 이용하는 것이었다. 지구가 각 행성들의 이심원의 중심이 아니라 약간 떨어진 곳에 있다는 것이다. 예를 들어 프톨레마이오스 이론에서 금성의 이심원의 중심은 지구에서 이심원 반지름의 2퍼센트만큼 떨어진 곳에 있다.**

편심은 프톨레마이오스가 도입한 또 다른 수학적 도구인 '동시심'과 결합될 수 있다. 이것은 행성들의 주전원 때문에 생기는 변화와는 별개로, 행성들이 궤도를 도는 속도를 변화시키기 위한 것이다. 지구에서 행성들을 보면, 더 정확하게는 행성의 주전원의 중심을 보면 일정한 비율로(즉, 매일 일정한 각도로) 우리 주위를 돈다고 생각할 수 있지만, 프톨레마이오스는 이것이 실제 관측과 잘 맞지 않는다는 것을 알고 있었다. 편심을 도입하면 행성의 주전원의 중심이 지구가 아니라 행성의 이심원의 중심인 편심을 일정한 비율로 도는 것으로 볼 수 있다. 그러나 안타깝게도 이것도 잘 맞지 않았다.

---

*주전원을 사용한 기원에 대한 얼마 되지 않는 힌트들 중 하나로, 프톨레마이오스는《알마게스트》12장의 도입부에서 태양의 겉보기 운동을 설명하기 위해 주전원과 편심을 사용한 이론을 증명한 사람이 페르게 출신 아폴로니오스라고 언급했다.
**태양의 운동에 대한 이론에서 편심은 일종의 주전원으로 여겨질 수 있다. 여기에서 주전원의 중심과 태양을 연결하는 선은 항상 지구와 태양의 이심원의 중심을 연결하는 선과 평행하여 태양 궤도의 중심을 지구에서 약간 벗어나게 한다. 달과 행성들에도 비슷하게 적용된다.

그래서 프톨레마이오스는 동시심이라고 불리게 된 것을 도입했다.*
이것은 지구에서 이심원 중심의 반대편으로 같은 거리에 있는 점으로,
그는 행성들의 주전원의 중심이 동시심을 중심으로 일정한 각속도로
돈다고 가정했다. 지구와 동시심이 이심원 중심에서 같은 거리에 있다
는 사실은 철학적인 선입견에 기반을 둔 가정이 아니라, 이 거리를 자
유 변수로 남겨두고 이론이 관측과 잘 맞는 거리를 찾는 과정에서 발견
된 것이다.

그러나 프톨레마이오스 모형과 관측 사이에는 여전히 꽤 큰 차이가
있었다. 11장에서 케플러를 만날 때 보겠지만, 각 행성들에게 하나의
주전원을 주고 태양과 행성들에게 편심과 동시심을 결합시키는 방법
을 일관적으로 사용한다면 지구의 타원 궤도와 행성들의 겉보기 운동
을 상당히 잘 모방할 수 있다. 망원경 없이 이루어지는 거의 모든 관측
결과를 충분히 설명할 수 있을 정도다. 하지만 프톨레마이오스는 일관
적이지 않았다. 그는 태양이 지구를 도는 운동을 설명할 때에는 동시
심을 사용하지 않았다. 행성들의 위치는 태양의 위치로 표시되기 때문
에 이것은 행성들의 운동을 예측하는 데에도 문제를 일으켰다. 조지 스
미스George Smith가 강조했듯이, 프톨레마이오스 이후로 어느 누구도 이
불일치를 심각하게 생각하고 더 나은 이론을 만들어내려 하지 않았다
는 사실이 고대나 중세의 천문학과 현대 천문학 사이의 거리를 보여준
다.**13**

---

*프톨레마이오스는 '동시심'이라는 용어를 사용하지 않았다. 대신 그는 동시심과 지구
를 연결하는 선의 중심에 이심원의 중심인 편심이 있다는 의미로 '이등분 편심bisected
eccentric'이라는 말을 썼다.

달은 특히 어려운 대상이었다. 태양과 행성들의 겉보기 운동에는 상당히 잘 들어맞는 이론도 달에게는 맞지 않았다. 이것이 태양 하나의 중력에 대부분의 지배를 받는 행성들의 운동과는 달리, 달의 운동은 지구와 태양 두 개의 중력에 크게 영향을 받기 때문이라는 사실은 뉴턴의 시대가 되어서야 알아낼 수 있었다. 히파르코스는 하나의 주전원을 가지는 달의 운동 이론을 제안했는데, 이 이론은 일식 또는 월식 현상 사이의 시간 간격을 설명할 수 있도록 조정되었다. 하지만 프톨레마이오스는 이 모형이 식과 식 사이에는 황도에서의 달의 위치를 제대로 예측하지 못한다는 것을 알아차렸다. 프톨레마이오스는 더 복잡한 모형으로 이 오류를 수정할 수 있었지만, 그의 이론에도 문제가 있었다. 달과 지구 사이의 거리가 상당히 크게 변해서 달의 겉보기 크기가 관측되는 것보다 훨씬 더 크게 변해야 한다는 것이었다.

이미 언급했듯이 프톨레마이오스와 그의 선배들의 구조에서는 행성을 관측하여 이심원과 주전원의 크기를 알 수 있는 방법이 없다. 관측은 각 행성들의 이심원과 주전원의 크기의 비율만을 결정해줄 뿐이다.* 프톨레마이오스는 《알마게스트》의 후속작인 《행성 이론Planetary Hypotheses》에서 그 사이의 간극을 메웠다.

여기에서 그는 아마도 아리스토텔레스로부터 받아들인 것으로 보이는 선험적인 원리를 내세웠다. 세상의 체계에는 빈틈이 없다는 것이었다. 태양과 달을 포함한 모든 행성들은 지구에서 최소와 최대 거리까

---

*편심과 동시심이 추가될 때도 마찬가지다. 관측으로는 각 행성별로 이심원의 중심에서부터 지구까지의 거리와 동시심까지의 거리, 그리고 이심원 반지름과 주전원 반지름의 비율만을 알 수 있을 뿐이다.

지 뻗어 있는 껍질을 각각 차지하고 있으며, 이 껍질들은 빈틈없이 서로 붙어 있다. 이 구조에서 행성들과 태양, 달의 궤도의 상대적인 크기는 지구에서부터 멀어지는 순서만 결정하면 모두 결정된다. 그리고 달은 지구에서 충분히 가까이 있기 때문에 7장에서 소개했던 히파르코스의 방법을 포함해 여러 가지 방법으로 지구의 반지름을 단위로 한 절대적인 거리를 측정할 수 있다.

프톨레마이오스 자신도 시차법을 개발했다. 달까지의 거리와 지구 반지름의 비율은 천정^{zenith}(지구 표면의 관측 지점에서 지구 표면에 수직 방향으로 직선을 그었을 때 천구와 만나는 점을 말한다-옮긴이)과 달 사이에 관측된 각도와, 달이 지구의 중심에서 관측될 때 이 각도가 얼마나 될지 계산한 값을 이용하여 구할 수 있다(전문 해설 14 참조).[14] 프톨레마이오스의 가정에 따르면 태양과 행성들까지의 거리를 구하기 위해서 필요한 것은 그들이 지구 주위를 도는 순서를 알아내는 것뿐이다.

가장 안쪽의 궤도는 언제나 달이 차지했다. 태양과 행성들이 모두 가끔씩 달에 의해 가려졌기 때문이다. 그리고 가장 멀리 있는 행성이 지구 주위를 도는 데 가장 긴 시간이 걸릴 것이 당연하므로 화성, 목성, 토성은 일반적으로 이 순서로 지구에서 먼 것으로 여겨졌다. 하지만 태양, 금성, 수성은 모두 평균적으로 지구 주위를 일 년에 한 바퀴씩 도는 것으로 보였기 때문에 이들의 순서는 논란의 주제로 남아 있었다. 프톨레마이오스는 지구에서부터 멀어지는 순서가 달, 수성, 금성, 태양, 화성, 목성, 토성일 것이라고 추측했다. 프톨레마이오스가 지구의 지름 단위로 태양, 달, 행성들의 거리를 측정한 결과는 실제 값보다 훨씬 더 작았고, 태양과 달의 거리는 7장에서 다룬 아리스타르코스의 결과와 비슷했다.

복잡한 주전원, 동시심, 편심은 프톨레마이오스 천문학의 명성을 떨어뜨렸다. 하지만 프톨레마이오스가 지구를 태양계의 움직이지 않는 중심으로 놓는 실수를 만회하기 위해서 고집스럽게 이런 복잡한 구조를 만들어냈다고 생각해서는 안 된다. 모든 행성들이 하나 이상의 주전원을 가지는, 그리고 태양은 주전원을 가지지 않는 복잡함은 지구가 태양 주위를 도느냐 아니면 태양이 지구 주위를 도느냐와 아무런 상관이 없다. 그것은 케플러 이전까지는 이해되지 않았던, 궤도들이 원이 아니며 태양이 궤도들의 중심에 있지 않고 속도가 일정하지 않다는 사실 때문에 필요했던 것이다.

이런 복잡함은 행성들과 지구의 궤도가 원이며 속도가 일정하다고 가정한 코페르니쿠스의 원래 이론에도 영향을 미쳤다. 다행히 이것은 상당히 좋은 가정이었기 때문에 모든 행성들이 단 하나의 주전원을 가지고 태양은 주전원을 가지지 않는다는 주전원 이론의 가장 단순한 형태가 에우독소스나 칼리포스, 아리스토텔레스의 동심원 이론보다 훨씬 더 잘 작동했다. 만일 프톨레마이오스가 행성들뿐만 아니라 태양에도 편심과 함께 동시심을 포함시켰더라면 이론과 관측 사이의 불일치는 당시에 가능한 방법으로는 찾아낼 수 없을 정도로 작았을 것이다.

하지만 이것이 행성 운동에 대한 프톨레마이오스와 아리스토텔레스 사이의 문제를 해결하지는 않았다. 프톨레마이오스의 이론은 관측과 더 잘 맞았지만, 모든 천체의 운동은 지구를 중심으로 하는 원운동으로 이루어져야 한다는 아리스토텔레스 물리학의 가정을 어기고 있었다. 사실 주전원 위를 움직이는 행성들의 이상한 모습은 특별히 다른 이론을 따르지 않는 사람들조차도 쉽게 받아들이기 어려웠을 것이다.

1,500년 동안 주로 물리학자나 철학자로 불린 아리스토텔레스 수호자들과, 대체로 천문학자나 수학자로 불린 프톨레마이오스 지지자들 사이의 논쟁은 계속되었다. 아리스토텔레스의 수호자들은 프톨레마이오스의 모형이 더 잘 맞는다는 사실을 알았지만, 이것은 그저 수학자들에게나 흥미로운 것이지 현실을 이해하는 데에는 적절하지 않다고 주장했다. 그들의 태도는 기원전 70년경에 활동한 로도스 출신 게미노스 Geminus of Rhodes의 말에 표현되어 있다. 게미노스의 말은 약 3세기 후에 아프로디시아스 출신 알렉산드로스Alexander of Aphrodisias에 의해 인용되었고, 이어서 심플리키오스가 쓴 아리스토텔레스의 《자연학》에 대한 주석에서도 인용되었다.[15] 이것은 간혹 '물리학자'로 번역되는 자연과학자들과 천문학자들 사이의 커다란 논쟁을 잘 보여준다.

천상의 본질과 천상의 물체들, 그들의 능력, 그리고 그들이 어디에서 왔고 어디로 갈 것인가에 대한 의문은 물리학 탐구의 관심사다. 제우스만이 그 크기, 모양, 위치에 대한 진실을 드러낼 수 있다. 천문학은 이런 질문에 대답하려 하지 않는다. 대신 천상에서 일어나는 현상의 질서 있는 본질을 드러내고 천상이 정말로 정돈된 우주라는 것을 보여준다. 그리고 지구, 태양, 달의 모양, 크기, 상대적인 거리, 천상의 물체들끼리의 만남과 일식 및 월식 현상, 그들의 경로에 내재하는 정성적, 정량적인 성질에 대해 논한다. 천문학은 양과 규모, 그리고 형태의 성질에 대한 연구를 다루기 때문에 당연히 계산과 기하학에 의존하게 된다. 그리고 천문학이 유일하게 설명할 수 있는 이런 연구에서, 천문학은 계산과 기하학을 이용하여 결과에 도달하는 힘을 가지고 있다. 천문학자와 자연과학자는 대부분 태양이 아주 크다거나 지구가 둥글다는 것과 같이, 동일한 목표를 달성하기 위해 노력하지만 동일한 방법을 사용하지는 않는다. 자연과학자는 천상의 물체들의 재료나 능력, 혹은 존재 자체의 우수성이나 그들이 어디에서 왔고 어디로 갈 것인가의 문제로부터 이런 목표들을 증명하려고 하는 반면에, 천문학자는 그들의 모양이나 크기와 같은 성질, 혹은 움직이는 정도와 그때 걸리는 시간에 대해 논의한다. (…) 일반적으로 정지하려는 본성이 무엇이고 움직이려는 본성이 무엇인지는 천문학자의 관심사가 아니다. 대신 천문학자는 정지해 있는 것과 움직이는 것에 대한 가정을 하고 어떤 가정이 하늘의 모습과 일치하는지를 생각한다. 천문학자는 천상의 물체들의 춤이 단순하고 규칙적이며 질서정연하다는 첫 번째 기본 원리들을 자연과학자로부터 얻어 와야 한다. 이 원리들로부터 천문학자는 천상의 물체들이 나란하게 돌거나 기울어져서 돌거나 모두 원운동을 한다는 것을 보여줄 수 있다.

게미노스의 '자연과학자들'은 오늘날의 이론물리학자들과 비슷한 면이 있지만 상당한 차이도 있다. 아리스토텔레스의 견해를 따라 게미노스는 자연과학자들이 목적론적인 원리를 포함한 최초의 원리에 의존한다고 보았다. 자연과학자들은 천상의 물체들이 존재 자체로 우수하다고 여겼다. 게미노스가 볼 때, 관측과 비교하기 위해 수학을 사용하는 사람들은 천문학자들뿐이었다. 게미노스가 상상하지 못했던 것은 이론과 관측 사이의 상호작용이었다. 현대의 이론물리학자들도 기본적인 원리들에서 유도를 하긴 하지만 그들은 수학을 사용하고 그 원리들도 수학적으로 표현하며, 어떤 이론이 더 나은지 생각하는 것이 아니라 관측으로부터 배움을 얻는다.

행성들의 운동에 대한 게미노스의 "나란하게 돌거나 기울어져서 돌거나"라는 언급에서 훌륭한 아리스토텔레스주의자인 게미노스가 당연히 좋아했을 에우독소스, 칼리포스, 아리스토텔레스 모형의 '기울어진 축으로 회전하는 동심원 구'를 엿볼 수 있다. 반면에 서기 100년경에 《티마이오스》의 해설을 쓴 아프로디시아스 출신 아드라스토스Adrastus of Aphrodisias와, 한 세대 후의 수학자인 스미르나 출신 테온Theon of Smyrna은 아폴로니오스와 히파르코스의 이론이 맞다고 확신했다. 그들은 주전원과 이심원이 아리스토텔레스의 동심원처럼 단단한 투명구이긴 하지만 동심원은 아닌 것으로 설명하여 그 이론을 인정받는 이론으로 만들고자 했다.

대립하는 행성 이론들의 다툼에 직면한 일부 저자들은 두 손을 들고 하늘의 현상은 인간이 이해할 수 있는 것이 아니라고 선언했다. 그래서 5세기 중엽 신플라톤주의자이자 비기독교인이었던 프로클로스는 《티마이오스》에 관해 쓴 해설에서 다음과 같이 선언했다.[16]

우리가 달보다 가까운 대상을 다루는 동안은 그것을 이루는 물질들의 불안정성 때문에 대부분의 경우에 무슨 일이 일어나는지 이해하는 것으로 만족할 만하다. 하지만 천상의 물체를 이해하기를 원할 때에는 있을 법하지 않은 모든 종류의 부자연스러움을 받아들이고 감성을 이용해야 한다. (…) 이것이 이 천상의 물체들에 대한 발견에서 분명하게 드러나는 방식이다. 다른 가설에서 같은 대상들에 대한 같은 결론을 끌어내는 것이다. 이 가설들 중에서 어떤 것은 주전원을 통해서, 어떤 것은 편심을 통해서 그리고 또 어떤 것은 행성이 없는 역회전 구를 이용해서 현상을 구현한다. 분명 신의 판단은 더 확실할 것이다. 하지만 우리로서는 이 물체들에 '가까이 다가가는' 것으로 만족해야 한다. 우리는 있을 법한 것들에 대해서 말할 뿐이고, 그것들의 내용은 우화를 닮아 있기 때문이다.

프로클로스는 세 가지 면에서 틀렸다. 그는 주전원과 편심을 이용하는 프톨레마이오스의 이론이 동심원의 '역회전 구' 가설을 이용하는 아리스토텔레스의 이론보다 현상을 구현하는 일을 훨씬 더 잘한다는 사실을 놓치고 있다. 작은 기술적인 문제도 있다. "어떤 것은 주전원을 통해서, 어떤 것은 편심을 통해서"라는 언급을 보면 프로클로스가 주전원이 편심의 역할을 할 수 있는 경우에는(134쪽 두 번째 각주 참조) 이 두 가설이 서로 다른 것이 아니라 같은 것을 수학적으로 다른 방식을 사용해 설명하는 것이라는 사실을 깨닫지 못하고 있는 것으로 보인다.

무엇보다도 프로클로스는 달 궤도 아래의 지구에서 일어나는 일보다 천상에서의 운동이 더 어려울 것이라고 가정한 점에서 틀렸다. 진실은 정확하게 그 반대다. 우리는 태양계 천체들의 운동을 아주 정확하게 계산할 수 있지만 아직 지진이나 허리케인을 예측하지는 못한다. 물론 이것은 프로클로스만의 생각은 아니었다. 우리는 행성의 운동을 이해할 가능성에 대한 그의 부적절한 비관주의가 수 세기 후에 마이모니데스Moses Maimonides에 의해 반복되는 것을 볼 것이다. 20세기인 1900년대에 물리학자였다가 철학자가 된 피에르 뒤앙Pierre Duhem은 프톨레마이오스의 편에 섰다.[17] 그의 모형이 자료와 더 잘 맞았기 때문이었다. 하지만 그는 그 모형을 현실에 맞추려 했던 테온과 아드라스토스에는 반대했다. 아마도 그는 지극히 종교적이었기 때문에 과학의 역할을 단지 관측과 잘 맞는 수학적인 이론을 만드는 것으로 제한하고, 어떤 현상의 원인을 설명하려는 노력으로 확장하지는 않았던 것 같다.

나는 이 관점에 동의하지 않는다. 우리 세대의 물리학자들은 설명이라는 단어를 사용할 때 단지 서술의 의미가 아니라 말 그대로 '설명한다'는 느낌을 확실히 가지기 때문이다.[18] 서술과 설명을 명확하게 구별하는 것은 쉽지 않다. 우리는 무언가를 설명한다고 할 때, 세상에 대한 어떤 것이 좀 더 근본적인 일반성을 어떻게 따르는지를 보여주는 것이라고 말할 수 있다. 하지만 근본적이라는 것의 의미는 무엇일까? 중력과 운동에 대한 뉴턴의 법칙이 행성 운동에 대한 케플러의 세 법칙보다 더 근본적이라고 인식된다는 사실을 통해 본다면 '근본적'이 무슨 의미인지 추측해볼 수 있다. 뉴턴의 위대한 성공은 행성의 운동을 단지 서술한 것이 아니라 '설명하고 있다'는 것이다. 뉴턴은 중력을 설명하지 않았고 우리도 그 사실을 알고 있다. 하지만 이것은 설명에는 항상 있는 방식이다. 언제나 앞으로 설명할 것이 남아 있는 것이다.

행성들은 움직임이 이상했기 때문에 시계나 달력, 혹은 나침반으로는 쓸모가 없었다. 행성들은 헬레니즘 시대에 바빌로니아인들로부터 배운 엉터리 과학인 점성술의 목적으로 사용되었다.* 현대에는 천문학과 점성술이 명확하게 구별되지만 고대와 중세 세계에서는 그 구별이

---

*점성술과 바빌로니아인들과의 연관성은 호라티우스Horatius의 《송가》 1권 11편에 묘사되어 있다. "레오코노여, 신들이 그대와 나에게 (우리가 알도록 허용되지 않은 것인) 어떤 결말을 준비해두었는지 묻지 말고 바빌로니아인들의 별점에 관여하지 말지어다. 그것이 무엇이든 견디는 것이 훨씬 더 나을 것이니(Horace, Odes and Epodes, ed. and trans. Niall Rudd, Loeb Classical Library, [Cambridge, Mass.: Harvard University Press, 2004], 44-45)."

명확하지 않았다. 사람들 사이의 일은 별과 행성들을 지배하는 법칙들과는 상관이 없다는 사실을 아직 깨닫지 못했기 때문이다. 프톨레마이오스 시절부터 정부는 주로 미래를 알아보려는 희망으로 천문학 연구를 지원했고, 당연히 천문학자들도 점성술에 많은 시간을 보냈다. 실제로 프톨레마이오스는 고대의 가장 위대한 천문학 저작인《알마게스트》의 저자일 뿐만 아니라 점성술의 교과서인《테트라비블로스Tetrabiblos》의 저자이기도 하다.

하지만 그리스의 천문학을 이런 부정적인 묘사로 끝맺을 수는 없다. 천문학의 즐거움에 대한 프톨레마이오스의 글을 인용하면서 2부를 좀 더 밝게 끝내도록 하겠다.[19]

나는 내가 영원히 살 수 없으며 현재의 피조물임을 안다. 하지만 별들이 회전하는 거대한 원을 연구할 때 나의 발은 더 이상 지구 위에 있지 않고, 제우스와 나란히 서서 신들의 음식인 암브로시아를 먹는다.

3부
중세 시대

TO
EXPLAIN
THE
WORLD:
The Discovery of
Modern Science

Before history there was science, of a sort. At any moment nature presents us with a variety of puzzling phenomena: fire, thunderstorms, plagues, planetary motion, light, tides, and so on. Observation of the world led to useful generalizations: fires are hot; thunder presages rain; tides are highest when the Moon is full or new, and so on. These became part of the common sense of mankind. But here and there, some people wanted more than just a collection of facts. They wanted to explain the world.

It was not easy. It is not only that our predecessors did not know what we know about the world—more important, they did not have anything like our ideas of what there was to know about the world, and how to learn it. Again and again in preparing the lectures for my course I have been impressed with how different the work of science in past centuries was from the science of my own times. As the much quoted lines of a novel of L.P.Hartley put is, "The past is a foreign country; they do things differently there." I hope that in this book I have been able to give the reader not only an idea of what happened in the history of the exact sciences, but also a sense of how hard it has all been.

과학은 고대 세계의 그리스에서 이미 그 최고점에 이르렀고, 16세기와 17세기의 과학 혁명까지 그 위치를 회복하지 못했다. 그리스인들은 자연의 어떤 부분, 특히 광학과 천문학은 관측과 정확히 맞는 수학 이론으로 서술될 수 있다는 위대한 발견을 했다. 빛과 천체에 대해서 이해하게 된 것도 중요하지만, 훨씬 더 중요한 것은 '이해할 수 있다는 사실'과 '어떻게 이해하는지'를 배웠다는 점이다.

중세 시대에는 이슬람 세계나 기독교 유럽 모두 여기에 비교할 수가 없다. 하지만 로마의 멸망과 과학 혁명 사이의 1,000년이 지적으로 사막과 같던 시대는 아니었다. 그리스 과학의 성과물들은 이후 이슬람의 기관과 유럽의 대학에서 보존되었고 어떤 경우에는 발전되었다. 이런 방식으로 과학 혁명을 위한 기반이 준비된 것이다.

중세 시대에 보존된 것은 그리스 과학의 성과물들만은 아니었다. 우리는 중세의 이슬람과 기독교 세계에서 과학 속에서의 철학, 수학, 그리고 종교의 역할에 대한 고대의 논쟁이 계속된 것을 살펴볼 것이다.

9장
아랍인들

5세기 서로마 제국의 몰락 이후, 그리스어를 사용하는 동쪽 절반은 비잔틴 제국으로 이어졌고 더 확장되기까지 했다. 비잔틴 제국은 헤라클리우스Heraclius 황제 시대에 군사적으로 최고의 성공을 거두었다. 그의 군대는 627년에 니네베Nineveh 전투에서 로마의 오랜 적인 페르시아 제국의 군대를 무찔렀다. 하지만 채 10년도 지나기 전에 비잔틴 제국은 더 막강한 적을 만나게 되었다.

아랍인들은 고대에 사막과 경작지를 나누는 로마와 페르시아 제국의 경계에 살던 야만인들로 알려져 있었다. 그들은 헤자즈Hejaz라는 서부 아라비아 지역의 거주지 메카Mecca를 중심으로 하는 종교를 믿는 이교도들이었다. 500년대 말부터 메카에 살던 마호메트Muhammad는 주위의 시민들을 유일신교로 바꾸기 시작했다. 반대자들 때문에 그는 추종자들과 함께 622년에 메디나Medina로 달아났고, 그곳을 군사 기지로 하여 메카와 아라비아 반도 대부분을 점령했다.

632년 마호메트가 죽고 나자, 대부분의 무슬림들은 처음에 메디나에 자리 잡은 네 명의 칼리프caliph(지도자)와 그 주변 인물들을 차례로 따랐

다. 그들은 아부 바크르Abu Bakr, 오마르Omar, 오스만Othman, 그리고 알리
Ali였다. 그들은 지금은 무슬림 수니파에서 '바르게 인도받은 네 명의
칼리프'라고 불린다. 무슬림들은 니네베 전투가 있은 지 불과 9년 만인
636년에 시리아의 비잔틴 영토를 점령하고 페르시아, 메소포타미아,
이집트를 향해 나아갔다. 그들의 점령 덕분에 아랍인들은 더 범세계적
인 시각을 가지게 되었다. 예를 들어 알렉산드리아를 점령한 아랍의 장
군 암로우Amrou는 오마르에게 이렇게 보고했다. "저는 6,000개의 궁전
과 4,000개의 목욕탕, 400개의 극장, 1만 2,000개의 청과물 가게, 4만
명의 유대인이 있는 도시를 점령했습니다."[1]

현재 시아파라고 불리는 분파의 전신이 된 소수의 아랍인들은 마호
메트의 딸 파티마Fatima의 남편이자 네 번째 칼리프인 알리의 권위만 인
정했다. 결국 알리에 대한 반란이 일어나 알리와 그의 아들인 후세인
Hussein이 죽임을 당한 이후 이슬람 세계의 분열은 고착화되었고, 661년
에 수니파의 새로운 왕조인 우마이아Ummayad 왕조가 다마스쿠스Damascus
에 세워졌다.

우마이아 왕조 아래에서 아랍의 정복은 현대의 아프가니스탄, 파키
스탄, 리비아, 튀니지, 알제리, 모로코, 스페인의 대부분, 그리고 옥수
스Oxus 강을 넘어 중앙아시아의 상당 부분까지 확대되었다. 아랍인들은
이제 자신들이 지배하게 된 비잔틴 지역에서 그리스의 과학을 흡수하
기 시작했다. 그들은 페르시아로부터도 그리스 문화의 일부를 배웠다.
페르시아는 이슬람이 번성하기 전에 유스티니아누스 황제에 의해 신
플라톤주의 아카데미가 문을 닫게 되었을 때, 심플리키오스를 포함한
그리스 학자들을 환대해주었던 곳이었다. 기독교의 상실은 이슬람의

이득이었다.

아랍의 과학이 황금기에 들어선 것은 다음 수니파 왕조인 압바시아 Abbasids 왕조 시대였다. 압바시아 왕조의 수도인 바그다드는 754년부터 775년까지 칼리프였던 알 만수르al-Mansur에 의해 티그리스 강의 양쪽에 건설되었다. 이곳은 세계 최대, 혹은 적어도 중국 밖에서는 최대의 도시가 되었다. 이곳의 가장 잘 알려진 지도자는 《천일야화A Thousand and One Nights》로 유명한, 786년부터 809년까지 칼리프였던 하룬 알 라시드Harun al-Rashid이다. 813년부터 833년, 알 라시드와 그의 아들인 칼리프 알 마문al-Mamun의 시대는 그리스어, 페르시아어, 인도어가 가장 많이 번역된 시기였다.

알 마문은 대표단을 구성해 그리스어 저작물을 다시 가져오라는 임무를 주고 콘스탄티노플로 보냈다. 그 대표단에는 아마도 9세기의 가장 위대한 번역자인 의사 후나인 이븐 이스하크Hunayn ibn Ishaq가 포함되어 있었을 것이다. 그는 번역 왕국을 건설하고 아들과 조카를 훈련시켜 그 일을 계속하게 했다. 후나인은 디오스코리데스Pedanius Dioscoride, 갈레노스, 히포크라테스의 의학 서적들뿐만 아니라 플라톤과 아리스토텔레스의 저작들도 번역했다. 유클리드와 프톨레마이오스를 비롯한 저자들의 수학 저작들도 아랍어로 번역되었고, 어떤 것은 시리아어 중간본을 통해 번역되었다. 역사학자 필립 히티Philip Hitti는 이 당시 바그다드에서의 학습 상황을 중세 초기 유럽의 교양 없던 모습과 잘 대비시켜 놓았다. "동쪽에서 알 라시드와 알 마문이 그리스와 페르시아의 철학을 뒤지고 있는 동안, 동시대의 서쪽에서는 샤를마뉴Charlemagne와 귀족들이 자신들의 이름을 쓰는 기술만 뒤적이고 있었다."[2]

압바시아 왕조의 칼리프들이 과학에 가장 크게 기여한 것은 번역과 기초 학문 연구 기관인 바이트 알 히크마Bayt al-Hikmah, 즉 지혜의 집을 건설한 점이라고 흔히 인정받는다. 이 기관이 아랍 세계에 한 기능은 알렉산드리아 박물관과 도서관이 그리스에 한 것과 비슷하다.

하지만 아랍어와 아랍 문학을 연구한 디미트리 구타Dimitri Gutas는 이런 관점에 반대한다. 그는 바이트 알 히크마는 이슬람 이전부터 책 창고라는 의미로 오랫동안 사용된 페르시아어를 번역한 것이고, 그 책들은 그리스 과학보다는 대부분 페르시아의 역사와 시였다는 사실을 지적한다.[3] 알 마문 시대에 바이트 알 히크마에서 번역된 저작은 얼마 되지 않고, 그마저도 그리스어가 아니라 페르시아어에서 번역된 것이다. 앞으로 살펴볼 일부 천문학 연구가 바이트 알 히크마에서 진행되었지만, 연구의 범위는 거의 알려져 있지 않다. 논쟁의 여지가 없는 것은 그곳이 바이트 알 히크마이든 아니든 바그다드가 알 마문과 알 라시드 시대에 번역과 연구의 거대한 중심지였다는 사실이다.

아랍의 과학은 바그다드에만 제한되지 않고 서쪽으로는 이집트, 스페인, 모로코까지, 동쪽으로는 페르시아와 중앙아시아까지 퍼져나갔다. 아랍인들만이 아니라 페르시아인, 유대인, 터키인들도 참여했다. 그들은 분명한 아랍 문명의 일부였고 아랍어로, 혹은 적어도 아랍 문자로 글을 썼다. 당시의 아랍어는 오늘날 영어가 과학에서 차지하는 위치와 비슷했다. 어떤 경우에는 이들의 민족적 배경을 결정하기가 어렵다. 나는 이들을 모두 '아랍인들'이라는 명칭으로 생각할 것이다.

거칠게 가정하면 아랍의 학자들은 두 개의 서로 다른 과학 전통으로 구분할 수 있다. 하나는 우리가 오늘날 철학이라고 부르는 것에 대해서 별로 관심을 가지지 않는 진짜 수학자와 천문학자들이다. 그리고 수학에는 별로 관심이 없고 아리스토텔레스의 영향을 강하게 받은 철학자와 의사들이 있다. 천문학에 대한 그들의 관심은 주로 점성술 쪽이었다. 행성 이론에 대한 관심이 있긴 있었다면 철학자와 의사들은 아리스토텔레스의 지구를 중심으로 하는 구 이론을 더 좋아했고, 천문학자와 수학자들은 일반적으로 8장에서 소개한 프톨레마이오스의 주전원과 이심원 이론을 따랐다. 앞으로 보겠지만 이것은 유럽에서 코페르니쿠스 시대가 올 때까지 계속 이어진 지적 갈등이었다.

아랍 과학의 성과들은 많은 개인들의 작업이었다. 그중 누구도 과학 혁명에서의 갈릴레이나 뉴턴처럼 나머지 사람들에 비해 뚜렷하게 특출난 사람은 없었다. 여기서는 중세 아랍 과학자들의 성과들과 다양성을 이해할 수 있도록 간단하게 소개하겠다.

중요한 바그다드의 천문학자이자 수학자들 중 첫 번째로는 780년경에 현재의 우즈베키스탄인 페르시아에서 태어난 알 콰리즈미al-Khwarizmi가 있다.* 알 콰리즈미는 바이트 알 히크마에서 일했는데, 부분적으로 인도의 관측에만 기반을 두기는 했지만 널리 사용된 천문학 목록을 만들었다. 수학에 대한 그의 유명한 책《방정식 계산법 개요Hisah al-Jabr w-al-Muqabalah》는 알 마문에게 헌정되었다.

이 책의 제목에서 우리는 'algebra(대수학)'이라는 단어를 이끌어낼 수 있다. 하지만 이것은 실제로 오늘날 대수학이라고 불리는 것에 대

---

*그의 전체 이름은 아부 압둘라 무함마드 이븐 무사 알 콰리즈미Abu Abdallah Muhammad ibn Mus al-Khwarizmi였다. 아랍인의 전체 이름은 대체로 길기 때문에 이 책에서는 일반적으로 알려져 있는 단축된 이름만을 주로 사용하겠다. ā의 모음 위에 붙은 기호처럼, 아랍어에 무지한 독자들(나도 예외가 아니다)에게 중요하지 않은 발음 표시도 생략하겠다.

한 책은 아니다. 이 책에는 2차방정식의 해와 같은 공식이 주어지는데, 대수학에서 핵심적인 요소인 기호가 아니라 말로 주어진다(이런 면에서 알 콰리즈미의 수학은 디오판토스의 수학보다 뒤처진 것이었다). 알 콰리즈미의 라틴어식 이름인 'Algoritmi'에서 문제를 해결하는 규칙을 의미하는 'algorithm(알고리즘)'이라는 단어도 찾을 수 있다. 《방정식 계산법 개요》에는 로마 숫자, 60진법에 기반을 둔 바빌로니아 숫자, 인도에서 배워 온 10진법에 기반을 둔 새로운 숫자 체계가 복잡하게 뒤섞여 있다. 알 콰리즈미가 수학에 가장 중요하게 기여한 것은 아마도 이 인도 숫자를 아랍인들에게 설명했다는 사실일 것이다. 이것은 유럽에 아라비아 숫자로 알려지게 되었다.

주요 인물인 알 콰리즈미 외에도 바그다드에는 실력 있는 9세기 천문학자들이 모여들었다. 그중에는 프톨레마이오스가 쓴 《알마게스트》의 인기 있는 요약본을 쓰고, 프톨레마이오스의 《행성 이론》에 설명된 행성 구조를 자신의 방식으로 발전시킨 알 파르가니al-Farghani(알프라가누스Alfraganus)*도 있었다.

에라토스테네스가 측정했던 지구 크기에 관한 수치를 개선했다는 점은 이 바그다드 그룹의 중요한 업적이다. 특히 알 파르가니는 지구의 둘레를 더 작게 측정했는데, 이것은 수 세기 후에 콜럼버스가(100쪽 각주 참조) 스페인에서 일본까지 서쪽으로 항해하는 동안 살아남을 수 있을 것이라는 용기를 가진 계기가 되었다. 아마도 역사상 가장 행운의 계산 착오였을 것이다.

---

*알프라가누스는 알 파르가니가 중세 유럽에 알려지기 시작할 때의 라틴어 이름이다. 앞으로 다른 아랍인들의 라틴어 이름도 여기에서처럼 괄호로 표기하겠다.

유럽의 천문학자들에게 가장 큰 영향을 준 아랍인은 기원전 858년 경에 북부 메소포타미아에서 태어난 알 바타니al-Battani (알바테니우스 Albatenius)였다. 그는 프톨레마이오스의 《알마게스트》를 이용하여 황도를 따르는 태양의 경로와 천구의 적도 사이의 각도인 23.5도를 더 정확하게 측정하고, 일 년과 계절의 길이, 분점들의 세차 운동, 그리고 별들의 위치를 수정했다. 그는 히파르코스가 사용하고 계산한 현chord 대신, 인도에서 도입한 삼각법인 사인sine을 소개했다. 현과 사인은 서로 밀접한 연관이 있다(전문 해설 15 참조). 그의 연구는 코페르니쿠스와 티코 브라헤에 의해 자주 인용되었다.

페르시아의 천문학자 알 수피al-Sufi (아조피Azophi)는 중요한 발견을 했는데, 그의 발견은 20세기가 되어서야 우주론에서 중요성을 인정받았다. 그는 964년 《항성들의 책Book of the Fixed Stars》에서 안드로메다자리에 항상 위치하고 있는 '작은 구름'을 묘사했다. 이것은 지금은 은하라고 불리는, 거대한 나선 은하 M31에 대한 최초의 관측 기록으로 알려진 것이다. 알 수피는 이스파한Isfahan에서 연구를 하면서 그리스의 천문학을 아랍어로 번역하는 일에도 참여했다.

아마도 압바시아 왕조의 가장 인상적인 천문학자는 알 비루니al-Biruni 일 것이다. 그의 연구는 중세 유럽에 알려지지 않았기 때문에 그에게는 라틴어 이름이 없다. 알 비루니는 중앙아시아에 살았고 1017년에 인도를 방문하여 그리스 철학에 대해 강의했다. 그는 지구가 자전할 가능성을 생각했고, 여러 도시들의 정확한 위도와 경도를 제공했으며, 탄젠트tangent라고 알려진 삼각법값의 목록을 만들고, 여러 고체와 액체의 비중을 측정했다. 그는 점성술의 모호한 말장난을 비웃었다. 인도에서 알

비루니는 지구의 둘레를 측정하는 새로운 방법을 개발했다. 그는 이렇게 설명했다.[4]

내가 인도의 난다나Nandana 요새에 살고 있을 때, 요새의 서쪽에 있는 높은 산에 올라 남쪽으로 펼쳐진 커다란 평원을 본 적이 있다. 그때 이 방법(앞에서 설명한 방법)을 시험해보아야겠다는 생각이 들었다. 그래서 산 위에서 땅과 하늘이 만나는 지점을 측정했다. 나는 (지평선을 향한) 시선이 (수평 방향의) 비교선보다 약 34분의 각도만큼 내려가 있다는 것을 알아냈다. 그런 다음 산의 수직선(높이)을 652.055큐빗cubit으로 측정했다. 큐빗은 그 지역에서 옷감의 길이를 측정하는 표준 단위이다.*

이 자료로부터 알 비루니는 지구의 반지름이 12,803,337.0358큐빗이라고 결론을 내렸다. 그런데 이 계산에는 뭔가가 잘못되어 있다. 그가 인용한 자료로는 지구의 반지름을 1,330만 큐빗으로 계산했어야 한다(전문 해설 16 참조). 물론 그가 그 산의 높이를 자신이 이야기한 정도로 정확하게 알 수는 없었을 것이다. 그러므로 1,280만 큐빗과 1,330만 큐빗 사이의 실질적인 차이는 없다. 지구의 반지름을 열두 개의 유효숫자로 제공함으로써 알 비루니는 우리가 아리스타르코스에게서 보았던 실수와 같은, 정밀도를 잘못 제시하는 우를 범했다. 계산의 기반이 된 측정이 보장하는 정밀도보다 훨씬 더 큰 정밀도로 계산을 수행하고 결과를 제시한 것이다.

---

*알 비루니는 사실 10진수와 60진수를 섞어서 사용했다. 그는 산의 높이를 652;3;18, 즉 652+3/60+18/3,600로 기록했는데, 현대의 10진법으로는 652.055와 같다.

나도 이런 문제를 겪은 적이 있다. 아주 오래전 어느 여름, 나는 원자 빔 기기 안에 있는 여러 자석들 사이로 움직이는 원자들의 경로를 계산하는 일을 했다. 이때는 데스크톱 컴퓨터나 휴대용 전자계산기가 나오기 전이었지만, 나는 8자리 유효숫자를 더하고 빼고 곱하고 나눌 수 있는 전자계산기를 가지고 있었다. 나는 귀찮아서 계산기가 제공해준 8자리 유효숫자를 그대로 계산 결과로 하여 보고서를 제출했고, 실제 정밀도와 비교해보지 않았다. 나의 상사는 내가 원자의 경로를 계산하는 데 사용한 값은 몇 퍼센트 정도밖에 정확하지 않기 때문에 그보다 더 정밀한 값은 의미가 없다고 지적했다.

어쨌든 지금 우리는 지구의 반지름이 1,300만 큐빗이라는 알 비루니의 결과의 정확성을 판단할 수 없다. 그가 사용한 큐빗의 길이를 아무도 모르기 때문이다. 알 비루니는 1마일이 4,000큐빗이라고 했지만 그가 말한 1마일의 의미는 또 무엇일까?

시인이자 천문학자였던 오마르 하이얌Omar Khayyam은 1048년에 페르시아의 니샤푸르Nishapur에서 태어나 1131년경에 죽었다. 그는 이스파한에서 천문대를 운영하며 천문학 자료들을 모았고 달력 개정을 계획했다. 또한 중앙아시아의 사마르칸트에서는 3차방정식의 해와 같은 대수학에 대한 글을 썼다. 영어권 독자들에게는 피츠제럴드Edward Fitzgerald가 19세기에 훌륭하게 번역한 75편의 4행 시집《루바이야트The Rubaiyat》를 통해 시인으로 더 잘 알려져 있다. 이런 시를 쓴 냉철한 현실주의자답게, 하이얌은 점성술을 강하게 반대했다.

아랍인이 가장 크게 기여한 물리학의 분야는 광학이었다. 우선 10세기 말에 굴절된 빛의 방향을 알려주는 규칙(13장에서 더 알아볼 것이다)에 대해 연구한 이븐 살Ibn Sahl이 있고, 다음으로 위대한 알 하이삼al-Haytham(알하젠Alhazen)이 있다. 알 하이삼은 965년경에 남부 메소포타미아의 바스라Basra에서 태어났지만 카이로에서 일을 했다. 남아 있는 그의 책으로는《광학의 서Optics》,《달의 빛The Light of the Moon》,《헤일로와 무지개The Halo and the Rainbow》,《포물면의 불타는 거울에 관하여On Paraboloidal Burning Mirrors》,《그림자의 형성The Formation of Shadows》,《별의 빛The Light of Stars》,《빛에 관한 담론Discourse on Light》,《불타는 공The Burning Sphere》,《식현상의 모양The Shape of the Eclipse》등이 있다. 그는 빛이 한 매질에서 다른 매질로 지나갈 때 일어나는 빛의 굴절이 속도의 변화 때문이라고 올바르게 추정했으며, 각의 크기가 작을 때에만 굴절각이 입사각에 비례한다는 것을 경험으로 발견했다. 하지만 그는 일반적인 공식을 제공하지는 않았다. 천문학에서는 아드라스토스와 테온을 따라 프톨레마이오스의 주전원과 이심원을 물리적으로 설명하려고 시도했다.

초기의 화학자였던 자비르 이븐 하이얀Jabir ibn Hayyan은 8세기 말이나 9세기 초에 활동했던 것으로 알려져 있다. 그의 일생은 불명확하며, 그의 것으로 알려진 많은 업적들이 정말로 한 사람에 의한 것인지도 확실하지 않다. 13세기에서 14세기 무렵 유럽에 '게베르Geber(자비르 이븐 하이얀의 라틴식 이름-옮긴이)'의 것으로 되어 있는 많은 양의 라틴어 저작들이 나타났는데, 지금은 이 저작들을 쓴 사람이 자비르 이븐 하이얀의 것으로 이미 알려진 아랍어 저작을 쓴 사람과 같은 인물이 아니라는 의견이 대부분이다.

자비르는 증발, 승화, 용융, 결정에 대한 기술들을 개발했다. 그는 금속을 금으로 바꾸는 데 관심이 많았기 때문에 흔히 연금술사로 불리지만, 그의 시대에는 그런 변화가 불가능하다는 사실을 알려줄 기본적인 과학 이론이 없었기 때문에 화학자와 연금술사를 구별하는 것은 불가능했다. 나에게 과학의 미래를 위해서 더 중요하게 느껴지는 차이는 화학자와 연금술사의 차이가 아니다. 이론이 맞든 틀리든 물질의 작용을 순전히 자연적인 방법으로 보는 데모크리토스파 화학자 또는 연금술사들과, 물질을 연구하는 데 인간적이거나 종교적인 가치를 끌어들이는 플라톤파(비유적으로 말하지 않는다면 아낙시만드로스와 엠페도클레스와 같은) 사람들 간의 차이이다. 자비르는 아마도 후자에 속할 것이다. 예를 들어 그는 코란이 쓰여진 언어인 아랍어의 알파벳 개수 '28'에 큰 화학적 중요성을 부여했다. 아마도 28이 금속의 수로 여겨지던 7과, 추위, 더위, 습함, 건조함의 네 가지 성질을 나타내는 4의 곱으로 만들어진 수라고 생각했기 때문일 것이다.

아랍 의학과 철학 초기의 가장 중요한 인물은 9세기에 바스라의 귀족 집안에서 태어나 바그다드에서 활동했던 알 킨디al-Kindi(알킨두스 Alkindus)였다. 그는 아리스토텔레스의 추종자였고 아리스토텔레스의 학설을 플라톤 및 이슬람교의 원칙과 조화시키려고 시도했다. 그는 박식한 사람이었으며 수학에 아주 관심이 많았지만, 자비르처럼 일종의 숫자 마술로 피타고라스학파를 이용했다. 그는 광학과 의학에 대한 책을 쓰고 연금술을 공격했지만 점성술은 옹호했다. 알 킨디는 그리스어를 아랍어로 번역하는 작업도 관리했다.

더 인상적인 사람은 알 킨디의 다음 세대로, 아랍어를 사용하는 페르시아인 알 라지al-Razi(라제스Rhazes)였다. 그의 저작에는 《천연두와 홍역에 관한 논문A Treatise on the Small Pox and Measles》이 포함되어 있다. 《갈레노스에 대한 의문Doubts Concerning Galen》에서 그는 영향력 있는 로마 의학자의 권위에 도전하고 그 이론을 반박했으며, 건강은 4체액의 균형의 문제라는(4장 참조) 히포크라테스의 이론으로 돌아가고자 했다. 그는 이렇게 말했다. "의학은 철학이다. 그리고 이것은 뛰어난 저자에 대한 비판을 부정하는 것과는 양립할 수 없다." 아랍 의학자의 전형적인 관점과는 달리, 알 라지는 공간이 유한해야 한다는 원칙과 같은 아리스토텔레스의 가르침에도 도전했다.

가장 유명한 이슬람 의학자는 역시 아랍어를 사용하는 페르시아인인 이븐 시나Ibn Sina(아비센나Avicenna)였다. 그는 980년에 중앙아시아의 보카라Bokhara에서 태어나 술탄의 궁중 의사가 되었고 주지사로 임명되었다. 이븐 시나는 아리스토텔레스주의자였고, 알 킨디와 마찬가지로 아리스토텔레스의 이론을 이슬람교와 조화시키려고 시도했다. 그의 《의학 전범Al Qanun》은 중세의 가장 영향력 있는 의학 교과서였다.

같은 시기에 의학은 이슬람 스페인(안달루시아 지역-옮긴이)에서도 번성하기 시작했다. 알 자라위al-Zahrawi(아불카시스Abulcasis)는 936년 안달루시아 메트로폴리스의 코르도바Córdoba에서 태어나 그곳에서 활동을 하다가 1013년에 사망했다. 그는 중세의 가장 위대한 외과 의사였고 기독교 유럽에서 매우 영향력이 컸다. 아마도 외과 시술은 의학의 다른 분야에 비해 잘못된 이론에 기초할 부담이 적었기 때문에, 알 자라위는 의학을 철학이나 신학과 항상 분리했다.

그러나 철학과 의학의 분리는 오래 유지되지 않았다. 다음 세기에 이븐 바자Ibn Bajja(아벰파케Avempace)는 사라고사Saragossa에서 태어나 그곳과 페스Fez, 세비야Seville, 그라나다Granada에서 활동했다. 그는 아리스토텔레스주의자로, 프톨레마이오스를 비판하고 프톨레마이오스의 천문학을 부정했지만 아리스토텔레스의 운동 이론은 예외로 여겼다.

이븐 바자의 뒤를 이은 것은 역시 이슬람 스페인에서 태어난 그의 학생인 이븐 투파일Ibn Tufail(아부바케르Abubacer)이었다. 그는 그라나다, 세우타Ceuta, 탕헤르Tangier에서 의학을 공부했고, 무와히드Almohad 왕조의 장관과 의사가 되었다. 그는 아리스토텔레스와 이슬람교 사이에는 충돌하는 것이 없다고 주장했고, 그의 스승처럼 프톨레마이오스 천문학의 주전원과 이심원을 부정했다. 이븐 투파일에게도 알 비트루지al-Bitruji라는 뛰어난 학생이 있었다. 그는 천문학자였지만 스승처럼 아리스토텔레스에게 헌신하고 프톨레마이오스를 부정했다. 알 비트루지는 이심원 이론에서의 행성들의 운동을 동심원 구 이론의 관점에서 다시 설명하려고 시도했지만 성공하지 못했다.

이슬람 스페인에는 철학자로 더 유명해진 의학자가 있었다. 이븐 루시드(아베로에스)는 1126년에 종교 지도자의 손자로 태어났다.* 그는 세비야에서는 1169년, 코르도바에서는 1171년에 재판관으로 일했고, 1182년에 이븐 투파일의 추천으로 궁중 의사가 되었다. 의학자로서 이븐 루시드는 눈에 있는 망막의 기능을 알아낸 것으로 가장 잘 알려졌지만, 그의 유명세는 주로 아리스토텔레스에 대한 해설에서 얻은 것이다. 아리스토텔레스에 대한 그의 칭찬은 읽기 불편할 정도다.

(아리스토텔레스는) 논리학, 물리학, 형이상학을 창시하고 완성했다. 그

---

*현대 작가의 아버지인 살만 루슈디Salman Rushdie는 이븐 루시드의 대중적 합리성을 존중하는 의미에서 루슈디라는 성을 선택했다.

가 이것들을 창시했다고 말하는 이유는, 아리스토텔레스 이전에 이 과학
들에 대해 쓴 저작들은 언급할 가치가 없고 아리스토텔레스의 저작에 거
의 묻혀버리기 때문이다. 그리고 그가 이것을 완성했다고 말하는 이유는
현재까지, 그러니까 거의 1,500년 동안 그의 뒤를 이은 사람들 중에 그의
저작에 뭔가를 추가하거나 그의 저작에 들어 있는 중요한 내용에 대한 오
류를 찾은 사람이 아무도 없기 때문이다.[5]

이븐 루시드는 '물리학에 반대된다'는 이유로 프톨레마이오스의 천
문학을 부정했는데, 그가 말한 물리학은 당연히 아리스토텔레스의 물
리학을 의미하는 것이었다. 그는 아리스토텔레스의 동심원 구가 관측
과 일치되지 못한다는 것을 알고 아리스토텔레스의 이론을 관측 결과
와 조화시키려고 시도했지만 결국 말년에는 그것이 미래의 일이라고
결론을 내렸다.

　젊었을 때 나는 내가 이 연구(아리스토텔레스의 이론을 관측과 조화시키
　는 것)를 성공적인 결론으로 이끌 수 있기를 희망했다. 지금은 너무 늙어
　그 희망을 포기했다. 나의 길에 놓인 몇 개의 장애물 때문이다. 하지만 내
　가 말하는 내용은 아마도 미래 연구자들의 관심을 끌 것이다. 우리 시대의
　천문학은 확실히 존재하는 현실로부터 아무것도 끌어내지 못한다. 우리가
　살고 있는 시대에 만들어진 모형은 계산과는 일치하지만 현실과는 일치하
　지 않는다.[6]

당연히 미래의 연구자들에 대한 이븐 루시드의 희망은 충족되지 못

했다. 누구도 행성에 대한 아리스토텔레스의 이론이 적용되도록 만들 수는 없었다.

이슬람 스페인에서는 진지한 천문학 연구도 이루어졌다. 11세기 톨레도Toledo의 알 자칼리al-Zarqali(아르자첼Arzachel)은 태양이 지구를 도는 겉보기 궤도(실제로는 당연히 지구가 태양을 도는 궤도이다)의 세차 운동을 처음으로 측정했다. 이것은 지금은 주로 지구와 다른 행성들 사이의 중력 때문인 것으로 알려져 있다. 그는 이 세차 운동의 값이 12.9초라고 했는데 이것은 현대의 값인 11.6초와 상당히 비슷하다.[7] 알 자칼리를 포함한 천문학자 그룹은 이전의 알 콰리즈미와 알 바타니의 작업을 이용하여 프톨레마이오스의 '휴대용 목록Handy Tables'을 계승하는 '톨레도 목록Tables of Toledo'을 만들었다. 이 천문 목록과 그 이후의 목록들은 황도를 따르는 태양, 달, 행성들의 겉보기 운동을 자세하게 설명하는 것으로, 천문학 역사의 기념비가 되었다.

우마이아 왕조에 이은 무라비트Almoravid 왕조 아래에서, 스페인은 이슬람교도뿐만 아니라 유대인들에게도 우호적인 세계적인 교육의 중심지가 되었다. 유대인인 마이모니데스는 이 행복한 시절이 계속되던 1135년에 코르도바에서 태어났다. 이슬람교 아래에서 유대인과 기독교인들은 2등 시민밖에 되지 못했지만, 중세 시대 유대인들의 상황은 일반적으로 기독교 유럽보다 아랍인들 아래에 있을 때 훨씬 더 나았다. 불행히도 마이모니데스가 어렸을 때 스페인은 광신적인 이슬람교도인 무와히드 칼리프의 지배하에 있었다. 그래서 그는 탈출을 해야만 했고 알메이라Almeira, 마라케시Marrakesh, 카이사레아, 카이로에서 피할 곳을 찾다가 카이로 교외의 푸스타트Fustat에 정착했다. 마이모니데스는 그곳에서 1204년에 죽을 때까지 중세 유대 사회 전체에 영향을 미치는 랍비로, 그리고 아랍인들과 유대인들 양쪽에서 높이 평가받는 의사로 활동했다. 그의 가장 유명한 저작은 혼란스러운 젊은이에게 보내는 편지 형식을 띤《혼란스러운 사람들을 위한 안내서Guide to the Perplexed》이다. 여기에서 그는 아리스토텔레스에 반대되는 프톨레마이오스의 천문학을 거부하는 표현을 했다.[8]

　너는 나와 함께 공부한 만큼 천문학을 알고,《알마게스트》를 공부했다. 천상의 구들이 규칙적으로 움직이고, 가정된 별들의 경로가 관측과 잘 맞는 이론은 너도 알다시피 두 개의 가정에 의존한다. 주전원이나 이심원, 혹은 그 둘을 결합한 것을 가정해야 한다. 이제 나는 이 두 가정이 모두 불규칙적이고 자연과학의 결과에 완전히 반대된다는 것을 보여줄 것이다.

　그러나 그는 계속해서 프톨레마이오스의 구조는 실제 관측과 잘 맞지만 아리스토텔레스의 구조는 그렇지 않다는 것을 인정하고, 프로클로스가 그랬던 것처럼 하늘을 이해하는 것이 어렵다고 말하면서 절망했다.

　하지만 하늘에 있는 것들 중에서 우리는 몇 개의 수학적인 계산을 제외하고는 아무것도 모르고, 너는 그것이 어느 정도인지 알 것이다. 시적인 언어로 말하면 "하늘은 신의 것이고 땅은 사람의 아들에게 주어졌다."[9] 다시 말해서 오직 신만이 하늘에 대해서, 그 본성, 그 본질, 그 형태, 그 움직임, 그 원인에 대해서 완벽하고 진정한 지식을 가지고 있다. 반면에 신은 인간에게는 하늘 아래에 있는 것들에 대해 알 수 있는 능력을 주셨다.

그러나 진실은 정확하게 그 반대였다. 현대 과학의 초창기에 처음으로 이해된 것은 바로 천체들의 움직임이었다.

아랍의 과학이 유럽에 어떤 영향을 미쳤는지를 알 수 있는 증거는 아랍어에서 기원한 단어들의 긴 목록이다. 대수학과 알고리즘뿐만 아니라, 알데바란Aldebaran, 알골Algol, 알페카Alphecca, 알타이르Altair, 베텔게우스Betelgeuse, 미자르Mizar, 리겔Rigel, 베가Vega와 같은 별의 이름도 있고, 알칼리alkali, 증류기alembic, 알코올alcohol, 알리자린alizarin과 같은 화학 용어도 있으며 연금술alchemy도 당연히 포함된다.

이 간단한 조사에서 한 가지 의문이 생긴다. 의학을 공부한 이븐 바자, 이븐 투파일, 이븐 루시드, 마이모니데스 같은 사람들이 왜 특별히 그렇게 아리스토텔레스의 가르침에 집착했을까? 나는 이것의 이유로 세 가지를 생각해볼 수 있었다.

우선 의사들은 당연히 아리스토텔레스의 저작들 중 생물학에 대해 쓴 책에 가장 관심이 많았을 텐데, 이것은 아리스토텔레스의 저작들 중 가장 뛰어나다고 인정받고 있는 것이다. 또한 아랍의 의사들은 아리스토텔레스를 무척 존경했던 갈레노스의 저작에 크게 영향을 받았다. 마지막으로 의학은 이론과 관측을 정확하게 대치시키기가 아주 어려운 분야였다(아직도 그렇다). 그래서 아리스토텔레스의 물리학과 천문학이 관측과 세세하게 맞지 않는 것이 의사들에게는 그렇게 중요해 보이지 않았을 수도 있다.

하지만 결국 정확한 결과가 중요한 곳에서는 아리스토텔레스의 것이 아닌 천문학자들의 연구가 이용되었다. 달력 만들기, 지구에서의 거리 측정, 정확한 기도 시간 알려주기, 기도할 때 향해야 하는 메카의 방향인 키블라qiblah 알려주기 같은 상황에서는 정확성이 필요했다. 심지어는 자신들의 과학을 점성술에 적용시키는 천문학자들조차도 황도의 태양과 행성들이 특정한 날짜에 어떤 모습을 보이는지 정확하게 말할 수 있어야 했다. 그들은 아리스토텔레스의 것처럼 틀린 답을 주는 이론을 사용할 수는 없었다.

압바시아 왕조는 훌라구 칸Hulagu Khan의 몽골 군대가 바그다드를 점령하고 칼리프를 죽인 1258년에 끝이 났다. 그러나 압바시아 왕조의 규범은 그보다 훨씬 전에 이미 무너져 있었다. 정치와 군사 권력은 칼리프에서 술탄에게로 넘어갔고, 스페인의 우마이아 왕조, 이집트의 파티미드Fatimid 왕조, 모로코와 스페인의 무라비트 왕조와 그 뒤를 이은 북아프리카와 스페인의 무와히드 왕조와 같은 독립적인 이슬람 정부의 건설로 칼리프의 종교적인 권위마저도 약화되어 있었다. 시리아와 팔레스타인의 일부는 기독교인들에 의해 일시적으로 재정복되었다. 처음에는 비잔틴인들이었고 다음에는 프랑크족 십자군이었다.

아랍의 과학은 압바시아 왕조가 끝나기 전, 아마도 1100년경부터 쇠퇴하기 시작한 것으로 보인다. 그 이후에는 알 바타니, 알 비루니, 이븐 시나, 알 하이삼만큼의 위상을 가지는 과학자가 더 이상 나오지 않았다. 이것은 논쟁이 되는 지점이고, 현재의 정치적인 상황에 의해 신랄한 논쟁으로 고조되기도 한다. 어떤 학자들은 쇠퇴가 있었다는 것 자체를 부인한다.[10]

압바시아 왕조 시대가 끝난 이후에도 일부 과학이 몽골 지배하의 페르시아, 다음에는 인도, 나중에는 오스만 터키 아래에서 계속되었다는 것은 분명한 사실이다. 예를 들어 페르시아의 마라가Maragha 천문대 건물은 바그다드를 점령한 지 일 년이 지나고 나서 훌라구 칸의 명령으로 지어졌다. 점성술사들 덕분에 바그다드를 정복할 수 있었다고 생각했기 때문에, 그에 대한 감사의 표시로 지은 것이었다. 천문대 건설의 책임자였던 천문학자 알 투시al-Tusi는 구면기하학(별들이 붙어 있는 가상의 구와 같이, 구의 표면에 있는 거대한 원의 기하학)에 대한 책을 쓰고, 천문 목록을 정리했으며 프톨레마이오스의 주전원을 개선하는 이론을 제안했다. 알 투시는 과학 왕국을 건설했다. 그의 제자 알 시라지al-Shirazi는 천문학자이자 수학자였고, 알 시라지의 제자 알 파리시al-Farisi는 광학에서 획기적인 일을 했으며, 무지개의 색은 햇빛이 빗방울에 굴절된 결과라고 설명했다.

　나에게 더 인상적인 사람은 14세기 다마스쿠스의 천문학자 이븐 알 샤티르Ibn al-Shatir이다. 그는 마라가 천문대 천문학자들의 초기 업적을 이어받아 프톨레마이오스의 동시심을 두 개의 주전원으로 대체하는 행성 운동 이론을 개발함으로써 행성들의 운동은 일정한 속도의 원운동들의 조합이어야 한다는 플라톤의 요구를 충족시켰다. 이븐 알 샤티르는 주전원에 기반을 둔 달의 운동에 대한 이론도 제시했다. 이것은 프톨레마이오스의 달 이론을 괴롭혔던, 지구에서 달까지의 거리가 과도하게 변화하는 문제를 피할 수 있는 것이었다.

　《주해서Commentariolus》에 정리된 자신의 초기 작업에서 코페르니쿠스는 이븐 알 샤티르와 똑같은 달 이론, 그리고 알 샤티르의 이론과 똑같은 겉보기 운동을 제공하는 행성 이론을 보여준다.[11] 코페르니쿠스가 이탈리아에서 어린 학생일 때, 알 샤티르의 원본은 아니더라도 이 결과들을 배웠을 것으로 추정된다. 어떤 사람들은 알 투시가 행성 운동을 연구하면서 개발한 '투시 커플Tusi couple'이라는 기하학 구조(맞닿아 있는 두 구의 회전 운동을 직선에서의 진동을 통해 수학적으로 변환하는 방법이다)가 나중에 코페르니쿠스에 의해 사용되었다는 사실도 지적한다. 코페르니쿠스가 투시 커플을 아랍에서 배웠는지 자신이 직접 개발했는지는 논쟁의 소재가 된다.[12] 그는 아랍인들의 업적이 있었다면 흔쾌히 인정했고, 알 바타니, 알 비트루지, 이븐 루시드를 포함한 다섯 명을 인용하고 있지만 알 투시에 대한 언급은 없었다.

알 투시와 이븐 알 샤티르가 코페르니쿠스에게 미친 영향이 무엇이었든 간에, 그들의 연구는 이슬람 천문학자들에게 계승되지 않았다. 어쨌든 투시 커플과 이븐 알 샤티르의 주전원들은, 알 투시도 알 샤티르도 코페르니쿠스도 몰랐지만 실제로는 행성들이 타원 궤도를 돌고 태양이 궤도의 중심이 아닌 곳에 위치하기 때문에 생기는 복잡한 현상을 다루는 방법이었다. 이것은 8장과 11장에서 설명하고 있는 것처럼 프톨레마이오스와 코페르니쿠스의 이론에 똑같은 영향을 주는 복잡함이었고, 태양이 지구를 돌거나 지구가 태양을 도는 것과는 무관한 것이었다. 현대 이전의 어떤 아랍 천문학자도 태양 중심설을 진지하게 제안하지 않았다.

이슬람 국가들에서는 천문대가 계속 지어졌다. 가장 대표적인 것은 아마도 티무르 왕조의 울루그베그Ulugh Beg가 1420년대에 만든 사마르칸트의 천문대일 것이다. 이곳에서 더 정확한 항성일(365일 5시간 49분 15초)과 분점들의 세차 운동(1도에 75년 대신 70년으로 수정되었다. 현대의 값은 71.46년이다)이 측정되었다.

의학에서의 중요한 발전은 압바시아 왕조 바로 직후에 이루어졌다. 이것은 아랍의 의사 이븐 알 나피스Ibn al-Nafis가 발견한, 심장의 오른쪽에서 나온 피가 폐를 통과하면서 공기와 섞이고 다시 심장의 왼쪽으로 흘러 들어오는 폐순환이었다. 이븐 알 나피스는 다마스쿠스와 카이로의 병원에서 활동했으며 안과학에 대한 책도 썼다.

이런 예들에도 불구하고 이슬람 세계의 과학은 압바시아 왕조가 끝나가면서 동력을 잃기 시작하여 계속 쇠퇴했다는 인상을 지우기 어렵다. 과학 혁명이 일어났을 때에도 유럽에서만의 일이었지, 이슬람 지역은 해당되지 않았고 이슬람 과학자들은 동참하지 못했다. 망원경을 사용할 수 있게 된 17세기 이후에도 이슬람 국가들의 천문대는 정교한 도구들을 사용하긴 했지만 맨눈으로만 관측을 하도록 제한했고,[13] 천문학을 과학적인 목적보다는 주로 달력을 만들거나 종교적인 목적으로 연구하고 사용했다.

이런 쇠퇴의 모습은 로마 제국이 끝나가면서 과학이 쇠퇴했을 때와 똑같은 의문을 불러일으킨다. 과학의 쇠퇴가 종교의 발전과 관계가 있는 것일까? 기독교와 마찬가지로 이슬람에서도 과학과 종교 사이의 갈등은 복잡하기 때문에 확실한 결론을 내리지는 않겠다. 여기에는 적어도 두 가지 의문이 있다. 첫 번째, 이슬람 과학자들의 종교에 대한 일반적인 태도는 어떠했는가? 즉, 종교의 영향에서 벗어나 있었던 이들은 창의적인 과학자들뿐이었을까? 두 번째로, 이슬람 사회의 과학에 대한 태도는 어떠했는가?

사실 종교에 대한 회의주의는 압바시아 왕조 과학자들 사이에 널리 퍼져 있었다. 가장 명확한 예는 무신론자로 알려진 천문학자 오마르 하이얌이 제공해준다. 그는 《루바이야트》에 몇 편의 시로 자신의 회의주의를 드러내고 있다.[14]

어떤 이는 세상의 영광을,
어떤 이는 다가올 예언자들의 천국을 한탄한다.
아, 돈을 취하고 신용은 버려라.
먼 곳의 북소리에 주의를 기울이지 마라!

두 세계를 그렇게 학구적으로 논하는 모든 성자와 현자들이
왜 바보 같은 예언자들을 추동推動하는가.
꾸짖는 말들은 흩어지고
그들의 입은 먼지로 덮인다.

나 역시 어릴 때 자주
석학과 현자들을 열렬히 찾았고
여기에 대한 위대한 말들을 들었지만
언제나 내가 들어간 바로 그 문으로 다시 나왔다.

번역된 글은 당연히 덜 시적이겠지만 중요한 내용은 표현되었다. 오마르 하이얌이 사후에 '샤리아(회교 율법을 이르는 말-옮긴이)를 찌르는 뱀'이라고 불린 것은 이유가 있다. 아직도 이란에서는 하이얌의 시가 출판될 때 그의 무신론적인 표현을 삭제하거나 수정하도록 정부가 검

열하고 있다.

아리스토텔레스주의자인 이븐 루시드는 1195년경에 이단 혐의로 추방되었다. 또 다른 의사인 알 라지는 노골적인 회의주의자였다. 그는 《예언자들의 속임수들Tricks of the Prophets》에서 기적은 속임수일 뿐이고, 사람에게 종교 지도자들은 필요가 없으며, 유클리드와 히포크라테스가 종교 지도자들보다 인류에 더 유용하다고 주장했다. 그와 동시대의 천문학자 알 비루니는 알 라지를 존경하는 전기를 쓰면서 이런 관점들에 깊이 동조했다.

반면, 의사 이븐 시나는 알 비루니와 전혀 다른 시각이었다. 그는 알 라지가 끓이는 것이나 배설물과 같이 자신이 이해할 수 있는 것에만 집중했어야 했다고 말했다. 천문학자 알 투시는 독실한 시아파 신도였고 신학에 대한 책을 썼다. 천문학자 알 수피al-Sufi는 이름에서 그가 신비주의 수피교도임을 시사하고 있다.

이런 개별적인 예들로 아랍 과학자들 전체의 종교에 대한 시각을 판단하기는 쉽지 않다. 대부분의 아랍 과학자들은 그들의 종교적인 성향에 대해서 아무런 기록도 남기지 않았다. 하지만 나의 추측으로는 대체로 침묵은 헌신을 의미한다기보다는 회의주의나 어쩌면 공포의 표시일 가능성이 높다.

두 번째 의문은 과학에 대한 이슬람교도들의 일반적인 태도이다. 지혜의 집을 건설한 칼리프 알 마문은 분명히 과학의 중요한 지지자였다. 그리고 그가 코란에 대해서 좀 더 이성적인 해석을 찾고자 했던 무타잘리테스Mutazalites라는 이슬람 종파에 속했었고, 이것 때문에 나중에 다른 이슬람교도들로부터 공격을 받았다는 것이 중요할 수도 있다. 하지만 무타잘리테스가 종교적인 회의주의로 여겨져서는 안 된다. 그들은 코란이 신의 말씀이라는 데 대해서는 전혀 의심이 없었다. 그들은 단지 코란은 신이 만들어낸 것이지 언제나 존재한 것은 아니라고 주장했다. 그들을 현대의 시민 자유주의자들과 혼동해서도 결코 안 된다. 그들은 신이 영원한 코란을 만들어낼 필요가 없었다고 생각하는 이슬람교도들을 처벌하기도 했다.

11세기까지 이슬람에는 과학에 대한 노골적인 적대감의 흔적이 있었다. 천문학자 알 비루니는 이슬람 극단주의자들 사이의 반과학적인 태도에 대해 불평했다.[15]

그들 중 극단주의자는 과학을 무신론으로 낙인찍고 사람들을 잘못된 길로 인도한다고 주장하여, 무지한 사람들이 자신처럼 과학을 싫어하도록 만들려고 한다. 그렇게 하여 자신의 무지를 감추고 과학과 과학자들을 철저하게 파괴하는 문을 열려고 한다.

천문학자들이 그리스어(기독교를 믿는 비잔틴인들의 언어)로 달의 이름이 새겨진 기기를 이용한다는 이유로, 알 비루니가 종교 법학자들에게 비난을 받은 것은 잘 알려진 일화다. 알 비루니는 이렇게 대답했다고 한다. "비잔틴인들도 음식은 먹는다."

과학과 이슬람 사이에 긴장이 증가하게 된 것에 핵심적인 이유를 제공한 인물로 자주 언급되는 사람은 알 가잘리al-Ghazali(알가젤Algazel)이다. 그는 1058년에 페르시아에서 태어나 시리아를 거쳐 바그다드로 이동했다. 그는 지적으로도 정통 이슬람교도에서 회의주의자로, 다시 수피

신비주의와 결합된 정통 이슬람교도로 크게 이동했다. 알 가잘리는 아리스토텔레스의 업적을 공부하여 그것을 《철학자들의 탄생Inventions of the Philosophers》에 요약했고, 나중에는 그의 가장 잘 알려진 저서인 《철학자들의 모순The Incoherence of the Philosophers》을 통해 아리스토텔레스의 합리주의를 공격했다.[16] 아리스토텔레스의 열렬한 지지자인 이븐 루시드는 이에 대한 반론을 담아 《모순의 모순The Incoherence of the Incoherence》을 썼다. 알 가잘리는 그리스 철학에 대한 자신의 관점을 이렇게 표현했다.

> 우리 시대의 이단자들은 소크라테스, 히포크라테스, 플라톤, 아리스토텔레스 등과 같은, 경외심을 불러일으키는 사람들의 이름을 들어왔다. 그들은 이 철학자들의 추종자들이 만들어낸 과장에 속아왔다. 이런 과장이 고대의 석학들은 비범한 지적 능력의 소유자이며, 그들이 발전시킨 수학적, 논리학적, 물리학적, 형이상학적 이론들은 가장 심오하고, 그들의 위대한 지성은 연역적인 방법으로 숨은 진리를 발견하려는 대담한 시도를 정당화하고, 그들이 이룬 모든 미묘한 지성과 독창성은 신학적인 법칙의 권위를 부인하고, 역사 깊은 종교들의 가치와 긍정적인 내용들을 무시하고, 이 모든 것이 신성한 체하는 거짓말이며 시시한 것에 불과하다고 믿게 만들었다.

과학에 대한 알 가잘리의 공격은 우인론occasionalism(모든 것의 원인을 신으로 보는 이론-옮긴이)의 형태를 띤다. 세상에서 일어나는 모든 일은 자연의 법칙이 아니라 직접적인 신의 의지에 의해서만 지배되는 단순한 우연이라는 원칙이다(이 원칙은 이슬람교에서는 새로운 것이 아니다. 이미 한 세기 전에 무타잘리테스의 반대자였던 알 아샤리al-Ashari에 의해 발전되었다). 알 가잘리의 문제 "사건의 자연스러운 과정으로부터 벗어날 수 없다는 믿음에 대한 반박Refutation of Their Belief in the Impossibility of a Departure from the Natural Course of Events"에는 이런 글이 있다.

우리의 관점에서 원인과 결과로 믿어지는 것들 사이의 관계는 불필요하다. (…) (신은) 배고픈 자가 먹지 않고도 만족하게 하거나 머리가 잘리지 않고도 죽거나 심지어 머리가 잘린 상태에서도 살아 있거나, 연결되어 있는 일들 사이의 어떤 것도 원인으로 생각되는 그 무엇과 무관하게 할 수 있는 능력이 있다. 철학자들은 이 가능성을 부정하고, 사실 그 불가능성을 강하게 주장한다. 이런 탐구는 무수히 많은 것들에 대해 무한히 갈 수 있기 때문에 단 하나의 예만 고려해보자. 솜 조각이 불에 접촉했을 때 타는 경우이다. 우리는 그 둘 사이의 접촉이 불에 타는 결과로 이어지지 않을 가능성을 받아들이고, 솜이 불에 접촉하지 않고도 재로 변할 수 있는 가능성도 받아들인다. 하지만 그들은 이런 가능성을 부정한다. (…) 우리는 솜을 검게 만들거나 그 일부를 분해하거나 일부를 타게 하거나 재로 만드는 역할을 하는 것이 (천사가 중간 역할을 하든, 직접 하든) 바로 신이라고 말한다. 살아 있지 않은 존재인 불은 아무것도 하지 않는다.

기독교나 유대교와 같은 다른 종교들도 기적이나 자연의 질서로부터 벗어나는 것의 가능성을 받아들인다. 하지만 우리는 여기서 알 가잘리가 모든 자연의 질서를 부정하는 모습을 볼 수 있다.

이것은 이해하기 힘들다. 우리는 분명 자연에서 어떤 질서를 관찰하기 때문이다. 그는 이슬람 세계에서 과학의 자리를 마련할 수도 있었다. 17세기 니콜라 말브랑슈Nicolas Malebranche가 취했던 관점처럼 신이 '대체로' 일어나게 하는 일들에 대한 연구를 하면서 말이다. 하지만 알 가잘리는 그 길을 택하지 않았다. 그의 사상은 과학을 포도주에 비유한 그의 또 다른 저작인 《과학의 시작The Beginning of Sciences》에도 드러나 있다. 포도주는 몸을 강하게 하지만 이슬람교도들에게는 금지되어 있다. 마찬가지로 천문학과 수학은 정신을 강하게 하지만 "우리는 그럼에도 불구하고 이것이 이슬람교도들을 위험한 원칙으로 이끌 수 있다는 것을 두려워한다."[17]

중세 이슬람에서 과학에 대한 적대감이 증가하는 것을 목격할 수 있는 곳은 단지 알 가잘리의 저작만이 아니다. 1194년 바그다드의 반대편 끝에 있는 이슬람 세계인 무와히드 왕조의 코르도바에서는 울라마Ulama(지역의 종교 지도자)들이 모든 의학과 과학 서적들을 불태웠다. 그리고 1449년에는 광신도들이 사마르칸트의 울루그베그 천문대를 파괴했다.

우리는 오늘날의 이슬람에서도 알 가잘리를 괴롭혔던 것과 같은 고민의 흔적을 볼 수 있다. 영국과 이탈리아에서의 업적으로 이슬람교도로서는 처음 노벨물리학상을 수상한 파키스탄인 물리학자 압두스 살람Abdus Salam(1979년 스티븐 와인버그와 함께 수상했다-옮긴이)은 나의 오랜 친구이다. 그는 석유 부자인 페르시아 만 국가들의 지도자들에게 과학 연구에 투자를 하라고 설득하려 했던 이야기를 한 적이 있다. 그는 지도자들이 기술에 지원하는 데에는 열성적이었지만 순수 과학은 문화적인 문제를 일으킬 수 있다고 두려워한다는 사실을 발견했다. 살람은 독실한 이슬람교도였는데, 파키스탄에서는 이단으로 여겨지는 이슬람 종파 아마디 교단Ahmadiyya의 독실한 신자였다. 그래서 수년 동안 고국으로 돌아가지 못했다.

현대 급진 이슬람주의의 지도자인 20세기의 사이이드 쿠틉Sayyid Qutb은 기독교와 유대주의, 그리고 현재의 이슬람을 보편적인 정제된 이슬람으로 대체하기를 주장한다. 그러나 부분적으로 그렇게 함으로써 과학과 종교 사이의 간격을 메울 수 있는 이슬람의 과학을 만들어낼 수 있다는 희망은 상당히 역설적이다. 하지만 황금 시대의 아랍 과학자들은 이슬람의 과학을 한 것이 아니다. 그들은 그저 과학을 한 것이다.

서양에서 로마 제국이 몰락하면서 비잔틴 제국 바깥 지역의 유럽은 가난해지고, 점점 시골이 되었으며 대부분 문맹이었다. 글을 읽을 수 있는 사람들이 남아 있긴 했지만, 그들은 교회에 모여 있었으며 읽을 수 있는 글은 라틴어뿐이었다. 중세 초기의 서유럽에서 그리스어를 읽을 수 있는 사람은 사실상 아무도 없었다.

그리스 학문의 일부 단편들은 수도원 도서관에 라틴어 번역본으로 살아남았다. 여기에는 플라톤의 《티마이오스》 일부와, 500년경 로마의 귀족 보이티우스Boethius가 번역한 아리스토텔레스의 논리학 저작과 수리학 교과서가 포함되어 있었다. 로마인들이 라틴어로 그리스 과학을 설명한 저작들도 있었다. 가장 중요한 저작은 《수성과 문헌학의 결합 The Marriage of Mercury and Philology》이라는 이상한 제목이 붙은 마르티아누스 카펠라Martianus Capella의 5세기 백과사전이었다.

이 사전은 문헌학의 보완 차원에서 7개의 교양 과목인 문법, 논리학, 수사학, 지리학, 수리학, 천문학, 음악을 다루었다. 천문학에 대한 논의에서 마르티아누스는 태양은 지구를 돌지만 수성과 금성은 태양을 돈다는, 1,000년 후에 코페르니쿠스의 칭찬을 받은 헤라클레이데스의 이론을 설명했다. 하지만 이런 고대 학문의 조각이 있었음에도 불구하고, 중세 초기의 유럽인들은 그리스인들의 위대한 과학적 성과들에 대해서 거의 아무것도 몰랐다. 고트족, 반달족, 훈족, 아바르족, 아랍인들, 마자르족, 그리고 북유럽인들의 계속적인 침략에 시달린 서유럽인들의 관심은 다른 곳에 있었다.

유럽은 10세기와 11세기가 되어서야 살아났다. 침략이 줄어들었고 새로운 기술들이 농작물 수확을 증가시켰다.[1] 13세기 후반에는 중요한 과학 연구들이 다시 시작되었고, 16세기까지 크게 이룬 것은 없지만 그 기간 동안에 과학이 다시 태어날 수 있는 제도적, 지적 기초가 마련되었다.

종교의 시대인 10세기와 11세기 유럽 대부분에서 창출된 부는 당연히 소작농들이 아니라 교회로 갔다. 1030년경에 프랑스의 연대기 작가 라울 글라베Raoul Glaber(혹은 라뒬퓌스Radulfus)가 훌륭하게 묘사했듯이, "스스로를 흔들고 낡은 것을 벗어버린 세계가 교회의 흰색 예복을 입은 것과 같았다." 학문의 미래에 가장 중요했던 것은 오를레앙Orléans, 랭스Reims, 랑Laon, 쾰른Köln, 위트레흐트Utrecht, 상스Sens, 톨레도, 샤르트르Chartres, 파리와 같은 곳에 있는 성당에 소속된 학교들이었다.

이 학교들에서는 성직자들에게 종교뿐만 아니라 로마 시대의 잔재인 세속적인 교양 과목들도 가르쳤다. 보이티우스와 마르티아누스의 저작들에 일부 기반을 둔 문법, 논리학, 수사학 등 세 과목이었다. 특히 샤르트르에서는 수리학, 지리학, 천문학, 음악 등 네 과목을 가르쳤다. 이 학교들 중 일부는 샤를마뉴 대제의 시대로 돌아갔지만, 11세기에는 지적으로 뛰어난 교사들을 끌어들였고 일부 학교들에서는 기독교와 자연 세계의 지식을 조화시키는 데 대한 관심도 다시 나타났다. 역사학자 피터 디어Peter Dear가 언급했듯이 "신이 만들어놓은 것을 연구함으로써 신에 대해서 연구하고, 그 구조의 목적과 이유를 이해하는 것은 많은 사람들에게 대단히 독실한 활동으로 보였다."[2] 예를 들어 파리와 샤르트르에서 가르쳤고 1142년에 샤르트르 학교의 총장이 된 티에리Thierry는 창세기에 묘사된 세상의 기원을 《티마이오스》에서 배운 4원소 이론의 관점에서 설명했다.

교회 학교의 번성과 무관하지는 않지만 그보다 훨씬 더 중요한, 또 다른 발전이 있었다. 이것은 이전 과학자들의 저작들을 번역하는 새로운 흐름이었다. 번역은 처음에는 그리스어를 직접 번역하기보다는 아랍어를 번역하는 것으로 이루어졌다. 아랍 과학자들의 저작이나 그리스어에서 아랍으로 번역되었거나 그리스어에서 시리아어, 그리고 다시 아랍어로 번역된 저작들이었다.

번역 사업은 10세기 중반에 시작되었다. 기독교 유럽과 우마이아 왕조의 스페인 사이에 있는 국경 근처, 피레네 산맥의 리폴리 산타마리아Santa Maria de Ripoli 수도원이 그 예다. 이 새로운 지식이 중세 유럽에 어떻게 퍼져나갔으며 교회 학교들에 어떻게 영향력을 미쳤는지 보려면 오리야크 출신 제르베르Gerbert d'Aurillac의 경력을 보면 된다.

그는 945년에 베리악Belliac에서 태어났고 부모가 누구인지는 확실하지 않다. 그는 카탈로니아Catalonia에서 아랍의 수학과 천문학을 배웠고, 로마에서 머문 후 랭스로 가서 아라비아 숫자와 주산을 가르치고 교회 학교를 재조직했다. 랭스의 수도원장이 되었다가 대주교가 되었고, 프랑스의 새로운 왕조의 설립자 위그 카페Hugues Capet의 대관식을 도왔다. 독일 황제 오토 3세Otto III를 따라 이탈리아와 마그데부르크Magdeburg로 갔고, 라벤나Ravenna의 대주교가 되었다가 999년에 교황으로 선출되어 실베스테르 2세가 되었다. 그의 제자인 샤르트르 출신 풀베르트Fulbert of Chartres는 랭스의 교회 학교에서 공부했고, 1006년에 샤르트르의 대주교가 되었으며, 샤르트르의 훌륭한 성당의 재건축을 주재했다.

번역의 속도는 12세기에 더 가속되었다. 12세기가 시작될 때 영국 바스 출신 애들러드Adelard of Bath는 아랍 국가들을 적극적으로 여행하고, 알 콰리즈미의 저작들을 번역했으며 《자연의 질문들Natural Questions》에서 아랍 학문을 소개했다. 샤르트르의 티에리는 아랍 수학에서 0의 사용법을 배워서 이것을 유럽에 소개했다.

12세기의 가장 중요한 번역가는 아마도 크레모나 출신 제라르드Gerard of Cremona일 것이다. 그는 아랍의 정복 이전에 기독교 스페인의 수도였고, 1085년에 카스티야인들에 의해 다시 정복된 이후에도 아랍과 유대 문화의 중심지로 남아 있던 톨레도에서 활동했다. 그가 라틴어로 번역한 프톨레마이오스의 아랍어 《알마게스트》는 그리스 천문학을 중세 유럽에서 접할 수 있도록 해주었다. 제라르드는 유클리드의 《기하학원론》과 아르키메데스, 알 라지, 알 페르가니al-Ferghani, 갈레노스, 이븐 시나, 알 콰리즈미의 저작들도 번역했다. 시칠리아가 노르만족에게 점령당한 1091년 이후에는 번역자들이 아랍어 중간본에 의존하지 않고 그리스어를 직접 라틴어로 번역했다.

즉각적으로 가장 강한 충격을 준 번역물은 아리스토텔레스였다. 아리스토텔레스의 저작들이 아랍어에서 영어로 번역된 대표적인 곳은

톨레도였다. 그곳에서 제라르드는 《천상에 대하여》, 《자연학》, 《기상학》을 번역했다.

아리스토텔레스의 저작들은 교회에서는 크게 환영받지 못했다. 중세 기독교는 부분적으로는 성 아우구스티누스^{Saint Augustine}의 예를 통해 플라톤주의와 신플라톤주의의 영향을 훨씬 더 크게 받았다. 아리스토텔레스의 저작들은 플라톤의 저작들과는 달리 자연주의적이었고, 우주에 대한 그의 시각은 법칙들에 의해 지배되었으며, 그의 법칙들은 그렇게 발전된 상태는 아니었음에도 불구하고 신의 손을 사슬로 묶는 인상을 주었다. 알 가잘리를 그렇게 괴롭혔던 그 인상이다. 아리스토텔레스에 대한 갈등은 적어도 부분적으로는 두 새로운 수도회 사이의 갈등이었다. 1209년에 세워졌고 아리스토텔레스의 가르침에 반대한 회색 수도자 프란체스코 수도회와, 1216년에 세워졌고 '그 철학자'를 받아들인 검은 수도자 도미니크 수도회였다.

이 갈등은 주로 새로운 유럽의 고등 학문 기관인 대학들에서 이루어졌다. 파리에 있는 교회 학교 하나가 1200년에 처음으로 대학으로서 왕의 허가를 받았다(볼로냐에 약간 더 오래된 대학이 있었지만 이것은 법학과 의학에 특화되어 있었고 중세의 물리학에서 중요한 역할을 하지 못했다). 그러고 나서 거의 바로 직후인 1210년에 파리대학의 학자들은 자연 철학에 대한 아리스토텔레스의 책들을 가르치는 것을 금지당했다. 1231년에 교황 그레고리 9세는 아리스토텔레스의 저작들을 수정하게 하여 유용한 부분들을 '안전하게' 가르칠 수 있게 했다.

아리스토텔레스에 대한 금지가 보편적인 것은 아니었다. 툴루즈대학에서는 1229년 대학이 세워질 때부터 그의 저작들을 가르쳤다. 파리에서는 1234년에 아리스토텔레스에 대한 전면적인 금지가 풀렸고, 이후 수십 년 동안 아리스토텔레스 연구가 교육의 중심이 되었다. 이것은 대부분 13세기의 두 성직자 알베르투스 마그누스Albertus Magnus와 토마스 아퀴나스에 의해 이루어졌다. 당시의 풍습에 따라 그들에게는 위대한 박사 학위가 주어졌다. 알베르투스 마그누스는 '보편적인 박사'였고 토마스 아퀴나스는 '천사의 박사'였다.

알베르투스 마그누스는 파도바와 쾰른에서 공부했고, 도미니크회 수도사가 되었으며, 1241년에 파리로 가서 1245년부터 1248년까지 외국 석학을 위한 교수 자리를 차지하고 있었다. 나중에는 쾰른으로 가서 대학을 세웠다. 그는 아리스토텔레스의 동심원 구보다 프톨레마이오스의 구조를 더 좋아했지만 이것이 아리스토텔레스의 물리학과 충돌하는 것을 걱정했던 온건한 아리스토텔레스주의자였다. 그는 은하수가 많은 별들로 이루어져 있으며, 아리스토텔레스와는 반대로 달의 무늬가 본질적인 불완전성에 의한 것이라고 추정했다. 알베르투스 마그누스의 추론은 도미니크 수도회의 또 다른 독일인인 프라이부르크의 디트리히Dietrich of Freiburg가 이어갔다. 그는 무지개에 대해 알 파리시가 했던 연구의 일부를 독립적으로 재현했다. 1941년에 바티칸은 알베르투스 마그누스를 모든 과학자들의 수호성인으로 선언했다.

토마스 아퀴나스는 남부 이탈리아의 작은 귀족 집안에서 태어났다. 몬테 카시노Monte Cassino의 수도원과 나폴리대학에서 공부한 후, 그는 가족들이 그가 부유한 수도원의 원장이 되기를 희망한다는 사실에 실망하여 알베르투스 마그누스처럼 도미니크 수도회의 수도사가 되었다. 아퀴나스는 파리와 쾰른으로 가서 알베르투스 마그누스 밑에서 공부했다. 그리고 다시 파리로 돌아가 1256년에서 1259년, 그리고 1269년 에서 1272년 사이에 대학 교수로 일했다.

아퀴나스의 위대한 저작은 아리스토텔레스 철학과 기독교 신학을 종합적으로 융합한《신학 대전Summa Theologica》이었다. 여기에서 그는 이 븐 루시드 이후 '아베로에스파Averroists'로 알려진 극단적인 아리스토텔 레스주의자들과, 새롭게 설립된 아우구스티누스회 수도사들처럼 극 단적인 반 아리스토텔레스주의자들 사이의 중간 위치를 취했다. 아퀴 나스는 브라방 출신 시제Siger of Brabant와 다키아 출신 보이티우스Boethius of Dacia등으로 대표되었던 아베로에스파가 주장한 교리에 적극적으로 반 대했다.

이 교리에 따르면 물질이 영원하다거나 죽은 사람의 부활이 불가능 하다는 것과 같은 견해는 철학적으로는 진실이지만 종교적으로는 틀 렸다는 견해를 가지는 것이 가능하다. 그러나 아퀴나스에게 진실은 하 나일 수밖에 없었다. 아퀴나스는 천문학에서 아리스토텔레스의 이론 은 이성에 근거한 것인 반면 프톨레마이오스의 이론은 관측과 잘 맞을 뿐이고, 다른 가설도 관측과 잘 맞을 수 있다고 주장하면서 아리스토텔 레스의 동심원 행성 이론으로 기울었다.

하지만 아퀴나스는 아리스토텔레스의 운동 이론에는 동의하지 않았 다. 그는 심지어 진공에서도 모든 운동은 유한한 시간을 가진다고 주장 했다. 또한 아퀴나스는 그와 동시대를 살았던 영국의 도미니크 수도회 원인 뫼르베크 출신 빌럼William of Moerbeke이 아리스토텔레스와 아르키메 데스를 비롯한 다른 이들의 저작을 그리스어에서 바로 라틴어로 번역 하도록 독려한 것으로 보인다. 1255년이 되었을 때는 파리의 학생들이 아퀴나스의 연구에 대한 내용으로 시험을 보았다.

하지만 아리스토텔레스의 수난은 아직 끝나지 않았다. 1250년대부터 파리에서 프란체스코 수도회의 성 보나벤투라Saint Bonaventure가 아리스토텔레스에 대한 강력한 반대를 시작했다. 툴루즈에서는 1245년에 교황 인노켄티우스 4세Innocent IV가 아리스토텔레스의 저작을 금지했다. 1270년에는 파리의 주교 에티엔 탕피에Étienne Tempier가 아리스토텔레스의 13명제에 대한 가르침을 금지했다. 교황 요한 21세John XXI는 탕피에에게 그 문제를 더 깊이 살펴보라고 명령했고, 탕피에는 1277년에 아리스토텔레스와 아퀴나스의 219개 교리들을 가르치거나 배우는 것이 모두 죄라고 규정했다.[3] 이 규정은 캔터베리의 대주교 로버트 킬워디Robert Kilwardy에 의해 영국으로 확장되었다. 이후 1284년에 그의 후임자 존 페첨John Pecham이 그것을 개정했다.

1277년에 죄로 규정되었던 명제들은 그 이유에 따라 세 가지로 나눠 볼 수 있다. 첫 번째 이유에 해당하는 명제들은 세상이 영원하다고 하며 성서와 직접적으로 충돌하는 것들이었다.

9. 최초의 인간은 없었고 최후의 인간 역시 없을 것이다. 사람은 한 세대에서 다음 세대로 언제나 있어왔고 언제나 있을 것이다.
87. 세상은 영원하며 그 안에 있는 모든 종들도 마찬가지다. 그리고 시간은 영원하며 운동, 물질, 원인과 결과도 마찬가지다.

진리를 배우는 방법을 설명함으로써 종교의 권위에 도전하는 다음과 같은 원칙들도 죄로 규정되었다.

38. 스스로 증거가 되는 자명한 것이거나 자명한 것에서 나온 것이 아니면 어떤 것도 믿어서는 안 된다.

150. 어떤 의문에 대한 답도 권위를 기반으로 한 확신으로 만족해서는 안 된다.

153. 신학을 안다고 해서 더 잘 아는 것은 아무것도 없다.

마지막으로 죄로 규정된 명제들은 알 가잘리를 괴롭혔던 문제와 같은 쟁점을 불러일으킨 것들이다. 철학적, 과학적 추론은 신의 자유를 제한하는 것처럼 보인다는 것이다.

34. 첫 번째 원인은 여러 세상을 만들 수 없다.

49. 신은 하늘을 직선 운동으로 움직일 수 없다. 그러면 진공이 남게 되기 때문이다.

141. 신은 대상 없이 우연을 만들 수 없고, (3차원보다) 더 많은 차원을 동시에 존재하게 할 수 없다.

아리스토텔레스와 아퀴나스의 명제들이 계속 금지되어 있지는 않았다. 도미니크 수도회원들에게 교육받은 새로운 교황 요한 22세의 재가로 토마스 아퀴나스는 1323년에 성인으로 공표되었다. 그리고 1325년에 파리의 주교는 명제들을 죄로 규정했던 것을 취소하고 다음과 같이 명했다. "우리는 앞서 언급한, 죄로 규정되어 있던 조항과 신성한 토마스의 가르침을 접하거나 접했다고 알려졌다는 이유로 이루어진 파문 판결을 전적으로 취소한다. 그리고 이런 이유로 우리는 이 조항들에 동의하지도 반대하지도 않으며, 자유로운 학문적 토론의 대상으로 남겨 둔다."[4] 1341년 파리의 대학 교양학 석사 학위자들은 "믿음에 반하는 경우를 제외하고는, 아리스토텔레스와 그의 해설자들인 아베로에스 파, 그리고 고대의 아리스토텔레스의 말을 해설하거나 강연한 다른 사람들의 내용을 가르치겠다"고 맹세하라는 요구를 받았다.[5]

역사학자들은 이렇게 아리스토텔레스와 아퀴나스의 가르침이 죄로 규정되었다가 복원된 사건이 과학의 미래에 중요한 역할을 했다는 의견에 동의하지 않는다. 우리는 여기에 대해 두 가지 질문을 해볼 수 있다. 죄로 규정된 것이 취소되지 않았다면 과학에 어떤 영향을 미쳤을 것인가? 그리고 아리스토텔레스와 아퀴나스의 가르침이 애초에 죄로 규정되지 않았다면 과학에 어떤 영향을 미쳤을 것인가?

나는 죄로 규정된 것이 취소되지 않았다면 과학에 미쳤을 영향은 끔찍했을 것이라고 생각한다. 이것은 자연에 대한 아리스토텔레스의 결론이 중요하기 때문이 아니다. 사실 그 대부분은 틀렸다. 아리스토텔레스의 원칙과는 달리 사람이 나타나기 이전에도 시간은 있었고, 많은 외계 행성계가 있는 것이 분명하고, 여러 개의 빅뱅이 있을 수도 있다. 하늘에 있는 물체는 직선으로 움직일 수 있고, 진공에 대해서 불가능한 것은 아무것도 없으며, 현대의 끈이론에서는 3차원보다 많은 차원이 있지만 여분의 차원들은 작게 말려 있기 때문에 관측되지 않는 것으로 본다. 죄로 규정한 것의 위험성은 명제들이 죄로 규정된 '이유'에 있는 것이지 명제들 자체를 부정했다는 데에 있는 것이 아니다.

아리스토텔레스가 자연의 법칙에 대해서 틀리긴 했지만, 자연의 법칙이 존재한다고 믿은 것 자체는 상당히 중요하다. 만일 신은 어떤 것도 할 수 있다는 생각을 근거로 명제 34, 49, 141과 같이 자연에 대한 일반화를 죄로 규정한 것이 계속 유지되었다면, 기독교 유럽은 알 가잘리에 의해 이슬람 세계에 퍼져 있던 우인론으로 돌아갔을 것이다.

그리고 종교의 권위에 의문을 품는 조항(조항 38, 150, 153과 같은)을 죄로 규정한 것은 중세의 대학에서 교양과목 교수들과 신학 교수들 사이의 갈등 중 일부였다. 신학은 확실하게 높은 지위를 차지했고, 신학을 공부한 사람은 신학 박사 학위를 받았다. 반면, 교양과목 교수들은 교양학 석사 이상의 학위를 받을 수 없었다(학문적 순위는 신학, 법학, 의학 박사 순이었고 다음이 교양학 석사였다). 죄로 규정된 것을 취소한 것은 교양과목에 신학과 같은 지위를 주지는 않았지만 교양과목 교수들을 신학 교수들의 지적 지배로부터 벗어나게 하는 데에는 도움이 되었다.

애초에 죄로 규정되지 않았다면 어떤 영향을 미쳤을지 판단하는 것은 더욱 어렵다. 새로운 사상을 주장하지는 못하고 단지 상상한 것일 뿐이라고 위장하긴 했지만, 아리스토텔레스의 물리학과 천문학이 쌓은 권위는 14세기 파리와 옥스퍼드에서 점점 더 많은 도전을 받았다. 아리스토텔레스의 권위가 13세기에 죄로 규정된 것 때문에 약해지지 않았다면 그에 대한 도전이 가능했을까?

데이비드 린드버그는 단지 "파리에서 죄로 규정되었던 조항이 계속 금지되어 있게 하려면 반대되는 이론을 제시해야 한다"는 이유만으로[6] 1377년에 지구가 무한한 공간에서 직선으로 움직이는 것이 가능하다고 주장한 니콜 오렘(그에 대해서는 나중에 더 이야기할 것이다)의 예를 인용한다.[7] 아마도 13세기에 일어났던 일련의 사건들은 이렇게 요약될 수 있을 것이다. 아리스토텔레스의 사상을 죄로 규정한 것은 교조적인 아리스토텔레스주의로부터 과학을 구했고, 그것을 취소한 것은 교조적인 기독교로부터 과학을 구했다.

번역의 시대와 아리스토텔레스의 수용을 둘러싼 갈등의 시대를 지나, 드디어 창의적인 과학 연구가 14세기 유럽에서 시작되었다. 그 대표적인 인물이 1296년에 아라스Arras 근처에서 태어나 일생의 대부분을 파리에서 보낸 프랑스인 장 뷔리당이었다. 그는 성직자였지만 어떤 종교 교파에도 참여하지 않은 사람이었다. 철학적으로 그는 존재의 집단이 아니라 개별적인 존재를 믿은 유명론자였다. 뷔리당은 1328년과 1340년에 파리대학의 총장으로 두 번이나 선출되었다.

뷔리당은 과학의 원리에 논리성이 있을 필요가 없다고 생각한 경험주의자였다. "이 원리들이 한눈에 명백하지는 않다. 사실 이 원리들은 오랫동안 의심을 받아왔을 수도 있다. 하지만 이것이 원리라고 불리는 이유는 이것이 자명한 것이고, 다른 전제로부터 이끌어낼 수 없으며, 형식적인 과정으로 증명될 수도 없기 때문이다. 이것이 원리로 받아들여지는 이유는 많은 예에서 사실로 관측되었고 한 번도 틀린 적이 없기 때문이다."[8]

이 문제를 이해하는 것은 과학의 미래에 매우 중요하며 그렇게 쉽지도 않다. 관측을 주의 깊게 분석해야만 발전이 이루어질 수 있었음에도 불구하고, '순수하게 연역적인 자연과학'이라는 플라톤의 불가능한 목표가 그 길목을 막고 있었다. 오늘날조차도 간혹 여기에 대한 혼란에 직면하는 경우가 있다. 예를 들어 심리학자 장 피아제Jean Piaget는 "아이들이 상대성이론에 대해 선천적으로 이해하고 있다가 자라면서 잊어버린다는 징후를 발견했다"[9]고 생각했다. 이것은 마치 상대성이론이 빛에 가까운 속도로 움직이는 물체를 관측하여 얻어진 결론이라기보다는 논리적 혹은 철학적으로 필요한 것처럼 보이게 한다.

뷔리당은 경험주의자이긴 했지만 실험주의자는 아니었다. 아리스토텔레스처럼 그의 추론도 하루하루의 관측을 바탕으로 한 것이었지만, 그는 폭넓은 결론에 이르는 데에는 아리스토텔레스보다 더 신중했다. 예를 들면, 뷔리당도 아리스토텔레스의 오래된 문제에 직면했다. 수평으로 혹은 위로 던져진 물체가 손을 떠난 후에 왜 자연스러운 운동 방향인 아래쪽으로 곧바로 떨어지기 시작하지 않는가 하는 것이었다. 몇 가지 근거로 뷔리당은 그 물체가 공기에 의해 잠시 동안 계속 움직인다는 아리스토텔레스의 설명을 부인했다. 우선, 공기는 단단한 물체가 뚫고 지나갈 때 갈라져야 하기 때문에 운동을 돕기보다는 방해하게 된다. 더구나 물체를 던진 손은 움직임을 멈췄는데 공기는 왜 계속 움직여야 하는가? 또한, 뒤가 뾰족한 창이 뒤가 넓어 공기가 밀 수 있는 창보다 비슷하거나 더 잘 날아간다.

뷔리당은 물체를 계속 움직이게 해주는 것은 공기가 아니라 임페투스impetus라고 불리는 어떤 것의 효과라고 제안했다. 앞에서 보았듯이 이와 비슷한 아이디어가 필로포누스의 존에 의해 제안되었고, 뷔리당의 임페투스는, 완전히 똑같지는 않지만 뉴턴이 '운동의 양'이라고 불렀고 현대의 용어로는 운동량이라고 불리는 것의 전신이었다. 뷔리당은 아리스토텔레스와 같이 물체를 계속 움직이게 하기 위해서는 뭔가가 있어야 한다고 가정했고, 임페투스가 이 역할을 한다고 생각했다. 그것이 운동량과 같은 운동 그 자체의 속성일 뿐이라고 생각하지는 않았다. 그는 물체에 의해 운반되는 임페투스를 현대의 뉴턴 물리학에서 정의하는 운동량처럼 물체의 질량과 속도의 곱으로 절대 표현하지 않았다. 하지만 그럼에도 불구하고 그가 옳았던 것도 있었다. 움직이는 물체를 정해진 시간에 정지 상태로 만들기 위해 필요한 힘의 양은 운동량에 비례하는데, 이런 면에서 운동량은 뷔리당의 임페투스와 같은 역할을 한다.

뷔리당은 임페투스에 대한 아이디어를 원운동에까지 확장시켜, 행성들이 신에 의해 주어진 임페투스로 움직인다고 제안했다. 이런 식으로 뷔리당은 과학과 종교 사이의 화해 방법을 찾았는데, 이 방법은 수백 년 후에야 인기를 끌었다. 신은 우주의 기계장치를 움직이게 만들었고, 그 이후에 일어나는 일은 자연 법칙의 지배를 받는다는 이론이었다. 그런데 운동량의 보존은 행성들을 계속 움직이게 만들지만, 뷔리당이 생각한 것과 같은 방식으로는 휘어진 궤도를 계속 움직일 수 없다. 이것은 나중에 중력으로 알려진 추가적인 힘을 필요로 한다.

뷔리당은 헤라클레이데스가 처음으로 제안했던, 지구가 서에서 동으로 하루에 한 바퀴씩 회전한다는 아이디어도 좋아했다. 그는 이것이 정지한 지구를 중심으로 하늘이 동에서 서로 하루에 한 바퀴씩 회전하는 것과 같은 모습으로 보인다는 사실을 알았다. 그는 지구가 태양, 달, 행성, 별들이 자리 잡고 있는 하늘보다 훨씬 더 작기 때문에 헤라클레이데스의 이론이 더 자연스럽다고 인정하기도 했다. 하지만 그는 지구가 회전한다는 것을 부정했다. 만일 지구가 회전한다면 똑바로 위를 향해 쏘아올린 화살은 화살이 날아가는 동안 지구가 움직이므로 화살을 쏜 사람보다 서쪽에 떨어질 것이라고 생각했기 때문이다. 역설적이게도 뷔리당이 지구의 회전이 화살에 임페투스를 제공하여 회전하는 지구와 함께 동쪽으로 이동시킬 것이라는 사실을 깨달았다면 이런 오류를 범하지 않았을 것이다.

뷔리당의 임페투스 개념은 수백 년 동안 영향력을 가졌다. 이것은 1500년대 초반 코페르니쿠스가 의학을 배웠던 파도바대학에서도 가르치던 내용이다. 1500년대 후반에는 갈릴레이가 피사Pisa대학의 학생으로 임페투스에 대해서 배웠다.

뷔리당은 다른 주제에서도 아리스토텔레스와 같은 편에 섰다. 진공의 불가능성이었다. 하지만 그의 결론은 자신의 특징에 맞게 관측에 기반을 둔 것이었다. 빨대에서 공기를 빨아들이면 액체가 빨대로 끌려 들어와 진공을 방해한다. 그리고 풀무의 손잡이를 벌리면 공기가 밀려 들어와 진공을 방해한다. 관측만으로라면 자연이 진공을 허락하지 않는다는 결론은 자연스러운 것이었다. 12장에서 보겠지만 공기의 압력으로 이런 현상들을 정확하게 설명하는 것은 1600년대에 가서야 가능했다.

뷔리당의 연구는 그의 두 제자인 작센 출신 알베르트Albert of Saxony와 니콜 오렘에 의해 더 깊이 수행되었다. 철학에 대한 알베르트의 저작은 널리 퍼졌다. 하지만 과학에 더 큰 기여를 한 것은 오렘이었다. 오렘은 1325년에 노르망디에서 태어나 1340년대에 파리로 가 뷔리당과 함께 공부했다. 그는 '점성술, 풍수지리, 주술 또는 이것들을 기술이라고 부를 수 있을지 모르겠지만 이것들과 같은 모든 기술'을 이용하여 미래를 예측하는 것에 강력히 반대했다. 오렘은 1377년에 노르망디의 도시 리지외Lisieux의 주교로 임명되었고 그곳에서 1382년에 사망했다.

오렘의 책《천상과 지상에 대하여On the Heavens and the Earth》는 아리스토텔레스에 대한 확장된 해설서의 형태를 띠고 있으며, 계속해서 그 '대

철학자'의 주제를 등장시킨다.[10] 이 책에서 오렘은 하늘이 동쪽에서 서쪽으로 회전하는 것이 아니라 지구가 자신의 축을 중심으로 서쪽에서 동쪽으로 회전한다는 아이디어를 재검토했다. 뷔리당과 오렘은 모두 "우리는 오직 상대적인 운동만 관측하므로 하늘이 움직이는 것을 보는 것은 지구가 움직이는 것일 수도 있다는 가능성을 열어두어야 한다"는 사실을 이해했다.

오렘은 이 아이디어에 대해 나올 수 있는 여러 가지 반대 의견들을 세세하게 검토했다. 프톨레마이오스는 《알마게스트》에서 만일 지구가 회전한다면 구름이나 위로 던져진 물체들이 던져진 위치보다 뒤에 떨어질 것이라고 주장했다. 앞에서 보았듯이 뷔리당도 지구가 회전한다는 주장에 반대했는데, 만일 지구가 서쪽에서 동쪽으로 회전한다면 수직으로 위로 쏜 화살은 뒤로 처져야 하지만 실제로 관측되는 것은 이와 달리 화살이 수직으로 올라간 지구 표면의 같은 위치에 떨어지는 모습이기 때문이었다. 여기에 오렘은 지구가 회전하면서 화살과 활을 쏜 사람, 공기, 그리고 지구 표면에 있는 모든 것을 함께 운반한다고 대답했다. 임페투스 이론의 창시자인 뷔리당도 생각하지 못했던 방식으로 임페투스 이론을 적용시킨 것이었다.

오렘은 지구의 회전에 대한 또 다른 반대 의견에도 대답했다. 이것은 전혀 다른 종류의 반대로, 성경에서 태양이 지구 주위를 매일 돈다는 것을 언급한 문장이 있다는 것이었다. 오렘은 이것이 대중적인 연설의 관습에 따르기 위한 구절일 뿐이라고 대답했다. 여기에는 신이 화를 내거나 후회했다고 적혀 있기도 했으니 말이다. 이 지점에서 오렘은 신이 "물 위에 하늘이 있게 하라. 그리고 하늘이 물과 물을 나누도록 하라"

라고 선언했다는 창세기의 구절과 씨름했던 토마스 아퀴나스를 따르고 있었다. 아퀴나스는 이것을 모세가 자신의 연설을 청중들의 수준에 맞춘 것이므로 문자 그대로 받아들여서는 안 된다고 설명했다. 교회 내부에 아퀴나스나 오렘과 같이 더 현명한 관점을 가진 사람들이 없었다면 성서문자주의는 과학의 발전에 방해가 될 수 있었을 것이다.

그러나 모든 논거에도 불구하고 오렘은 결국 움직이지 않는 지구라는 보편적인 생각에 항복했다.

결국 하늘이 움직인다는 것이 왜 논거로 확실하게 증명될 수 없는지 설명되었다. (…) 하지만 모든 사람은, 나도 마찬가지로, 지구가 아니라 하늘이 움직인다고 주장한다. 신이 움직여서는 안 되는 세상을 만드셨기 때문이다. 반대의 근거도 있지만 확실하게 설득력이 있지는 않다. 하지만 지금까지 설명된 것을 고려하면 하늘이 아니라 지구가 움직인다고 믿을 수도 있다. 그 반대는 자명하지 않기 때문이다. 하지만 처음 보기에는 이것은 우리의 믿음에 대한 전부 혹은 대부분의 글들만큼이나 자연적인 추론에 반대되는 것처럼 보인다. 다른 방식으로 생각해보기와 지적 훈련을 통해 내가 하고 싶었던 말은, 이것이 우리의 믿음에 추론으로 의문을 제기하려는 사람들을 확인하고 그들과 논박하는 소중한 방법이 될 수 있다는 것이었다.[11]

오렘이 정말로 지구가 회전한다는 것을 인정하는 마지막 한 발을 떼지 않으려고 한 것인지, 아니면 그저 종교적인 정설에 듣기 좋은 말을 한 것인지는 알 수 없다.

오렘은 뉴턴이 발견할 중력 이론의 한 부분을 예측하기도 했다. 그는 무거운 물체가 어떤 다른 세계에 있으면 반드시 지구의 중심으로 떨어질 필요는 없다고 주장했다. 지구와 유사한 다른 세계가 있을 수 있다는 아이디어는 신학적으로 위험한 것이었다. 신이 인간을 그런 다른 세계에도 창조했을까? 그리스도는 그 다른 세계에서도 인간을 구원하기 위해 왔을까? 의문은 끝이 없어지고, 체제를 전복할 수도 있었다.

오렘이 과학 분야에 큰 성과를 보이기는 했지만, 뷔리당과는 달리 오렘은 수학자였다. 수학에 대한 그의 또 다른 중요한 업적은 옥스퍼드에서 초기의 발전이 이루어질 수 있도록 도왔다. 그러므로 우리는 이제 무대를 프랑스에서 약간 과거의 영국으로 옮겨야 한다. 그리고 곧 다시 오렘으로 돌아올 것이다.

12세기의 옥스퍼드는 템스 강 상류의 번성하는 상업도시가 되어 있었으며, 학생들과 교사들을 끌어들이고 있었다. 옥스퍼드에 있던 비공식 학교들의 집단은 1200년대 초반부터 대학으로 인식되었다. 옥스퍼드대학에서는 역대 총장의 목록을 나열할 때 전통적으로 1224년 로버트 그로스테스트Robert Grossetest부터 시작한다. 그는 나중에 링컨Lincoln의 주교가 되었으며, 중세 옥스퍼드에서 자연철학에 대한 관심이 생기도록 만들었다. 그는 아리스토텔레스를 그리스어로 읽었고, 아리스토텔레스에 대해서뿐만 아니라 광학과 달력에 대한 글도 썼다. 그는 옥스퍼드에서 그의 뒤를 이은 학자들에 의해 자주 인용되었다.

《로버트 그로스테스트와 실험 과학의 기원Robert Grossetest and the Origins of Experimental Science》에서 크롬비Alistair Cameron Crombie는 더 나아가 그로스테스트가 현대 물리학의 발전을 이끈 실험적인 방법을 개발하는 데 핵심적인 역할을 했다고 말한다.[12] 이것은 그로스테스트의 중요성에 대한 약간의 과장으로 보인다. 크롬비가 분명하게 말했듯이 그로스테스트에게 '실험'은 자연을 수동적으로 관찰하는 것으로, 아리스토텔레스의 방법과 크게 다르지 않았다. 그로스테스트나 그의 계승자들 중 누구도 자연 현상을 적극적으로 조작하는 현대적인 개념의 실험을 통해 일반적인 원리를 알아내지 않았다. 그로스테스트의 이론화 작업도 칭찬을 받았지만,[13] 그의 작업에는 헤론, 프톨레마이오스, 알 하이삼이 정량적으로 성공적인 결과를 얻었던 빛에 대한 이론, 히파르코스, 프톨레마이오스, 알 비루니의 행성 운동 이론과 비교할 만한 어떤 것도 포함되어 있지 않다.

그로스테스트는 지적인 에너지와 과학에 대한 순수함으로 당시의 시대정신을 대변했던 로저 베이컨Roger Bacon에게 엄청난 영향을 미쳤다. 베이컨은 옥스퍼드에서 공부한 후 1240년대에는 파리에서 아리스토텔레스에 대해 강의했고, 파리와 옥스퍼드를 왕복하다가 1257년경에는 프란체스코 수도회의 수사가 되었다. 플라톤처럼 그도 수학에 열중했지만 수학을 거의 사용하지는 않았다. 그는 광학과 기하학에 대해서 광범위하게 글을 썼지만 그리스와 아랍에서 이루어진 내용에 중요한 것을 더하지는 못했다. 당시로서 놀랄 만한 점은 베이컨이 기술에 대해서도 긍정론자였다는 것이다.

동물이 없이도 믿을 수 없을 정도의 속도로 움직이는 자동차가 만들어질 수 있다. (…) 하늘을 나는 기계도 만들어져, 사람이 그 기계에 앉아 엔진을 가동하여 하늘을 나는 새처럼 인공 날개가 바람을 가르게 될 수도 있

을 것이다.[14]

덕분에 베이컨은 '경이로운 박사Doctor Mirabilis'로 알려지게 되었다.

1264년에 잉글랜드의 대법관이었고 나중에는 로체스터Rochester의 주교를 지낸 월터 드 머튼Walter de Merton에 의해 최초의 기숙대학이 옥스퍼드에 세워졌다. 바로 이 머튼 칼리지에서 14세기에 진지한 수학 연구가 시작되었다. 핵심적인 사람들은 토머스 브래드워딘Thomas Bradwardine, 윌리엄 헤이테스버리William Heytesbury, 리처드 스와인즈헤드Richard Swineshead, 존 덤블턴John Dumbleton 등 4명의 연구자들이었다. 그들의 가장 유명한 업적은 '머튼 칼리지 평균 속도 이론'으로 알려진 것으로, 균일하지 않은 운동, 즉 속도가 일정하지 않은 운동을 처음으로 수학적으로 묘사한 것이었다.

이 이론에 대해 남아 있는 가장 오래된 언급은 윌리엄 헤이테스버리(1371년의 옥스퍼드대학 총장)가 한 것으로, 그의 저서《궤변을 해결하는 규칙Regulae solvendi sophismata》에 있다. 그는 균일하지 않은 운동의 한 순간의 속도를, 그 속도가 일정했을 경우에 흘러갔을 시간으로 거리를 나눈 것으로 정의했다. 이 상태라면 이 정의는 순환 논리이므로 쓸모가 없다. 아마도 헤이테스버리가 의미하고자 했던 좀 더 현대적인 정의는 다음과 같을 것이다. 균일하지 않은 운동의 한 순간의 속도는, 그 순간 근처의 아주 짧은 시간, 즉 너무나 짧아서 속도의 변화를 무시할 수 있을 정도의 시간 동안 그 속도가 일정했을 경우에 흘러갔을 시간으로 거리를 나눈 값이다. 그런 다음 헤이테스버리는 같은 시간에 같은 크기만큼 속도가 증가하는 균일하지 않은 운동을 등가속도 운동으로 정의했다.

그러고는 설명을 계속했다.[15]

어떤 물체가 정지한 상태에서 특정한 수준(의 속도)으로 일정하게 가속되면, 이 물체는 그 시간 동안 이 물체가 속도의 증가가 끝나는 속도로 일정하게 움직였을 때의 거리의 절반만큼 움직인다. 전체적으로 이 운동은 증가하는 속도의 평균 속도의 운동과 같고, 평균 속도는 최종 속도의 정확하게 절반이 된다.

즉, 어떤 물체가 일정하게 가속될 때 어떤 시간 동안 이동하는 거리는 그 시간 동안 실제 속도의 평균 속도로 일정하게 이동한 거리와 같다. 어떤 물체가 정지해 있다가 특정한 최종 속도로 일정하게 가속되면 그 시간 동안의 평균 속도는 최종 속도의 절반과 같다. 그러므로 이동한 거리는 최종 속도의 절반에 흘러간 시간을 곱한 값이 된다.

이 이론에 대한 증명은 헤이테스버리, 존 덤블턴, 그리고 나중에 니콜 오렘에 의해 다양하게 제공되었다. 그중 오렘의 증명이 가장 흥미롭다. 그는 그래프를 이용해 대수학적인 관계를 표현하는 기술을 도입했기 때문이다. 이 방법으로 그는 어떤 물체가 정지해 있다가 일정하게 가속되어 특정한 최종 속도에 도달했을 때 이동한 거리를 계산하는 문제를, 흘러간 시간과 최종 속도가 각각 직각을 이루는 두 변의 길이가 되는 직각삼각형의 면적을 계산하는 문제로 단순화시킬 수 있었다(전문 해설 17 참조). 그러면 평균 속도 이론은 곧바로 기하학의 기본 사실을 따른다. 직각삼각형의 면적은 직각을 이루는 두 변의 길이의 곱의 절반이다.

머튼 칼리지의 연구자들도 니콜 오렘도, 평균 속도 이론을 이것과 연관된 가장 중요한 운동에 적용시켜본 것 같지는 않다. 자유 낙하하는 물체의 운동이다. 그 연구자들과 오렘에게 이 이론은 자신들이 균일하지 않은 운동을 수학적으로 다룰 수 있다는 것을 보여주기 위해 수행된 지적 훈련이었다. 평균 속도 이론이 수학을 사용하는 능력이 커지고 있다는 증거라면, 이것은 또한 수학과 자연과학의 연결이 아직 얼마나 쉽지 않은지를 보여주는 것이기도 하다.

스트라톤이 설명한 대로 떨어지는 물체가 가속된다는 것은 명백했지만, 낙하하는 물체의 속도가 떨어진 '거리'가 아니라 등가속운동의 특징인 '시간'에 비례하여 증가한다는 것이 명백하지 않았다는 사실은 반드시 언급해야겠다. 낙하한 거리의 변화 비율(속도)이 떨어진 거리에 비례한다면 낙하한 거리는 물체가 낙하하기 시작하면 시간에 따라 기하급수적으로 증가해야 한다.* 마치 은행 예금의 이자가 예금의 양에 비례하여 증가한다면 이자가 기하급수적으로 증가하는 것과 마찬가지다(이율이 낮다면 이 현상이 나타나는 데 오랜 시간이 걸린다). 낙하하는 물체의 속도가 증가하는 정도가 흘러간 시간에 비례한다는 사실을 처음으로 추측한 사람은 오렘보다 두 세기 후인 16세기의 도미니크 수도회 수사인 도밍고 데 소토Domingo de Soto인 것으로 알려져 있다.[16]

14세기 중반부터 15세기 중반까지 유럽은 재앙으로 정신을 차리지 못했다. 영국과 프랑스 사이의 백년 전쟁은 영국을 텅 비게 하고 프랑스를 초토화시켰다. 교회는 분리되어 로마의 교황과 함께 또 다른 교황이 아

---

*그러나 260쪽의 첫 번째 주석을 보라.

3부_중세 시대

비농에도 있었다. 흑사병이 유럽 각지에서 인구의 상당수를 줄여버렸다.

아마도 백년 전쟁의 결과로, 이 시기에 과학의 중심이 프랑스와 영국에서 동쪽인 독일과 이탈리아로 이동했다. 이 두 지역은 쿠사 출신 니콜라스Nicholas of Cusa의 활동 범위였다. 그는 1401년에 독일 모젤Moselle의 도시 쿠에스Kues에서 태어나 1463년에 이탈리아의 움브리아Umbria에서 죽었다. 니콜라스는 하이델베르크와 파도바에서 교육을 받았고 교회법 변호사이자 외교관이 되었다가 1448년에는 추기경이 되었다. 그의 저작은 중세에도 자연과학과 신학, 그리고 철학 사이의 구별이 계속 어려웠다는 것을 보여준다. 니콜라스는 움직이는 지구와 끝이 없는 세계에 대해 어렴풋이 쓰고 있지만 수학을 사용하지는 않았다. 그는 나중에 케플러와 데카르트에 의해 인용되었으나 그 두 사람이 니콜라스로부터 무엇을 배웠는지는 찾기가 어렵다.

중세 시대 후반에는 프톨레마이오스의 주전원 체계를 이용하고 전문적으로 자신들의 연구에 수학을 이용하는 천문학자들과, 아리스토텔레스의 추종자인 의사-철학자들 사이의 분리도 나타났다. 대부분 독일에 있었던 15세기의 천문학자들 중에는 프톨레마이오스의 주전원 이론을 계승하고 확장시킨 게오르크 폰 포이바흐Georg von Peurbach와 그의 제자인 쾨니히스베르크Königsberg 출신의 요하네스 뮐러Johannes Müller(레기오몬타누스Regiomontanus)가 있었다.* 나중에 코페르니쿠스는 레기오몬타

---

*후세의 작가인 게오르크 하르트만Georg Hartmann은 다음 문장을 포함하고 있는 레기오몬타누스의 편지를 보았다고 주장했다. "별들의 움직임은 지구의 움직임에 따라 조금씩 변해야만 한다(Dictionary of Scientific Biography, Volume II [New York: Scribner, 1975], 351)." 이것이 사실이라면 레기오몬타누스는 코페르니쿠스보다 앞섰을 수도 있다. 하지만 이 문장은 지구와 태양이 모두 세상의 중심 주위를 돈다는 피타고라스학파의 원칙과도 일치한

누스의 《알마게스트 요약Epitome of the Almagest》을 많이 이용했다. 반면 파도바에서 교육을 받은 볼로냐의 알레산드로 아킬리니Alessandro Achillini와 베로나의 지롤라모 프라카스토로Girolamo Fracastoro를 포함한 의사들은 아리스토텔레스 지지 집단이었다. 프라카스토로는 그 분쟁을 이렇게 편파적으로 설명했다.[17]

천문학을 직업으로 하는 사람들이 언제나 행성들이 보여주는 모습을 설명하는 것을 너무나 어려워한다는 사실을 당신들은 잘 알고 있을 것이다. 그것을 설명하는 데에는 두 가지 방법이 있기 때문이다. 하나는 동심원이라고 하는 구를 이용하는 것이고, 다른 하나는 소위 편심의 구(주전원)를 이용하는 것이다. 두 방법은 모두 위험성과 장애물을 가지고 있다. 동심원을 사용하는 사람은 절대 현상을 설명해내지 못한다. 주전원을 사용하는 사람들은 실제로 현상을 좀 더 적절히 설명하는 것처럼 보이지만, 이 신성한 물체들에 대한 그들의 관념은 잘못된 것이고 거의 불경스럽기까지 하다. 그들은 이상한 위치와 모양을 천상에 맞지 않는 천체들의 탓으로 돌리기 때문이다.

우리는 고대인들 중 에우독소스와 칼리포스가 이 어려움들 때문에 여러 번 잘못된 길을 갔다는 사실을 알고 있다. 히파르코스는 현상을 설명하지 못하는 것보다 차라리 주전원을 선택한 최초의 사람이다. 프톨레마이오스가 그의 뒤를 따랐고, 곧 사실상 모든 천문학자들이 프톨레마이오스에게 설득되었다. 하지만 이런 천문학자들에 대항하여, 혹은 적어도 편심 이론

다.

에 대항하여 모든 철학은 저항을 계속했다. 내가 지금 무슨 말을 하는 건가? 철학이라고? 자연과 천상의 구들은 그들 스스로 끊임없이 저항한다. 지금까지 어떤 철학자도 이 괴물 같은 원들이 신성하고 완벽한 물체들 사이에 존재하도록 허용한 누군가를 찾은 적이 없다.

공정하게 말하자면, 관측이 모두 프톨레마이오스 편이고 아리스토텔레스에 반대되는 것은 아니었다. 서기 200년경 소시게네스의 설명에서 살펴본 것처럼, 아리스토텔레스의 동심원 구조가 맞지 않는 이유 중 하나는 그의 구조가 행성들을 언제나 지구에서 같은 거리에 놓는다는 것이다. 이것은 행성들이 지구 주위를 도는 것처럼 움직일 때 밝기가 밝아졌다가 어두워진다는 사실과 배치된다. 하지만 프톨레마이오스의 이론은 반대 방향으로 너무 멀리 갔다. 예를 들어 프톨레마이오스의 이론에서는 금성과 지구 사이의 최대 거리가 최소 거리의 6.5배나 되기 때문에, 금성이 스스로의 빛으로 빛난다면 가장 밝을 때의 밝기는 가장 어두울 때보다 $6.5^2 = 42$배 더 밝아야 하는데(겉보기 밝기는 거리의 제곱에 반비례하므로) 실제로는 절대 그렇지 않다.

프톨레마이오스의 이론은 이런 이유로 빈대학에 있던 헤세 출신 헨리Henry of Hesse에게 비판을 받았다. 이 문제를 해결하는 방법은 당연히 행성들이 스스로의 빛으로 빛나는 것이 아니라 햇빛을 반사해서 빛난다고 인정하는 것이다. 행성들의 겉보기 밝기는 지구에서의 거리에만 의존하는 것이 아니라 달의 밝기와 같이 행성들의 위상에도 의존한다. 금성이 지구에서 가장 멀리 있을 때는 지구 관점으로 태양의 반대편에 있을 때이므로 전체가 완전히 빛난다. 지구에서 가장 가까이 있을 때는 지구와 태양 사이의 어딘가이므로 우리는 거의 어두운 부분만 보게 된다. 그러므로 금성의 경우에는 위상과 거리의 효과가 일부 상쇄되어 밝기의 변화를 줄이게 된다. 이것은 갈릴레이가 금성의 위상을 발견하기 전까지는 아무도 알지 못했다.

그러나 프톨레마이오스 천문학과 아리스토텔레스 천문학 사이의 논쟁은 곧 더 깊은 분쟁에 묻혀버리고 만다. 그것은 하늘이 정지해 있는 지구를 돈다고 생각하는 점에서는 공통 분모를 가졌던 프톨레마이오스나 아리스토텔레스를 따르는 사람들과, 태양이 정지해 있다는 아리스타르코스의 아이디어를 따르는 새로운 경쟁자들 사이의 분쟁이었다.

4부
과학 혁명

TO
EXPLAIN
THE
WORLD:
The Discovery of
Modern Science

Before history there was science, of a sort. At any moment nature presents us with a variety of puzzling phenomena: fire, thunderstorms, plagues, planetary motion, light, tides, and so on. Observation of the world led to useful generalizations: fires are hot; thunder presages rain; tides are highest when the Moon is full or new, and so on. These became part of the common sense of mankind. But here and there, some people wanted more than just a collection of facts. They wanted to explain the world.

It was not easy. It is not only that our predecessors did not know what we know about the world—more important, they did not have anything like our ideas of what there was to know about the world, and how to learn it. Again and again in preparing the lectures for my course I have been impressed with how different the work of science in past centuries was from the science of my own times. As the much quoted lines of a novel of L.P. Hartley put it, "The past is a foreign country; they do things differently there." I hope that in this book I have been able to give the reader not only an idea of what happened in the history of the exact sciences, but also a sense of how hard it has all been.

역사학자들은 물리학과 천문학이 16세기와 17세기에 혁명적인 변화를 겪었고, 이 변화가 과학이 현대적인 형태로 발전하는 패러다임을 제공했다는 것을 당연하게 여기곤 한다. 물론 과학 혁명의 중요성은 명확하다. 역사학자 허버트 버터필드Herbert Butterfield*는 과학 혁명이 "기독교 등장 후의 모든 것보다 밝게 빛났고, 르네상스와 종교 개혁을 중세 기독교 체계 안에서 일어난 단순한 일화 수준으로 끌어내렸다"고 선언했다.[1]

그러나 이런 종류의 합의에는 언제나 다음 세대 역사학자들의 회의적인 태도를 끌어내는 무언가가 있는 것 같다. 지난 수십 년 동안 일부 역사학자들은 과학 혁명의 중요성, 혹은 심지어는 그 존재 자체에 대한 의심을 표현해 왔다.[2] 예를 들어 스티븐 섀핀Steven Shapin은 이런 유명한 문장으로 책을 시작했다. "과학 혁명 같은 것은 없었으며, 이 책은 그에 대한 것이다."[3]

과학 혁명의 개념에 대한 비판은 상반되는 두 가지 형태를 보인다. 일부 역사학자들은 16세기와 17세기의 발견들이 중세 시대 유럽이나 이슬람 세계에서 이미 이루어지고 있던 과학 발전의 자연스러운 연장에 지나지 않는다고 주장한다. 이것은 특히 피에르 뒤엠Pierre Duhem의 관점이다.[4]

---

*버터필드는 과거를 현재 이해된 사실에 기여하는 정도에 따라 판단하는 역사학자들을 비판하기 위해서 "역사에 대한 휘그당식 설명Whig interpretation of history"이라는 말을 만들어냈다. 하지만 과학 혁명에 대해서는 버터필드도 나처럼 철저하게 휘그당식이다.

또 다른 역사학자들은 과학 혁명에서 보이는 이전 시대 사상의 흔적을 지적한다. 예를 들어 코페르니쿠스와 케플러는 꽤 자주 플라톤처럼 말을 했고, 갈릴레이는 아무도 관심을 가지지 않던 시기에 점성술을 연구했으며, 뉴턴은 태양계와 성경을 모두 신의 마음으로 향하는 실마리로 여겼다. 따라서 그들은 과학 혁명이라고 부를 만큼 혁신적인 내용이 있었던 것은 아니라고 주장한다.

두 비판 모두 사실인 요소들이 있다. 하지만 나는 과학 혁명이 지식의 역사에 실제로 불연속성을 나타낸다고 확신한다. 이것은 현재 활동하고 있는 과학자들의 관점에 의한 판단이다. 몇몇 뛰어난 그리스인들을 제외하고는, 16세기 이전의 과학은 내가 연구하는 것이나 나의 동료들의 연구에서 보는 것과 상당한 차이가 있다. 과학 혁명 이전의 과학은 종교나 우리가 지금 철학이라고 부르는 것과 혼재되어 있었으며, 아직 수학과 연결되어 있지 않았다. 반면 나는 17세기 이후의 물리학과 천문학에서는 편안함을 느낀다. 여기에는 지금 시대의 과학과 매우 유사한 것이 있다. 폭넓은 현상들을 자세하게 예측할 수 있게 해주며, 이 예측을 관측이나 실험과 비교하여 입증할 수 있게 해주는, 수학으로 표현되는 객관적인 법칙 말이다.

과학 혁명은 있었다. 이 책의 나머지 부분은 그에 대한 것이다.

11장
태양계를 풀다

과학 혁명이든 아니든, '그것'은 코페르니쿠스와 함께 시작되었다. 니콜라우스 코페르니쿠스는 1473년에 폴란드에서 태어났다. 그의 가족은 폴란드 서남쪽의 슐레지엔Schlesien 에서 이주해 온 초기 세대였다. 코페르니쿠스는 10살에 아버지를 여의었지만, 다행히도 삼촌의 지원을 받았다. 그의 삼촌은 교회 일로 부자가 되었고, 몇 년 후에는 폴란드 북동쪽의 바르미아Warmia에서 주교가 된 사람이었다. 코페르니쿠스는 크라쿠프Cracow대학에서 천문학 과정이 포함된 교육을 받은 뒤, 1496년에 볼로냐대학의 교회법 학생으로 들어가 레기오몬타누스의 제자였던 천문학자 도메니코 마리아 노바라Domenico Maria Novara의 조수로 천문 관측을 시작했다.

　볼로냐에 있는 동안 코페르니쿠스는 삼촌의 후원으로 바르미아 프롬보르크Frombork의 성당 참사회 임원 열여섯 명 중 한 명이 되었다. 그때부터 그는 성직자로서의 임무는 거의 없이 평생 좋은 수입을 얻을 수 있었다. 코페르니쿠스는 사제가 되지 않았다. 그는 파도바대학에서 잠시 의학을 공부한 뒤 1503년에 페라라Ferrara대학에서 법학 박사 학위를 받고 곧 폴란드로 돌아왔다. 1510년부터 프롬보르크에 정착하여 작은 천문대를 짓고 1543년에 생을 마감할 때까지 그곳에서 살았다.

프롬보르크에 온 직후, 코페르니쿠스는 후에 《천체의 운동과 그 배열에 관한 주해서De hypothesibus motuum coelestium a se constitutis commentariolus》로 이름이 붙여지고, 일반적으로 《주해서》로 알려지게 되는 익명의 글을 썼다.[1] 《주해서》는 코페르니쿠스가 사망한 한참 후까지 출판되지 않았기 때문에 그의 다른 저작들에 비해 큰 영향력도 없었다. 하지만 여기에는 그가 이룬 성과의 바탕이 된 초기의 아이디어들이 있다.

이전의 행성 이론들에 대한 간략한 비판 후에, 코페르니쿠스는 자신의 새로운 이론에 대한 일곱 가지 원칙을 설명하고 있다. 약간의 설명을 덧붙인 그 원칙들은 다음과 같다.

1. 천체들의 궤도에 하나의 중심은 없다(코페르니쿠스가 이 천체들이 아리스토텔레스가 제안한 물질적인 구[2]에 의해 운반된다고 생각했는지에 대해서는 역사학자들의 의견이 일치하지 않는다).

2. 지구의 중심은 우주의 중심이 아니고, 달 궤도의 중심이며 지구 위에 있는 물체들이 끌려가는 중력의 중심일 뿐이다.

3. 달을 제외한 모든 천체들은 태양을 중심으로 회전하며, 그러므로 태양이 우주의 중심이다(하지만 코페르니쿠스는 지구 및 다른 천체들의 궤도의 중심을 태양이 아니라 태양 근처의 한 점으로 잡았다).

4. 별들까지의 거리에 비하면 지구와 태양 사이의 거리는 무시할 만하다(아마도 코페르니쿠스는 지구가 태양 주위를 돌기 때문에 별들이 일 년을 주기로 움직이는 것처럼 보이는 '연주 시차'를 왜 우리가 관측할 수 없는지

설명하기 위해서 이 가정을 했을 것이다. 하지만 시차 문제는 《주해서》의 어디에서도 언급되지 않는다).

5. 하루 동안 지구 주위를 도는 별들의 겉보기 운동은 전적으로 지구가 스스로의 축으로 회전하기 때문에 생긴다.

6. 태양의 겉보기 운동은 지구가 스스로의 축으로 회전하는 운동과, 지구가 다른 행성들처럼 태양 주위를 공전하는 운동이 결합되어 생긴다.

7. 행성들의 겉보기 역행 운동은 지구가 화성, 목성, 토성을 앞지를 때 혹은 수성과 금성이 지구를 앞지를 때 생긴다.

코페르니쿠스는 《주해서》에서 그의 구조가 프톨레마이오스의 구조보다 관측과 더 잘 맞는다는 주장을 할 수 없었다. 그 이유는 실제로 그렇지 않았기 때문이다. 사실 그렇게 될 수가 없었다. 대부분의 경우 코페르니쿠스는 스스로 한 관측이 아니라 프톨레마이오스의 《알마게스트》에서 인용한 관측 자료를 바탕으로 자신의 이론을 제시했기 때문이다.[3] 새로운 관측을 내세우는 대신에 코페르니쿠스는 자신의 이론의 미학적인 장점들을 내세웠다.

한 가지 장점은 지구가 움직인다는 가정이 태양, 별, 그리고 다른 행성들의 여러 가지 겉보기 운동을 잘 설명한다는 것이었다. 이 방법으로 코페르니쿠스는 프톨레마이오스의 이론에서 발생했던 다음과 같은 미세 조정을 제거할 수 있었다. 수성과 금성의 주전원의 중심은 항상 지구와 태양을 연결하는 선 위에 있어야 한다는 것, 그리고 화성, 목성, 토성과 그들의 주전원의 중심을 연결하는 선들은 언제나 지구와 태양을 연결하는 선과 평행해야 한다는 것이다. 결과적으로 프톨레마이오스의 이론에서는 내행성들의 주전원의 중심이 지구 주위를 공전하는 것과 외행성들이 주전원을 한 바퀴 도는 것은 모두 정확하게 일 년이 걸리도록 미세 조정되어야만 했다. 코페르니쿠스는 이런 부자연스러운 조건들이 생기는 것은 순전히 우리가 태양의 주위를 회전하고 있는 입장에서 태양계를 바라보기 때문이라고 보았다.

코페르니쿠스 이론의 미학적인 장점 중 또 하나는 행성들의 궤도 크기가 훨씬 더 명확하다는 것이었다. 프톨레마이오스 천문학에서 행성들의 겉보기 운동은 주전원과 이심원의 크기에 의존하는 것이 아니라 단지 행성들의 주전원과 이심원의 반지름의 비율에만 의존한다. 원한다면 수성의 주전원 크기만 적당히 조절하여, 수성의 이심원 크기를 토성의 이심원보다 더 크게 만들 수도 있는 것이다. 프톨레마이오스의 《행성 이론》에 따라 천문학자들은 관습적으로 지구에서 하나의 행성까지의 최대 거리는 바깥에 있는 다음 행성에서 지구까지의 최소 거리와 같다는 가정하에 궤도의 크기를 정했다. 이 가정은 지구에서의 거리 순서에 따라 행성들의 궤도의 상대적인 크기를 결정했지만, 가정 자체도 여전히 임의적인 것이었다. 《행성 이론》의 가정은 어떤 것도 관측에 기반을 두지 않았으며 관측으로 증명되지도 않았다.

반면에 코페르니쿠스의 구조가 실제 관측과 잘 맞기 위해서는 모든 행성 궤도의 반지름이 지구 궤도 반지름과 명확한 비율을 가져야 한다.*

---

*8장에서 설명했듯이 프톨레마이오스 이론의 가장 단순한 형태에서 행성들이 각각 하나의 주전원을 가지고 태양에는 주전원이 없다고 가정할 때 특별한 경우가 단 하나 존재한다. 이것은 내행성들의 이심원이 지구 주위를 도는 태양의 궤도와 일치하고, 외행성들의 주전원의 반지름이 모두 태양과 지구 사이의 거리와 같은 경우다. 이 형태는 코페르니쿠스 이론의 가장 단순한 형태에서 관점만 다른 경우가 되고, 프톨레마이오스 이론에 나오

특히 프톨레마이오스의 이론은 내행성과 외행성의 주전원을 서로 다르게 제안했기 때문에, 타원 궤도와 연관된 복잡함은 차치하더라도 내행성의 주전원과 이심원의 반지름의 비율이 행성에서 태양까지의 거리와 지구에서 태양까지의 거리 비율과 같아야 했고 외행성의 경우는 그 비율이 반대여야 했다(전문 해설 13 참조).

코페르니쿠스는 자신의 결과를 이런 방식으로 표현하지 않았다. 그는 이것을 복잡한 '삼각측량 구조'라는 말로 표현했는데, 이 말은 그가 관측으로 증명된 새로운 예측을 하고 있다는 잘못된 인상을 주었다. 하지만 그는 행성들의 궤도 반지름에 정확한 값을 주었다. 코페르니쿠스는 태양에서 멀어지면서 행성들이 수성, 금성, 지구, 화성, 목성, 토성의 순서로 있다는 것을 알아냈다. 이것은 그가 측정한 행성들의 주기인 3개월, 9개월, 2.5년, 12년, 30년의 순서와 정확하게 일치한다. 아직 행성들의 궤도 운동 속도를 결정하는 이론은 없었지만, 궤도의 크기가 클수록 더 느리게 태양의 주위를 돈다는 것이 코페르니쿠스에게는 우주적 질서의 증거로 보였던 것이 틀림없다.[4]

코페르니쿠스의 이론은 하나의 이론이 다른 이론들에 비해 실험적인 증거가 뛰어나지 않고도 미적 기준만으로 선택될 수 있다는 전형적인 예를 제공한다. 《주해서》에 있는 코페르니쿠스 이론의 경우는 프톨레마이오스 이론에 즐비한 특별한 상황들이 지구의 공전과 자전이라는 개념만으로 설명되고, 행성들의 순서와 궤도의 크기가 훨씬 더 명확하게 결정된다. 코페르니쿠스는 움직이는 지구라는 아이디어가 오래

는 내행성들의 주전원의 반지름과 외행성들의 이심원의 반지름이 코페르니쿠스 이론에 나오는 행성들의 궤도 반지름과 일치한다.

전에 피타고라스학파에 의해 제안된 것이라고 인정했다. 하지만 그는 또한 이 아이디어가 "근거 없이" 주장되었다고 지적했다(이 지적은 꽤 정확하다).

프톨레마이오스의 이론에는 미세 조정이나 행성 궤도의 크기 및 순서의 불확실성 외에도 코페르니쿠스가 좋아하지 않았던 것이 더 있었다. 행성들이 일정한 속도로 원 궤도를 돈다는 아리스토텔레스의 경구에 충실했던 코페르니쿠스는 프톨레마이오스가 일정한 속도의 원운동에서 벗어나는 것을 다루기 위해 사용한 동시심과 같은 도구들을 거부했다. 이븐 알 샤티르가 했던 것과 마찬가지로, 코페르니쿠스는 이 도구들 대신 더 많은 주전원들을 사용했다. 수성에는 여섯 개, 달에는 세 개, 금성, 화성, 목성, 토성에는 각각 네 개씩이었다. 여기에서는 《알마게스트》보다 나아진 것이 없었다.

코페르니쿠스의 연구는 물리학의 역사에서 반복되는 또 다른 주제를 보여준다. 관측과 꽤 잘 맞는 단순하고 아름다운 이론이 관측과 더 잘 맞는 복잡하고 지저분한 이론보다 종종 진실에 더 가깝다는 명제이다. 코페르니쿠스의 아이디어를 가장 단순하고 아름답게 보여주는 가정은 지구를 포함한 모든 행성들에게 태양을 중심으로 일정한 속도로 움직이는 원 궤도를 주고 주전원은 주지 않는 것이다. 이것은 모든 행성들에게 단 하나의 주전원을 주고 태양과 달에는 주지 않으며 편심이나 동시심이 없는 프톨레마이오스 천문학의 가장 단순한 형태와 잘 일치한다.

이것은 관측과는 정확하게 맞지 않을 것이다. 행성들은 원 궤도가 아니라 거의 원에 가까운 타원 궤도로 움직이며, 속도는 완전하게 일정하지 않고, 태양은 타원 궤도의 중심이 아니라 초점이라고 하는 중심에서 약간 벗어난 지점에 있기 때문이다(전문 해설 18 참조). 하지만 만약 코페르니쿠스가 프톨레마이오스를 따라 행성들의 궤도에 편심과 동시심을 도입했더라면 훨씬 더 나은 결과를 얻을 수 있었을 것이다. 그랬다면 관측과의 차이가 너무 작아서 당시의 천문학자들이 측정하기는 어려웠을 것이다.

양자역학의 발전 과정에서도 관측과의 작은 차이에 너무 집착하지 않는 것이 중요하다는 것을 보여주는 에피소드가 있다. 1925년 에어빈 슈뢰딩거는 가장 단순한 원자인 수소 원자의 상태에너지를 계산하는 방법을 개발했다. 그의 결과는 전체적 패턴이 잘 맞았지만, 뉴턴 역학과 특수상대성이론 역학의 차이를 고려한 자세한 결과는 측정된 에너지와 정확하게 맞지 않았다. 슈뢰딩거는 잠시 동안 자신의 결과를 발표하지 않았지만 현명하게도 에너지 준위의 전체적인 패턴을 구하는 것도 중요한 성과이며 발표할 가치가 있고, 상대론적인 효과를 정확하게 다루는 것은 좀 더 기다리면 된다는 것을 깨달았다. 그가 남긴 의문은 몇 년 후에 폴 디랙Paul Dirac이 해결했다.

수많은 주전원 외에도 코페르니쿠스는 다른 복잡한 가정을 추가했다. 그것은 프톨레마이오스 천문학의 편심과 유사한 가정으로, 지구 궤도의 중심이 태양이 아니라 태양에서 약간 떨어진 지점이라는 것이었다. 이런 복잡한 가정들은 계절의 길이가 같지 않은 것과 같은 여러 가지 현상들을 대략적으로 설명했다. 실제로는 계절의 길이가 같지 않은 것은 태양이 지구의 타원 궤도의 중심이 아니라 초점에 있고 지구의 공전 속도가 일정하지 않기 때문이다.

코페르니쿠스가 도입한 또 하나의 복잡한 가정은 단지 오해에서 비롯된 것이었다. 코페르니쿠스는 피루엣(발레에서 한쪽 발로 서서 빠르게 도는 것-옮긴이)을 하고 있는 댄서가 한 바퀴 회전할 때마다 댄서가 뻗은 팔의 끝이 머리가 가리키는 수직 방향을 중심으로 360도 회전하는 것과 유사하게, 지구가 태양을 공전할 때 지구의 자전축도 지구 궤도 평면에 대한 수직 방향을 중심으로 매년 360도 회전할 것이라고 생각했다. 그는 어쩌면 행성들이 단단한 투명한 구에 붙어 있다는 오래된 관념의 영향을 받았을 수도 있다.

당연히 지구의 자전축의 방향은 일 년 단위로는 눈에 띄게 변하지 않는다. 그래서 코페르니쿠스는 태양 주위를 도는 공전과 축을 중심으로 도는 자전 이외에 축의 움직임을 상쇄시키는 제3의 움직임을 도입할 수밖에 없었다. 코페르니쿠스는 이 상쇄가 완전하지 않기 때문에 지구의 자전축이 오랜 시간이 지나면서 흔들리게 되어 히파르코스가 발견한 분점들의 느린 세차 운동이 만들어진다고 가정했다. 뉴턴 이후에, 태양과 달이 지구의 적도 부분의 약간 볼록한 부분에 중력이 미치면서 생기는 약한 효과 이외에는 태양 주위를 도는 지구의 공전이 지구의 자전축 방향에 아무런 영향을 미치지 않는다는 사실이 명백해졌다. 그러므로 케플러가 주장한 대로, 코페르니쿠스가 도입한 것과 같은 상쇄는 사실 필요가 없었다.

이런 모든 복잡성 때문에 코페르니쿠스의 이론은 프톨레마이오스의 이론보다는 여전히 더 단순하긴 했지만 그렇게 크게 단순해지지는 않았다. 코페르니쿠스는 미처 몰랐지만 그의 이론은 주전원으로 골치를 썩느니 차라리 작은 불확실성은 미래를 위해 남겨두는 편이 더 진실에 더 가까웠을 것이다.

《주해서》에 기술적으로 자세한 내용은 그렇게 많지 않다. 그 내용은 코페르니쿠스가 죽기 직전인 1543년에 끝낸 위대한 저작《천체의 회전에 관하여》에 나와 있다.[5] 이 책은 알레산드로 파르네세Alessandro Farnese(당시 이탈리아의 추기경-옮긴이)와 교황 바오로 3세에게 바치는 헌정으로 시작한다. 여기에서 코페르니쿠스는 아리스토텔레스의 동심원구와 프톨레마이오스의 편심 및 주전원 사이의 오래된 논쟁을 또다시 소개한다. 그리고 전자는 관측과 맞지 않고, 후자는 "규칙적인 운동이라는 첫 번째 원칙에 반한다"고 지적하고 있다. 움직이는 지구라는 자신의 대담한 제안을 주장하면서 코페르니쿠스는 플루타르코스의 글을 인용했다.

어떤 사람들은 지구가 움직이지 않는다고 생각한다. 하지만 피타고라스학파인 필로라오스Philolaus는 태양이나 달과 같이 지구도 불을 중심으로 비슷한 원을 그리며 회전한다고 믿었다. 폰토스 출신 헤라클레이데스와 피타고라스학파인 에크판토스Ecphantus 역시 지구를 움직이게 했다. 진행하는 움직임이 아니라 스스로의 축으로 서쪽에서 동쪽으로 바퀴처럼 회전하는 움직임이었다.

《천체의 회전에 관하여》 표준판에 아리스타르코스는 전혀 언급되어 있지 않다. 원래는 그의 이름이 있었지만 나중에 빠졌다고 한다. 코페르니쿠스는 계속해서, 다른 사람들도 움직이는 지구를 고려했으니 자신이 그 아이디어를 확인해볼 수 있지 않느냐고 이야기한다. 그러고는 자신의 결론을 이렇게 설명했다.

나중에 설명할 지구의 움직임을 가정하고 오랫동안 연구한 끝에, 나는 드디어 다른 행성들의 움직임이 지구의 움직임과 연관되어 있다는 사실과, 각 행성들의 공전이 계산된다면 그 현상들이 모두 맞아떨어진다는 사실, 그리고 모든 행성과 구들의 순서와 크기가 하늘 그 자체와 서로 연결되어 있어서 어떤 부분도 나머지 부분과 우주 전체를 흩뜨려놓지 않고는 이동시킬 수 없다는 사실을 발견했다.

《주해서》에서처럼 코페르니쿠스는 자신의 이론이 프톨레마이오스의 이론보다 더 예측을 잘한다는 사실을 강조하고 있다. 자신의 모형은 행성들의 순서와 궤도의 크기를 분명하게 결정하지만, 프톨레마이오스의 이론은 이것을 결정할 수 없다는 것이다. 물론 코페르니쿠스도 자신의 이론이 옳다는 가정을 하지 않고는 자신의 궤도 반지름 값이 옳다는 것을 증명할 방법이 없었다. 이것은 갈릴레이가 행성들의 위상을 관측할 때까지 기다려야만 했다.

《천체의 회전에 관하여》의 대부분은 《주해서》의 일반적인 아이디어에 기술적인 살을 붙인 내용이었다. 특별히 언급할 가치가 있는 것은 1권에서 코페르니쿠스가 애초부터 원으로 이루어진 움직임을 상정하고 있다는 사실을 설명했다는 것이다. 그래서 1권의 1장은 다음과 같이 시작된다.

무엇보다도 우리는 우주가 구형이라는 사실을 알아야 한다. 그 이유는 구형이 모서리가 필요 없고 늘어나거나 줄어들 수 없는 완벽한 모양이기 때문이거나(여기서 코페르니쿠스는 마치 플라톤처럼 들린다), 모든 것을 담고 있기에 가장 적합하고 가장 용량이 크기 때문이거나(구는 주어진 표면적에서 가장 큰 부피를 가진다), 우주의 다른 모든 부분 즉 태양, 달, 행성들, 별들조차도 이 모양으로 보이기 때문이거나(그는 별의 모양을 어떻게 알 수 있었을까?), 물방울이나 다른 액체들이 자체적으로 모양을 유지하려 할 때처럼(이것은 행성 규모에서는 적용되지 않는, 표면 장력에 의한 효과이다) 모든 것들이 구형을 유지하려고 열심히 노력하기 때문이다. 그러므로 이 모양이 성스러운 물체들의 모양을 구성한다는 것은 누구도 의심할 여지가 없다.

그리고 그는 계속해서 4장에서, 결과적으로 천체들의 움직임은 "균일하고, 영원하고, 원형이거나 원형들의 복합체"라고 설명한다.

1권의 후반부에서 코페르니쿠스는 그의 태양 중심 체계에서 가장 아름다운 측면들 중 하나를 소개했다. 수성과 금성이 왜 절대 태양에서 멀리 떨어진 곳에서 보이지 않는지를 설명한 것이다. 예를 들어 금성이 절대 태양에서 45도 이상 떨어진 곳에서 보이지 않는 이유는 태양을 도는 금성의 궤도가 지구 궤도 크기의 70퍼센트 정도이기 때문이다(전문 해설 19 참조). 11장에서 보았듯이, 프톨레마이오스의 이론에서는 이것이 수성과 금성의 주전원의 중심이 항상 지구와 태양을 연결하는 선 위에 있어야 한다는 미세 조정을 필요로 한다. 코페르니쿠스의 구조에서는 외행성과 각 외행성들의 주전원의 중심을 연결한 선이 지구와 태양을 연결하는 선과 평행이어야 한다는 미세 조정조차도 필요가 없었다.

코페르니쿠스의 구조는 《천체의 회전에 관하여》가 출판되기도 전부터 종교 지도자들의 반대에 부딪혔다. 이 분쟁은 코넬대학의 초대 총장인 앤드류 딕슨 화이트Andrew Dickson White가 쓴 유명한 19세기의 논쟁서 《기독교에서 과학과 신학 사이의 전쟁의 역사A History of the Warfare of Science with Theology in Christendom》에서 과장되어 소개된 바 있다.[6] 여기에는 루터Martin Luther, 멜란히톤Philipp Melanchthon, 칼뱅Jean Calvin, 웨슬리John Wesley에 대한 믿기 어려운 인용들이 포함되어 있다. 하지만 실제로 분쟁은 있었다. 《탁상 담화Tiscreden》로 알려진 책에는 루터가 비텐베르크 Wittenberg에서 그의 제자들과 나눈 대화에 대한 기록이 있다.[7] 1539년 6월 4일 기록의 일부분이다.

하늘, 태양, 달이 아니라 지구가 움직인다는 것을 증명하고자 하는 어떤 새로운 점성술사의 주장이 있었다. (루터가 말했다.) "그렇게 되는군요. 똑똑해지기를 원하는 사람은 다른 사람이 존중하는 것에 동의하지 않습니다. 그런 사람은 혼자서만 일을 합니다. 이것이 바로 천문학 전체를 뒤집어엎기를 원하는 바보가 하는 일이죠. 이런 혼란스러운 상황에서도 나는 성경을 믿습니다. 여호수아가 멈추라고 명령했던 것은 태양이지 지구가 아닙니다."[8]

《천체의 회전에 관하여》가 출판되고 몇 년 후, 루터의 동료인 멜란히톤도 코페르니쿠스에 대한 공격에 가세했다. 이번에는 전도서 1장 5절을 인용했다. "해는 떴다가 져서 그 떴던 곳으로 급히 되돌아간다."

교황의 권위를 성서의 권위로 대체한 프로테스탄티즘에게 코페르니쿠스의 이론이 성경 문구와 반대된다는 사실은 당연히 문제가 되었다. 뿐만 아니라 모든 종교에 잠정적인 문제가 될 수 있었다. 인간의 집인 지구가 다른 다섯 개의 행성들과 같은 또 하나의 행성으로 격하되는 것이었다.

심지어 《천체의 회전에 관하여》를 인쇄하는 과정에서도 문제가 있었다. 코페르니쿠스는 자신의 원고를 뉘른베르크Nuremberg에 있는 출판업자에게 보냈는데, 그 출판업자는 취미가 천문학인 루터교 목사 안드레아스 오시안더Andreas Osiander에게 편집을 맡겼다. 오시안더는 아마도 자신의 관점을 표현하기 위해서 서문을 추가한 것으로 보이는데, 이것은 다음 세기에 케플러가 밝혀낼 때까지 코페르니쿠스가 쓴 것으로 여겨졌다. 그 서문에서 오시안더는 코페르니쿠스가 행성 궤도의 실제 모습을 보여주려고 한 것은 아니었다고 말했다.[9]

세심하고 전문적인 연구를 통해 천체의 (겉보기) 운동의 역사를 구성하는 것은 천문학자의 의무이기 때문에, 천문학자는 반드시 이 운동들의 원인을 생각하고 이론을 만들어내거나 그에 대한 가설을 세워야 한다. 진정한 원인을 알 수 있는 방법은 없으므로, 천문학자는 기하학적 원리에 따라 과거와 미래를 정확하게 계산할 수 있는 어떤 추정도 받아들일 것이다.

오시안더의 서문은 이렇게 결론을 내린다.

가설에 관한 한 천문학에서는 어떤 확실한 것도 기대하지 말아야 한다. 천문학은 확실한 것을 제공하지 않으며, 다른 목적으로 상상된 아이디어는 진리로 받아들이지 않게 만들며, 이 학문에 입문할 때보다 더 바보가 되어 떠나도록 만든다.

이것은 기원전 70년경 게미노스의 관점(8장 참조)과 같은 선상에 있다고 볼 수 있다. 하지만 이 서문은 지금 '태양계'로 불리는 실제 체계를 자신의 저서 두 권에서 묘사하려고 했던 코페르니쿠스의 의도와 명백히 반대된다.

개별적인 목사들이 태양 중심 이론에 대해 어떻게 생각했든, 프로테스탄트가 코페르니쿠스의 연구를 억누르려는 노력은 없었다. 코페르니쿠스에 대한 가톨릭의 반대도 1600년대 이전에는 조직화되지 않았다. 1600년 로마의 종교재판에서 있었던, 유명한 조르다노 브루노Giordano Bruno의 처형은 그가 코페르니쿠스를 옹호했기 때문이 아니라 당시의 기준으로는 명백히 유죄였던 이단 때문이었다. 그러나 앞으로 살펴보겠지만 17세기의 가톨릭 교회는 코페르니쿠스의 사상을 매우 심각하게 억압했다.

과학의 미래에 정말로 중요했던 것은 코페르니쿠스가 종교인들이 아니라 그의 동료 천문학자들에게 어떻게 받아들여졌느냐 하는 것이었다. 코페르니쿠스에게 처음으로 확신을 가진 사람은 그의 유일한 제자인 레티쿠스Rheticus(본명은 게오르크 요아힘 데 포리스Georg Joachim de Porris)였다. 그는 1540년에 코페르니쿠스 이론의 해설서를 출판했고, 1543년에는《천체의 회전에 관하여》의 원고가 뉘른베르크의 출판업자에게 전달되도록 도움을 주었다(원래 서문은 레티쿠스가 쓰기로 되어 있었으나 그가 라이프치히Leipzig에 일자리를 잡아 떠나는 바람에 그 일이 불행히도 오시안더에게 돌아갔다). 레티쿠스는 이전에 멜란히톤이 비텐베르크대학을 수학과 천문학 연구의 중심지로 만드는 것을 돕기도 했다.

코페르니쿠스의 이론은 1551년에 에라스무스 라인홀트Erasmus Reinhold

에 의해 명성을 얻었다. 그는 프로이센 공작의 지원으로 코페르니쿠스의 이론을 활용하여 특정한 시간에 황도 위에서의 행성의 위치를 계산할 수 있는 새로운 천문 목록인 '프로이센 목록Prutenic Tables'을 만들었다. 이것은 그때까지 사용되던, 1275년에 카스티야Castile의 알폰소 10세 Alfonso X의 지시로 만들어진 '알폰소 목록Alfonsine Tables'보다 훨씬 더 개선된 것이었다. 이렇게 개선이 된 이유는 코페르니쿠스의 이론이 뛰어났기 때문이 아니라 1275년과 1551년 사이에 새로운 관측 자료가 축적이 되었기 때문이고, 아마도 태양 중심 이론이 훨씬 더 단순하여 계산을 더 쉽게 해준다는 사실 때문이기도 했을 것이다. 물론 천동설의 신봉자들은 《천체의 회전에 관하여》가 단지 계산을 쉽게 해주는 구조일 뿐 세상의 실제 모습은 아니라고 주장했을 것이다. 실제로 프로이센 목록은 예수회의 천문학자이자 수학자인 크리스토퍼 클라비우스Christopher Clavius 가 1582년에 교황 그레고리 13세의 지시로 달력을 개편하여 현재 우리가 사용하고 있는 그레고리우스력을 만들 때 사용되었지만, 클라비우스는 정지한 지구에 대한 믿음을 결코 버리지 않았다.

이 믿음을 코페르니쿠스 이론과 조화시키려고 한 수학자도 있었다. 1568년 멜란히톤의 사위이자 비텐베르크대학의 수학 교수 카스파르 보이커Caspar Peucer는 《천구 개론Hypotyposes orbium coelestium》에서 수학적인 변환으로 코페르니쿠스의 이론을 태양이 아니라 지구가 정지한 것으로 다시 쓰는 것이 가능하다고 주장했다. 정확하게는 보이커의 제자 중 한 명인 티코 브라헤가 이것을 나중에 이루어냈다.

티코 브라헤는 망원경이 등장하기 이전까지의 역사상 가장 능숙한 천문 관측자였고, 코페르니쿠스의 이론을 대신할 수 있는 가장 그럴듯한 이론을 제시한 사람이다. 티코 브라헤는 지금은 남부 스웨덴이지만 1658년까지는 덴마크의 일부였던 스카네Skane 주에서 덴마크 귀족의 아들로 태어났다. 그는 코펜하겐대학에서 공부를 했고, 그곳에서 1560년에 있었던 부분일식을 성공적으로 예측한 것에 크게 감명을 받았다. 그는 라이프치히, 비텐베르크, 로스토크Rostock, 바젤Basel, 아우크스부르크Augsburg와 같은 독일과 스위스의 대학들을 옮겨 다녔다. 이 기간 동안 그는 프로이센 목록을 연구했고, 이 목록이 1563년 토성과 목성의 만남을 며칠 이내의 정확도로 예측하는 것에 깊은 인상을 받았다. 반면 이전의 알폰소 목록은 수개월씩 어긋났다.

티코 브라헤는 다시 덴마크로 돌아와서 스카네의 헤레바드Herrevad에 있는 삼촌 집에 잠시 머물렀다. 그곳에서 그는 1572년에 카시오페이아자리에서 '새로운 별'을 발견했다(지금은 이것이 이전에 있던 별이 폭발한 Ia형 초신성이라는 것을 알고 있다. 이 폭발의 잔해는 1952년 전파천문학자들에 의해 발견되어 거리가 9,000광년으로 측정되었는데, 폭발하기 전에는 망원경 없이 관측하기에는 너무 멀리 있는 별이었다). 그는 이 새로운 별을 자신이 만든 육분의로 수개월 동안 관측하여 이 별이 일주 시차를 보이지 않는다는 사실을 알아냈다. 일주 시차란 어떤 별이 달 이상으로 가까울 경우, 지구의 자전 또는 지구를 중심으로 다른 모든 것이 매일 회전하는 운동 때문에 매일 별의 위치가 바뀌는 현상을 말한다(전문 해설 20 참조). 그는 이렇게 결론을 내렸다. "이 새로운 별은 달의 구 바로 아래에 있는 상층 대기나, 그보다 지구에 더 가까운 어떤 곳에도 있지 않다. (…) 달의 구보다 훨씬 더 먼 천상의 세계에 있는 것이다."[10] 이것이 바로 달 궤도보다 위에 있는 천상의 세계는 변화가 있을 수 없다고 하는 아리스토텔레스의 원리에 정면으로 위배되는 것이며, 티코 브라헤를 유명하게 만들어준 발견이다.

1576년 덴마크의 왕 프레데리크 2세Frederick II는 티코 브라헤에게 스카네과 덴마크의 질랜드Zealand 섬 사이에 있는 작은 섬인 벤Hven 섬을 하사했으며, 생활과 과학 연구를 할 수 있는 건물과 비용을 주고 연금도 제공했다. 티코 브라헤는 그곳에 관측소, 도서관, 화학 실험실, 인쇄소를 가지고 있는 천문대인 우라니보르크Uraniborg를 지었다. 여기에는 히파르코스, 프톨레마이오스, 알 바타니, 코페르니쿠스와 같은 과거 천문학자들과 헤세 – 카셀Hesse-Cassel의 영주 윌리엄 4세와 같은 후원자들의 초상화가 장식되었다. 티코 브라헤는 벤 섬에서 조수들을 교육하여 곧바로 관측을 시작했다.

1577년에 티코 브라헤는 혜성을 관측하여 이것의 일주 시차가 관측되지 않는다는 사실을 알아냈다. 이것 역시 달 궤도 위의 천상에서는 아무런 변화가 없다는 아리스토텔레스의 원칙에 반하는 것이었다. 뿐만 아니라 이제 티코 브라헤는 혜성이 아리스토텔레스가 가정한 동심원 구나 프톨레마이오스 이론에서의 구들을 가로지르는 경로를 가질 것이라는 결론도 내릴 수 있었다(이것은 그 구들이 단단한 고체로 되어 있다고 생각한다면 당연히 문제가 된다. 이것은 아리스토텔레스의 가르침이었고, 8장에서 보았듯이 헬레니즘 시대의 천문학자 아드라스토스와 테온에 의해 프톨레마이오스의 이론에도 적용되었다. 단단한 구에 대한 생각은 티코 브라헤가 반증하기 얼마 전까지 살아남아 있었다).[11] 혜성은 초신성보다 더 자주 나타나기 때문에, 티코 브라헤는 이후 수년 동안 다른 혜성들을 이용하여 이 관측을 계속할 수 있었다.

1583년부터 티코 브라헤는 지구가 정지해 있고 태양과 달은 지구 주위를 돌며 다섯 개의 행성들은 태양의 주위를 돈다는 아이디어를 바탕으로 한 새로운 이론을 연구했다. 이 이론은 1577년에 발견된 혜성에 대해 쓴 티코 브라헤의 저서 8장에 담겨 1588년에 발표되었다. 이 이론에서 지구는 움직이거나 회전하지 않고 태양, 달, 행성, 별들이 더 느린 운동을 하면서 모두 지구의 주위를 하루에 한 바퀴씩 동쪽에서 서쪽으로 돈다.

어떤 천문학자들은 '유사 티코 이론semi-Tychonic theory'을 받아들였다. 여기서는 행성들이 태양을 돌고 태양은 지구를 돌며, 지구는 자전을 하고 별들은 움직이지 않는다. 유사 티코 이론의 첫 번째 지지자는 니콜라우스 라이머스 베르Nicolaus Reymers Bär였다. 하지만 그는 이것을 유사 티코 이론이라고 부르지 않았다. 원래의 티코 이론에 나오는 구조도 티코 브라헤가 자신의 것을 훔친 것이라고 주장했기 때문이다.[12]

앞에서 여러 번 언급했듯이 티코 브라헤의 이론은 내행성들의 이심원이 지구의 주위를 도는 태양의 궤도와 일치하고 외행성들의 주전원이 지구 주위를 도는 태양의 궤도와 같은 반지름을 가진 경우의 프톨레마이오스 이론과 동일하다(프톨레마이오스는 이런 경우를 생각해본 적이 전혀 없다). 천체들의 상대적인 거리와 속도만 고려한다면 이것은 오직 보는 관점만 다를 뿐 코페르니쿠스의 이론과도 동일하다. 코페르니쿠스의 이론은 태양이 정지한 것이고, 티코 브라헤의 이론은 지구가 정지해 있고 자전하지 않는 것이다. 관측 면에서는 별들이 태양이나 행성들보다 지구에서 훨씬 더 멀다는 가정을 할 필요 없이 자연스럽게 별들의 연주 시차가 없다고 예측하는 티코 브라헤의 이론이 더 유리했다(물론 지금은 별들이 훨씬 더 멀리 있다는 사실을 알고 있다). 티코 브라헤의 이론은 프톨레마이오스와 뷔리당을 잘못된 길로 이끌었던 고전적인 문제에 대한 오렘의 해답도 필요 없게 만든다. 자전하거나 움직이는 지구에서는 위로 던져진 물체가 던진 지점보다 뒤에 떨어져야 한다는 문제 말이다.

천문학의 미래에 티코 브라헤가 가장 중요한 기여를 한 것은 그의 이론이 아니라 전례가 없이 정확했던 그의 관측이었다. 내가 1970년대에 벤 섬을 방문했을 때, 우라니보르크의 흔적은 이미 찾을 수 없었지만 그가 기기들을 설치했던 거대한 반석은 그대로 있었다(박물관과 정원이 만들어진 것은 내가 방문한 이후였다). 이 기기들을 이용해서 티코 브라헤는 천체들의 위치를 불과 1/15도의 오차로 측정할 수 있었다. 그리고 우라니보르크의 자리에는 1936년에 이바르 욘존Ivar Johnson이 만든 화강암 조각상이 서 있었다. 티코가 천문학자답게 하늘을 바라보고 있는 모습이었다.[13]

티코의 후원자인 프레데리크 2세는 1588년에 죽었다. 그의 후계자는 크리스티안 4세Christian IV였다. 크리스티안 4세는 오늘날 덴마크인들이 가장 위대한 왕들 중 하나로 여기는 인물이지만 불행히도 천문학을 지원하는 데에는 거의 관심이 없었다. 티코는 1597년에 벤 섬에서 마지막 관측을 했고, 이후 함부르크, 드레스덴, 비텐베르크, 프라하 등으로 여행을 다녔다. 프라하에서 그는 신성로마제국의 황제 루돌프 2세의 황실 수학자가 되어 새로운 천문 목록인 '루돌프 목록'을 만드는 작업을 시작했다. 티코가 1601년에 세상을 떠난 후 그의 작업은 케플러가 이어갔다.

요하네스 케플러는 플라톤 시대부터 천문학자들을 혼란스럽게 했던 원운동의 본질을 이해한 최초의 사람이었다. 다섯 살 때 그는 티코가 벤 섬에 있는 관측소에서 연구했던 최초의 혜성인 1577년의 혜성을 보고 자극을 받았다. 케플러는 튀빙겐Tübingen대학에 들어가 멜란히톤의 지도로 신학과 수학에서 두각을 나타냈다. 튀빙겐에서 케플러는 두 분야를 모두 공부했지만 수학에 더 흥미를 가졌다. 그는 튀빙겐대학의 수학 교수인 미하엘 메스틀린Michael Mästlin에게서 코페르니쿠스의 이론을 배우고 그 이론에 대한 확신을 가졌다.

1594년 케플러는 남부 오스트리아 그라츠Graz의 루터교 학교에서 수학을 가르치게 되었다. 그가 자신의 최초 저작인《우주의 신비Mystery of the Description of the Cosmos》를 출판한 곳이 바로 여기였다. 앞에서 보았듯이 코페르니쿠스 이론의 장점은 태양에서부터 멀어지는 행성들의 순서와 궤도의 크기에 대한 유일한 결과를 구하는 데 천체 관측을 사용한다는 것이다.

당시까지 흔히 여겨졌던 것처럼 케플러도 여기서 이 궤도들이 코페르니쿠스의 이론에 따라 태양의 주위를 도는 투명한 구에 붙어 있는 원형이라고 생각했다. 이 구들은 엄밀한 2차원 표면이 아니라 안쪽 반지름과 바깥쪽 반지름이 태양에서 행성까지 거리의 최댓값과 최솟값으로 이루어진 얇은 껍질이었다. 케플러는 이 구들의 반지름은 미리 정해져 있다고 추측했다. 가장 바깥에 있는 토성의 구를 제외하고 모든 구는 다섯 개의 정다면체 중 하나와 내접하고, 가장 안쪽에 있는 수성의 구를 제외하고 모든 구는 다섯 개의 정다면체 중 하나와 외접한다. 구체적으로 케플러는 태양에서부터 바깥쪽으로 수성의 구, 정팔면체, 금성의 구, 정이십면체, 지구의 구, 정십이면체, 화성의 구, 정사면체, 목성의 구, 정육면체, 그리고 마지막으로 토성의 구 순서대로 모두 단단하게 맞붙어 있도록 놓았다.

이 구조는 모든 행성들의 궤도의 상대적인 크기를 결정한다. 행성들 사이의 공간을 채우는 다섯 개의 정다면체의 순서를 바꾸지 않고는 그 결과를 조절할 자유가 없다. 정다면체의 순서를 선택하는 방법은 30가지가 있으므로* 케플러가 코페르니쿠스의 결과에 적당히 맞도록 행성들의 궤도를 결정하는 순서를 하나 찾아낸 것이 놀라운 일은 아니다.

사실 케플러의 원래 체계는 수성에서는 잘 맞지 않아서 약간의 보정이 필요했으며 다른 행성들에서도 비슷하게만 맞았다.** 하지만 르네상스 시대의 다른 많은 사람들처럼 케플러도 프톨레마이오스의 사상에 깊은 영향을 받았고, 플라톤처럼 정다면체는 다섯 개밖에 가능하지 않다는 이론을 좋아했기 때문에 지구를 포함하여 여섯 개의 행성밖에 존재할 수 없다고 생각했다. 그는 자랑스럽게 이렇게 주장했다. "이제 우

---

*서로 다른 다섯 개의 배열 순서를 선택하는 방법은 120가지가 있다. 다섯 개 중 하나가 첫 번째가 되고, 나머지 네 개 중 하나가 두 번째, 나머지 세 개 중 하나가 세 번째, 나머지 두 개 중 하나가 네 번째, 그리고 마지막 남은 것이 다섯 번째가 되므로, 다섯 개를 배열하는 방법은 $5 \times 4 \times 3 \times 2 \times 1 = 120$이 된다. 하지만 외접하는 구와 내접하는 구의 비율을 고려하면 다섯 개의 정다면체는 모두 다른 것이 아니다. 정육면체와 정팔면체는 그 비율이 같고, 정이십면체와 정십이면체도 마찬가지다. 그러므로 정육면체와 정팔면체, 혹은 정이십면체와 정십이면체만 서로 바꾼 배열은 똑같은 태양계 모형이 된다. 결국 서로 다른 모형의 수는 $120/(2 \times 2) = 30$이 된다.
**예를 들어, 정육면체가 토성 구의 안쪽 반지름에 내접하고 목성 구의 바깥쪽 반지름에 외접한다면 토성과 태양 사이 거리의 최솟값과 목성과 태양 사이 거리의 최댓값의 비는, 코페르니쿠스에 따르면 1.586이지만, 여기에서는 정육면체의 중심에서 한 꼭짓점까지의 거리를 중심에서 한 면까지의 거리로 나눈 값이 되어야 하는데, 이 값은 $\sqrt{3} = 1.732$로 9퍼센트 더 큰 값이 된다.

리는 행성의 수가 결정된 이유를 알았다!"

오늘날에는 케플러와 같은 구조가 만약 현상과 더 잘 맞는다고 하더라도 심각하게 받아들이지 않는다. 이것은 정다면체와 같이 수학적으로 가능한 물체에 대한 짧은 목록에 집착하는 플라톤주의자들의 낡은 사고를 벗어났기 때문이 아니다. 물리학자들을 매혹시킨 그런 짧은 목록들은 또 있다. 예를 들어 나눗셈을 포함한 산술이 가능한 숫자들은 오직 네 가지 종류밖에 없다. 실수와 복소수(실수에 -1의 제곱근을 추가한 수), 그리고 4원수quaternions와 8원수octonions라고 하는 특이한 수들이다. 몇몇 물리학자들은 4원수와 8원수도 실수와 복소수처럼 물리학의 기본 법칙에 포함될 수 있도록 많은 노력을 기울여왔다. 케플러의 구조가 현재의 우리에게 익숙해 보이지 않는 이유는 그가 정다면체의 기본적인 물리적 중요성을 찾으려 시도했기 때문이 아니라, 그것을 역사적인 우연에 불과한 행성의 궤도를 이용해서 하려고 했기 때문이다. 자연의 기본 법칙이 무엇이든 간에 지금은 그것이 행성 궤도의 반지름과는 관련이 없을 것이라고 꽤 확실하게 말할 수 있다.

이것은 케플러가 바보여서가 아니다. 그의 시대에는 별들이 토성 구 바깥 어딘가에 있는 구에 붙어 있는 불빛이 아니라 자체적으로 행성계를 가지고 있는 별들이라는 사실을 아무도 몰랐다(그리고 케플러는 믿지 않았다). 당시 사람들은 태양계가 우주 전체이며 우주의 시작과 함께 창조되었다고 생각했다. 태양계의 세부적인 구조가 자연의 다른 모든 것의 기본이라고 생각하는 것은 너무나 당연했다.

현대의 이론물리학도 비슷한 상황일 수 있다. 우리는 팽창하는 우주라고 부르는, 모든 방향으로 균일하게 멀어지는 것으로 관측되는 거대한 은하들의 무리가 일반적인 '전체 우주'라고 여긴다. 우리는 기본 입자들의 질량처럼 우리가 측정하는 여러 자연의 상수들이 결국에는 자연의 기본 법칙으로 유도될 것이라고 생각한다. 하지만 우리가 팽창하는 우주라고 부르는 것이 사실은 훨씬 더 큰 '다중 우주'의 일부일 뿐일 수도 있고, 우리가 측정하는 자연의 상수들이 다중 우주의 다른 부분에서는 다른 값을 가질 수도 있다. 이런 경우라면 이 상수들은 환경에 따른 변수일 뿐이고, 태양과 행성들 사이의 거리를 기본 원리로 유도할 수 없는 것과 마찬가지로 이 값들을 기본 원리로 절대 유도할 수 없을 것이다.

유일한 해결책은 인간 중심의 측정이다. 우리 은하에 있는 수십억 개의 행성들 중에서 아주 적은 수만이 생명체에게 적합한 온도와 화학 성분을 가지고 있다. 그중 어딘가에서 생명체가 나타나서 천문학자로 진화한다면 그들은 틀림없이 자신들이 이 적은 수에 속한다는 사실을 발견하게 될 것이다. 그러므로 태양에서 우리가 살고 있는 이 행성까지의 거리가 현재 거리의 두 배이거나 절반이 아니라는 것은 그렇게 놀라운 사실이 아니다. 마찬가지로, 다중 우주 중에서 아주 적은 수의 우주만이 생명체의 진화가 가능한 물리 상수들을 가질 것이다. 그리고 과학자들은 틀림없이 자신들이 그 적은 수에 속한다는 사실을 발견할 것이다. 이것은 암흑에너지가 발견되기 전에 8장에서 언급한 암흑에너지의 규모를 설명하는 방법으로 사용되어 왔다.[14] 물론 이것은 상당 부분 추측에 근거한 것이다. 하지만 우리가 자연의 상수들을 이해하는 과정에서 케플러가 태양계의 구조를 설명할 때 직면했던 것과 비슷한 종류의 실망을 느낄 수 있다는 경고이기도 하다.

몇몇 뛰어난 물리학자들은 계산될 수 없는 자연의 상수가 존재할 가능성을 인정할 수 없다는 이유로 다중 우주 아이디어를 거부한다. 다중 우주 아이디어가 완전히 잘못된 것일 수도 있다. 그리고 우리가 아는 모든 물리 상수들을 계산하려는 노력을 포기하는 것도 분명 성급한 것이다. 하지만 이런 계산을 할 수 없다는 가정이 우리를 너무 불행하게 만든다는 이유로 다중 우주 아이디어를 반대하는 것은 옳지 않다. 자연의 최종 법칙이 무엇이든 간에 그것이 물리학자들을 행복하게 만들기 위하여 설계되었을 리는 없다.

그라츠에서 케플러는 《우주의 신비》를 읽은 티코 브라헤와 편지를 주고받기 시작했다. 티코 브라헤는 케플러를 우라니보르크로 초대했지만 케플러는 그곳이 너무 멀다고 생각했다. 하지만 1600년 2월에 그는 결국 프라하로 자신을 방문해달라는 티코 브라헤의 초대를 받아들였다. 그곳에서 케플러는 티코 브라헤의 자료를 연구하기 시작했고, 특히 화성의 운동을 연구하여 티코 브라헤의 자료가 프톨레마이오스의 이론과 0.13도의 차이가 난다는 사실을 발견했다.*

케플러는 티코 브라헤와 잘 지내지 못해 그라츠로 다시 돌아왔다. 그런데 바로 그 시기에 프로테스탄트들이 그라츠에서 쫓겨나고 있었기 때문에 케플러의 가족도 결국 1600년 8월에 그라츠를 떠나야 했다. 케

---

*화성의 운동은 행성 이론을 검증하기에 가장 이상적이다. 수성이나 금성과 달리 화성은 밤하늘에 높이 보여 관측하기가 가장 쉽다. 일정한 시간 동안 목성이나 토성보다 훨씬 더 많은 궤도 운동을 한다. 그리고 화성의 궤도는 태양에서 멀리 떨어진 곳에서는 절대 보이지 않기 때문에 관측하기가 어려운 수성을 제외하고는 다른 어떤 행성들보다도 원에서 크게 벗어나 있다. 그래서 화성은 일정한 속도의 원운동을 하지 않는다고 의심하기에 가장 좋다.

플러는 프라하로 다시 돌아가 라인홀트의 프로이센 목록을 대체하는 새로운 천문 목록인 루돌프 목록을 만들던 티코 브라헤와 같이 일했다. 1601년 티코 브라헤가 죽은 후 루돌프 2세가 티코 브라헤의 뒤를 이은 왕실 수학자로 케플러를 임명하면서 직업 문제가 잠시 해결되었다.

루돌프 2세는 점성술에 빠져 있었으므로, 왕실 수학자로서 케플러의 임무에도 점성술이 포함되었다. 케플러 자신은 점성술의 예언에 대해 회의적이었지만, 점성술은 그가 튀빙겐의 학생이던 시절부터 해오던 일이었다. 다행히 진짜 과학을 연구할 시간도 있었다. 1604년에 그는 뱀주인자리에서 새로운 별을 하나 발견했는데, 이것은 1987년까지 우리 은하 혹은 그 근처에서 발견된 최후의 초신성이었다. 같은 해에 그는 광학 이론을 천문학에 적용시키는 것에 대한 책 《굴절광학The Optical Part of Astronomy》을 출판했다. 여기에는 행성들을 관측할 때 대기에 의해 생기는 굴절 효과가 포함되어 있다.

케플러는 티코 브라헤의 정밀한 자료에 편심, 주전원, 동시심 등을 추가하여 코페르니쿠스의 이론에 맞추는 작업의 시행착오를 거듭하며 계속 행성들의 운동에 대해 연구했다. 케플러는 1605년에 그 일을 끝냈지만, 티코 브라헤의 후손들과 분쟁이 일어나 출판이 미뤄졌다. 마침내 1609년에 케플러는 자신의 결과를 《새 천문학Astronomia Nova》으로 출판했다.

《새 천문학》의 3부는 지구에 동시심과 편심을 도입함으로써 코페르니쿠스 이론에 큰 진전을 이뤘다. 그러니까 태양 쪽에서 볼 때 지구 궤도의 중심과 반대편에 있는 한 점을 두고, 태양과 지구를 연결하는 선이 그 점 주위를 일정한 속도로 회전한다는 것이다. 이것은 프톨레마이오스 시대부터 행성 이론을 연구한 학자들을 괴롭혀왔던 대부분의 불일치를 없애주었다. 하지만 티코 브라헤가 남긴 자료만으로도 케플러는 여전히 이론과 관측 사이에 불일치가 있다는 사실을 알아차릴 수 있었다.

어떤 시점부터 케플러는 이 이론이 희망이 없다고 느꼈다. 그리고 플라톤, 아리스토텔레스, 프톨레마이오스, 코페르니쿠스, 티코 브라헤가 공통적으로 받아들였던 '행성들의 궤도가 원'이라는 가정을 포기해야만 한다고 확신했다. 그는 행성들의 궤도가 타원이라는 결론을 내렸고, 결국 《새 천문학》의 58장(총 70장으로 이루어진다)에서 이것을 자세히 다뤘다. 이 결론은 나중에 케플러 제1법칙으로 알려진 것으로, 그는 지구를 포함한 행성들이 타원 위에서 움직이고, 태양은 궤도의 중심이 아니라 초점에 있다고 말했다.

원이 위치와 상관없이 반지름이라는 단 하나의 숫자로 완벽하게 묘사되듯이, 타원은 위치와 방향에 상관없이 두 개의 숫자로 완벽하게 묘사된다. 그 두 수는 긴 축의 길이와 짧은 축의 길이 또는 긴 축의 길이와 '이심률'이라고 하는 수이다. 이심률은 긴 축(가장 긴 지름)과 짧은 축(가장 짧은 지름)의 길이가 얼마나 다른지 알려주는 값이다(전문 해설 18 참조). 타원의 두 초점은 긴 축 위에 있으며, 타원의 중심에서 같은 거리에 있고, 그 거리는 긴 축의 길이에 이심률을 곱한 값과 같다. 이심률이 0이 되면 타원의 두 축의 길이가 같아지고, 두 초점은 중심으로 모여 타원이 원이 된다.

사실 케플러가 알아낸 행성들의 궤도는 모두 작은 이심률을 가지고 있다. 그 이심률의 현대의 값은 표 1에 있다.

행성	이심률
수성	0.205615
금성	0.006820
지구	0.016750
화성	0.093312
목성	0.048332
토성	0.055890

표 1 행성 궤도 이심률의 현대 값(1900년 기준)

이것이 코페르니쿠스 이론의 단순한 형태와 프톨레마이오스 이론 (주전원이 없는 코페르니쿠스 이론과 다섯 행성이 주전원을 각각 하나씩만 가지는 프톨레마이오스 이론)이 서로 잘 맞는 이유다.*

원이 타원으로 대체된 것은 또 다른 중요한 결과를 가져왔다. 원은 구를 회전시켜 만들 수 있지만, 회전시켜 타원을 만들 수 있는 입체는 존재하지 않는다. 이것은 티코의 결론(1577년의 혜성을 바탕으로 한 것)과 더불어, 행성들이 회전하는 구에 실려서 움직인다는 오래된 생각의 신빙성을 더욱 떨어뜨렸다. 이것은 케플러 자신도 《우주의 신비》에서 가정한 것이기도 했다. 하지만 이제 케플러와 그의 후계자들은 빈 공간에 자유롭게 존재하는 궤도 위 행성들을 상상했다.

《새 천문학》에 기록된 계산들은 나중에 케플러 제2법칙에도 사용되

---

*행성 궤도가 타원인 것의 중요한 효과는 타원 그 자체보다는 태양이 타원의 중심이 아니라 초점에 있다는 사실에 있다. 더 정확하게 말하면, 초점에서 타원 중심까지의 거리는 이심률에 비례하는 반면 초점에서 타원 위의 한 점까지의 거리는 이심률의 제곱에 비례하기 때문에 이심률이 작으면 훨씬 더 작아진다. 예를 들어 이심률이 0.1이라면(화성의 궤도와 유사) 태양에서 행성까지 가장 가까운 거리는 가장 먼 거리와 0.5퍼센트밖에 차이가 나지 않는다. 반면에 이 궤도의 중심에서 태양까지의 거리는 궤도 평균 반지름의 10퍼센트가 된다.

었다. 제2법칙은 1621년 케플러가 쓴《코페르니쿠스 천문학 개론Epitome of Copernican Astronomy》에 나올 때까지 명확하게 언급되지는 않았다. 이 법칙은 행성이 궤도를 움직일 때 속도가 어떻게 변하는지 알려준다. 행성이 움직일 때 태양과 행성을 연결하는 선이 같은 시간에 같은 면적을 쓸고 간다는 것이다. 그러기 위해서는 행성이 태양과 가까이 있을 때 더 많이 움직여야 한다. 그러므로 케플러 제2법칙은 행성이 태양에 가까이 갈수록 더 빨리 움직인다는 결론에 이른다.

이심률의 제곱에 비례해야 한다는 작은 보정만 제외한다면 케플러 제2법칙은 행성과 또 다른 초점(태양이 없는 초점)을 연결한 선이 일정한 시간에 일정한 각도로 회전한다는 것과 같은 말이다(전문 해설 21 참조). 그러므로 적절한 가정만 하면 케플러 제2법칙은 과거의 동시심과 행성을 연결한 선이 일정한 속도로 동시심 주위를 도는 경우와 같은 행성 속도를 준다. 동시심은 중심에서 태양까지와(프톨레마이오스에게는 지구까지와) 같은 거리만큼 떨어진 반대편에 있는 점이므로 타원의 빈 초점과 같다. 화성에 대한 티코의 훌륭한 자료 덕분에 케플러는 편심과 동시심만으로는 충분하지 못하다는 결론을 내렸다. 따라서 원 궤도는 타원 궤도로 대체되었다.[15]

케플러 제2법칙은 적어도 케플러 자신에게는 의미가 있었다.《우주의 신비》에서 케플러는 행성들이 '동기 영혼motive soul'에 의해 움직이고 있다고 여겼다. 하지만 이제 행성의 속도가 태양에서의 거리가 증가할수록 감소한다는 것이 발견되었기 때문에 케플러는 행성들이 태양에서 나오는 어떤 종류의 힘에 의해 궤도를 돈다는 결론을 내렸다.

'영혼'이라는 단어를 '힘'이라는 단어로 바꾼다면 화성에 대한 해설 (《새 천문학》)이 기반을 두고 있는 천체물리학의 원리를 얻을 수 있다. 나는 공식적으로 스칼리제르*의 동기 지능에 대한 가르침에 따라 행성이 움직이는 원인이 영혼이라고 철저히 믿었다. 하지만 이 동기가 태양에서의 거리가 증가함에 따라 햇빛이 힘을 잃는 것처럼 약해지는 것을 알고 나서는 이 힘이 실체를 가지는 것이라고 결론을 내렸다.[16]

물론 행성들은 태양에서 나오는 힘 때문이 아니라 움직임을 멈추게 하는 것이 아무것도 없기 때문에 운동을 계속한다. 하지만 태양에서 나오는 힘인 중력 때문에 행성들이 우주 공간으로 날아가지 않고 궤도에 묶여 있으므로 케플러가 완전히 틀린 것은 아니다. 먼 곳으로부터의 힘이라는 아이디어는 당시 부분적으로 케플러를 언급했던 왕립 의과대학 학장이자 엘리자베스 1세의 왕실 의사인 윌리엄 길버트William Gilbert의 자석에 대한 연구 덕분에 인기를 얻었다. 만일 케플러가 '영혼'이라는 단어를 흔히 사용되는 의미로 사용했다면, 물리학의 바탕을 영혼에서 힘으로 바꾼 것은 종교와 자연과학이 뒤섞여 있던 고대를 끝내는 중요한 도약이었다.

《새 천문학》은 논쟁을 피하려는 목적으로 쓰인 것이 아니다. '물리학'이라는 단어를 제목에 사용함으로써(《새 천문학》의 전체 라틴어 제목에는 physica라는 단어가 들어가 있다 - 옮긴이) 케플러는 아리스토텔레스의 추종자들이 가졌던 오래된 신념에 도전장을 던진 것이었다. 그것은 천

---

*아리스토텔레스를 열정적으로 방어하고 코페르니쿠스에게 반대한 줄리우스 카이사르 스칼리제르Julius Caesar Scaliger이다.

문학은 단지 현상을 수학으로 묘사해야 하고 그것을 진정으로 이해하는 것은 물리학, 즉 아리스토텔레스의 물리학에게 돌려야 한다는 생각에 대한 도전이었다. 케플러는 진정한 물리학을 하는 것은 자신과 같은 천문학자들이라고 주장한 것이다. 사실 케플러의 생각은 태양이 자기력과 유사한 힘을 내보내 행성들이 궤도를 돌게 한다는 잘못된 물리적 아이디어에 바탕을 둔 것이었다. 케플러는 모든 코페르니쿠스의 반대자들에게도 도전했다. 《새 천문학》의 서문에는 다음과 같은 글이 있다.

"바보들을 위한 충고." 천문학을 이해하기에 너무 능력이 모자라거나, 자신의 신념에 영향을 주지 않고 코페르니쿠스를 믿기에는 그 신념이 너무 약한 사람들에게 나는 다음과 같이 충고한다. 천문학 연구는 무시하고, 자신이 좋아하는 철학을 믿고, 자신의 일에나 신경 쓰고, 집에 가서 누더기나 만지작거리길 바란다.[17]

케플러의 제1법칙과 제2법칙은 서로 다른 행성들 사이의 궤도를 비교하는 데 대해서는 언급하지 않는다. 이 간극은 1619년 케플러의 다른 책《세계의 조화Harmonices mundi》에서 메워졌는데, 나중에 케플러 제3법칙으로 알려진다.[18] "어떤 두 행성들의 주기의 비는 평균 거리의 3/2 승의 비와 정확하게 같다."* 즉, 각 행성들의 항성 주기(행성이 궤도 한

---

*이후의 논의에서 케플러가 의미한 평균 거리는 모든 시간에 대한 거리의 평균이 아니라 태양에서 행성까지 거리의 최솟값과 최댓값의 평균이다. 전문 해설 18에서 보였듯, 태양에서 행성까지 거리의 최솟값과 최댓값은 $(1-e)a$와 $(1+e)a$이다. e는 이심률이고 a는 타원의 긴 반지름이므로 평균 거리가 바로 a이다. 전문 해설 18에 이것은 행성이 궤도를 도는 동안 전체 거리의 평균이기도 하다는 것을 보였다.

표2 행성별 항성 주기와 궤도 긴 반지름의 현대 값

행성	a(AU)	T(항성 주기)	T^2/a^3
수성	0.38710	0.24085	1.0001
금성	0.72333	0.61521	0.9999
지구	1.00000	1.00000	1.0000
화성	1.52369	1.88809	1.0079
목성	5.2028	11.8622	1.001
토성	9.540	29.4577	1.001

T^2/a^3이 정확하게 1이 되지 않는 이유는 서로 영향을 미치는 행성들의 중력에 의한 작은 효과들 때문이다.

바퀴를 완성하는 데 걸리는 시간)의 제곱은 타원 궤도의 긴 반지름의 세제곱에 비례한다. 그러므로 T가 일 년 단위의 항성 주기이고 a가 타원 궤도의 긴 반지름이라면, 케플러 제3법칙은 모든 행성에서 T^2/a^3이 같다고 말하는 것이다. 지구의 T를 1, a를 1AU로 놓고 기준으로 삼으면(AU는 천문 단위이다) 이 단위에서 T^2/a^3은 1이 되고, 케플러 제3법칙에 따라 모든 행성에서 $T^2/a^3 = 1$이다. 이 규칙을 따르는 현재의 정확한 값은 표 2에서 볼 수 있다.

결코 플라톤주의에서 완전히 벗어나지 못했던 케플러는 이전에《우주의 신비》에서 사용했던 정다면체들을 다시 도입하여 궤도들의 크기를 합리화하려고 시도했다. 그는 서로 다른 행성들의 주기가 일종의 음계를 만든다는 피타고라스의 아이디어도 검토했다. 당시의 다른 과학자들처럼 케플러도 이제 막 등장하던 새로운 과학 세계에 일부만 속해 있었고, 일부는 과거의 철학과 시적 전통에 머물러 있었다.

루돌프 목록은 1627년에 드디어 완성되었다. 케플러 제1법칙과 제2법칙에 기반을 둔 그 목록은 이전의 프로이센 목록보다 정확도가 훨씬

향상되었다. 새 목록은 수성의 태양면 통과(수성이 태양 앞을 지나가는 현상)가 1631년에 일어날 것이라고 예측했다. 그러나 프로테스탄트라는 이유로 다시 한 번 가톨릭 오스트리아에서 추방된 케플러는 자신의 목록이 예측한 결과를 보지 못하고 1630년에 레겐스부르크Regensburg에서 사망했다.

코페르니쿠스와 케플러는 관측과 일치하기 때문이 아니라 수학적으로 단순하고 일관성이 있다는 이유로 태양 중심의 구조를 채택한 경우다. 앞에서 보았듯이 코페르니쿠스와 프톨레마이오스 이론의 가장 단순한 형태는 태양과 행성들의 겉보기 운동을 똑같이 예측하고, 관측과도 꽤 잘 맞는다. 케플러에 의해 개선된 코페르니쿠스 이론도 프톨레마이오스가 행성들뿐만 아니라 태양에도 동시심과 편심을 도입하고 몇 개의 주전원을 추가했으면 프톨레마이오스의 이론과 일치했을 것이다. 프톨레마이오스의 구조를 극복하고 태양 중심 구조를 지지하는 최초의 '관측적인' 증거를 제공한 사람은 갈릴레오 갈릴레이였다.

갈릴레이는 뉴턴, 다윈, 아인슈타인과 함께 역사상 가장 위대한 과학자 중 한 사람이라고 할 수 있다. 그는 자신이 만들고 사용한 망원경으로 관측천문학에 혁명을 일으켰고, 운동에 대한 연구로는 현대 실험물리학의 패러다임을 제공했다. 과학 분야에서 그의 경력은 아주 극적이었지만 여기서는 압축해서 소개할 예정이다.

갈릴레이는 1564년에 피사에서 부유하지 않은 토스카나의 귀족이며 음악 이론가인 빈센초 갈릴레이Vincenzo Galilei의 아들로 태어났다. 그는 피렌체의 수도원에서 공부한 뒤 1581년에 피사대학의 의대생으로 입학했다. 의대생으로는 자연스럽게, 이 시기의 그는 아리스토텔레스

4부_과학 혁명

의 추종자였다. 이후 갈릴레이의 관심은 의학에서 수학으로 옮겨갔으며 토스카나의 수도인 피렌체에서 잠시 수학을 가르치기도 했다. 갈릴레이는 1589년에 다시 피사로 불려가 수학과 학과장이 되었다.

피사대학에 있는 동안 갈릴레이는 떨어지는 물체에 대한 연구를 시작했다. 그의 연구의 일부는 "운동에 대하여De Motu"라는 출판되지 않은 글에 기록되어 있다. 갈릴레이는 아리스토텔레스와는 반대로, 떨어지는 물체의 속도는 물체의 무게와 상관이 없다고 결론을 내렸다. 그가 피사의 사탑에서 무게가 다른 물체들을 떨어뜨리는 실험을 했다는 이야기는 유명하지만, 이 이야기에 대한 증거는 없다. 피사에 있는 동안 갈릴레이는 낙하하는 물체에 대한 자신의 연구를 어떤 것도 출판하지 않았다.

1591년에 갈릴레이는 파도바로 옮겨가서 그곳 대학의 수학과 학과장이 되었다. 그 대학은 당시 베네치아 공화국에 속해 있었는데, 유럽에서 가장 지성적으로 뛰어난 대학이었다. 1597년부터 그는 사업이나 전쟁에 사용된 수학 관련 도구들을 만들어 팔아서 대학에서의 월급을 보충할 수 있었다. 1597년에 갈릴레이는 케플러의《우주의 신비》두 권을 받았다. 그는 케플러에게 아직 자신의 관점을 완전히 공개하지는 않았지만, 자신도 역시 코페르니쿠스주의자라고 알리는 편지를 썼다. 케플러는 갈릴레이에게 코페르니쿠스를 위해 나서라고 독촉하는 답장을 보냈다. "갈릴레이여, 나서주시오!"[19]

곧 갈릴레이는 이탈리아의 다른 곳과 마찬가지로 파도바대학의 교육 철학을 지배하고 있던 아리스토텔레스주의와의 싸움을 시작했다. 1604년에는 그해에 케플러가 발견한 '새로운 별'에 대한 강의를 했다.

티코나 케플러와 마찬가지로 그는 달 궤도 바깥쪽의 하늘에서도 변화가 일어난다는 결론을 내렸다. 이 일로 그는 한때 친구였던 파도바대학의 철학 교수 체사레 크레모니니Cesare Cremonini의 공격을 받았다. 갈릴레이는 두 농부의 대화 형식으로 이루어진 글을 써서 크레모니니의 공격에 대답했다. 크레모니니의 농부는 측정에 의한 일반적인 규칙들이 하늘에는 적용되지 않는다고 주장했다. 갈릴레이의 농부는 철학자들이 측정에 대해서 아무것도 모르기 때문에 하늘을 측정하든 먹을 것을 측정하든 당연히 수학자들을 믿어야 한다고 대답했다.

천문학의 혁명은 1609년, 갈릴레이가 네덜란드에 스파이글라스spyglass라고 하는 새로운 기기가 있다는 소식을 처음 들은 순간에 시작되었다. 물을 채운 유리구에 물체를 확대해서 보여주는 기능이 있다는 사실은 고대부터 알려져 있었고, 한 예로 로마의 정치가이자 철학자인 세네카Lucius Annaeus Seneca가 언급한 적이 있다. 이후 알 하이삼이 확대에 대해서 연구를 했고, 1267년에는 로저 베이컨이 《대작Opus Maius》에 확대하는 유리에 대해서 썼다.

유리 제작 기술이 발달하면서 14세기에는 독서용 안경이 보편화되었다. 하지만 멀리 있는 물체를 확대하기 위해서는 한 쌍의 렌즈가 필요했다. 첫 번째 렌즈는 어떤 물체에서 나오는 평행한 빛을 한 점으로 모으는 역할을 하고, 두 번째 렌즈는 이 빛이 모이는 도중에 오목 렌즈, 혹은 빛이 모였다가 흩어질 때 볼록렌즈를 이용하여 눈을 향해 평행한 빛을 보내주는 역할을 한다(눈의 렌즈가 평행한 빛을 망막의 한 점으로 모이게 할 때 그 점의 위치는 평행한 빛의 방향에 의해 결정된다).

렌즈가 이런 식으로 배열된 스파이글라스는 1600년대 초반에 네덜란드에서 만들어지기 시작했고, 1608년에 네덜란드의 몇몇 안경 제조자들은 자신들의 스파이글라스에 특허를 요청했다. 그들의 요청은 그런 기기가 이미 광범위하게 사용되고 있다는 이유로 거절되었다. 스파이글라스는 곧 프랑스와 이탈리아에서도 사용되었지만 확대하는 비율은 서너 배에 불과했다. 즉, 멀리 있는 두 점이 어떤 작은 각만큼 떨어져 있다면 이 스파이글라스로는 그 점들이 세 배에서 네 배 더 떨어져 있는 것으로 보였다.

1609년 어느 날 갈릴레이는 스파이글라스에 대한 이야기를 듣고 금방 더 개선된 물건을 만들었다. 첫 번째 렌즈로는 앞쪽은 볼록하고 뒤쪽은 평면인 초점 거리가 긴 렌즈를* 사용했고, 두 번째 렌즈로는 첫 번째 렌즈 쪽으로는 오목하고 뒤쪽은 평면인 초점 거리가 짧은 렌즈를 사용했다. 이렇게 배열하여 멀리 있는 점광원에서 나오는 빛을 눈으로 평행하게 보낸다. 렌즈 사이의 거리는 초점 거리의 차이로 결정되고, 망원경의 배율은 첫 번째 렌즈의 초점 거리를 두 번째 렌즈의 초점 거리로 나눈 값이다(전문 해설 23 참조). 갈릴레이는 금방 여덟 배에서 아홉 배의 배율을 만들어낼 수 있었다. 1609년 8월 23일, 그는 자신의 스파이글라스를 베네치아의 총독과 귀족들에게 소개하며 이것을 사용하면 바다에서 배를 맨눈으로 보기 두 시간 전에 미리 볼 수 있다는 것을 보였다.

---

*초점 거리는 렌즈의 광학적 특성을 결정하는 길이이다. 볼록렌즈의 경우는 렌즈에 평행하게 들어온 빛이 렌즈 뒤에서 모이는 점까지의 거리가 된다. 모이고 있는 빛을 평행한 방향으로 휘어지게 하는 오목렌즈의 초점 거리는 렌즈가 없었다면 빛이 모였을 지점까지의 거리가 된다. 초점 거리는 렌즈 곡면의 반지름과 공기와 유리에서의 빛의 속도의 비로 결정된다(전문 해설 22 참조).

이것이 베네치아의 해군에게 줄 수 있는 가치는 명백했다. 갈릴레이가 스파이글라스를 베네치아 공화국에 기부한 후로 그의 월급은 세 배가 되었고 영구적인 지위가 보장되었다. 11월까지 갈릴레이는 자신의 스파이글라스의 배율을 스무 배로 향상시켰고, 이것을 천문학에 사용하기 시작했다.

나중에 망원경으로 불린 그의 스파이글라스로 갈릴레이는 역사적인 중요성을 가지는 여섯 개의 천문학적 발견을 했다. 첫 네 개의 발견은 1610년 3월 베네치아에서 출판된 《별의 전령Siderius Nuncius, The Starry Messenger》에 설명되어 있다.[20]

첫 번째 발견: 1609년 11월 20일 갈릴레이는 그의 망원경을 처음으로 초승달에게로 향했다. 밝은 부분에서 그는 달의 거친 표면을 볼 수 있었다.

(달의 얼룩에 대한) 반복적인 관측을 통해 우리는 많은 철학자들이 달을 비롯한 다른 천상의 물체들에 대해 믿어왔던 것처럼 달의 표면이 부드럽고 매끈하고 완전한 원형인 것이 아니라, 울퉁불퉁하고 거칠고 얼룩덜룩한 것으로 가득 차 있다는 결론을 내렸다. 이것은 여기저기에 산과 계곡으로 얼룩진 지구의 표면과 비슷하다.

갈릴레이는 밝은 부분이 끝나는 경계 근처의 어두운 부분에서 빛나는 점들을 보았는데, 그는 이것이 달의 지평선 위로 막 떠오르는 햇빛에 빛나는 산꼭대기라고 설명했다. 그는 심지어 경계와 빛나는 점의 거리를 이용하여 이 산들의 높이가 최소 6킬로미터라고 측정하기까지 했다(전문 해설 24 참조). 갈릴레이는 달의 어두운 부분이 희미하게 빛나는 것으로 보이는 이유도 설명했다. 그는 이 빛이 달 자체의 빛이라거나 금성이나 별빛에 의한 것이라는 에라스무스 라인홀트와 티코 브라헤의 여러 가지 제안을 모두 부정했다. 그리고 '이 멋진 빛'이 지구에 반사된 햇빛 때문이라고 올바른 주장을 했다. 달에 반사된 햇빛 때문에 지구도 밤에 희미하게 빛나는 것과 같은 현상이라는 것이었다. 그러므로 달과 같은 천상의 물체들도 지구와 크게 다르지 않아 보였다.

두 번째 발견: 갈릴레이는 너무 어두워서 맨눈으로는 볼 수 없었던, 6등급보다 훨씬 어두운 별들을 스파이글라스를 통해 "거의 상상하기 힘들 정도로 많이" 볼 수 있었다. 여섯 개의 별만 보이던 플레이아데스성단에는 40개 이상의 별들이 더 있는 것을 발견했고, 오리온자리에는 그전에는 한 번도 보지 못했던 별이 500개 넘게 있었다. 망원경을 은하수를 향해 돌리자 알베르투스 마그누스가 추측했던 대로 그것이 수많은 별들로 이루어져 있는 것을 볼 수 있었다.

세 번째 발견: 갈릴레이는 망원경을 통해 행성을 보고는 "마치 작은 달처럼 정확하게 둥근 모양으로 보인다"고 기록했다. 하지만 별에서는 그런 모습을 볼 수 없었다. 대신 모든 별들은 망원경으로 보면 더 밝아 보이긴 하지만 더 크게 보이지는 않는다는 사실을 발견했다. 그의 설명은 혼란스러웠다. 갈릴레이는 별의 겉보기 크기가 별에서 생기는 원인에 의해서가 아니라 지구 대기의 무작위적인 요동에 의해 빛이 여러 방

향으로 휘어지는 현상에 의해 결정된다는 사실을 알지 못했다. 별빛이 깜빡이는 이유도 이 요동 때문이다.* 갈릴레이는 망원경으로 별의 모양을 보는 것은 불가능하기 때문에 별들이 행성들보다 훨씬 더 멀리 있다고 결론을 내렸다. 갈릴레이가 나중에 언급했듯이, 이것은 지구가 태양 주위를 도는데도 불구하고 왜 별의 연주 시차가 관측되지 않는지를 설명하는 데 도움이 되었다.

네 번째 발견: 《별의 전령》에서 가장 극적이고 중요한 발견은 1610년 1월 7일에 이루어졌다. 망원경으로 목성을 겨냥한 갈릴레이는 이렇게 기록했다. "세 개의 작은 별들이 목성 근처에 있다. 작지만 아주 밝다." 갈릴레이는 처음에는 이들이 그냥 그동안 어두워서 보이지 않았던 또 다른 별들일 것이라고 생각했다. 이들이 황도를 따라 나란히 있는 것을 신기해하긴 했다. 두 개는 목성의 동쪽에, 한 개는 서쪽에 있었다. 그런데 다음날 밤 이 세 개의 '별들'은 모두 목성의 서쪽에 가 있었고, 1월 10일에는 두 개만 목성의 동쪽에서 보였다. 그리고 1월 13일에 그는 네 개의 '별들'을 보았고 모두 황도를 따라 나란히 있었다. 갈릴레이는 황도에 가까운 평면 위에서 지구 주위를 도는 달처럼 목성 주위에도 공전 궤도면 근처에 네 개의 위성이 있다고 결론을 내렸다. 이 위성들은 목성의 가장 큰 네 개의 위성으로, 지금은 유피테르(그리스 신화의 제우

---

*행성들의 각크기(천체의 겉보기 지름을 각도로 표현한 것-옮긴이)는 충분히 크기 때문에 행성 원반의 다른 지점에서 나온 빛이 지구의 대기를 통과할 때 일반적인 대기 요동의 크기보다 더 넓은 범위로 통과한다. 서로 다른 방향으로 오는 빛에 미치는 효과는 서로 연관되어 있지 않기 때문에 대기의 요동이 증폭되기보다는 상쇄되는 경향이 있다. 이 때문에 행성은 깜빡거리지 않는다.

표3 목성 위성의 공전 주기에 대한 갈릴레이와 현대의 값

목성의 위성	주기(갈릴레이)	주기(현대)
이오	1일 18시간 30분	1일 18시간 29분
에우로파	3일 13시간 20분	3일 13시간 18분
가니메데	7일 4시간 0분	7일 4시간 0분
칼리스토	16일 18시간 0분	16일 18시간 5분

스)가 사랑했던 인간들의 이름을 따서 이오Io, 에우로파Europa, 가니메데 Ganymede, 칼리스토Callisto로 불린다.*

이 발견은 코페르니쿠스 이론의 중요한 근거가 되었다. 우선, 목성과 그 위성들은 코페르니쿠스가 생각했던 태양과 그 주위의 행성들을 축소시킨 예가 되었다. 지구가 아닌 다른 천체를 도는 천체가 분명히 있다는 것이다. 그리고 목성 위성의 예는 코페르니쿠스에 대한 또 다른 반론도 잠재웠다. 지구가 움직인다면 왜 달이 뒤로 처지지 않는가? 모든 사람들은 목성이 움직이지만 위성들은 뒤로 처지지 않고 있다는 사실에 동의했다.

그 결과가 《별의 전령》에 포함되기에는 너무 늦었지만, 갈릴레이는 1611년 말까지 자신이 발견한 네 개의 목성 위성의 공전 주기를 측정했고, 1612년에 다른 문제들을 다룬 책의 첫 번째 페이지에 그 결과를 넣어서 출판했다.[21] 표 3은 갈릴레이의 결과와 현대의 결과를 함께 정리한 것이다. 공전 주기가 일, 시간, 분으로 표시되어 있다.

---

*현재까지 살아남은 것이 이 이름이라는 사실을 알면 갈릴레이는 좋아하지 않을지도 모른다. 이 위성들을 누가 처음 발견했느냐를 두고 갈릴레이와 다투었던 독일의 천문학자 사이먼 마이어Simon Mayr가 1614년에 이 이름들을 붙였기 때문이다.

갈릴레이가 측정한 결과의 정확성은 그가 하늘을 아주 주의 깊게 관측했으며 시간을 매우 정확하게 측정했다는 것을 보여준다.*

갈릴레이는《별의 전령》을 예전에 자신의 학생이었고 지금은 토스카나의 대공인 코시모 디 메디치 2세Cosimo II di Medici에게 바치고, 목성의 네 위성을 '메디치의 별들'이라고 불렀다. 이것은 계산된 헌사였다. 갈릴레이는 파도바대학에서 괜찮은 월급을 받았지만 더 오르지는 않게 되어 있었다. 그리고 이 월급을 받으려면 강의도 해야 해서, 연구할 시간을 강의에 빼앗기고 있었다. 그는 코시모의 동의를 얻어 궁정 수학자 겸 철학자라는 이름을 얻고 피사대학에서 강의 의무가 없는 교수가 되었다.

갈릴레이는 궁정 철학자라는 호칭을 고집했는데, 케플러와 같은 수학자들이 이루어낸 천문학의 놀라운 발전과 클라비우스와 같은 교수들의 주장에도 불구하고 수학자들은 철학자들보다 낮은 지위에 머물러 있었기 때문이었다. 그리고 갈릴레이는 자신의 작업이 단순히 현상을 설명하는 수학이 아니라 철학자들이 물리학이라고 부르는, 태양과 달과 행성들의 본질을 설명하는 철학으로 진지하게 받아들여지기를 원했다.

1610년 여름, 갈릴레이는 파도바를 떠나 피렌체로 갔다. 그것은 결과적으로 최악의 결정이 되었다. 파도바는 당시 이탈리아의 다른 어떤 지역보다도 바티칸의 영향을 덜 받았던 베네치아 공화국 영토에 있었

---

*아마도 갈릴레이는 시계를 사용하지 않고 별들의 겉보기 운동을 관측했던 것으로 보인다. 별들은 약 24시간인 1항성일 동안 360도를 도는 것처럼 보이기 때문에 별의 위치가 1도 변한 것은 시간이 24시간의 1/360, 즉 4분 흘렀다는 것을 의미한다.

기 때문에, 갈릴레이가 떠나기 몇 년 전에 발표된 성무 금지 조치에도 성공적으로 저항할 수 있었다. 그러나 피렌체로 옮겨간 갈릴레이는 교회의 통제에 훨씬 더 취약해졌다. 현대의 대학 학장들은 이 위험이 강의 의무를 회피한 갈릴레이에게 가해진 벌이라고 생각할 수도 있겠지만, 다행히 그 벌은 잠시 유예되었다.

다섯 번째 발견: 1610년 9월 갈릴레이는 천문학에서 다섯 번째로 위대한 발견을 이뤄냈다. 망원경으로 금성을 보았더니 금성이 달과 같이 위상을 가지고 있다는 것을 발견한 것이다. 그는 케플러에게 암호화된 메시지를 보냈다. "사랑의 여신(금성)이 신시아Cynthia(달)의 모습을 흉내냅니다." 위상의 존재는 프톨레마이오스와 코페르니쿠스 이론 모두에서 예측되었지만 그 모양은 다르다. 프톨레마이오스 이론에서 금성은 언제나 지구와 태양 사이 어딘가에 있기 때문에 절대 반달만큼 커질 수없다. 반면 코페르니쿠스 이론에서 금성은 지구에서 태양 반대편으로 갈 때 보름달처럼 빛나게 된다.

이것은 프톨레마이오스 이론이 틀렸다는 첫 번째 직접적인 증거였다. 프톨레마이오스 이론은 각 행성들을 둘러싸고 있는 원의 크기를 어떻게 선택하든 지구에서 보는 태양과 행성의 움직임을 코페르니쿠스 이론과 같도록 만들 수 있다는 것을 기억하라. 하지만 '행성에서 보는' 태양과 행성의 움직임을 코페르니쿠스 이론에서 보이는 것과 같게 만들 수는 없다. 물론 갈릴레이가 다른 행성에 가서 태양과 다른 행성들이 그곳에서 어떻게 보이는지 볼 수는 없었다. 하지만 금성의 위상은 금성에서 보는 태양의 방향을 알 수 있게 해주었다. 밝은 쪽이 태양을 향하고 있는 쪽이다. 프톨레마이오스 이론의 단 한 가지 특별한 경우만이 정확하게 이렇게 만들 수 있다. 금성과 수성의 이심원이 태양의 궤도와 같은 경우이고, 이것은 바로 티코 브라헤의 이론에서 이미 언급되었다. 프톨레마이오스나 그의 추종자들은 이런 형태의 이론을 받아들인 적이 없었다.

여섯 번째 발견: 피렌체로 오고 난 어느 날, 갈릴레이는 망원경으로 태양의 상을 스크린에 투영하여 태양의 표면을 연구할 수 있는 기발한 방법을 발견했다. 이것으로 그는 여섯 번째 발견을 해냈다. 검은 점이 태양을 가로질러 움직이는 것이었다. 그 결과는 1613년에 《태양 흑점에 관한 서한Sunspot Letters》으로 출판되었다.

이렇게 새로운 기술이 순수 과학에 큰 가능성을 열어주는 역사적인 순간들이 있다. 19세기 진공 펌프의 발전은 진공 튜브에서의 전기 방전 실험을 가능하게 하여 전자의 발견을 이끌었다. 일퍼드 사Ilford Corporation의 사진 감광 유제의 개발은 제2차 세계대전 이후 10년 동안 새로운 기본 입자들을 발견할 수 있도록 해주었다. 이 전쟁 동안 개발된 초단파 레이더가 원소들을 초단파로 조사할 수 있도록 만들어주었기 때문에 1947년에 양자 전기역학의 핵심적인 검증이 가능했다. 그리고 그노몬도 잊어서는 안 된다. 하지만 이들 어떤 새로운 기술도 갈릴레이의 손에 쥐어진 망원경만큼 인상적인 과학적 결과들을 만들어내지는 못했다.

갈릴레이의 발견에 대한 반응은 경고에서 열광까지 다양했다. 갈릴레이의 오랜 적이었던 파도바대학의 체사레 크레모니니는 피사대학의 철학 교수인 줄리오 리브리Giulio Libri처럼 망원경을 들여다보기를 거부했다. 한편으로 갈릴레이는 유럽 최초의 과학 아카데미인 린체이 아카데미Lincean Academy의 회원으로 선출되었다. 케플러는 갈릴레이가 보내준 망원경을 이용하여 갈릴레이의 발견을 확인했다(케플러는 망원경의 원리를 연구하여 곧 두 개의 볼록렌즈를 사용하는 자신의 망원경을 발명했다).

처음에 갈릴레이는 교회와 아무런 문제가 없었다. 아마도 그가 코페르니쿠스를 지지하는 것이 아직 확실하지 않았기 때문이었을 것이다. 코페르니쿠스는《별의 전령》끝부분에서 "지구가 움직인다면 달이 왜 뒤처지지 않는가"라는 의문과 연관되어 단 한 번 언급되었을 뿐이었다. 당시에는 갈릴레이가 아니라 크레모니니와 같은 아리스토텔레스주의자들이 로마의 종교재판과 문제가 있었다. 1277년에 아리스토텔레스의 사상을 금지시켰던 것과 같은 이유였다. 갈릴레이는 아리스토텔레스주의 철학자들과 사제들 사이에서 줄타기를 하고 있었는데, 이것이 장기적으로는 그에게 나쁜 결과가 되었다.

1611년 7월 피렌체에서 새롭게 자리를 잡은 직후, 갈릴레이는 고체 상태의 얼음이 액체 상태의 물보다 밀도가 더 높다(부피가 같을 때 더 무겁다)고 주장하는 아리스토텔레스주의 철학자들과 논쟁을 하게 되었다. 브루노에게 사형을 선고한 로마 종교재판부의 일원이었던 예수회 추기경 로베르토 벨라르미네Roberto Bellarmine는 얼음이 물에 뜨기 때문에 물보다 밀도가 낮다고 주장하며 갈릴레이의 편을 들었다. 1612년 갈릴레이는 물에 뜨는 물체에 대한 자신의 결론을《수중 물체에 대한 담론 Discourse on Bodies in Water》이라는 책을 통해 공개했다.[22]

1613년 갈릴레이는 별로 중요하지 않은 천문학 문제로도 논쟁을 하여 크리스토프 샤이너Christoph Scheiner를 포함한 예수회의 적대감을 불러일으켰다. 태양 흑점은 갈릴레이의 생각대로 태양의 표면 바로 위의 구름과 같은 태양 그 자체와 연관된 것으로, 달의 산처럼 천상의 물체의 불완전성을 보여주는 예가 되는가? 아니면 수성보다 더 가까이 태양의 주위를 도는 작은 행성인가? 만일 이것이 구름이라고 판명된다면 태양이 지구의 주위를 돈다고 주장하는 사람들은 지구가 태양 주위를 돈다면 지구의 구름이 뒤로 처질 것이라는 주장도 할 수 없게 된다.

1613년에 출판된《태양 흑점에 관한 서한》에서 갈릴레이는 태양 흑점들이 태양면의 가장자리로 접근할 때 가늘어지고, 가장자리 근처에서는 기울어지는 모습을 보이므로 태양이 회전하면서 태양 표면과 함께 움직이고 있는 것이라고 주장했다. 태양 흑점을 누가 제일 먼저 발견했는지에 대해서도 논쟁이 있었다. 이것은 예수회와의 늘어나는 분쟁 중 하나일 뿐이었고, 어느 한쪽에 일방적으로 불공정하지도 않았다.[23] 나중에 가장 중요했던 것은《태양 흑점에 관한 서한》에서 갈릴레이가 드디어 분명하게 코페르니쿠스를 지지하고 나섰다는 것이었다.

갈릴레이와 예수회의 분쟁은 1623년《황금계량자》의 출판으로 뜨거워졌다.《황금계량자》는 혜성이 일주 시차가 없으므로 달 궤도보다 멀리 있다고 티코 브라헤와 같이 올바른 주장을 한 예수회의 수학자 오라치오 그라시Orazio Grassi에 대한 공격을 담은 책이었다. 갈릴레이는 혜성은 대기의 교란에 햇빛이 반사된 것이고, 그 교란이 지구와 같이 회전하기 때문에 일주 시차가 나타나지 않는다는 특이한 이론을 주장했다. 아마도 갈릴레이의 진짜 상대는 오라치오 그라시가 아니라 당시 관측으로는 반박할 수 없었던 지구 중심 이론을 발표한 티코 브라헤였을 것이다.

이 시기의 교회는 코페르니쿠스의 구조를 행성과 행성 움직임의 실제 본질을 설명하는 이론이 아니라, 여전히 행성들의 겉보기 운동을 계산하는 순수한 수학적 도구로만 인정해주고 있었다. 예를 들어 1615년 벨라르미네는 나폴리의 수도승 파올로 안토니오 포스카리니Paolo Antonio Foscarini에게 코페르니쿠스 구조에 집착하는 것에 대해 경고하는 편지를 썼다.

> 나는 당신과 갈릴레이 씨가 코페르니쿠스가 그랬듯이 단정적으로 말하지 않고 가설로만 말하는 것으로 만족하는 신중한 행동을 하실 거라고 생각합니다(벨라르미네는 오시안더의 서문을 읽은 것일까? 갈릴레이는 분명히 그렇지 않았다). 지구가 움직이고 태양이 움직이지 않는다고 가정하면 편심이나 주전원을 이용하는 것보다 모든 겉보기 운동을 더 잘 보여준다고 말한다면 그것은 사실입니다(벨라르미네는 코페르니쿠스도 프톨레마이오스와 마찬가지로 주전원을 도입했다는 사실은 몰랐던 것으로 보인다). 이것은 전혀 위험하지 않으며 수학자들도 만족시킵니다. 하지만 태양이 정말로 세상의 중심에서 정지해 있고, 동쪽에서 서쪽으로 움직이지 않고 제자리에서만 회전하며, 지구가 하늘의 세 번째 위치에서 태양 주위를 빠른 속도로 돌고 있다고 주장한다면 그것은 아주 위험한 일입니다. 그것은 모든 철학자들과 신학자들을 자극할 뿐만 아니라 믿음에 상처를 주고 성경이 잘못되었다고 말하는 것이기도 합니다.[24]

코페르니쿠스주의 앞에 쌓이는 문제를 느낀 갈릴레이는 1615년에 토스카나의 대공비 크리스티나 로라이네Christina Lorraine에게 과학과 종교의 관계에 대한 편지를 썼다.[25] 그녀와 대공 페르디난도 1세Ferdinando I의 결혼식에 갈릴레이가 참석했던 인연이 있었다. 코페르니쿠스가 《천체의 회전에 관하여》에서 썼던 것처럼 갈릴레이도 락탄티우스가 지구가 구형이라는 것을 받아들이지 않은 것은 성경을 과학적 발견에 반대하는 데 사용한 아주 나쁜 예라고 말했다.

그리고 루터가 태양이 움직이는 것을 보여주는 자료로 사용하여 코페르니쿠스를 공격했던, 여호수아서에 대한 글자 그대로의 해석에도 반대했다. 갈릴레이는 성경을 천문학 서적으로 여겨서는 안 된다고 주장했다. 다섯 개의 행성들 중에서 성경은 금성만, 그것도 겨우 몇 번만 언급할 뿐이기 때문이었다. 크리스티나에게 보낸 편지 중에서 가장 유명한 문장은 이것이다. "제가 가장 훌륭한 성직자들 중 한 명에게 들은 이야기를 해드리고 싶습니다. '성경이 우리에게 가르쳐주고자 하는 것은 천상의 세계로 어떻게 가느냐이지 천상의 세계가 어떻게 굴러가느냐가 아닙니다(갈릴레이가 남긴 단서로 보면 그 훌륭한 성직자는 바티칸 도서관장인 카이사르 바로니우스Caesar Baronius 주교로 보인다).'" 갈릴레이는 태양이 멈췄다는 여호수아서의 내용도 설명해 보였다. 멈춘 것은 갈릴레이가 태양 흑점의 움직임으로 발견한 태양의 회전이었고, 그에 따라 성경에 기록된 대로 태양과 다른 행성들의 자전과 궤도 운동이 멈추었다는 것이었다.

갈릴레이가 이런 말도 안 되는 이야기를 실제로 믿었는지 아니면 정치적인 도피를 한 것인지는 확실하지 않다. 친구들의 충고를 듣지 않고, 갈릴레이는 코페르니쿠스주의를 억압하는 것에 반대하기 위해서 1615년에 로마로 갔다. 논쟁을 피하고 싶었던 교황 바오로 5세는 벨라르미네의 충고에 따라 코페르니쿠스의 이론을 신학자들의 판정에 넘기기로 결정했다. 그들은 당연히 코페르니쿠스 구조가 "철학적으로 바보 같으며 터무니없고, 많은 곳에서 성경을 위배하여 공식적으로 이단이다"라는 판결을 내렸다.[26]

1616년 2월 갈릴레이는 종교재판에 소환되어 두 가지 비밀 명령을 받았다. 공식 서명된 문서는 그에게 코페르니쿠스주의를 지지하거나 방어하지 말라고 명령했다. 공식 서명되지 않은 문서는 더 나아가 코페르니쿠스주의를 어떤 형태로든 지지하거나 방어하거나 가르치지도 말라고 명령하고 있다. 1616년 3월 종교재판정은 갈릴레이를 언급하지는 않았지만, 포스카리니의 책을 금지하고 코페르니쿠스의 책들에서 부적절한 부분을 삭제하도록 하는 공식적인 명령을 내렸다. 《천체의 회전에 관하여》는 가톨릭의 금서 목록에 포함되었다. 프톨레마이오스나 아리스토텔레스로 돌아가는 대신 예수회 수도사 지오반니 바티스타 리치올리Giovanni Battista Riccioli와 같은 몇몇 가톨릭 천문학자들은 당시로는 관측으로 반박할 수 없었던 티코 브라헤의 구조를 주장했다. 《천체의 회전에 관하여》는 금서 목록에 1835년까지 남아 있으면서 스페인과 같은 몇몇 가톨릭 국가에서의 과학 교육을 망치고 있었다.

갈릴레이는 마페오 바르베리니Maffeo Barberini가 교황 우르바누스 8세Urbanus VIII가 된 1624년 이후에는 상황이 나아질 것으로 기대했다. 바르베리니는 피렌체 사람이며 갈릴레이를 존경했다. 그는 갈릴레이를 로마로 초청하여 여섯 명의 손님과 함께 대화를 하도록 해주었다. 이 대화에서 갈릴레이는 1616년 이전부터 연구해오던 조수 간만에 대한 이론을 설명했다.

갈릴레이의 이론에서는 지구의 움직임이 아주 중요했다. 그의 아이디어는 지구가 태양의 주위를 돌면서 회전할 때 바다의 물이 앞뒤로 쏠린다는 것이었다. 회전을 할 때 지구 표면의 한 점에서 지구가 궤도 운동을 하는 방향으로의 속도가 계속해서 증가했다가 감소하기 때문이다. 이 때문에 하루 주기의 파도가 생기고 다른 모든 종류의 진동과 마찬가지로 배음이 생겨서 하루의 절반, 하루의 3분의 1 등과 같은 주기들이 생긴다. 여기까지는 달의 영향을 포함시키지 않은 것이었다. 하지만 조수 간만의 차가 가장 큰 '사리'는 초승달과 보름달일 때, 조수 간만의 차가 가장 작은 '조금'은 반달일 때 일어난다는 사실은 고대부터 알려져 있었다. 갈릴레이는 지구의 궤도 속도가 달이 지구와 태양 사이에 있는 초승달일 때 빨라지고, 지구에서 달과 태양이 서로 반대쪽에 있는 보름달일 때 느려진다고 가정하여 달의 영향을 설명하려고 시도했다.

이것은 갈릴레이로서도 최선은 아니었다. 단지 그의 이론이 틀렸기 때문만은 아니다. 중력 이론 없이는 갈릴레이가 조수 간만을 정확하게 이해할 방법이 없었다. 하지만 갈릴레이는 분명한 실험적인 근거 없이 생각만으로 만든 이론으로는 지구의 움직임을 증명할 수 없다는 사실을 알았어야 했다.

교황 우르바누스 8세는 갈릴레이가 지구의 움직임을 진실로 여기지 않고 수학적인 가설로 다룬다면 이 조수 간만에 대한 이론의 출판을 허락할 것이라고 말했다. 교황은 1616년 종교재판정의 공식적인 명령에 동의하지는 않지만, 그것을 취소할 준비는 되어 있지 않다고 설명했다. 이 대화에서 갈릴레이는 자신이 받은 종교재판정의 비밀 명령에 대해서는 교황에게 언급하지 않았다.

1632년 갈릴레이는 조수 간만에 대한 자신의 이론을 코페르니쿠스주의에 대한 포괄적인 지지로 채워 출판할 준비를 마쳤다. 아직은 교회가 갈릴레이에 대한 공개적인 비판을 하지 않았기 때문에 갈릴레이는 지역 주교에게 새로운 책의 출판을 허락해달라고 요청하여 승인을 받았다. 이것이 그의 《대화Dialogo(프톨레마이오스와 코페르니쿠스의 2대 세계체계에 관한 대화Dialogue Conerning the Two Chief Systems of the World-Ptolemaic and Copernican)》였다.

갈릴레이의 책 제목은 특이했다. 당시에는 두 개가 아니라 네 개의 체계가 있었기 때문이다. 프톨레마이오스 체계와 코페르니쿠스 체계뿐만 아니라, 지구 주위를 도는 동심원 구에 기반을 둔 아리스토텔레스 체계와, 태양과 달은 정지해 있는 지구 주위를 돌고 나머지 모든 행성들은 태양 주위를 도는 티코 브라헤 체계도 있었다. 왜 갈릴레이는 아리스토텔레스와 티코 브라헤 체계는 고려하지 않았을까?

아리스토텔레스 체계는 관측과 맞지 않았기 때문이라고 할 수 있을 것이다. 하지만 이 체계는 2,000년 동안 관측과 맞지 않으면서도 지지자를 잃지 않고 있었다. 10장에서 인용한, 16세기 초에 프라카스토로가 한 주장을 상기해보라. 한 세기 후의 갈릴레이는 그런 주장이 대답할 가치가 없다고 생각한 것은 분명하지만, 왜 그렇게 생각했는지는 확실하지 않다.

반면에 티코 브라헤 체계는 그냥 무시하기에는 너무나 잘 맞았다. 갈릴레이는 티코 브라헤 체계를 분명히 알고 있었다. 갈릴레이는 조수 간만에 대한 자신의 이론이 지구가 움직이는 증거라고 생각했을 수도 있다. 하지만 이 이론은 어떤 정량적인 값으로 뒷받침되지는 못했다. 어쩌면 갈릴레이가 코페르니쿠스 체계를 만만치 않은 티코 브라헤 체계와의 경쟁에 노출시키기를 원하지 않았을 수도 있다.

《대화》는 세 명이 대화하는 형식으로 되어 있다. 그 세 명은 갈릴레이의 대변자이자 친구인 피렌체의 귀족 필리포 살비아티Filippo Salviati의 이름을 딴 살비아티, 아마도 심플리키오스의 이름을 딴(그리고 아마도 얼간이를 의미하는) 심플리키오Simplicio, 그리고 둘 사이에서 현명한 판결을 내리는 심판관이자 갈릴레이의 베네치아 친구인 수학자 지오반니 프란체스코 사그레도Giovanni Francesco Sagredo의 이름을 딴 사그레도였다. 첫 3일 동안의 대화는 살비아티가 심플리키오를 무너뜨리는 것을 보여주고 조수 간만은 4일째에야 등장한다. 이것은 종교재판이 갈릴레이에게 한 서명되지 않은 명령을 명백하게 위반한 것이고, 어떻게 보면 덜 엄격한, '코페르니쿠스주의를 지지하거나 방어하지 말라'라는 공식 명령도 위반한 것이다. 더 나빴던 것은 《대화》가 라틴어가 아니라 이탈리아어로 쓰였기 때문에 학자들뿐만 아니라 글을 읽을 수 있는 이탈리아인이면 누구나 읽을 수 있었다는 것이었다.

이 시점에 교황 우르바누스 8세는 종교재판이 갈릴레이에게 내렸던 서명되지 않은 1616년의 명령을 보게 되었다. 아마도 태양 흑점과 혜성에 대한 이전의 논쟁에서 갈릴레이가 만든 적들이 제공했을 것이다. 교황의 분노는 자신이 《대화》 중 심플리키오의 모델일지도 모른다는 의심으로 더욱 커졌다. 교황이 바르베리니 추기경 시절일 때 했던 몇

마디 말들이 심플리키오의 입을 빌려 표현되었다는 사실이 사태를 더욱 악화시켰다. 종교재판은 《대화》의 판매 금지를 명령했지만 때는 너무 늦었다. 책은 이미 매진되었던 것이다.

갈릴레이는 1633년 4월에 재판을 받았다. 그의 죄목은 전적으로 1616년 종교재판의 명령을 어긴 것이었다. 갈릴레이는 고문 도구들을 본 후, 자신의 자만심으로 문제를 일으켰다는 것을 받아들이고 유죄를 인정했다. 하지만 그럼에도 불구하고 그는 "이단이라는 강한 의심"이라는 죄목으로 종신 감금과 지구가 태양을 돈다는 관점을 포기할 것을 선고받았다(이때 갈릴레이가 법정을 떠나면서 "그래도 지구는 돈다Eppur si muove"라고 말했다는, 출처가 매우 불분명한 이야기도 있다).

다행히도 갈릴레이는 그렇게 심한 대접을 받지는 않았다. 그는 시에나Siena에서 대주교의 손님으로 감금 생활을 시작할 수 있었고, 이후에는 피렌체 근처이자 갈릴레이의 두 딸 마리아 첼레스테Maria Celeste 수녀와 아르크안젤라Arcangela 수녀가 살고 있는 수녀원 근처인 아르체트리Arcetri의 빌라에서 감금 생활을 계속했다.[27] 12장에서 보겠지만 갈릴레이는 이 시기에 50년 전에 피사에서 시작했던 운동의 문제에 대한 연구로 돌아갈 수 있었다.

갈릴레이는 아르체트리에서 가택연금 중이던 1642년에 사망했다. 갈릴레이의 저서처럼 코페르니쿠스 체계를 지지하는 책들은 가톨릭교회의 금서 목록에서 1835년까지 지워지지 않았다. 하지만 이보다 훨씬 전에 프로테스탄트 국가들뿐만 아니라 대부분의 가톨릭 국가에서도 코페르니쿠스 천문학은 광범위하게 수용되었다. 갈릴레이는 20세기에 와서야 교회로부터 명예 회복이 되었다.[28] 1979년 교황 요한 바오로 2세는 갈릴레이의 《크리스티나 공작부인에게 보내는 편지》를 "성경과 과학을 조화시키는 데 없어서는 안 될 중요한 인식론적 기준을 만든 것"이라고 평가했다.[29] 이때 갈릴레이 사건을 심사하는 위원회가 소집되었고, 갈릴레이에 대한 교회의 결정이 잘못된 것이었다고 발표했다. 교황은 이렇게 말했다. "지구 중심주의를 유지하던 당시 신학자들의 실수는 실제 세계의 구조에 대해 어느 정도는 성경 문구로 이해할 수 있다고 생각한 것이다."[30]

개인적으로는 이것은 상당히 부적절하다고 본다. 당연히 교회도 지금은 모든 사람들이 공유하고 있는 지식, 즉 교회가 지구의 운동에 대해서 틀렸다는 사실을 피해갈 수 없다. 만일 천문학에서 교회가 맞았고 갈릴레이가 틀렸다고 가정해보자. 그렇다고 해도 교회가 갈릴레이에게 종신형을 선고하고 그가 출판할 권리를 박탈한 것은 여전히 잘못된 것이다. 조르다노 브루노를 이단이라는 이유로 화형에 처한 것도 마찬가지다.[31] 다행히 교회가 명확하게 인정을 했는지는 모르겠지만 오늘날에는 교회가 이와 같은 행동은 꿈도 꾸지 못할 것이다. 신성모독이나 배교를 처벌하는 일부 이슬람 국가들을 제외하면 일반적으로 세계는 옳든 그르든 정부나 종교 집단이 종교적인 견해를 범죄로 여기는 일은 하지 않아야 한다는 것을 알고 있다.

지금까지 코페르니쿠스, 티코 브라헤, 케플러, 그리고 갈릴레이의 계산과 관측으로 케플러가 만든 세 개의 법칙을 통해 태양계를 올바로 서술하는 방법이 나왔다. 행성들이 '왜' 이 법칙들을 따르는지를 설명하기 위해서는 한 세대 후 뉴턴의 등장이 필요했다.

12장
실험의 시작

천상의 물체들을 조종할 수 있는 사람은 아무도 없다. 그러므로 11장에 기술된 천문학의 위대한 업적들은 수동적인 관측에 기초한 것이었다. 다행히 태양계 행성들의 움직임은 매우 단순하기 때문에, 수 세기 동안 발달되어 온 기기들을 이용한 관측으로 드디어 정확하게 기술할 수 있었다. 다른 문제들을 해결하기 위해서는 관측과 측정을 넘어 일반적인 이론을 확인하거나 물리 현상들을 인공적으로 조종하는 실험을 하는 것이 필요했다.

어떤 면에서 보면 인간은 언제나 실험을 해왔다. 광석을 제련하거나 빵을 굽는 방법을 발견하기 위해서 많은 시행착오를 거쳤다. 하지만 여기서 실험의 시작은 자연에 대한 일반적인 이론을 발견하거나 검증하기 위해서 수행된 실험만을 말하는 것이다.

이런 점에서 보면 실험의 시작을 정확하게 말하는 것은 불가능하다.[1] 아르키메데스는 자신의 유체 이론을 실험으로 확인했을 수도 있다. 하지만 그의 저작 《부체에 관하여》는 순수하게 수학적인 유도를 따르고 있고, 실험을 사용한 흔적은 보이지 않는다. 헤론과 프톨레마이오스는 반사와 굴절에 대한 자신들의 이론을 확인하기 위해서 실험을 했지만 이후 수 세기 동안 그런 예는 없었다.

17세기에 행해진 실험에서 한 가지 새로운 점은, 대중들이 물리 이론의 타당성을 판단하는 데 실험 결과를 사용하기를 바랐다는 점이었다. 이것은 17세기 초의 유체역학에서 볼 수 있는데, 1612년에 발간된 갈릴레이의《수중 물체에 대한 담론》에서도 마찬가지이다. 더 중요한 것은 뉴턴의 연구의 중요한 전제였던, 낙하하는 물체의 운동에 대한 정량적인 연구였다. 현대 실험물리학은 바로 이 문제와 공기 압력의 본질에 대한 연구에서 시작되었다.

다른 많은 것과 마찬가지로 운동에 대한 실험적인 연구는 갈릴레이에서부터 살펴야 한다. 운동에 대한 그의 결론은《두 개의 신新과학에 관한 수학적 논증과 증명Dialogues Concerning Two New Sciences》에서 볼 수 있다. 이 책은 그가 아르체트리에서 가택연금 중이던 1635년에 완성되었다. 교회의 금서 목록 때문에 출판은 금지되었지만 복사본은 이탈리아 밖으로 흘러나갔다. 그 책은 1638년에 레이던Leiden의 프로테스탄트대학에서 로데베이크 엘제비어Lodewijk Elzevir가 운영하는 회사에서 출판되었다.《두 개의 신과학》의 등장인물은 역시 살비아티와 심플리키오, 그리고 사그레도였으며 맡은 역할도 전과 같았다.

무엇보다도《두 개의 신과학》의 '첫째 날'에는 무거운 물체가 가벼운 물체보다 더 빨리 떨어진다는 아리스토텔레스의 원리에 반대되는, 무거운 물체와 가벼운 물체가 동시에 떨어진다는 주장이 포함되어 있었다. 물론 실제로는 공기 저항 때문에 가벼운 물체가 무거운 물체보다 조금 더 천천히 떨어진다. 이 문제를 다루면서 갈릴레이는 왜 과학자들이 가설을 중요하게 여겨야 하는지를 설명하고, 엄격한 수학에 기반을 둔 정교한 설명을 강조한 그리스인들에게 반대한다. 살비아티는 심플리키오에게 이렇게 설명한다.[2]

아리스토텔레스는 이렇게 말했습니다. "100브라치아braccia(19세기경 이탈리아의 길이 단위. 1브라치오는 약 60센티미터를 의미한다—옮긴이)의 높이에서 떨어지는 100파운드의 쇳덩어리는 1파운드짜리가 1브라치아도 떨어지기 전에 땅에 닿을 것이다." 나는 이 둘이 동시에 떨어진다고 말합니다. 실험을 해보면 더 큰 것이 작은 것보다 2인치 먼저 떨어질 것입니다. 즉, 큰 것이 땅에 떨어질 때 작은 것이 2인치 뒤에 있을 것입니다. 그런데 당신은 이 2인치 뒤에 아리스토텔레스의 99브라치아를 숨기고, 나의 작은 오차만을 말하면서 그의 거대한 오차에 대해서는 침묵을 지킵니다.

갈릴레이는 공기가 무게를 가지고 있다는 것을 보이고, 공기의 밀도를 측정했으며, 저항 속에서의 움직임에 대해서 논의하고, 음악의 화음을 설명하고, 진자가 진폭에 관계없이 흔들리는 시간이 일정하다는 사실도 알아냈다.* 이 원리는 수십 년 후에 진자시계의 발명으로 이어져, 낙하하는 물체의 가속도를 정확하게 측정할 수 있게 해주었다.

《두 개의 신과학》의 '둘째 날'에서는 다양한 모양의 물체의 강도를 다루고 있다. '셋째 날'에서 갈릴레이는 다시 운동의 문제로 돌아와 가

---

*갈릴레이는 알지 못했지만 이것은 실제로는 진자가 작은 각으로 흔들릴 때에만 사실이다. 사실 그는 50도나 60도로 흔들리는 진자가 작은 크기의 진자와 같은 시간이 걸린다고 말했는데, 이것은 그가 기록한 진자에 대한 실험을 모두 실제로 수행하지는 않았다는 것을 말해준다.

장 흥미로운 제안을 했다. 그는 일정한 운동의 몇 가지 단순한 성질을 정리하는 것으로 셋째 날을 시작했다. 그러고는 14세기 머튼 칼리지에서 정의했던 것과 같은 방식으로 일정한 가속 운동을 정의하는 것으로 나아갔다. 같은 시간 간격 동안 같은 양만큼 속도가 증가한다는 것이었다. 갈릴레이는 오렘의 정의와 같은 방식으로 평균 속도 정리를 증명하기도 했지만, 오렘이나 머튼의 교수들에 대한 언급은 하지 않았다. 갈릴레이는 이 수학적인 정리를 넘어서 자유 낙하하는 물체는 일정한 가속 운동을 한다고 주장했다. 하지만 이 가속 운동의 원인을 연구하지는 않았던 것 같다.

10장에서 이미 살펴보았듯이 당시에는 자유 낙하하는 물체가 일정한 가속 운동을 한다는 이론과는 다른 또 하나의 이론이 있었다. 이 다른 이론에 따르면 자유 낙하하는 물체가 어떤 시간 동안 얻는 속도는 시간이 아니라 그 시간 동안 떨어진 거리에 비례한다는 것이었다.* 갈릴레이는 이 이론에 대해 여러 가지 반대 주장을 했다.** 하지만 자유 낙하하는 물체에 대한 이 두 가지 이론에 대한 판결은 실험으로 이루어져야 했다.

평균 속도 정리에 따르면 정지 상태에서 낙하한 거리는 마지막에 얻어진 속도의 절반과 낙하한 시간의 곱과 같고, 그 속도는 다시 낙하한

---

*문자 그대로 받아들이면, 이것은 정지 상태에서 놓은 물체는 절대 떨어지지 않는다는 것을 의미할 수 있다. 초기 속도가 0이면 첫 번째 아주 짧은 시간의 마지막 순간에 이 물체가 움직이지 않았을 것이기 때문에 떨어진 거리에 비례하는 속도는 여전히 0일 것이기 때문이다. 아마도 속도가 떨어진 거리에 비례한다는 원칙은 초기의 짧은 가속 기간 후에 적용하려 했던 것으로 보인다.
**갈릴레이의 주장들 중 하나는 잘못된 것이었다. 시간 간격의 마지막에 얻어진 속도에 적용하지 않고 시간 간격 동안의 평균 속도에 적용했기 때문이었다.

시간에 비례하므로 떨어진 물체가 이동한 거리는 시간의 제곱에 비례해야 한다(전문 해설 25 참조). 이것이 갈릴레이가 증명하려고 한 것이다.

낙하하는 물체가 주어진 시간에 얼마나 먼 거리를 떨어졌는지 측정하여 이 결론을 확인하기에는 물체가 너무 빨리 움직였기 때문에, 갈릴레이는 경사면을 굴러 내려가는 공을 연구하여 낙하 속도를 늦추는 아이디어를 고안했다. 이 아이디어를 적용하기 위해서는 경사면을 굴러 내려가는 공의 움직임이 자유 낙하하는 물체와 어떤 관계가 있는지를 보여야만 했다. 그는 경사면을 굴러 내려가는 공이 얻는 속도가 경사면이 기울어진 각도와는 무관하고 공이 굴러 내려온 수직 거리에만 의존한다는 이해를 바탕으로 이 문제를 해결했다.*

자유 낙하하는 공은 수직인 면을 따라 굴러 내려오는 것으로 간주해도 된다. 그러므로 경사면을 굴러 내려오는 공의 속도가 공이 굴러 내려온 시간에 비례한다면 자유 낙하하는 공도 마찬가지여야 한다. 작은 각도로 기울어진 경사면에서의 속도는 자유 낙하하는 물체의 속도보다 훨씬 더 작지만(이것이 경사면을 이용하는 이유다) 두 속도는 서로 비례하기 때문에 경사면을 따라 이동한 거리는 같은 시간에 자유 낙하한 물체가 이동한 거리와 비례한다.

---

*이것은 전문 해설 25에 소개했다. 설명한 대로 갈릴레이는 경사면을 굴러 내려가는 공의 속도가 같은 높이를 자유 낙하한 물체의 속도와 같지 않다는 사실을 알지 못했다. 수직으로 내려가는 에너지의 일부가 공을 회전시키는 데 사용되기 때문이다. 하지만 그 속도는 비례하므로 자유 낙하하는 물체의 속도가 흘러간 시간에 비례한다는 갈릴레이의 정성적인 결론은 공의 회전을 고려해도 변하지는 않는다(공이 회전하지 않고 마찰이 없다면, 경사면을 굴러 내려가는 공의 속도는 같은 높이를 자유 낙하한 물체의 속도와 같다. 하지만 경사면에서의 공의 속도는 수직과 수평 성분으로 나누어지기 때문에 수직으로 낙하하는 공보다 수직 방향의 속도는 더 느리다 - 옮긴이).

《두 개의 신과학》에서 갈릴레이는 굴러간 거리가 시간의 제곱에 비례한다고 적었다. 갈릴레이는 1603년 파도바대학에서 수평보다 2도이하로 기울어진 평면과 약 1밀리미터 간격으로 표시된 자를 이용하여 이 실험을 했다.[3] 그는 공이 자의 표시를 지나갈 때 나는 소리의 간격이 같은지를 이용하여 시간을 판단했다. 그 표시는 출발점에서 $1:4:9(1^2:2^2:3^2)$의 간격으로 되어 있었다. 《두 개의 신과학》에 기록된 실험에서는 물시계를 이용하여 상대적인 시간을 측정했다. 이 실험을 재현해보면 갈릴레이는 자신이 주장한 정확성을 충분히 얻을 수 있었던 것으로 보인다.[4]

갈릴레이는 11장에서 이야기한 저작 《대화》에서 이미 낙하하는 물체의 가속 운동을 다루었다. 《대화》의 '둘째 날'에서 살비아티는 낙하 거리가 시간의 제곱에 비례한다고 주장하지만 설명은 혼란스럽다. 그는 100브라치아 높이에서 떨어뜨린 대포알은 5초 만에 바닥에 닿을 것이라고도 말했다. 갈릴레이가 이 시간을 실제로 측정하지 않았다는 것은 아주 분명하지만,[5] 여기서는 그냥 설명을 위한 예시만 제시하고 있다. 1브라치오가 0.5미터라면, 중력에 의한 현대의 가속도 값을 이용해볼 때 무거운 물체가 100브라치아를 낙하하는 데 걸리는 시간은 5초가 아니라 3.3초이다. 하지만 갈릴레이는 중력에 의한 가속도를 측정하려는 제대로 된 시도는 전혀 해보지 않았던 것으로 보인다.

《두 개의 신과학》의 '넷째 날'에서는 투사체(던져진 물체—옮긴이)의 궤적을 다룬다. 갈릴레이의 아이디어는 대부분 자신이 1608년에 했던 실험에 기초한 것이었다(전문 해설 26 참조).[6] 공 하나가 여러 높이의 경사면을 굴러 내려와서 테이블의 편평한 면을 따라 구른 다음 테이블의 끝에서 공중으로 날아간다. 공이 바닥에 떨어질 때까지 날아간 거리를 측정하고 공중에서 공의 궤적을 관찰한 결과, 갈릴레이는 공의 궤적이 포물선이라는 결론을 내렸다. 갈릴레이는 《두 개의 신과학》에 이 실험을 기록하지 않는 대신 포물선에 대한 이론적인 설명을 해놓았다.

뉴턴 역학에서도 중요한 것으로 밝혀진 이 핵심 설명은, 투사체의 각 운동 성분을 투사체에 미치는 힘의 성분에 따라 분리하여 다룰 수 있다는 것이다. 투사체가 테이블의 끝에서 날아가거나 대포에서 발사되면, 수평 방향의 운동을 바꾸는 것은 공기의 저항뿐이므로 수평 방향으로 날아가는 거리는 날아가는 시간에 거의 정확하게 비례한다. 반면, 같은 시간 동안 투사체는 자유 낙하하는 물체처럼 가속되므로 수직 방향으로 낙하한 거리는 시간의 제곱에 비례한다. 이런 성질을 가지는 곡선은 무엇일까? 갈릴레이는 원뿔의 빗면과 평행한 평면으로 자르는 아폴로니오스의 포물선의 정의를 이용하여 투사체의 경로가 포물선임을 보였다(전문 해설 26 참조).

《두 개의 신과학》에 기술된 실험들은 과거의 과학과 역사적인 단절을 만들었다. 아리스토텔레스가 자연적인 운동으로 간주한 자유 낙하 운동을 연구하는 데 그치지 않고, 갈릴레이는 경사면을 굴러 내려가도록 제한한 공과 앞으로 던져진 물체와 같은 인공적인 운동에 대한 연구로 나아갔다. 이런 면에서 갈릴레이의 경사면은 자연에서는 절대 발견될 수 없는 인공적인 입자들을 만들어내는 오늘날의 입자가속기의 먼 조상이다.

갈릴레이의 운동에 대한 연구는 갈릴레이와 뉴턴 사이 세대에서 가장 인상적인 인물인 크리스티안 하위헌스가 진전시켰다. 하위헌스는

1629년 네덜란드 왕실 아래의 네덜란드 공화국 정부에서 일하는 고위 공무원 가족에서 태어났다. 그는 1645년부터 1647년까지 레이던대학에서 법학과 수학을 모두 공부했지만, 나중에는 완전히 수학으로 돌아섰고 결국에는 자연과학으로 이동했다. 데카르트, 파스칼, 보일과 마찬가지로 하위헌스는 수학, 천문학, 통계학, 유체역학, 역학, 광학 등 광범위한 분야의 문제를 연구하는 박식가였다.

천문학에서 하위헌스의 가장 중요한 업적은 토성을 망원경으로 연구한 것이었다. 1655년 그는 토성의 가장 큰 위성인 타이탄^{Titan}을 발견하여, 지구와 목성만 위성을 가지고 있는 것이 아니라는 사실을 밝혔다. 그는 갈릴레이가 발견한 토성의 이상한 모양이 토성을 둘러싸고 있는 고리 때문이라고 설명했다.

1656년과 1657년 사이에 하위헌스는 진자시계를 발명했다. 이것은 진자가 흔들리는 주기가 진자의 진폭과는 무관하다는 갈릴레이의 관측에 기반을 둔 것이었다. 하위헌스는 이것이 아주 작은 진폭일 때만 성립한다는 것을 깨닫고 꽤 큰 진폭에도 진폭과 독립적으로 시간이 유지되게 할 수 있는 기발한 방법을 찾아냈다. 이전의 조잡한 시계들은 하루에 5분 정도 틀린 것에 비해 하위헌스의 진자시계는 하루에 10초 이상 틀리지 않았고, 그중 하나는 하루에 0.5초밖에 틀리지 않았다.[7]

다음 해에는 일정한 길이의 진자시계의 주기를 이용하여 지구 표면 근처에서 자유 낙하하는 물체의 가속도 값을 측정할 수 있었다. 나중에 1673년에 출판된《진자의 진동$^{Horologium\ oscillatorium}$》에서 하위헌스는 이것을 증명했다. "한 번의 작은 진동이 이루어지는 시간과 진자의 중간 높이에서 물체가 수직으로 낙하하는 시간은 원주의 길이가 원의 지름과 연관되어 있는 것과 같은 방식으로 연관되어 있다."[8]

진자가 한쪽에서 다른 쪽으로 작은 각도로 흔들리는 데 걸리는 시간은 어떤 물체가 진자의 중간 높이와 같은 거리를 낙하하는 데 걸리는 시간의 π배와 같다는 것이다(미적분 없이 하위헌스가 한 방식으로는 얻기 쉽지 않은 결과다). 이 원리와 여러 길이의 진자 주기를 측정한 값을 이용하여 하위헌스는 중력에 의한 가속도를 측정할 수 있었다. 갈릴레이가 사용했던 방법으로는 정확하게 측정할 수 없었던 것이었다.

하위헌스의 표현에 따르면 자유 낙하하는 물체는 처음 1초 동안 15와 1/12 '파리피트Paris feet'만큼 떨어진다. 파리피트와 현재 피트의 환산 비율은 1.06에서 1.08 사이이다. 1파리피트를 1.07피트라고 하면 하위헌스의 결과는 자유 낙하하는 물체가 처음 1초 동안 16.1피트 떨어진 것이 되어 가속도는 $32.2feet/sec^2$이 되는데, 이것은 현대의 표준값인 $32.17feet/sec^2$($9.8m/sec^2$)과 아주 잘 일치한다(훌륭한 실험과학자답게 하위헌스는 자유 낙하하는 물체의 가속도가 자신이 진자시계로 측정한 가속도와 실험 오차 범위 내에서 실제로 일치하는지 확인했다). 앞으로 보겠지만, 나중에 뉴턴이 재현한 이 실험은 지구 상에서의 중력의 힘과 달을 궤도에 붙잡아두는 힘을 연관시키는 데 핵심적인 역할을 했다.

중력에 의한 가속도는 이전에 여러 높이에서 무거운 물체가 떨어지는 시간을 측정했던 리치올리의 실험으로 계산될 수도 있었다.[9] 시간을 정확하게 측정하기 위해서 리치올리는 1태양일(또는 항성일) 동안의 진동수를 세어 정확하게 조정된 진자를 사용했다. 그는 자신의 측정으로 낙하한 거리가 시간의 제곱에 비례한다는 갈릴레이의 결론을 확인하고는 스스로도 놀랐다. 1651년에 출판된 이 측정을 근거로 중력에 의한 가속도가 30로마피트Roman feet/sec² 이라는 것을(리치올리는 하지 않았지만) 계산할 수 있다. 리치올리가 자신이 많은 물체를 떨어뜨려본 볼로냐의 아시넬리 탑Asinelli tower의 높이를 312로마피트라고 기록해놓은 것은 다행스러운 일이다. 그 탑은 아직 그대로 있고 그 높이는 323피트이므로 리치올리의 로마피트는 323/312＝1.035피트가 되어 30로마피트/sec²은 31피트/sec²으로 현대의 값과 상당히 잘 맞는다. 만일 리치올리가 하위헌스가 말했던 진자의 주기와 중간 높이에서 물체가 떨어지는 시간 사이의 관계를 알았다면, 볼로냐의 탑에서 낙하 실험을 하지 않고도 진자를 조정한 것을 이용하여 중력에 의한 가속도를 계산할 수 있었을 것이다.

1664년 하위헌스는 새로운 왕립 아카데미 과학자가 되어 충분한 급여를 받았고, 이후 20년 동안 파리에서 살았다. 그는 광학에 대한 위대한 저작《빛에 관한 이론Treatise on Light》을 1678년에 파리에서 썼고, 여기에서 빛의 파동 이론이 정립되었다. 이것은 1690년까지 출판되지 않았는데, 아마도 하위헌스가 이것을 프랑스어에서 라틴어로 옮기고 싶었지만 1695년 그가 죽을 때까지 시간을 내지 못했기 때문인 것으로 보인다. 14장에서 하위헌스의 파동 이론으로 돌아올 것이다.

1669년 〈스카방 저널Journal des Scavans〉에 발표된 논문에서 하위헌스는 단단한 물체의 충돌에 대한 올바른 설명(데카르트는 틀렸던)을 내놓았다. 이것은 지금은 운동량과 운동에너지라고 불리는 어떤 것이 보존된다는 내용이었다.[10] 하위헌스는 이 결과를 실험으로 확인했다고 주장했다. 아마도 초기 속도와 최종 속도를 정확하게 계산할 수 있는 진자의 충돌을 연구했던 것으로 보인다. 14장에서 보겠지만 하위헌스는 진자의 진동에서 휘어진 경로의 운동과 연관된 가속도를 계산했는데, 이것은 뉴턴의 연구에서 매우 중요한 것이었다.

하위헌스의 예는 과학이 수학을 모방하는 것, 즉 공식을 유도하는 것에 의존하여 확실성을 추구하는 것을 목표로 하는 과학에서 얼마나 멀리 왔는지 잘 보여준다. 《빛에 관한 이론》의 서문에서 하위헌스는 이렇게 설명하고 있다.

> (이 책에서는) 기하학에서처럼 명백한 확실성을 만들어내지 않고, 심지어 그것과는 다른 종류의 설명을 보게 될 것이다. 기하학자들은 자신들의 명제를 논의의 여지가 없는 고정된 원리로 증명하는 데 반해, 여기에서는 원리로부터 나온 결론들로 그 원리가 증명되기 때문이다. 이들의 본성은 이것을 다른 방법으로 할 수 있도록 허용하지 않는다.[11]

이것은 현대 물리학의 방법에 대해 우리가 찾을 수 있는 가장 좋은 설명에 가깝다.

운동에 대한 갈릴레이와 하위헌스의 연구에서는 실험이 아리스토텔레스의 물리학을 반박하기 위해서 사용되었다. 이것은 동시대에 있었던 공기의 압력에 대한 연구에서도 마찬가지였다. 아리스토텔레스의 원칙들 중에서 진공이 불가능하다는 것은 17세기에 의문의 대상이 되었다. 결국에는 자연이 진공을 싫어하기 때문에 나타나는 것처럼 보이는 흡인 현상이 실제로는 공기의 압력에 의한 효과를 나타낸다는 사실이 밝혀졌는데, 이 발견에는 이탈리아, 프랑스, 영국의 세 인물이 핵심적인 역할을 했다.

피렌체의 우물 업자들은 흡인 펌프가 물을 18브라치아, 즉 대략 10미터보다 더 높이 끌어올리지 못한다는 사실을 알고 있었다. 갈릴레이를 포함한 몇 사람들은 이것을 자연이 진공을 싫어하는 한계를 보여주는 것이라고 생각했다. 다른 설명은 기하학, 투사체의 운동, 유체역학, 광학, 그리고 미적분학의 초기 형태를 연구한 피렌체 사람 에반젤리스타 토리첼리Evangelista Torricelli에 의해 제안되었다.

토리첼리는 흡인 펌프의 이 한계가 우물 속의 물을 누르는 공기의 압력이 물을 18브라치아의 높이 이상으로 올릴 수 있는 무게가 되지 않기 때문이라고 주장했다. 이 무게는 공기 중으로 흩어지므로, 표면이 수평이든 아니든 공기에 의한 힘은 면적에 비례한다. 정지해 있는 공기의 단위면적당 힘인 '압력'은 대기 꼭대기까지 올라가는 공기의 수직 기둥의 무게를 그 기둥의 단면적으로 나눈 것과 같다. 이 압력은 우물 속 물의 표면에 작용하여 물에 압력을 더한다. 그래서 물에 수직으로 삽입된 관 꼭대기의 압력을 펌프로 제거하면 물이 관을 따라 올라가지만 올라가는 높이는 한정된 공기의 압력에 의해 제한된다.

1640년대에 토리첼리는 이 아이디어를 증명하기 위해서 여러 가지의 실험을 했다. 그는 수은의 무게가 물보다 13.6배 무겁기 때문에 공기에 의해(공기가 관이 서 있는 수은의 표면을 누르거나, 아래쪽이 열린 관에 직접 압력을 가하거나) 위가 막힌 유리관을 따라 올라가는 수은의 높이는 18브라치아를 13.6으로 나눈 값, 현대의 정확한 값을 이용하면 10.3미터/13.6＝760밀리미터가 될 것이라고 생각했다. 1643년 그는 이보다 더 긴 유리관의 위를 막고 수은으로 가득 채운 다음 수직으로 세워, 관속 수은의 높이가 760밀리미터가 될 때까지 수은이 흘러나오는 것을 관찰했다. 그러면 관의 윗부분은 진공이 되는데 이것을 '토리첼리 진공'이라고 부른다. 이런 관은 주위 공기의 압력 변화를 측정하는 압력계로 사용될 수 있다. 수은 기둥이 높을수록 공기의 압력이 크다.

프랑스의 박식가인 블레즈 파스칼Blaise Pascal은 예수회의 명령에 대항하여 장세니슴Jansenism(인간의 원죄와 악행, 신의 은총의 필요성과 숙명을 강조한 가톨릭 운동의 하나-옮긴이)을 방어한 것과 기독교 신학서인《팡세Pensées》를 쓴 것으로 가장 잘 알려져 있지만, 기하학과 확률 이론에도 기여를 했고 토리첼리가 연구한 기체 현상도 탐구했다. 파스칼은 아래쪽이 열린 유리관 속의 수은이 공기의 압력 때문에 유지가 된다면, 수은 기둥의 높이는 고도가 높은 산 위로 올라가면 낮아져야 한다고 생각했다. 산 위에서는 머리 위의 공기가 적어서 공기 압력이 낮을 것이기 때문이다. 1648년에서 1651년 사이에 이 예측이 여러 가지 실험으로 증명된 후에 파스칼은 이렇게 결론을 내렸다. "(진공을 싫어하는 것으로) 묘사된 모든 현상은 유일한 실제 원인인 공기의 무게와 압력 때문이다."[12]

파스칼과 토리첼리의 이름은 현재 압력의 단위로 사용되는 영광을 얻었다. 1파스칼은 1뉴턴의 힘(1킬로그램의 질량을 1초에 1미터/초만큼 가속시키는 힘)이 1제곱미터에 작용할 때 만들어지는 압력이다. 1토르Torr는 수은 기둥 1밀리미터를 지탱하는 압력이다. 표준 대기압은 760토르이고 이것은 약 10만 파스칼과 같다.

토리첼리와 파스칼의 연구는 영국의 로버트 보일Robert Boyle에 의해 심화되었다. 보일은 코크 지방의 백작 아들로 당시 아일랜드를 지배하고 있던 상위 프로테스탄트 계급의 일원이었다. 그는 이튼 칼리지에서 공부했고 유럽 대륙을 여행했으며 1640년대에 영국을 휩쓸었던 내전에서 의회의 편으로 싸웠다. 그가 속한 계급의 구성원이 흔히 그랬듯, 그도 과학에 매료되었다. 그는 1642년에 갈릴레이의 《대화》를 읽고 천문학에 혁명을 일으키고 있는 새로운 아이디어를 접했다. 보일은 자연 현상에 대한 자연적인 설명을 주장하며 이렇게 선언했다. "성스러운 전지전능을 나보다 더 감사하고 숭배하는 사람은 없다. 우리의 논쟁은 신이 무엇을 할 수 있느냐가 아니라 자연의 세계를 넘어서지 않는 자연의 능력으로 어떤 일이 일어날 수 있느냐이다."**13** 하지만 다윈 이전의 많은 사람들과 다윈 이후의 일부 사람들처럼 그는 "동물과 인간의 놀라운 능력들은 이들이 자비로운 신에 의해 설계되었다는 것을 보여주는 것"이라고 주장했다.

공기의 압력에 대한 보일의 연구는 1660년 《공기의 탄성을 다루는 물리-역학의 새로운 실험New Experiments Physico-Mechanical Touching the Spring of the Air》에 나와 있다. 그 실험에서 그는 14장에 더 자세히 소개될 그의 제자 로버트 훅Robert Hooke이 발명한 공기 펌프를 사용했다. 관에서 공기를 빼내어 보일은 소리의 전파, 그리고 불과 생명에 공기가 필요하다는 사실을 알아낼 수 있었다. 그는 압력계의 수은의 높이가 주변에서 공기를 빼내면 내려간다는 것을 발견하여 공기의 압력이 현상의 원인이라는 토리첼리의 결론을 훨씬 더 강화시켰다. 수은 기둥을 이용하여 유리관 속의 공기의 압력과 부피를 조절하고 공기가 빠져나가지 못하게 하면서 온도를 일정하게 유지시킴으로써 보일은 압력과 부피 사이의 관계를 연구할 수 있었다. 1662년 《새로운 실험》의 두 번째 판에서 그는 압력과 부피는 압력과 부피의 곱이 일정하게 되도록 변화한다고 기록했다. 이것은 지금은 '보일의 법칙'으로 알려져 있다.

공기의 압력에 대한 이런 실험들을 보면, 갈릴레이가 경사면에서 했던 실험들보다 실험물리학의 새로운 형식을 훨씬 잘 보여준다. 자연철학자들은 자연의 원리를 일반적인 관찰자에게 보여주기 위해 더 이상 자연에 의존하지 않았다. 자연은 기발한 인공적인 환경을 통해서만 자신의 비밀을 드러내는 불규칙한 적으로 간주되었다.

13장
다시 고려되는 방법

16세기 말 과학 탐구에 대한 아리스토텔레스의 방법은 심각한 도전을 받았다. 이제 자연에 대한 믿을 만한 지식을 수집하는 새로운 접근 방법을 찾는 것이 당연해졌다. 과학에 대한 새로운 방법을 확립하려고 시도한 가장 잘 알려진 두 사람은 프랜시스 베이컨Francis Bacon과 르네 데카르트였다. 개인적인 생각으로는 이들은 과학 혁명에서의 중요성이 가장 과대평가된 두 사람이다.

프랜시스 베이컨은 1561년에 잉글랜드의 국새 상서인 니컬러스 베이컨Nicholas Bacon의 아들로 태어났다. 케임브리지 트리니티 칼리지에서 공부한 후 변호사 시험을 보고 법, 외교, 정치 분야에서 경력을 쌓았다. 1618년에는 베룰럼 남작Baron Verulam 작위를 받고 영국의 대법관이 되었고, 이후 세인트 앨번스 자작Viscount St. Albans이 되었지만 1621년에 부정부패로 유죄 판결을 받고 의회로부터 공직 참여를 금지당했다.

과학사에서 베이컨의 명성은 대부분 1620년에 출판된 그의 책《노붐 오르가눔 - 자연 현상의 해석에 관한 새로운 도구 또는 진정한 방향 Novum Organum-New Instrument, or True Directions Concerning the Interpretation of Nature》때

문이다. 이 책에서 과학자도 수학자도 아닌 베이컨은 과학에 대한 극단적인 실험주의를 표방하면서, 아리스토텔레스뿐만 아니라 프톨레마이오스와 코페르니쿠스도 부정하고 있다. 발견은 최초의 원리에서 유도되는 것이 아니라 자연을 주의 깊게 선입견 없이 관찰해서만 직접 얻을 수 있다는 것이었다. 그는 실용적인 목적에 부합하지 않는 모든 연구도 폄하했다. 《새 아틀란티스The New Atlantis》에서 그는 연구원들이 자연에 대해 유용한 사실들을 수집하는 '솔로몬의 집'이라는 협력적인 연구기관을 상상했다. 이렇게 함으로써 인류는 에덴동산에서 쫓겨난 이후 잃었던 자연에 대한 지배를 회복할 수 있다는 것이었다. 베이컨은 1626년에 사망했다. 실험을 강조한 사람답게 고기를 냉동하는 실험 연구를 하다가 폐렴에 걸렸다는 이야기가 있다.

베이컨과 플라톤은 서로 양극단에 서 있다. 당연히 양극단 모두 틀렸다. 진보는 관찰과 실험의 결합으로 이루어지고, 이를 통해 일반적인 원칙이 제안되고, 이 원칙에서 유도된 것은 새로운 관찰과 실험으로 검증된다. 실용적인 가치가 있는 지식을 찾는 것은 근거 없는 추측을 교정하는 역할을 할 수 있다. 하지만 세상을 설명하는 것은 직접적으로 실용적인지와는 관계없이 그 자체로 가치를 가진다.

17세기와 18세기의 과학자들은 베이컨을 플라톤이나 아리스토텔레스의 대항자로 언급했을 것이다. 이것은 제퍼슨의 말이나 행동에서 아무런 영향을 받은 적이 없는 미국의 정치인이 제퍼슨을 언급하는 것과 비슷하다. 누군가의 과학 업적이 실제로 베이컨의 저작 때문에 더 좋아졌는지 나에게는 명확하지가 않다. 갈릴레이는 베이컨 때문에 실험을 한 것이 아니었고, 보일이나 뉴턴도 마찬가지였을 거라고 생각한다.

갈릴레이보다 1세기 전에는 또 다른 피렌체 사람인 레오나르도 다빈치가 낙하하는 물체나 흐르는 액체와 같은 많은 종류의 실험을 하고 있었다.[1] 이 연구에 대해서는 그가 죽은 후에 수집된 몇 개의 그림과 낙서, 그리고 가끔씩 발견되는 기록들을 통해서 알 수 있을 뿐이다. 다빈치의 실험이 과학의 발전에 아무런 영향을 미치지 못했을지는 모르지만, 적어도 베이컨보다 훨씬 전부터 실험에 기반한 과학이 널리 퍼져 있었다는 사실은 보여준다.

데카르트는 전체적으로 베이컨보다는 더 중요한 인물이다. 그는 1596년 프랑스의 법조계 귀족 집안에서 태어나 예수회 학교에서 교육을 받은 다음, 푸아티에Poitiers대학에서 법학을 공부하고 네덜란드 독립전쟁 때 모리스 나소Maurice Nassau 부대에서 복무했다. 데카르트는 1619년에 철학과 수학에 몰두하기로 결심했고 네덜란드에 완전히 자리를 잡은 후인 1628년부터 본격적인 연구를 시작했다.

데카르트는 역학에 대한 자신의 관점을 1630년대에 쓰인《전체론Le Monde》에 기록했지만, 이 책은 그가 죽은 후인 1664년에야 출판되었다. 1637년에 그는 철학 서적인《이성을 올바르게 이끌어, 여러 가지 학문에서 진리를 구하기 위한 방법의 서설Discourse on the Method of Rightly Conducting One's Reason and of Seeking Truth in the Science(흔히《방법서설》로 알려져 있음-옮긴이)》을 출판했다. 그의 가장 긴 책《철학의 원리Principles of Philosophy》는 1644년에 라틴어로 출판되었고 1647년에 프랑스어로 번역된 책으로, 그의 아이디어를 더 발전시켜 보여주고 있다.

이 저작들에서 데카르트는 권위나 감각에서 얻어지는 지식에 대한 회의를 표현했다. 데카르트에게 유일하게 확실한 사실은 자신이 생각하고 있는 것을 스스로 관찰하고 있다는 사실을 통해 자신이 존재한다는 것이었다. 그리고 의도적인 노력 없이 세상을 인식할 수 있기 때문에 세상은 존재하고 있다는 결론으로 나아간다. 그는 아리스토텔레스의 목적론도 부정했다. 존재하는 것은 수행해야 할 어떤 목적 때문이 아니라 그 자체로 존재한다. 그는 신의 존재에 대해서 확실하지 않은 몇 가지 주장들을 했지만, 조직된 종교의 권위는 부정했다. 그는 멀리 떨어진 곳에 미치는 신비한 힘도 부정했다. 물체는 직접적인 밀고 당김에 의해서만 상호작용한다고 생각했다.

데카르트는 수학을 물리학에 도입시킨 선구자였지만, 플라톤처럼 수학적 논증의 확실성에 지나친 감명을 받았다. '인간 지식의 원리에 대하여'라는 제목이 붙은 《철학의 원리》 1부에서 데카르트는 어떻게 기본적인 과학 원리들이 순수한 사고만으로 명백하게 유도될 수 있는지 설명하고 있다. "우리는 신이 우리에게 준 자연적인 깨달음과 지식을 신뢰할 수 있다. 우리를 속이는 것은 신의 뜻과는 완전히 반대되는 것이기 때문이다."[2] 지진과 전염병을 허용하는 신이 철학자를 속이는 것은 허용하지 않으리라고 생각했다는 점은 좀 이상하다.

데카르트는 기본적인 물리학 원리들이 특정한 구조에 적용될 때에는 그 구조가 가지고 있는 모든 세부적인 것을 알지 못한다면 불확실성이 포함되기 때문에 실험이 필요할 수 있다는 점을 인정했다. 《철학의 원리》 3부에 포함된 천문학에 대한 논의에서 그는 행성계의 원래 모습에 대한 여러 가설들을 논의한다. 또한 프톨레마이오스보다는 코페르니쿠스와 티코 브라헤의 가설에 더 끌리는 이유로 금성의 위상에 대한 갈릴레이의 관측을 인용하고 있다.

이 간단한 요약은 데카르트의 관점을 거의 건드리지도 못한 수준이다. 그의 철학은 특히 프랑스의 철학 전문가들 사이에서 매우 존경을 받았고 지금도 받고 있다. 나는 이 점이 의문이다. 데카르트가 신뢰할 만한 지식을 찾는 올바른 방법을 찾았다고 주장하는 사람이라는 점을 놓고 본다면, 그가 자연에 대해 얼마나 많은 측면에서 심각하게 틀렸는지는 놀라울 정도다.

그는 지구가 위아래로 길쭉한 구형(지구의 극에서 극 사이의 거리가 적도면을 가로지르는 거리보다 더 큰 구형)이라고 말한 점에서 틀렸다. 아리스토텔레스와 같이 진공이 불가능하다고 말한 것도 틀렸다. 빛은 무한한 속도로 전달된다고 말한 것도 틀렸다.* 우주 공간이 행성을 자신의 경로로 움직이게 하는 소용돌이 물질로 가득 차 있다고 말한 것도 틀렸다. 송과체(간뇌의 위쪽에 있는 기관-옮긴이)가 인간의 의식을 책임지는 영혼이 존재하는 곳이라고 말한 것도 틀렸다. 충돌에서 어떤 양이 보존되는지에 대해서도 틀렸다. 자유 낙하하는 물체의 속도가 낙하한 거리에 비례한다고 말한 것도 틀렸다. 그리고 사랑스러운 몇 마리 고양이들을 관찰해본 것에 기초하면, 동물들을 진정한 의식이 없는 기계라고 말한 것도 틀렸다. 볼테르Voltaire도 데카르트에 대해서 이와 비슷한 생각을 가지고 있었다.[3]

---

*데카르트는 빛을 한쪽 끝을 밀면 곧바로 반대쪽 끝이 움직이는 단단한 막대에 비유했다. 그럴 만한 이유는 있었지만, 데카르트는 막대에 대해서도 틀렸다. 막대의 한쪽 끝을 밀면 압축파(정확하게는 음파)가 전달될 때까지 반대쪽 끝에서는 아무 일도 일어나지 않는다. 이 파의 속도는 막대가 단단할수록 증가한다. 하지만 아인슈타인의 특수상대성이론은 완벽하게 단단한 것을 허용하지 않는다. 즉, 어떤 파도 빛의 속도를 넘을 수 없다. 데카르트의 이런 종류의 비유는 다음에 설명되어 있다. Peter Galison, Descartes Comparisons: From the Invisible to the Visible, Isis (1984), 75, 311.

그는 정신의 본질, 신의 존재의 증명, 물질에 대한 논의, 운동의 법칙, 빛의 본질에서 모두 틀렸다. 그는 선천적 관념을 인정했고, 새로운 원소 개념을 만들고, 하나의 세상을 창조하고, 자기 자신의 입맛에 맞는 인간을 만들었다. 사실 데카르트가 만든 인간은 데카르트의 인간이지 실제 인간 과는 거리가 멀다고 말하는 것이 옳다.

과학에서 데카르트의 잘못된 판단은 윤리적 혹은 정치적 철학에 대한 글을 쓴 사람을 판단하는 데에는 상관이 없을 수도 있다. 하지만 데카르트는 '이성을 올바르게 사용하고 과학에서 진리를 찾는 방법'에 대해서 썼기 때문에 그의 계속된 실패는 그의 철학적인 판단에도 그림자를 드리웠을 것이다. 연역은 데카르트가 생각했던 만큼의 무게를 지탱하지 못한다. 물론 아무리 위대한 과학자도 실수는 하게 마련이다. 우리는 갈릴레이가 조수 간만과 혜성에 대해서 어떻게 틀렸는지 보았고, 뉴턴이 굴절에 대해서 어떻게 틀렸는지 볼 것이다.

하지만 이런 실수에도 불구하고, 데카르트는 베이컨과는 달리 과학에 아주 중요한 기여를 했다. 이것은 지질학, 광학, 기상학이라는 세 개의 제목을 각각 달고 《방법서설》의 부록으로 출판되었다.[4] 내가 보기에는 그의 철학 저작들보다 이 부록이 과학에 더 긍정적인 기여를 했다.

데카르트의 가장 위대한 기여는 분석기하학이라고 하는 새로운 수학적 방법을 만들어낸 것이다. 이 방법은 곡선이나 표면을 그 위에 있는 점들의 좌표가 만족하는 방정식으로 표현하는 것이다. 좌표는 일반적으로 경도, 위도, 고도와 같이 한 점의 위치를 주는 숫자들로 구성된다. 하지만 특별히 '데카르트의 좌표'는 중심에서 고정된 수직 방향의 축들을 따라 측정한 거리들로 구성된다. 예를 들어 분석기하학에서 반지름이 R인 원은 원의 중심에서 두 개의 수직 방향을 따라 측정된 거리로 구성된 좌표 x, y가 방정식 $x^2 + y^2 = R^2$을 만족하는 것이다(전문 해설 18에 타원에 대한 비슷한 설명이 있다).

알지 못하는 거리나 숫자들을 알파벳 문자로 표시하는 이 중요한 사용법은 16세기 프랑스의 수학자이자 궁정 조신, 그리고 암호 해독 전문가였던 프랑수아 비에트François Viète에게서 시작되었다. 하지만 비에트는 방정식을 글로 썼다. 현대적인 대수 공식을 만들고 그것을 분석기하학에 사용한 것은 데카르트의 공이다.

분석기하학을 이용하면 곡선이나 표면을 정의하는 한 쌍의 방정식을 풀어서 두 곡선이 만나는 점의 좌표나 두 표면이 만나는 곡선의 방정식을 구할 수 있다. 오늘날 대부분의 물리학자들은 유클리드의 고전적인 방법보다는 분석기하학을 이용하여 기하학 문제들을 푼다.

물리학에서 데카르트가 크게 기여한 것은 빛에 대한 연구이다. 우선 그의 《광학》에서 데카르트는 빛이 매질 A에서 매질 B로(예를 들어 공기에서 물로) 진행할 때 입사하는 각과 굴절되는 각 사이의 관계를 보였다. 입사하는 빛과 매질 경계면에 수직한 선 사이의 각이 i, 굴절된 빛과 수직한 선 사이의 각이 r이라면, i의 사인값*을 r의 사인값으로 나눈 값은 각의 크기와 관계없이 일정하게 n이 된다. 즉, 다음과 같은 식으로 쓸 수 있다.

---

*어떤 각의 사인값은 직각삼각형에서 반대편에 있는 변을 빗변으로 나눈 값이라는 것을 기억하자. 이 값은 각의 크기가 0에서 90도로 커질수록 증가하는데, 각의 크기가 작을 때는 거의 비례하다가 각이 커질수록 점점 천천히 증가한다.

$$\frac{\sin i}{\sin r} = n$$

매질 A가 공기인(혹은 엄격하게 말해서 진공인) 일반적인 경우에 상수 n을 매질 B의 '굴절률'이라고 한다. 예를 들어 A가 공기이고 B가 물이면 n은 물의 굴절률이 되고 그 값은 약 1.33이다. 이 경우와 같이 n이 1보다 크면 굴절되는 각 r이 입사하는 각 i보다 더 작으므로 밀도가 높은 매질로 들어가는 빛은 경계면에 수직한 방향으로 휘어진다.

데카르트는 몰랐지만, 이 관계는 1621년에 이미 덴마크인 빌레브로르트 스넬Willebrord Snell이 실험으로 관찰했고, 토머스 해리엇Thomas Harriot이라는 영국인은 그보다 더 일찍 알아냈다. 그리고 10세기의 문헌에 따르면 아랍의 물리학자 이븐 살Ibn Sahl 역시 이것을 알고 있었던 것으로 보인다. 하지만 이것을 가장 먼저 출판한 사람은 데카르트이다. 지금 이 관계는 데카르트의 역할을 더 중요하게 생각하는 프랑스를 제외한 다른 곳에서는 보통 '스넬의 법칙'으로 알려져 있다.

데카르트가 굴절의 법칙을 유도한 과정을 따라가는 것은 쉽지 않다. 그 이유 중 일부는 데카르트가 유도 과정이나 결과 설명에 삼각법의 사인 법칙을 사용하지 않았기 때문이다. 사인 법칙은 거의 7세기 전에 중세 유럽에도 잘 알려진 알 바타니에 의해 인도에서 도입되었지만, 그는 순전히 기하학 용어만 사용했다. 데카르트의 유도는 테니스공이 얇은 천을 통과할 때 어떤 일이 벌어지는지를 상상한 비유에 기초하고 있다. 공은 속도를 약간 잃어버리지만 천과 나란한 방향으로의 속도 성분은 아무런 영향을 받지 않는다. 이 가정은(전문 해설 27 참조) 앞에서 설명한 결과를 만들어낸다. 테니스공이 천을 때리기 전과 후에 천의 수직 방향과 이루는 각의 사인값의 비는 각의 크기에 상관없이 일정한 상수 n이 된다. 데카르트의 설명에서 이 결과를 찾기는 어렵지만 그는 이 결과를 이해하고 있었던 것이 분명하다. 적당한 n의 값을 사용하면 아래에 설명할 내용과 같이 무지개에 대한 그의 이론이 어느 정도 정확한 값을 얻어낼 수 있기 때문이다.

데카르트의 유도에는 두 가지 명백하게 틀린 곳이 있다. 당연히 빛은 테니스공이 아니고 공기와 물이나 유리를 구별하는 표면은 얇은 천이 아니다. 그러므로 이것은 특히 테니스공과는 달리 빛은 언제나 무한한 속도로 이동한다고 생각했던 데카르트로서는 관련성이 모호한 비유였다.[5] 더구나 데카르트의 비유는 n을 잘못 구하는 결과로까지 이어졌다. 테니스공에서(전문 해설 27 참조) 그의 가정은 n이 천을 통과한 후인 매질 B에서의 속도 v_B를 천에 닿기 전인 매질 A에서의 속도 v_A로 나눈 값으로 보이게 한다. 당연히 천을 통과하면서 공은 느려지기 때문에 v_B는 v_A보다 작고, 그 비율인 n은 1보다 작다. 이것이 빛에 적용된다면 굴절된 빛과 표면에 수직한 선 사이의 각은 입사한 빛과 이 수직선 사이의 각보다 더 커지게 된다.

데카르트는 이것을 알고 있었고, 심지어는 테니스공의 경로가 그 수직선에서 먼 쪽으로 휘어지는 것을 보여주는 그림까지 그렸다. 데카르트는 이것이 빛에서는 맞지 않다는 것도 알고 있었다. 적어도 프톨레마이오스 시대부터 관찰되어 왔듯이 물로 들어가는 빛은 물의 표면에 수직한 선을 향한 방향으로 휘어져 i의 사인값이 r의 사인값보다 커서 n이 1보다 커지기 때문이다. 내가 이해할 수 없는 매우 혼란스러운 설명으로, 데카르트는 빛이 공기보다 물 속에서 더 쉽게 이동하기 때문에 빛의 경우에는 n이 1보다 크다고 주장하고 있다. 데카르트의 목적에는 n의 값을 제대로 설명하지 못하는 것이 실제로 문제가 되지 않는다. 그는 실험을 통해(아마도 프톨레마이오스의 《광학》에 있는 자료로) 당연히 1보다 큰 n을 구할 수 있었고 실제로 그렇게 했다.

굴절의 법칙에 대한 더 믿을 만한 유도는 수학자인 피에르 드 페르마 Pierre de Fermat에 의해 이루어졌다. 그는 알렉산드리아의 헤론이 같은 각으로 반사되는 법칙을 유도한 방식을 따랐지만, 빛이 최소 거리가 아니라 최소 시간이 걸리는 경로를 따른다는 가정을 사용했다. 이 가정은 (전문 해설 28 참조) n이 매질 B에서의 빛의 속도로 매질 A에서의 속도를 나눈 값이며, 그래서 A가 공기이고 B가 유리나 물일 때 n이 1보다 크다는 정확한 공식을 만들어낸다. 데카르트는 n에 대한 이런 공식을 절대 만들어낼 수 없었다. 그는 빛의 속도가 무한하다고 생각했기 때문이다(14장에서 보겠지만 또 다른 정확한 유도는 크리스티안 하위헌스에 의해 이루어졌다. 이 유도는 빛을 움직이는 요동으로 여기는 이론에 기초한 것이고, 빛이 최소 시간이 걸리는 경로를 따라 움직인다는 페르마의 선험적인 가정에 의존하지 않은 것이었다).

데카르트는 굴절의 법칙을 기발하게 적용했다. 《기상학》에서 그는 입사하는 각과 굴절하는 각 사이의 관계를 이용하여 무지개를 설명했다. 이것이 과학자로서 데카르트의 가장 뛰어난 부분이었다. 아리스토텔레스는 무지개의 색이 공기 중에 떠 있는 작은 물 입자들에 빛이 반사되어 만들어진다고 주장했다.[6] 그리고 9장과 10장에서 보았듯이 중세 시대에 알 파리시와 프라이부르크의 디트리히도 무지개는 빛이 공기 중에 떠 있는 빗방울에 빛이 들어갔다 나오면서 굴절되기 때문에 만들어진다는 사실을 알아차렸다. 하지만 데카르트 이전에는 누구도 이 것이 어떻게 작동하는지 자세하고 정량적인 설명을 하지 못했다.

데카르트는 빗방울의 모형으로 물을 채운 얇은 유리공을 이용하여 처음으로 실험을 수행했다. 그는 햇빛이 여러 방향으로 공으로 들어갈 때, 들어간 방향과 약 42도의 각으로 나온 빛이 "완벽하게 붉은색이고 나머지와 비교할 수 없을 정도로 밝다"는 것을 관측했다. 그는 무지개 가(적어도 무지개의 붉은색 부분은) 하늘에서 보이는 방향과 태양을 향하 는 방향 사이의 각이 약 42도가 되는 곳에서 만들어진다고 결론을 내렸 다. 데카르트는 빛이 물방울로 들어갈 때 굴절로 휘어지고 물방울의 뒤 쪽 표면에서 반사한 다음 물방울에서 공기로 나오면서 다시 굴절로 휘 어진다고 생각했다. 그런데 물방울이 빛이 들어온 방향과 하필이면 42 도의 각도로 다시 내보내는 이유는 어떻게 설명할 수 있을까?

이 해답을 찾기 위해서 데카르트는 구형의 물방울로 들어가는 열 개 의 평행한 선을 생각했다. 그는 이 빛들을 지금은 입사 변수 b로 불리 는 방법으로 구별했다. 이것은 빛이 굴절되지 않고 물방울을 똑바로 통 과했을 때 물방울의 중심에서 가장 가까울 때의 거리이다. 첫 번째 빛 은, 굴절되지 않았다면 물방울의 중심을 물방울 반지름 R의 10퍼센트 거리로 지나갔을 빛(즉, $b=0.1R$)으로 선택했다. 열 번째 빛은 물방울의 표면을 스치는 빛($b=R$)으로 하고, 중간의 빛들은 이 두 빛 사이를 같 은 간격으로 나누어서 잡았다. 데카르트는 이 모든 빛이 물방울로 들어 가면서 굴절되고 물방울의 뒤쪽 표면에서 반사된 다음 물방울에서 나 오면서 다시 굴절되는 경로를 유클리드와 헤론의 같은 각도 반사의 법 칙과 굴절률 n을 4/3로 적용한 자신의 굴절의 법칙을 이용하여 분석했

표 4 물방울로 들어가는 빛과 나오는 빛 사이의 각도

b/R	φ(데카르트)	φ(다시 계산한 값)
0.1	5도 40분	5도 44분
0.2	11도 19분	11도 20분
0.3	17도 56분	17도 6분
0.4	22도 30분	22도 41분
0.5	27도 52분	28도 6분
0.6	32도 56분	33도 14분
0.7	37도 26분	37도 49분
0.8	40도 44분	41도 13분
0.9	40도 57분	41도 30분
1.0	13도 40분	14도 22분

다. 표 4는 데카르트가 구한 들어간 빛과 나오는 빛 사이의 각 φ(파이)를 같은 굴절률을 이용하여 내가 직접 구한 결과와 비교한 것이다.

데카르트 결과의 부정확한 부분은 당시 계산 방법의 한계로 설명될 수 있다. 그가 사인값 표를 사용했는지는 알 수 없지만 지금의 휴대용 계산기 같은 기기가 없었던 것은 분명하다. 하지만 그가 결과를 1분이 아니라 10분으로만 발표했다면 더 좋았을 것이다.

데카르트도 알아차렸지만 각 φ가 40도에 가깝게 되는 입사 변수 b의 범위는 상대적으로 넓다. 그는 φ가 40도 근처인, b가 80퍼센트에서 100퍼센트 사이의 값을 가지는 빛을 더 촘촘하게 열여덟 개로 나누어 다시 계산했다. 그는 열여덟 개의 빛 중 열네 개가 40도에서 최대 41도 30분 사이의 φ값을 갖는다는 것을 발견했다. 그러므로 이 이론적인 계산은 42도 근처의 각을 주로 가지는 앞에서의 실험 결과를 잘 설명해준다.

전문 해설 29는 데카르트의 계산을 현대적인 방식으로 보여주고 있

다. 데카르트가 했던 것처럼 여러 빛들이 들어오고 나가는 사이의 각을 수치로 구하는 대신에 우리는 입사 변수 b, 그리고 공기 중에서의 빛의 속도를 물에서의 속도로 나눈 n에 대해서 φ를 계산하는 간단한 공식을 유도했다. 그리고 이 공식을 이용하여 나오는 빛이 모이는 곳의 φ값을 구했다.* n이 4/3일 때 나오는 빛이 모이는 φ값은 바로 데카르트가 발견한 42.0도로 밝혀졌다. 데카르트는 빗방울 속에서 빛이 두 번 반사되어 만들어지는 두 번째 무지개의 각도까지 계산했다.

데카르트는 무지개의 특징인 색의 분리와 프리즘에서 빛의 굴절 때문에 생기는 색 사이의 연관성을 보긴 했지만 그것을 정량적으로 다루지는 못했다. 그는 태양의 백색광이 모든 색의 빛이 합쳐져서 만들어진 것이고, 빛의 굴절률이 색에 의해 조금씩 달라진다는 사실을 몰랐기 때문이다. 데카르트는 물의 굴절률을 4/3 = 1.333…으로 사용했지만, 사실 전형적인 붉은색의 파장에서는 1.330에 가깝고 푸른색에서는 1.343에 가깝다(전문 해설 29 참조). 붉은 빛이 들어갔다가 나오는 사이의 각인 φ의 값은 42.8도고 푸른 빛은 40.7도이다. 그가 물을 채운 유리구로 본 붉은 빛이 햇빛과 이루는 각이 42도였던 이유는 바로 이것 때문이다. 그 φ값은 물을 채운 유리구에서 나올 수 있는 푸른 빛의 최댓값인 40.7도보다 큰 값이기 때문에 스펙트럼의 푸른색 끝에서 오는 빛은 데

---

*이것은 b의 미세한 변화가 φ의 변화를 만들지 않아서 그 φ에서 φ와 b/R의 그래프가 편평해지는 b/R 값을 구하는 방식으로 수행되었다. 이것은 φ가 최댓값이 될 때의 b/R 값이다(φ와 b/R의 그래프와 같이 최댓값까지 올라갔다가 다시 떨어지는 모든 부드러운 곡선은 최댓값에서 반드시 편평해진다. 곡선이 편평하지 않은 지점은 최댓값이 될 수 없다. 어떤 점의 오른쪽이나 왼쪽에서 곡선이 올라간다면 곡선이 더 높은 지점이 있을 수밖에 없기 때문이다). φ와 b/R의 그래프가 거의 편평한 곳에서는 b/R의 변화에 따라 φ의 값이 천천히 변한다. 그래서 이 영역의 φ값을 가지는 빛이 상대적으로 많다.

카르트에게 도달할 수가 없었다. 하지만 붉은색의 최댓값인 42.8도 보다는 작은 값이기 때문에(284쪽의 주석에서 설명한 것처럼) 붉은 빛이 특히 밝게 보인 것이다.

광학에 대한 데카르트의 연구는 현대 물리학과 매우 유사하다. 데카르트는 두 매질 사이의 경계를 지나는 빛이 얇은 막을 통과하는 테니스 공처럼 행동한다고 추론했다. 그는 적절한 굴절률 n을 선택함으로써 입사하는 빛과 굴절된 빛 사이의 각이 관측과 잘 맞도록 유도했다. 그런 다음 빗방울의 모형으로 물을 채운 유리구를 이용하여 무지개의 원인을 설명할 수 있는 관측을 했고, 자신의 굴절 이론에 따라 이 관측 결과를 수학적으로 증명해 보였다. 그는 무지개의 색을 이해하지 못했기 때문에 그 주제는 제외하고 자신이 이해한 것만 발표했다.

이것은 바로 오늘날의 물리학자들이 하는 방식이다. 하지만 수학을 물리학에 적용시킨 것을 제외하면 데카르트의 《방법서설》이 현대의 물리학과 무슨 관계가 있을까? 나는 그가 자신이 쓴 다음과 같은 글을 따른 흔적을 찾을 수 없다. "이성을 올바르게 이끌고 과학의 진실을 찾는다."

그러나 《철학의 원리》에서 데카르트가 뷔리당의 임페투스 개념을 훨씬 더 질적으로 발전시켰다는 것은 언급해야겠다.[7] 그는 모든 운동은 그 자체로 직선을 따라가므로(아리스토텔레스와 갈릴레이 모두와 반대로) 행성들이 굽은 궤도를 계속해서 움직이기 위해서는 힘이 필요하다고 주장했다. 하지만 데카르트는 이 힘을 계산하려는 시도는 하지 않았다. 14장에서 보겠지만 어떤 물체가 특정한 속도로 특정한 반지름의 원운동을 계속하게 하는 힘은 하위헌스가 계산했고, 뉴턴이 이 힘을 중력으로 설명했다.

1649년 데카르트는 크리스티나 여왕Queen Christina의 선생님이 되어 스톡홀름Stockholm으로 갔다. 스웨덴의 추운 날씨 때문이었는지, 아니면 여왕을 만나기 위해 너무 일찍 일어나야 했기 때문이었는지 데카르트는 이듬해에 베이컨처럼 폐렴으로 사망했다. 14년 후 데카르트의 저작들은 코페르니쿠스와 갈릴레이의 저작들과 함께 로마 가톨릭의 금서 목록에 올랐다.

과학적인 방법에 대한 데카르트의 글들은 철학자들 사이에서 많은 관심을 끌었다. 하지만 나는 그 글들이 과학 연구가 발전하는 데 그렇게 긍정적인 영향을 주었다고는 생각하지 않는다. 심지어는 앞에서 언급한 것처럼 데카르트 자신의 가장 성공적인 과학 연구에도 마찬가지다. 그러나 그의 글들의 부정적인 효과는 있었다. 프랑스에서 뉴턴 물리학을 받아들이는 시기를 늦추었다는 것이다. 《방법서설》에 정리된 순수한 추론으로 과학 원리를 이끌어내는 방법은 결코 성공한 적도, 성공할 수도 없었다. 하위헌스도 어릴 때는 스스로를 데카르트의 추종자라고 생각했지만, 나중에는 과학 원리는 가설일 뿐이고 관측 결과와 비교하여 검증되어야 한다는 것을 이해하게 되었다.[8]

반면, 광학에 대한 데카르트의 연구는 그가 이런 종류의 과학적인 가설도 가끔은 필요하다고 인정했다는 것을 보여준다. 로런스 로던Laurens Laudan은 《철학의 원리》 중 화학에 대한 데카르트의 논의에서 이것과 같은 이해의 증거를 발견했다.[9] 이것은 "과연 실제로 어떤 과학자가 실험으로 검증받는 가설을 만드는 훈련을 데카르트에게 배웠을까?" 하는 의문을 일으킨다. 로던은 보일이 해당된다고 생각했다. 내 개인적인 견해로는 이런 가설 훈련은 데카르트 이전에 이미 광범위하게 시행되고 있었다. 그렇지 않다면 어떻게 갈릴레이가 낙하하는 물체는 일정하게 가속되어 투사체가 포물선 경로를 따라간다고 가정하고 그것을 실험으로 검증했겠는가?

리처드 왓슨Richard Watson이 쓴 데카르트 전기에 이런 말이 있다.[10] "물질을 기본 원소로 분해하는 데카르트의 방법이 없었다면 우리는 결코 원자 폭탄을 만들지 못했을 것이다. 17세기 현대 과학의 등장, 18세기의 계몽주의, 19세기의 산업혁명, 20세기의 개인용 컴퓨터와 뇌의 해석까지 모두 데카르트의 방법이다." 데카르트가 수학에 엄청난 기여를 한 것은 사실이지만, 과학적 방법에 대한 데카르트의 글들이 이런 행복한 발전을 가져왔다고 보는 것은 말도 안 된다.

데카르트와 베이컨은 수세기 동안 과학 연구의 규칙을 제시하려고 시도해온 여러 철학자들 중 두 명일 뿐이다. 그리고 그것은 절대 성공하지 못했다. 우리는 과학을 하는 경험을 통해서 과학을 하는 방법을 배웠고, 그것은 뭔가를 설명하는 방법이 성공했을 때 얻는 기쁨을 바탕으로 한 것이다. 과학을 하는 규칙을 만들면서 배운 것이 아니다.

14장
뉴턴의 통합

뉴턴에서 과학 혁명은 절정에 이른다. 하지만 그렇게 역사적인 역할을 한 사람이 이상할 정도로 새장에만 갇혀 있었다는 사실은 매우 놀랍다. 뉴턴은 런던과 케임브리지를 연결하는 영국의 좁은 지역과 자신이 태어난 링컨셔Lincolnshire를 한 번도 벗어나본 적이 없었다. 조수에 그렇게 관심이 많았지만 한 번도 바다를 본 적이 없었다. 중년이 될 때까지 어떤 여자도 가까이 하지 않았다. 심지어는 어머니조차도 말이다.* 그는 《다니엘서 연대기Book of Daniel》와 같이 과학과 거의 상관이 없는 문제들에 깊은 관심을 가졌다. 1936년 경매에 나온 뉴턴의 저작 목록에는 연금술에 대한 단어가 65만 개였고 종교에 대한 단어가 130만 개였다. 경쟁자들에 대해서 뉴턴은 잔인하고 냉정했다. 하지만 그는 플라톤 이후

---

*뉴턴은 50대에 자신의 이복남매의 아름다운 딸인 캐서린 바턴Catherine Barton을 가정부로 고용했다. 그들은 가까운 친구로 지내긴 했지만 이성으로서의 관계는 없었던 것으로 보인다. 뉴턴이 죽었을 때 영국에 있었던 볼테르는 뉴턴의 주치의와 '그의 죽음을 지킨 외과 의사'가 뉴턴이 한 번도 여자와 관계를 맺지 않았음을 확인했다고 기록했다(Voltaire, Philosophical Letters, Ind. [Indianapolis: Bobbs-Merrill Educational Publishing, 1961], 63). 주치의와 외과 의사가 그것을 어떻게 알았는지는 말하지 않았다.

철학자들이 혼란스러워했던 물리학과 천문학, 그리고 수학의 관계를
정리하고 그것들을 하나로 묶었다.

뉴턴에 대한 글을 쓴 작가들은 가끔 뉴턴이 현대 과학자가 아니라고
강조한다. 이 선상에 있는 말들 중 가장 유명한 것은 1936년의 소더비
경매에서 뉴턴의 기록들을 일부 구매한 존 메이너드 케인스John Maynard
Keynes가 한 말이다. "뉴턴은 이성의 시대 최초의 인물이 아니다. 그는
최후의 마법사였고 최후의 바빌로니아인이자 수메리아인이었다. 1만
년 전부터 우리의 지적 유산을 일구기 시작했던 사람들과 같은 눈으로
지적 세계를 바라본 마지막 위대한 정신이었다."* 하지만 뉴턴은 마법
세계의 계승자는 아니었다. 마법사도 완전한 현대 과학자도 아닌 그는
과거의 자연철학과 현대 과학 사이의 경계를 가로질렀다. 뉴턴의 업적
은 현대 과학이 된 모든 과학이 따른 패러다임을 제공해주었다.

아이작 뉴턴은 링컨셔 울스롭 영지Woolsthorpe Manor의 가족 농장에서
1642년 크리스마스에 태어났다. 문맹이었던 그의 아버지는 뉴턴이 태
어나기 직전에 죽었다. 그의 어머니는 사회적으로 더 높은 신사 계급이
었고, 그녀의 오빠는 케임브리지대학을 졸업하여 성직자가 되었다. 그
의 어머니는 뉴턴이 세 살 때 재혼을 하여 뉴턴을 할머니에게 남겨두고
울스롭을 떠났다. 뉴턴은 열 살에 울스롭에서 13킬로미터 떨어진 그랜
섬Grantham의 원룸 킹스 스쿨one-room King's School(원룸 스쿨은 한 교실에 여러
학년이 모여 공부하는 학교이다–옮긴이)에 들어가 약재상의 집에서 살았
다. 그곳에서 그는 라틴어, 신학, 수학, 기하학, 그리고 약간의 그리스

---

*이것은 케인스가 1946년에 왕립학회에서 한 '인간 뉴턴'이라는 강연에서 한 말이다. 케
인스는 강연이 열리기 석 달 전에 죽었기 때문에 연설은 그의 동생이 했다.

어와 히브리어를 배웠다.

열일곱 살 때 그는 농부가 되어야 한다는 이유로 집으로 불려왔지만 자신이 그 일에는 적합하지 않다는 것을 알게 되었다. 2년 후 그는 근로장학생으로 케임브리지 트리니티 칼리지에 들어갔다. 근로장학생은 교수들이나 돈을 내는 학생들의 시중을 드는 것으로 수업료와 방값, 밥값을 대신하는 제도였다. 피사대학에서의 갈릴레이처럼 뉴턴도 아리스토텔레스를 배우는 것부터 시작했지만, 곧 자신의 관심사로 눈길을 돌렸다. 다음 해부터 뉴턴은 아리스토텔레스에 대해 기록을 하던 노트에 '특정한 철학적 의문들Questiones quandam philosophicae'이라는 기록을 하기 시작했다. 다행히도 이것은 지금까지 남아 있다.

1663년 12월 케임브리지대학은 의회 의원인 헨리 루커스Henry Lucas의 후원을 받아 일 년에 100파운드를 받는 '루커스 석좌교수'라는 수학 분야 교수 자리를 만들었다. 1664년부터 시작된 케임브리지대학 최초의 수학 교수 자리는 뉴턴보다 열두 살 많은 아이작 배로Isaac Barrow가 차지했다. 이 시기에 뉴턴은 일부는 배로와 함께, 일부는 혼자서 수학 공부를 시작했고 교양학 학위를 받았다. 1665년 흑사병이 케임브리지를 덮치자 대학은 문을 닫았고 뉴턴은 울스롭으로 돌아갔다. 그 시기에 뉴턴은 아래에 설명할 자신의 과학 연구를 시작했다.

케임브리지로 돌아온 뉴턴은 1667년에 트리니티 칼리지의 교수가 되어 일 년에 2파운드를 내고 도서관을 자유롭게 이용할 수 있게 되었다. 그는 배로의 강의록 준비를 도와주면서 그와 가깝게 일했다. 1669년 배로는 신학에 전념하기 위해서 루커스 석좌교수를 사임했고, 배로의 추천으로 그 자리는 뉴턴에게 돌아갔다. 어머니의 재정적인 도움으

로 뉴턴은 새 옷을 사고, 집을 꾸미고, 약간의 도박도 했다.[1]

한편 이보다 약간 이전, 1660년대 스튜어트 왕조가 재건된 직후 보일, 훅, 그리고 천문학자이자 건축가인 크리스토퍼 렌Christopher Wren을 포함한 몇몇 런던 사람들이 자연철학과 실험에 대해 만나서 토론하는 모임을 만들었다. 처음에는 외국인이 단 한 명만 있었는데 바로 크리스티안 하위헌스였다. 그 모임은 1662년에 왕실의 인가를 받아 런던 왕립학회가 되었고, 지금까지 영국의 국립 과학 아카데미로 남아 있다. 뉴턴은 1672년에 왕립학회의 회원이 되었고 나중에 회장이 되었다.

1675년 뉴턴은 위기를 맞게 된다. 교수가 된 지 8년이 되었기 때문에 영국 교회의 성품을 받을 때가 된 것이었다. 이것은 삼위일체론에 대한 믿음을 맹세하는 것이었다. 하지만 아버지와 아들이 일체라는 니케아 공의회의 결정을 거부했던 뉴턴에게는 불가능한 일이었다. 다행히 루커스 석좌교수에 대한 증서에는 그 자리에 있는 사람이 교회에서 활동을 해서는 안 된다는 조항이 있었다. 여기에 근거하여 국왕 찰스 2세는 이후 루커스 석좌교수는 성품을 받을 필요가 없다는 명령을 내렸다. 덕분에 뉴턴은 케임브리지대학에 계속 머무를 수 있었다.

이제 1664년 케임브리지대학에서 시작된 뉴턴의 위대한 업적을 살펴보자. 그 연구는 광학, 수학, 그리고 나중에 역학이라고 불리게 된 분야가 중심이었다. 사실 이 세 분야 중 한 분야에서의 업적만으로도 그는 역사상 가장 위대한 과학자들 중 한 명이 될 자격이 있다.

뉴턴의 주요한 실험적인 성과는 광학에 대한 것이었다.* 그의 학부

---

*뉴턴은 연금술 실험에도 많은 노력을 기울였다. 이때의 연금술은 그냥 화학이라고 불러도 된다. 당시에는 둘 사이에 의미 있는 차이가 없었기 때문이다. 9장에서 자비르 이븐 하

시절 기록인 '특정한 철학적 의문들'을 들여다보면 그가 이미 빛의 본질에 대해 관심이 있었다는 사실을 알 수 있다. 데카르트와는 반대로 뉴턴은 빛이 눈에 가해지는 압력이 아니라고 결론을 내렸다. 만일 그렇다면 우리가 달릴 때 하늘이 더 밝게 보여야 하기 때문이라는 이유였다. 1665년 울스롭에서 뉴턴은 광학에서 그의 가장 위대한 업적인 색에 대한 이론을 만들어냈다. 고대부터 빛이 휘어진 유리를 통과할 때 색이 나타난다는 사실이 알려져 있긴 했지만 이 색은 유리에서 만들어지는 것이라고 생각되어 왔다. 뉴턴은 백색광이 모든 색의 빛으로 이루어져 있고, 유리나 물에 의해 굴절되는 각이 색에 의존한다고 추측했다. 붉은 빛은 푸른 빛보다 덜 휘어지기 때문에 프리즘이나 빗방울을 통과하는 빛의 색이 분리된다는 것이었다.*

이것은 데카르트가 이해하지 못했던 무지개의 색을 설명할 수 있었다. 이 아이디어를 검증하기 위해서 뉴턴은 두 가지 결정적인 실험을 했다. 먼저 프리즘을 이용하여 빛을 붉은색과 푸른색으로 분리한 다음 분리된 빛을 또 다른 프리즘에 통과시켜 더 이상 분리되지 않는다는 것을 확인했다. 다음으로 프리즘을 기발하게 배열하여 백색광이 굴절되어 만들어진 모든 빛을 다시 결합해보고, 이 색들이 모여 백색광을 만

이얀과 관련하여 언급한 것처럼 18세기 말까지는 일반 금속을 금으로 바꾸는 것과 같은 연금술의 목표를 제외하고는 제대로 된 화학 이론이 확립되지 않았다. 그러므로 연금술에 대한 뉴턴의 연구가 과학에 대한 부정을 의미하는 것은 아니지만, 중요한 결과는 아무것도 만들어내지 못했다.

*평면 유리는 빛을 분리하지 않는다. 모든 색은 유리로 들어갈 때 조금씩 다른 각으로 휘어지지만 나올 때 모두 다시 원래의 방향으로 휘어지기 때문이다. 프리즘의 면들은 평행하지 않기 때문에 프리즘으로 들어갈 때 다르게 굴절한 각각의 빛이 나올 때는 또 다른 각으로 휘어져 각각의 빛이 여전히 다른 각으로 휘어져 분리된다.

든다는 것을 알아냈다.

　굴절각이 색에 의존하는 현상은 갈릴레이, 케플러, 하위헌스의 망원경에서 '색 수차'라는 불행한 결과를 가져온다. 이것은 유리 렌즈가 백색광의 다른 색 빛들을 다른 곳에 모으기 때문에 멀리 있는 물체의 상을 퍼지게 만드는 현상이다. 색 수차를 피하기 위해서 뉴턴은 1669년에 유리 렌즈가 아니라 곡면거울로 빛을 모으는 망원경을 발명했다(그 빛은 다시 평면거울에 반사되어 망원경 밖으로 나와 유리 접안렌즈를 통과하기 때문에 색 수차가 완전히 없어지지는 않는다). 불과 15센티미터 길이의 반사망원경으로 뉴턴은 40배의 배율을 만들어낼 수 있었다. 모든 빛을 모으는 형태의 현대 천체망원경들은 뉴턴의 발명품의 후예이다. 칼턴 하우스 테라스Carlton House Terrace의 왕립학회를 처음 방문했을 때 나는 지하실로 안내를 받아 뉴턴이 두 번째로 만든 작은 망원경을 본 적이 있다.

　1671년 왕립학회의 실무자였던 헨리 올든버그Henry Oldenburg는 뉴턴에게 그의 망원경에 대한 설명을 발표하라고 권했다. 그래서 1672년 초에 뉴턴은 망원경과 색에 대한 연구를 설명한 원고를 〈왕립학회 철학회보Philosophical Transactions of the Royal Society〉에 투고했다. 이것이 뉴턴이 한 연구의 독창성과 중요성을 두고 벌어진 논쟁의 시작이 되었다. 그 상대는 주로 1662년부터 왕립학회의 실험 관리자이자, 존 커틀러 경Sir John Cutler이 1664년부터 강사로 임명해주었던 로버트 훅이었다. 훅은 천문학, 현미경, 시계 제작, 역학, 그리고 도시 계획에 경쟁자가 없을 정도로 중요한 기여를 했다. 그는 자신이 뉴턴처럼 빛에 대한 실험을 수행했지만 아무것도 밝혀낸 것이 없다고 주장했다. 색이 단순히 프리즘에 의해 합쳐져서 백색광이 된 것뿐이었다.

뉴턴은 1675년에 런던에서 빛에 대한 자신의 이론을 강의했다. 그는 같은 시기에 빛이 파동이라고 제안한 훅이나 하위헌스와는 반대로 빛이 물질처럼 수많은 작은 입자들로 이루어져 있다고 추측했다. 이것이 뉴턴의 과학적 판단이 잘못된 한 지점이다. 뉴턴의 시대에는 많은 관측을 통해 빛이 파동의 성질을 보이고 있었다. 현대의 양자역학에서는 빛이 광자라고 하는, 질량이 없는 입자들의 모임으로 설명되는 것이 사실이다. 하지만 보통의 실험에서는 광자의 수가 너무 많아 결과적으로 빛이 파동처럼 행동한다.

1678년 《빛에 관한 이론》에서 하위헌스는 빛을 파동으로 설명했는데, 무수히 많은 작은 입자들로 구성된 '에테르'라는 매질 속을 움직이는 파동이라고 했다. 깊은 물에서 생기는 바다의 파도에서 바다의 표면을 따라 움직이는 것은 물이 아니라 물의 진동이다. 마찬가지로 하위헌스의 이론에서 움직이는 것은 빛 입자들이 아니라 에테르 입자들의 움직임 때문에 생기는 파동이다. 각각의 진동하는 입자들이 새로운 진동의 원인처럼 행동하여 파동의 전체 진폭을 만든다. 물론 19세기 제임스 클러크 맥스웰James Clerk Maxwell의 연구 덕분에 우리는 하위헌스가 양자효과를 제외하고도 절반만 맞았다는 사실을 알고 있다. 빛은 파동이 맞지만 물질 입자들의 진동이 아니라 전자기장의 진동으로 구성된 파동이다.

빛의 파동 이론을 이용해서 하위헌스는 균일한 매질(혹은 진공)에서 빛이 직진하는 것처럼 행동한다는 결과를 유도할 수 있었다. 모든 진동하는 입자들에 의해 만들어지는 파동이 직진 방향으로만 누적되기 때문이다. 그는 빛이 최소 시간 경로를 취한다는 페르마의 선험적인 가정없이 등각 반사의 법칙과 스넬의 굴절 법칙을 유도할 수 있었다(전문 해설 30 참조). 하위헌스의 굴절 이론에서 두 매질 사이의 경계를 비스듬한 각으로 지나가는 빛은 병사들이 행진하다가 선두 행렬이 행진 속도가 줄어드는 늪지로 들어섰을 때 방향이 바뀌는 것과 같은 방식으로 속도가 바뀌면서 휘어진다.

잠깐 다른 얘기를 하면, 하위헌스의 파동 이론에서는 데카르트가 생각했던 것과는 반대로 빛의 속도가 무한하지 않다는 것이 핵심이다. 하위헌스는 빛의 속도가 무한하지 않다는 것을 관측하기 힘든 이유는 그 속도가 너무 빠르기 때문이라고 주장했다. 예를 들어 빛이 달에서 지구까지의 거리를 한 시간 동안에 이동한다면, 월식 때 달이 정확하게 태양의 반대편에 있지 않고 약 33도 뒤로 처져야 한다. 이런 현상이 일어나지 않으므로 하위헌스는 빛의 속도가 소리의 속도보다 적어도 10만 배 더 빨라야 한다고 결론을 내렸다. 이것은 맞는 말이다. 실제 값은 100만 배이다.

하위헌스는 계속해서 덴마크의 천문학자 올레 뢰머Ole Rømer가 최근에 목성의 위성을 관측한 결과를 설명했다. 이 관측은 이오의 공전 주기가 지구와 목성이 서로 가까워질 때 짧아지고 멀어질 때 길어진다는 것을 보여주었다(이오를 관측한 이유는 목성의 갈릴레이 위성들 중에서 주기가 가장 짧아 1.77일밖에 되지 않기 때문이다). 하위헌스는 이것을 나중에는 '도플러 효과Doppler effect'로 알려진 것으로 설명했다. 목성과 지구가 서로 가까워지거나 멀어지면 이오가 한 번 공전할 때마다 둘 사이의 거리가 줄어들거나 늘어난다. 그러므로 빛이 제한된 속도를 가지면 이오가 공전하는 데 걸리는 시간은 목성과 지구가 정지해 있을 때보다 상대적으로 더 줄어들거나 늘어나야 한다. 특히 이오의 겉보기 공전 주기의 변화 비율은 빛의 속도 방향을 따라 떨어져 있는 목성과 지구의 상대적인 속도의 비율이다. 상대적인 속도는 목성과 지구가 서로 멀어질 때 양의 값, 가까워질 때 음의 값을 가진다(전문 해설 31 참조). 이오의 공전 주기의 변화를 측정하고 지구와 목성의 상대적인 속도를 알면 빛의 속도를 계산할 수 있다. 지구의 속도는 목성보다 훨씬 더 빠르기 때문에 상대적인 속도는 주로 지구의 속도에 의해 결정된다. 태양계의 크기는 당시에는 아직 잘 알려져 있지 않았으므로 지구와 목성의 상대적인 속도와 거리도 알 수 없었다. 하지만 하위헌스는 뢰머의 자료를 이용하여 빛이 지구 궤도 반지름과 같은 거리를 이동하는 데 11분이 걸린다는 사실을 알아냈다. 이것은 궤도의 크기를 몰라도 알아낼 수 있는 결과였다. 이것을 다르게 표현하면, 천문단위 AU는 지구 궤도 반지름의 평균 값으로 정의되므로 하위헌스가 발견한 빛의 속도는 11분당 1AU였다. 현대의 값은 8.32분당 1AU이다.

뉴턴이나 하위헌스가 사용할 수도 있었던 빛의 파동성은 이미 실험적인 증거를 통해 알려져 있었다. 볼로냐의 예수회 사제 프란체스코 마리아 그리말디Francesco Maria Grimaldi가 발견했고 그가 죽고 난 1665년에 출판되어 알려진 회절 현상이 그 증거였다. 그리말디는 햇빛에 의한 얇은 막대기의 그림자가 완전히 뚜렷하게 만들어지지 않고 살짝 퍼지는 현상이 나타난다는 것을 발견했다. 이것은 빛의 파장이 막대의 두께에 비해 훨씬 짧긴 하지만 무시될 수는 없을 정도이기 때문에 나타나는 현상이다. 하지만 뉴턴은 이것이 막대의 표면에서 생기는 일종의 굴절 현상이라고 주장했다. 빛이 입자냐 파동이냐의 문제는 19세기 초반 토머스

영Thomas Young이 다른 경로를 따라 온 빛이 특정한 지점에서 보강되거나 상쇄되는 간섭무늬를 발견함으로써 대부분 정리되었다. 그리고 이미 언급했듯이 20세기에는 이 두 관점이 양립할 수 있다는 사실이 발견되었다. 1905년 아인슈타인은 빛이 대부분의 경우에 파동처럼 행동하지만 빛의 에너지가 나중에는 광자라고 불리게 된 작은 덩어리로 되어 있고, 광자는 빛의 진동수에 비례하는 작은 에너지와 운동량을 가진다는 사실을 발견했다.

뉴턴은 1690년대 초가 되어서야 영어로 쓴 《광학Opticks》이라는 책에서 자신의 빛에 대한 연구를 발표했다. 이것은 그가 이미 유명해진 후인 1704년에 출판되었다.

뉴턴은 위대한 물리학자였을 뿐만 아니라 창의적인 수학자이기도 했다. 그는 1664년부터 유클리드의 《기하학원론》과 데카르트의 《기하학》을 포함한 수학에 대한 책들을 읽기 시작했다. 그는 곧 무한대 문제를 포함하여 여러 가지 수학 문제들에 대한 해답을 찾아내기 시작했다. 예를 들어 그는 $x-x^2/2+x^3/3-x^4/4+\cdots$와 같은 무한급수를 연구하여 이 합이 $1+x$의 로그*라는 것을 보였다.

1665년부터 뉴턴은 극히 작은 값에 대해 생각했다. 그는 문제 하나를 선택했다. t시간 동안 이동한 거리 $D(t)$를 안다면 어떤 특정한 순간의 속도를 어떻게 찾을 수 있을까? 그는 등속이 아닌 운동에서 특정한 순간의 속도는 그 순간의 극히 작은 시간 간격 동안 움직인 거리라고 생

---

*이것은 $1+x$의 '자연로그'이고 상수 $e=2.71828\cdots$의 지수가 $1+x$의 결과를 주게 되어 있다. 이 특별한 정의를 쓰는 이유는 자연로그가 e의 자리에 10을 놓는 '상용로그'보다 더 단순한 성질을 가지고 있기 때문이다. 예를 들어 자연로그에서는 로그2가 $1-1/2+1/3-1/4+\cdots$로 주어지지만 상용로그에서의 로그2는 더 복잡하다.

각했다. 그는 극히 작은 시간 간격을 o로 표시하고, 시간 t에서의 속도를 시간 t와 $t+o$ 사이에 이동한 거리를 o로 나눈 값, 즉 $[D(t+o)-D(t)]/o$로 정의했다. 예를 들어 $D(t)=t^3$이면 $D(t+o)=t^3+3t^2o+3to^2+o^3$이다. o가 극히 작으면 우리는 o^2과 o^3에 비례하는 항을 무시하여 $D(t+o)=t^3+3t^2o$로 쓸 수 있고, 그러면 $D(t+o)-D(t)=3t^2o$가 되어 속도는 $3t^2$이 된다. 뉴턴은 이것을 $D(t)$의 '유율^{fluxion}'이라고 불렀지만 지금은 현대 미적분학의 기본이 되는 미분^{Derivative}이라고 불리게 되었다.*

그런 다음 뉴턴은 곡선으로 둘러싸인 영역의 면적을 구하는 문제를 선택했다. 그의 답은 미적분학의 기본이었다. 먼저 유율이 곡선으로 기술되는 함수를 찾아야 한다. 예를 들어, 앞에서 본 것처럼 $3x^2$은 x^3의 유율이므로 $x=0$에서 다른 어떤 x 사이의 포물선 $y=3x^2$ 아래의 면적은 x^3이다. 뉴턴은 이것을 '유율의 반대법'이라고 불렀지만 지금은 적분^{integration}으로 알려져 있다.

뉴턴은 미분과 적분을 발명했지만 오랫동안 널리 알려지지는 않았다. 나중에 1671년에 그는 이것을 광학에 대한 연구와 함께 출판하기로 결심했지만 런던의 출판업자들은 충분한 보조금 없이는 이것을 출판하려 하지 않았다.[2]

1669년 배로는 뉴턴의 《무한급수의 방정식에 의한 해설$^{De\ analysiper}$ $^{aequationes\ numero\ terminorum\ infinitas}$》의 원고를 수학자인 존 콜린스$^{John\ Collins}$에게 주었다. 콜린스는 원고의 사본을 만들었는데, 이 원고를 1676년

---

*$3o^2t$와 o^3항을 무시하는 이 계산이 근사치일 뿐인 것처럼 보이지만 이것은 오해다. 19세기의 수학자들은 극히 작은 값 o라는 모호한 개념을 버리고 '극한'을 정교하게 정의했다. 속도는 o를 충분히 작은 값으로 할 때 최대한 가까운 $[D(t+o)-D(t)]/o$ 값이 된다. 앞으로 보겠지만, 나중에 뉴턴은 극히 작은 값이라는 개념에서 현대의 극한 개념으로 옮겨간다.

에 런던을 방문한 철학자이자 수학자 고트프리트 빌헬름 라이프니츠 Gottfried Wilhelm Leibniz가 보았다. 그는 과거 하위헌스의 학생이었고 뉴턴보다 몇 살 어렸으며 지난해에 미적분의 핵심을 독립적으로 발견한 상태였다. 1676년 뉴턴은 편지에서 라이프니츠에게 보여주려는 의도로 자신의 결과의 일부를 공개했다. 라이프니츠는 1684년과 1685년에 미적분학에 대한 자신의 연구를 뉴턴에 대한 인용 없이 논문으로 출판했다. 이 논문에서 라이프니츠는 '미적분calculus'이라는 용어를 썼고 적분 기호 ∫를 포함한 현대적인 기호들을 발표했다.

미적분에 대한 자신의 지위를 확보하기 위해서 뉴턴은 자신의 방법을 《광학》 1704년판에 포함시켜 발표했다. 1705년 1월, 《광학》의 이 방법이 라이프니츠에게서 베껴온 것이라고 암시하는 무명의 서평이 나왔다. 뉴턴이 짐작한 대로 이 서평은 라이프니츠가 쓴 것이었다. 그러자 1709년 〈왕립학회 철학 회보〉에 존 카일John Keill이 미적분 발견에 대한 뉴턴의 우선권을 주장하는 기사를 실었고, 1711년에 라이프니츠는 왕립학회에 강력한 불만을 표시했다. 1712년 왕립학회는 이 논쟁을 다루는 익명의 위원회를 소집했다. 1715년 위원회는 뉴턴이 미적분에 대한 우선권을 가져야 한다는 결과를 발표했다. 이 발표문의 초안은 뉴턴이 작성하여 위원회에 보낸 것이었다. 그리고 그 결론은 발표문에 대한 익명의 검토서로 뒷받침되었는데, 그것 역시 뉴턴이 쓴 것이었다. 2세기가 지난 후 이 위원회의 구성원들이 알려졌는데, 대부분 뉴턴의 강력한 지지자들로 구성되어 있었다.

현대 학자들의 판단은[3] 라이프니츠와 뉴턴이 미적분을 독립적으로 발견했다는 것이다. 뉴턴이 라이프니츠보다 10년 더 일찍 발견했지만,

자신의 연구를 먼저 출판한 라이프니츠도 충분히 자격이 있다. 뉴턴은 1671년에 미적분에 대한 자신의 이론을 출판하기 위해 노력했던 이후로는 연구 결과를 숨겼지만 라이프니츠와 논쟁이 시작되자 어쩔 수 없이 공개했다. 대중에게 알리겠다는 결정은 대체로 과학의 발전 과정에서 중요한 요소가 된다.[4] 그것은 저자가 그 연구가 옳고 다른 과학자들이 사용해도 괜찮겠다고 판단했다는 의미가 되기 때문이다. 이런 이유로 오늘날에는 과학 발견의 우선권이 먼저 발표한 사람에게 돌아간다.

라이프니츠가 미적분을 처음으로 발표하긴 했지만, 미적분을 과학 문제에 적용시킨 사람은 라이프니츠보다는 뉴턴이었다. 데카르트처럼 라이프니츠도 철학적인 업적으로 많은 존경을 받는 위대한 수학자였지만, 자연과학에 중요한 기여를 하지는 않았다.

역사적으로 가장 큰 충격을 준 것은 운동과 중력에 대한 뉴턴의 이론들이다. 물체를 지구로 떨어지게 하는 것이 지구 표면에서의 거리에 따라 감소하는 중력이라는 생각은 오래된 것이었다. 여기까지는 9세기에 많은 여행을 한 아일랜드의 성직자 존 스콧John the Scot(본명 던스 스코투스 Duns Scotus)에 의해 제시되었지만 이 힘을 행성의 운동과 연결시킨 내용은 전혀 없었다.

행성들을 궤도에 붙잡아두는 힘이 태양으로부터의 거리의 제곱에 반비례하여 약해진다는 것은 1645년에 프랑스의 성직자인 이스마엘 불리알두스Ismaël Bullialdus에 의해 처음으로 제안되었다. 그는 나중에 뉴턴에 의해 인용되었고 왕립학회 회원이 되었다. 하지만 이것을 확실하게 중력과 연결시킨 것은 뉴턴이었다.

약 50년 후에 뉴턴은 자신이 중력 연구를 어떻게 시작하게 되었는지에 대해서 썼다. 그의 글은 많은 설명이 필요하지만 나는 그것을 여기에 인용해야겠다고 생각했다. 이것은 역사의 전환점에 대한 뉴턴 본인의 말이기 때문이다. 뉴턴에 따르면 그것은 1666년이었다.

나는 달의 궤도까지 뻗어가는 중력에 대해 생각하기 시작했고, (구의 안쪽에서 구의 표면을 누르며 회전하는 공으로 힘을 측정하는 방법을 발견하고) 행성들의 공전 주기가 그 궤도의 중심에서의 거리의 1.5승에 비례한다는 케플러 법칙에서 행성들을 자신들의 궤도에 묶어두는 힘은 자신들이 공전하는 궤도의 중심에서의 거리의 제곱에 반비례해야 한다는 것을 유도하고, 달의 궤도와 지구 표면에서의 중력을 비교하여 그 답이 꽤 잘 맞는다는 것을 발견했다. (그의 무한급수와 미적분에 대한 연구를 포함하여) 이 모든 것은 1665년에서 1666년, 흑사병이 돌던 2년 동안 이루어졌다. 이 시기는 내가 무언가를 발명하기 가장 좋은 나이였고 수학과 철학에 대해 어느 때보다도 많은 관심을 가졌던 시기였다.[5]

위에 말했듯이 이 글은 설명이 필요하다. 먼저 뉴턴이 괄호 속에 넣은 글 "구의 안쪽에서 구의 표면을 누르며 회전하는 공으로 힘을 측정하는 방법을 발견하고"는 1659년경에 (뉴턴은 아마도 몰랐겠지만) 하위헌스가 이미 했던 원심력에 대한 계산을 언급한 것이다. 하위헌스와 뉴턴에게, 그리고 우리에게도 가속도는 단순히 일정한 시간 동안 속도가 변하는 숫자보다 더 넓은 정의를 가진다. 가속도는 방향을 가지는 양이기 때문에 시간에 대해서 속도의 크기뿐만 아니라 방향의 변화도 포함한다. 일정한 속력으로 회전하는 원운동에도 가속도가 있다. 이것은 원의 중심 방향으로 연속해서 방향이 변하는 '구심가속도'라고 한다. 하위헌스와 뉴턴은 일정한 속력 v로 반지름 r의 원운동을 하는 물체는 원의 중심 방향으로 가속되고 있으며 가속도의 크기는 v^2/r이라고 결론을 내렸다. 그러므로 물체가 직선으로 날아가지 않도록 계속 원운동을 하게 하는 힘은 v^2/r에 비례해야 한다(전문 해설 32 참조). 물체가 줄의 끝에 묶여 회전할 때 구심가속도에 반대하여 물체가 느끼는 힘을 하위헌스는 원심력이라고 불렀다. 원심력에 저항하는 힘은 줄의 장력이다. 하지만 행성들은 태양에 줄로 묶여 있지 않다. 태양 주위를 거의 원운동으로 움직이는 행성들이 만드는 원심력에 저항하는 힘은 무엇일까? 앞으로 보겠지만 이 질문에 대한 대답이 뉴턴의 역제곱 중력 법칙의 발견을 이끌었다.

다음에 주목할 글은 "행성들의 공전 주기가 그 궤도의 중심에서의 거리의 1.5승에 비례한다는 케플러 법칙"이다. 뉴턴이 말하는 것은 지금 케플러 제3법칙이라고 불리는 것이다. 행성이 궤도를 도는 주기의 제곱은 그 궤도 평균 반지름의 세제곱에 비례한다는 것이고, 다른 말로 하면 주기는 평균 반지름의 3/2승(1.5승)에 비례한다는 것이다.* 속도 v로 반지름 r인 원운동을 하는 물체의 주기는 원의 원주 $2\pi r$을 속도 v로 나눈 것이므로, 원 궤도에서 케플러 제3법칙은 r^2/v^2이 r^3에 비례하게 되어 서로 역수를 취하면 v^2/r^2이 $1/r^3$에 비례하게 된다. 결국 행성들을 궤도에 묶어두는 v^2/r에 비례하는 힘은 $1/r^2$에 비례하게 된다. 이것

---

*케플러의 세 개의 행성 운동 법칙은, "각 행성의 궤도는 태양을 하나의 초점으로 하는 타원 궤도"라는 첫 번째 법칙이 널리 받아들여지긴 했지만 뉴턴 이전에는 명확하게 확립되어 있지 않았다. 뉴턴이 《프린키피아》에서 세 개의 법칙을 유도한 후에야 모두 일반적으로 받아들여졌다.

이 역제곱 중력 법칙이다.

　이것은 그저 케플러 제3법칙을 다시 설명한 것으로 보일 수 있다. 행성들에 대한 뉴턴의 말에는 행성들을 궤도에 잡아두고 있는 힘과, 일상적으로 경험하는 지구 표면에서의 중력과 관계된 현상들을 연결시키는 어떤 내용도 없다. 이 연결은 달에 대한 뉴턴의 설명에서 찾을 수 있다. 뉴턴은 "달의 궤도와 지구 표면에서의 중력을 비교하여 그 답이 꽤 잘 맞는다는 것을 발견했다"고 말했다. 이것은 그가 달의 구심가속도를 계산했고, 그 값이 지구 표면에서 낙하하는 물체의 가속도보다 지구 중심에서의 거리의 제곱에 반비례하는 정도만큼 정확하게 작다는 것을 발견했다는 뜻이다.

　더 자세히 설명하면, 뉴턴은 달의 일주 시차 관측으로 잘 알려진 달의 궤도 반지름을 지구 반지름의 60배로 잡았다. 실제 값은 지구반지름의 60.2배이다. 그는 달 궤도 반지름의 대략적인 값을 주는 지구 반지름의 대략적인 값을 사용했고,* 지구 주위를 도는 달 공전 주기로 항성월인 27.3일을 사용하여 달의 궤도를 계산한 다음, 이 값으로 달의 구심가속도를 구했다. 이 가속도는 지구 표면에서 낙하하는 물체의 가속도보다 대략 $1/(60)^2$배 정도 작다는 결과가 나왔다. 이것은 달을 궤도에 잡고 있는 힘이 지구 표면에서 물체를 당기는 힘보다 역제곱의 법칙에 따라 약해진다고 볼 때 기대되는 값이다(전문 해설 33 참조). 이것이 앞에 나온 뉴턴의 기록에서 뉴턴이 "그 답이 꽤 잘 맞는다"고 말한 것의 의미다.

---

*지구 둘레에 대한 최초의 상당히 정밀한 측정은 1669년 장-펠릭스 피카르Jean-Félix Picard에 의해 이루어졌고, 이 값은 1684년에 뉴턴이 더 정밀한 계산을 할 때 사용되었다.

이것은 천상과 지상을 과학으로 통합한 획기적인 진전이었다. 코페르니쿠스는 지구를 행성들 중 하나로 놓았고, 티코 브라헤는 하늘에도 변화가 있다는 것을 보였으며, 갈릴레이는 달의 표면도 지구처럼 거칠다는 것을 알아냈다. 그러나 그 누구도 행성들의 움직임을 지구에서 관측되는 힘과 연결시키지는 못했다. 데카르트는 태양계의 움직임을 지구의 물에서 생기는 소용돌이와 비슷한 에테르의 소용돌이로 설명하려고 시도했지만 성공하지 못했다. 그런데 이제 뉴턴이 지구 주위를 도는 궤도에 달을 묶어두는 힘은 링컨셔에서 사과를 땅으로 떨어지게 하는 중력과 같은 힘이며, 모두 똑같은 정량적인 법칙의 지배를 받는 힘이라는 것을 보인 것이다. 이 이후로 아리스토텔레스 시대부터 이어져 내려오던 천상과 지상의 구별은 영원히 사라지게 되었다. 하지만 이것은 지구와 태양뿐만 아니라 우주의 모든 물체가 서로의 거리의 제곱에 따라 줄어드는 힘으로 서로를 끌어당긴다는 만유인력의 원리에 이르기에는 아직 크게 부족하다. 뉴턴의 주장에는 아직 네 개의 큰 허점이 있다.

첫 번째 허점: 달의 구심가속도와 지구 표면에서 낙하하는 물체의 가속도를 비교할 때 뉴턴은 이 가속도를 만드는 힘은 거리의 제곱에 따라 줄어든다고 가정했다. 그런데 무엇으로부터의 거리인가? 이 문제는 달의 운동에는 거의 문제가 되지 않는다. 달은 지구에서 너무 멀리 있으므로 달의 운동을 생각할 때는 지구를 하나의 점으로 간주할 수 있기 때문이다. 하지만 링컨셔의 땅으로 떨어지는 사과의 입장에서 보면 지구는 몇 미터 떨어진 나무 바로 아래에서부터 1만 2,800킬로미터 떨어

진 지구의 정반대 끝까지 뻗어 있다. 뉴턴은 지구 표면 근처에서 낙하하는 물체의 거리를 지구 중심에서의 거리로 가정했지만 이것이 명확하지는 않았다.

두 번째 허점: 뉴턴은 케플러 제3법칙을 설명할 때 행성들 사이의 분명한 차이를 무시했다. 목성이 수성보다 훨씬 더 크다는 것은 문제가 되지 않을 수도 있다. 그들의 구심가속도의 차이는 태양에서의 거리와 관계가 있을 뿐이기 때문이다. 하지만 뉴턴은 달의 구심가속도와 지구 표면 근처에서 낙하하는 물체의 가속도 비교에서는 달과 사과와 같은 낙하하는 물체 사이의 분명한 차이를 무시하고 있다. 왜 그 차이가 문제가 되지 않을까?

세 번째 허점: 뉴턴은 1665년에서 1666년에 했다고 한 연구에서 케플러 제3법칙을 "여러 행성들의 구심가속도와 태양으로부터 그 행성까지의 거리의 제곱의 곱은 모든 행성에서 같은 것"이라고 설명했다. 하지만 이 값은 달의 구심가속도와 지구에서의 거리의 제곱을 곱한 값과는 전혀 같지 않고 훨씬 더 크다. 이 차이를 어떻게 설명할 것인가?

네 번째 허점: 마지막으로 뉴턴은 태양의 주위를 도는 행성들과 지구의 주위를 도는 달의 궤도를 일정한 속도의 원운동으로 간주했다. 하지만 케플러가 보인 것처럼 그 궤도들은 정확한 원운동이 아니라 타원운동이며, 태양과 지구는 타원의 중심에 있지 않고, 달과 행성들의 속도는 근사적으로만 일정하다.

뉴턴은 1666년 이후 수년간 위의 네 가지 문제로 고심했다. 그러는 동안 다른 사람들도 뉴턴이 이미 도달한 것과 같은 결론에 이르고 있었다. 1679년 뉴턴의 오랜 적인 훅은 운동과 중력에 대해 수학적이지는 않지만 그럴듯한 제안을 포함한《커틀러리언 강연집Cutlerian lectures》을 출판했다.

먼저, 모든 천상의 물체들은 자신의 중심을 향해 당기는 힘 혹은 '중력'을 가지고 있으며, 그들은 자신의 일부만 당기는 것이 아니라 우리가 지구에서 관찰하듯이 더 멀리 날아가 자신의 활동 범위에 있는 모든 다른 천상의 물체들도 끌어당긴다. 두 번째 가정은 직접적이고 단순하게 움직이는 모든 물체가 원이나 타원 혹은 다른 좀 더 복잡한 곡선으로 휘어지도록 하는 다른 힘을 받을 때까지 직선으로 나아간다는 것이다. 세 번째 가정은 이 끌어당기는 힘이 물체가 중심에서 얼마나 더 가까이 있느냐에 따라서 더 강한 힘을 받는다는 것이다.[6]

훅은 뉴턴에게 역제곱의 법칙을 포함한 자신의 생각을 편지로 보냈다. 뉴턴은 자신은 훅의 연구에 대해서 들어본 적이 없으며, 행성 운동을 이해하기 위해서는 "극소 분할 방법(즉, 미적분)이 필요하다"고 대답하며 그의 말을 일축했다.[7]

1684년 뉴턴은 케임브리지를 방문한 천문학자 에드먼드 핼리Edmund Halley와 운명적으로 만나게 되었다. 뉴턴이나 훅, 그리고 렌과 마찬가지로 핼리도 중력의 역제곱 법칙과 원 궤도에 대한 케플러 제3법칙 사이에 연관성이 있다는 것을 알고 있었다. 핼리는 뉴턴에게 거리의 제곱에 따라 줄어드는 힘의 영향 아래에서 움직이는 물체의 실제 궤도의 모양은 어떻게 될 것인지 물었다. 뉴턴은 그 궤도는 타원이 될 것이라고 대답하고 그 증명을 보내주겠다고 약속했다. 그해 말에 뉴턴은 중심을 향하는 힘을 받고 있는 물체들의 일반적인 운동을 다루는 방법을 보여주는 〈궤도 운동을 하는 물체에 대하여On the Motion of Bodies in Orbit〉라는 열 쪽짜리 논문을 제출했다. 그리고 3년 후 뉴턴은 왕립학회를 통해 《자연철학의 수학적 원리Mathematical Principles of Natural Philosophy(약칭은 프린키피아 Principia)》라는, 누구도 의심할 여지 없이 물리학 역사에서 가장 위대한 책을 출판했다.

《프린키피아》를 살펴본 현대의 물리학자들은 이것이 현대의 물리학 논문과 거의 닮지 않았다는 사실에 놀랄 것이다. 기하학적인 그림은 많이 있지만 방정식은 거의 없다. 마치 뉴턴이 자신이 개발한 미적분을 잊어버린 것처럼 보일 것이다. 하지만 꼭 그렇지는 않다. 그의 그림들 중 많은 수에서 무한히 작거나 무한히 큰 수를 가정하는 것을 볼 수 있다. 예를 들어 고정된 중심을 향하는 힘이 있을 때의 케플러의 동일 면적 법칙을 보여주면서, 뉴턴은 행성이 극히 작은 시간 간격으로 무수히 많은 충격을 중심을 향해 받는다고 생각한다. 이것은 미적분의 일반적인 공식으로, 완벽할 뿐만 아니라 빠르고 쉽게 할 수 있는 계산이다. 하지만 《프린키피아》 어디에도 이런 일반적인 공식들은 보이지 않는다. 《프린키피아》에 있는 뉴턴의 수학은 원의 면적을 계산하는 데 사용한 아르키메데스의 수학이나 포도주 통의 부피를 계산하는 데 사용한 케플러의 수학과 크게 다르지 않다.

《프린키피아》의 형식은 유클리드의 《기하학원론》을 떠오르게 한다.

이것은 정의부터 시작한다.[8]

정의 I. 물질의 양은 물질을 밀도와 부피의 곱으로 측정하는 값이다.

'물질의 양quantity of matter'으로 번역된 부분은 뉴턴의 라틴어판에서는 'massa'로 표현되었고, 이것이 지금은 'mass(질량)'로 불린다. 여기서 뉴턴은 이것을 밀도와 부피의 곱으로 정의한다. 뉴턴이 밀도를 정의하지는 않았지만 질량에 대한 그의 정의는 여전히 유용하다. 그의 독자들은 철과 같이 동일한 재료로 만들어진 물체는 특정한 온도에서 같은 밀도를 가지는 것을 당연하게 여겼을 것이기 때문이다. 아르키메데스가 보였듯이 비중을 측정하면 물에 대한 상대적인 밀도를 알 수 있다. 뉴턴은 물체의 무게를 통해 질량을 측정할 수 있다고 적었지만 질량과 무게를 혼동하지는 않았다.

정의 II. 운동의 양은 운동의 속도와 물질의 양을 곱하여 측정할 수 있는 값이다.

뉴턴이 '운동의 양quantity of motion'이라고 부른 것은 지금은 '운동량momentum'이라는 값이다. 여기서 뉴턴은 이것을 속도와 질량의 곱으로 정의한다.

정의 III. 물질의 고유한 힘은 물체가 정지해 있거나 등속 직선 운동을 하는 상태를 유지하고 변화에 저항하는 능력이다.

4부_과학 혁명

뉴턴은 계속해서 이 힘은 물체의 질량에서 나오고 "질량의 관성과 어떻게도 다르지 않다"고 설명한다. 지금 우리는 가끔 질량을 구별하여 운동의 변화에 저항하는 양을 '관성 질량'으로 부른다.

정의 IV. 외부의 힘은 물체에 작용하여 정지 상태나 등속 직선 운동 상태를 변화시키는 힘이다.

이것은 힘에 대한 일반적인 개념을 정의한 것이다. 하지만 아직 주어진 힘의 수치적인 값에 대한 의미를 주지는 않았다. 정의 V부터 VIII까지는 구심가속도와 그 성질을 정의한 것이다. 정의 다음에는 주석 혹은 해설이 이어진다. 여기에서 뉴턴은 공간과 시간을 정의하지는 않았지만 설명은 하고 있다.

해설 I. 절대적이고 실재하며 수학적인 시간은 그 자체로, 그리고 그 자체의 성질로 외부의 어떤 것과도 상관없이 일정하게 흘러가고…
해설 II. 절대 공간은 그 자체의 성질로 외부의 어떤 것과도 상관없이 균일하고 움직이지 않는다.

라이프니츠와 조지 버클리George Berkeley 주교는 오직 공간과 시간에서의 상대적인 위치만이 의미를 가진다고 주장하며 뉴턴의 시간과 공간에 대한 이런 관점을 비판했다. 이 해설에서 뉴턴은 우리가 주로 상대적인 위치와 속도만을 다룬다는 것을 알고 있었다. 하지만 이제 절대 공간을 다루어야 할 일이 생겼다. 뉴턴의 역학에서 위치나 속도와는 달리 가속도는 절대적인 지위를 가진다. 어떻게 아닐 수가 있겠는가? 가속도의 효과는 일상적인 경험의 문제였다. "무엇에 대한 가속도인가?"라는 질문은 할 필요가 없다. 차가 갑자기 속도를 높이면 몸이 의자 쪽으로 밀리는 힘을 통해 창밖을 보지 않고도 가속되고 있다는 것을 알수 있다. 나중에 보겠지만 시간과 공간에 대한 라이프니츠와 뉴턴의 관점은 20세기에 일반상대성이론을 통해 화해된다. 그리고 드디어 뉴턴의 유명한 운동 법칙이 나온다.

제1법칙: 모든 물체는 외부의 힘에 의해 변화가 생기지 않는 한 정지 상태나 등속 직선 운동 상태를 유지한다.

가상디와 하위헌스는 이미 제1법칙이 말하는 내용에 대해 알고 있었다. 뉴턴이 왜 이것을 굳이 별도의 법칙에 포함시켰는지는 분명하지 않다. 제1법칙은 중요하긴 하지만 제2법칙을 보면 그것의 당연한 결과이기 때문이다.

제2법칙: 운동의 변화는 외부에서 주어지는 힘에 비례하고 그 힘이 주어지는 직선 방향으로 일어난다.

여기서 '운동의 변화'는 뉴턴이 정의 II에서 '운동의 양'이라고 부른 운동량의 변화를 의미한다. 실제로 힘에 비례하는 것은 운동량의 변화량이다. 우리는 전통적으로 운동량의 변화량으로 측정되는 힘의 단위를 그냥 힘의 단위와 실제로 같다고 정의한다. 운동량은 질량과 속도의 곱이므로 운동량의 변화량은 질량과 가속도의 곱이 된다. 그러므로 뉴턴의 제2법칙은 질량과 가속도의 곱이 그 가속도를 만드는 힘과 같다는 말이다. 하지만 유명한 방정식 $F=ma$는 《프린키피아》에 나오지 않는다. 이 공식은 18세기 대륙의 수학자들이 뉴턴의 제2법칙을 다시 표현한 것이다.

제3법칙: 모든 작용에는 언제나 반대 방향으로 크기가 같은 반작용이 있다. 다시 말해서 두 물체가 주고받는 작용은 언제나 크기가 같고 언제나 반대 방향이다.

뉴턴은 기하학적인 방법으로 이 식들로 유도되는 여러 추론들을 완벽하게 이어서 보여준다. 그중 중요한 것은 운동량 보존 법칙을 만들어 내는 추론 III이다(전문 해설 34 참조).

뉴턴은 정의, 법칙, 추론을 완성한 다음 1부에서 그 결과들을 차례로 유도하기 시작한다. 그가 증명한 것은 다음과 같다. 중심의 힘(하나의 중심점을 향한 힘)이, 그리고 오직 중심의 힘만이 같은 시간 동안 같은 면적을 쓸고 가는 물체의 운동을 만들어낸다. 거리의 제곱에 반비례하는 중심의 힘이, 그리고 오직 그런 중심의 힘만이 원, 타원, 포물선, 쌍곡선과 같은 원추형 곡선 운동을 만들어낸다. 타원에서 그런 힘은 주기가 타원의 긴 반지름(11장에서 언급했듯이 이것은 행성의 경로를 따라 태양까지의 거리를 평균한 것이다)의 3/2승에 비례하는 운동을 만들어낸다. 그러므로 거리의 제곱에 반비례하는 중심의 힘은 모든 케플러 법칙을 설명할 수 있다. 뉴턴은 1부 12절에서 거리의 제곱에 반비례하는 힘을 만들어내는 입자들로 이루어진 구형의 물체는 구의 중심에서의 거리의 제곱에 반비례하는 총 힘을 만들어낸다는 것을 증명함으로써, 달의 구심가속도와 낙하하는 물체의 가속도를 비교할 때 생겼던 틈새도 메울 수 있었다.

1부 1절의 끝부분에는 뉴턴이 더 이상 극히 작은 값이라는 개념에 의존하지 않는다는 주목할 만한 해설이 있다. 그는 속도와 같은 '유율'이 이전에 자신이 이야기했던 극히 작은 값들의 비율이 아니라고 설명한다. 대신 이렇게 말한다. "양이 사라지는 이 최종의 비율은 실제 최종적인 양의 비율이 아니다. 하지만 양의 비율이 한계 없이 줄어드는 극한은 계속 접근하고, 너무나 가까이 접근하여 그 차이가 어떤 양보다 작아질 수 있다." 이것은 실질적으로 오늘날의 미적분이 기반을 두고 있는 극한에 대한 현대적인 개념이다. 《프린키피아》에서 현대적이지 않은 부분은 뉴턴의 극한에 대한 아이디어를 기하학적인 방법을 통해서 연구해야 한다는 것이다.

2부는 유체 속에서의 물체의 운동을 길게 다루고 있다. 이 논의의 주목적은 유체 속 물체에 작용하는 저항력을 다루는 법칙을 유도하는 것이었다.[9] 여기에서 그는 데카르트의 소용돌이 이론을 부숴버린다. 그러고는 이어서 음파의 속도를 계산한다. 명제 49에서 "속도는 압력과 밀도의 비의 제곱근"이라고 한 그의 결과는 개념적으로만 옳다. 당시에는 팽창하거나 수축할 때 온도 변화를 어떻게 고려해야 하는지 아무도 몰랐기 때문이다. 하지만 그가 파도의 속도를 계산한 것과 함께, 이것은 놀라운 업적이다. 처음으로 물리학의 원리를 이용하여 파동이라는 것의 속도를 어느 정도로나마 현실적으로 계산한 것이기 때문이다.

3부 '세상의 구성 체계'에서 뉴턴은 드디어 천문학에서 증거를 찾는다. 《프린키피아》 초판을 낼 때는 행성들이 타원 궤도로 움직인다는 케플러 제1법칙에 대해 일반적으로 모두 동의하고 있었다. 하지만 태양과 행성을 연결하는 선이 같은 시간에 같은 면적을 쓸고 간다는 제2법칙과 행성들의 주기의 제곱이 궤도 긴 반지름의 세제곱에 비례한다는 제3법칙에는 여전히 심각한 의문이 존재했다. 뉴턴은 케플러의 법칙이 잘 정립되어 있었기 때문이 아니라 그것이 자신의 이론과 너무나 잘 맞기 때문에 케플러의 법칙에 매달렸던 것으로 보인다.

3부에서 뉴턴은 목성과 토성의 위성들이 케플러 제2법칙과 제3법칙을 따르고, 지구를 제외한 다섯 행성들의 관측된 위상은 그들이 태양의 주위를 공전한다는 것을 보여주며, 여섯 행성 모두가 케플러 법칙들을 따르고, 달이 케플러 제2법칙을 만족한다고 적고 있다.* 그는 1680년의 혜성을 주의 깊게 관측하여 이 역시 원뿔 곡선인 타원 혹은 쌍곡선으로 움직이며 두 경우 모두 포물선에 매우 가깝다는 것을 보였다.

이 모든 것으로부터, 그리고 이전에 달의 구심가속도와 지구 표면에서 낙하하는 물체의 가속도를 비교한 결과로부터 뉴턴은 목성, 토성, 지구의 위성들이 행성으로 끌리고 모든 행성과 위성들이 태양으로 끌리는 힘은 역제곱의 법칙을 따르는 중심의 힘이라는 결론에 도달했다. 그는 중력에 의한 가속도는 행성이든 달이든 사과든 가속되는 물체의 성질과 무관하고 오직 힘을 만드는 물체의 질량과 물체들 사이의 거리

---

*뉴턴은 프톨레마이오스, 이븐 알-샤티르, 그리고 코페르니쿠스를 괴롭혔던 달의 특이한 운동을 정확하게 계산하는 데 필요한 지구, 태양, 달의 3체 문제를 풀 수 없었다. 1752년에야 알렉시스-클로드 클레로Alexis-Claude Clariaut가 뉴턴의 운동과 중력 이론을 이용해 이것을 해결했다.

에만 의존한다는 사실과, 어떤 힘에 의해 만들어지는 가속도는 가속되는 물체의 질량에 반비례한다는 사실로부터 물체에 미치는 중력은 그 물체의 질량에 비례하므로 가속도를 계산할 때는 모든 물체의 질량이 상쇄된다는 결론을 내렸다. 이것은 질량이 같더라도 물체의 구성 성분에 따라 크게 달라지는 자기력과, 질량에 의해서만 결정되는 중력이 분명히 다르다는 것을 보여준다.

명제 7에서 뉴턴은 자신의 세 번째 운동 법칙을 이용하여 중력이 힘을 만드는 물체의 질량에 어떻게 의존하는지를 밝혀낸다. 질량 m_1, m_2를 가지는 물체 1과 2를 생각해보자. 뉴턴은 물체 1이 물체 2에 미치는 중력은 m_2에 비례하고, 물체 2가 물체 1에 미치는 중력은 m_1에 비례한다는 것을 보였다. 그런데 운동의 제3법칙에 따르면 이 물체들이 만드는 힘들은 크기가 같아야 하므로, 이 힘들은 m_1과 m_2 모두에 비례해야 한다. 뉴턴은 충돌에서는 제3법칙을 확인할 수 있었지만 중력 작용에서는 확인하지 못했다.

조지 스미스George Smith가 강조했듯이 중력이 끌리는 물체뿐만 아니라 끌어당기는 물체의 관성 질량에도 비례한다는 것을 확인하는 데에는 몇 년의 시간이 걸렸다. 그럼에도 불구하고 뉴턴은 "중력은 모든 물체에 보편적으로 존재하고 각 물질의 질량에 비례한다"고 결론을 내렸다. 이것이 행성들의 구심가속도와 태양으로부터의 거리의 제곱의 곱이 달의 구심가속도와 지구로부터의 거리의 제곱의 곱보다 훨씬 더 큰 이유이다. 행성들에 미치는 중력을 만들어내는 태양의 질량이 달에 미치는 중력을 만들어내는 지구의 질량보다 훨씬 더 크기 때문이다.

뉴턴의 이 결과들은 보통 질량 m_1, m_2를 가지고 r만큼 떨어져 있는 두 물체 사이의 중력 F의 공식으로 요약이 된다.

$$F = G \times m_1 \times m_2 / r^2$$

여기서 G는 중력 상수로 지금은 뉴턴 상수라고 불린다. 《프린키피아》에는 이 공식도 상수 G도 나오지 않는다. 설사 그가 이 공식을 사용했다 하더라도 그는 그 값을 알 수 없었을 것이다. 태양과 지구의 질량을 몰랐기 때문이다. 달이나 행성들의 움직임을 계산할 때 G는 지구나 태양의 질량에 곱해지는 값으로 나타난다.

G의 값을 모르는 상태에서도 뉴턴은 자신의 중력 이론을 이용하여 태양계 여러 천체들의 질량의 비를 계산할 수 있었다(전문 해설 35 참조). 예를 들어, 뉴턴은 목성과 토성이 자신들의 위성과 태양까지 각각 떨어져 있는 거리의 비, 그리고 목성과 토성의 공전 주기와 위성들의 공전 주기의 비를 이용하여 위성들이 목성과 토성을 향하는 구심가속도와 이 행성들이 태양을 향하는 구심가속도의 비를 계산할 수 있고, 다시 이것을 이용하여 태양의 질량에 대한 목성과 토성의 질량의 비를 계산할 수 있었다. 지구도 달을 위성으로 가지고 있기 때문에 원칙적으로 같은 방법을 이용하면 태양과 지구의 질량의 비를 계산할 수 있다. 하지만 달까지의 거리는 달의 일주 시차를 통해서 잘 알려져 있었지만 태양의 일주 시차는 관측하기에 너무 작아서 지구에서 태양까지의 거리와 달까지의 거리의 비는 알려져 있지 않았다(7장에서 보았듯이 아리스타르코스가 사용한 자료와 그 자료로 구한 거리는 완전히 잘못되었다).

하지만 뉴턴은 어쨌든 실제 값의 절반 정도인 지구와 태양 사이의 거리를 이용하여 질량의 비를 계산했다. 표 5는 《프린키피아》 3부 이론

표 5 태양과 행성들의 질량의 비에 대한 뉴턴의 값과 현대의 값

질량의 비	뉴턴의 값	현대의 값
태양의 질량/목성의 질량	1,067	1,048
태양의 질량/토성의 질량	3,021	3,497
태양의 질량/지구의 질량	169,282	332,950

VIII에 나와 있는 뉴턴의 계산에 따른 질량의 비와 현재의 값을 비교한 것이다.[10]

이 표에서 볼 수 있듯이 뉴턴의 결과는 목성에서는 꽤 잘 맞고 토성에서는 그렇게 나쁘지 않지만, 지구와 태양 사이의 거리를 몰랐기 때문에 지구에서는 크게 어긋나 있다. 뉴턴은 관측의 부정확성 때문에 생기는 문제를 잘 알고 있었지만, 20세기 이전 대부분의 과학자들처럼 계산 결과에 오차의 범위를 주지는 않았다. 그리고 아리스타르코스나 알-비루니의 경우에서 본 것처럼 그 역시 자신이 계산에 사용한 자료가 허용하는 범위의 정확성보다 훨씬 더 상세한 계산 결과를 기록했다.

여기에 조금 덧붙이면, 태양계의 크기에 대한 최초의 의미 있는 측정은 1672년에 장 리셔Jean Richer와 지오반니 도메니코 카시니Giovanni Domenico Cassini에 의해 이루어졌다. 그들은 파리와 카옌Cayenne에서 화성이 보이는 방향의 차이를 관측하여 화성까지의 거리를 측정했다. 태양에서 행성들까지의 거리의 비는 태양 중심 이론(케플러 제3법칙—옮긴이)으로 이미 잘 알려져 있었기 때문에 이 결과로 지구와 태양 사이의 거리도 구할 수 있었다. 현대의 단위로 그들이 구한 결과는 1억 4,000만 킬로미터로, 1억 5,000만 킬로미터(149,598,500킬로미터)인 현재의 값과 상당히 가깝다. 더 정확한 측정은 1761년과 1769년에 태양 앞을 지나

가는 금성을 지구의 다른 지점에서 관측한 것과 비교하여 이루어졌는데 그 값은 1억 5,300만 킬로미터였다.[11]

1797년에서 1798년에 헨리 캐번디시Henry Cavendish가 드디어 실험실에서 중력의 크기를 측정하여 G값을 구할 수 있었다. 하지만 캐번디시는 자신의 결과를 이런 식으로 표현하지 않았다. 그 대신 그는 지구 표면에서 지구의 중력 때문에 생기는 가속도 값 9.8미터/초^{2}과 지구의 부피를 이용하여 지구의 평균 밀도가 물의 밀도의 5.48배라고 계산했다.

이것은 물리학에서 전통적인 방법이다. 결과를 절대적인 양으로 주기보다는 비율이나 비례로 주는 것이다. 예를 들어 앞에서 보았듯이 갈릴레이는 지구 표면에서 낙하하는 물체의 거리는 시간의 제곱에 비례한다는 것을 보였지만, 낙하하는 거리를 계산할 때 시간의 제곱에 곱해지는 상수가 9.8미터/초^{2}의 절반이라고는 어디에서도 말하지 않았다. 그 이유 중 하나는 길이에 대한 보편적인 단위가 없었기 때문이다. 갈릴레이가 중력에 의한 가속도의 값을 브라치오/초^{2}으로 줄 수도 있었겠지만, 그것이 영국인이나 심지어 토스카나 이외의 이탈리아인들에게조차도 무슨 의미가 있겠는가?

길이와 질량[12]에 대한 국제적인 표준화는 왕립학회가 영국의 표준 인치를 표시한 두 개의 자를 프랑스 과학 아카데미에 보낸 1742년에 시작되었다. 프랑스에서는 여기에 자신들의 길이 단위를 표시해서 그중 하나를 런던으로 돌려보냈다. 하지만 과학자들이 단위계에 대해 보편적인 이해를 하게 된 것은 1799년부터 미터 단위계가 국제적으로 받아들여지기 시작하면서였다. 지금은 우리는 G의 값을 1조 분의 66.724미터^{3}초-2^{2}킬로그램-1^{2}으로 사용한다. 즉, 1미터 거리만큼 떨어져 있는 1

킬로그램의 두 물체는 1조분의 66.724미터/초^{2}의 가속도를 만들어낸다.

《프린키피아》는 뉴턴의 운동과 중력에 대한 이론들을 보인 다음, 그 결과들의 일부를 이용한다. 이것은 케플러의 세 개의 법칙을 훨씬 넘어선다. 예를 들어, 명제 14에서 뉴턴은 정량적인 계산을 시도하지는 않았지만 알-자칼리가 지구에 대해서 측정한 행성 궤도의 세차 운동을 설명했다.

명제 19에서 뉴턴은 행성들의 자전이 적도에서 가장 큰 원심력을 만들어내고 극에서는 사라지기 때문에 모든 행성들이 길쭉한 모양이어야 한다고 적고 있다. 예를 들어 지구의 자전은 적도에서 0.03미터/초^{2}의 구심가속도를 만든다. 낙하하는 물체의 가속도 9.8미터/초^{2}과 비교하면 지구 자전이 만들어내는 원심력은 중력보다 훨씬 더 작지만 완전히 무시할 정도는 아니기 때문에, 지구는 거의 구형이지만 약간 가로로 길쭉한 모양이다. 1740년대에 드디어 관측을 통해 같은 진자가 고위도 지역보다 적도 근처에서 더 느리게 흔들린다는 사실이 밝혀졌다. 이것은 지구가 가로로 길쭉한 모양이어서 적도 근처가 지구의 중심에서 더 멀 경우에 예상되던 것이었다.

명제 39에서 뉴턴은 길쭉한 지구에 미치는 중력의 효과가 히파르코스가 처음 발견했던 '분점의 세차'인 지구 자전축의 세차 운동을 일으킨다는 것을 보였다.[13] 뉴턴은 이 세차 운동에 특별한 관심을 보였다. 그는 이 값과 고대의 별 관측 기록을 이용하여 제이슨과 아르고의 탐험과 같은 역사적인 사건들의 시기를 구하려고 시도했다. 프린키피아 초판에서 뉴턴은 태양에 의한 연간 시차가 6.82도며 달에 의한 효과는 이보다 6과 1/3만큼 커서 전체적으로 일 년에 50초의 각도라고 계산했는데, 이것은 당시의 측정값과 완벽하게 일치하고 현재의 값 50.375초와도 아주 가깝다.

인상적인 결과였지만 뉴턴은 나중에 태양에 의한 세차 운동 값이 잘못되는 바람에 전체적인 세차 운동 값이 1.6배 더 작다는 것을 깨달았다. 두 번째 판에서 그는 태양에 의한 효과와 그에 따른 달과 태양에 의한 효과를 수정하여 전체적인 값을 다시 일 년에 50초로 구했고 이것은 여전히 관측 결과와 잘 맞았다.[14] 뉴턴은 분점의 세차 운동을 정량적으로 정확하게 설명했고 그의 계산은 정확한 값을 주었지만, 관측과 정확하게 맞는 결과를 얻기 위해서 그는 수많은 정교한 조정을 해야 했다.

이것은 뉴턴이 관측 결과와 가까운 답을 얻기 위해서 자신의 계산을 조정한 하나의 예일 뿐이다. 이 예와 함께 웨스트폴Richard S. Westfall은 뉴턴이 소리의 속도를 계산했을 때뿐만 아니라 앞에서 언급한 달의 구심 가속도와 지구 표면 근처에서 낙하하는 물체의 가속도를 비교했을 때 등 다른 예들도 보여주었다.[15] 아마도 뉴턴은 자신의 실제 혹은 상상의 적들이 관측과 거의 정확하게 맞는 결과가 아니면 절대 믿지 않을 것이라고 생각했던 것 같다.

명제 24에서 뉴턴은 조수 간만에 대한 자신의 이론을 보였다. 달은 더 멀리 있는 지구의 중심보다 달에 더 가까이 있는 바다를 더 강하게 당기고, 달에 더 멀리 있는 지구 반대편의 바다보다 지구의 중심을 더 강하게 당긴다. 그래서 달의 중력이 달에 가까운 물을 지구보다 더 많이 당기고, 지구의 반대편에서는 지구를 더 많이 당겨 달과 나란한 방향 양쪽으로 튀어나온 조수가 생기게 된다. 이것은 밀물이 생기는 위치가 24시간이 아니라 약 12시간 떨어져 있는 이유를 설명해준다. 하지만 이 현상은 뉴턴 시대의 조수 간만 이론으로 증명하기에는 너무 복잡하다. 사리라고 불리는 조수 간만의 차가 가장 큰 현상은 초승달이나 보름달일 때, 즉 태양, 달, 지구가 일직선상에 있어서 중력의 효과가 더해질 때 일어난다. 하지만 이것을 너무나 복잡하게 만드는 것은 바다에서의 중력 효과가 대륙의 모양이나 해저 지형에 크게 영향을 받는다는 사실인데, 뉴턴이 이것까지 고려하기는 불가능했다.

이것은 물리학 역사에서 흔한 주제다. 뉴턴의 중력 이론으로 행성의 운동과 같은 단순한 현상은 성공적으로 예측할 수 있지만, 조수 간만과 같은 복잡한 현상을 정량적으로 설명할 수는 없었다. 우리는 양성자 속의 쿼크나 원자핵 속의 중성자들을 서로 묶어두는 강한 핵력에 대한 이론인 양자 색역학에서 비슷한 상황에 처하게 된다.

이 이론은 고에너지 전자와 그 반입자들이 소멸하는 과정에서 강한 상호작용을 하는 입자들이 생성되는 것처럼 특정한 고에너지 과정들을 성공적으로 설명하고, 이것을 통해 우리는 이 이론이 옳다고 확신할 수 있다. 하지만 우리는 이 이론을 양성자와 중성자의 질량과 같이 우리가 설명하고 싶어 하는 정확한 값들을 계산하는 데 사용할 수 없다. 그 계산이 너무 복잡하기 때문이다. 뉴턴의 조수 간만 이론의 경우와 마찬가지로 여기에서도 적절한 자세는 인내심이다. 어떤 물리학 이론으로 우리가 계산하고 싶은 모든 것을 계산할 수는 없더라도, 충분히 단순한 것을 적절히 계산할 수 있는 능력만 준다면 이 이론은 가치가 있다.

《프린키피아》의 3부는 이미 측정된 것들에 대한 계산과 아직 측정되지 않은 것들에 대한 예측을 보여준다. 그런데 뉴턴은《프린키피아》의 초판이 나온 지 40년이 지나고 마지막 판인 세 번째 판이 나왔을 때도, 그가 제시했던 어떤 예측도 증명되었다고 할 수 없었다. 하지만 이 모든 것을 고려하더라도 뉴턴의 운동과 중력 법칙의 증거들은 충분했다. 뉴턴은 아리스토텔레스처럼 왜 중력이 존재하는지 설명할 필요가 없었고 설명하려고 시도하지도 않았다.《프린키피아》의 '일반적인 해설'에서 뉴턴은 이렇게 결론을 내렸다.

지금까지 나는 천상과 우리의 바다에서 일어나는 현상들을 중력으로 설명했지만 중력의 원인은 아직 설명하지 않았다. 실제로 이 힘은 태양이나 행성들의 중심에까지 능력을 잃지 않고 뚫고 들어가며, (기계적인 원인들이 흔히 그렇듯이) 힘이 작용하는 입자들의 표면의 양에 비례하지 않고 '단단한' 물질의 양에 비례하며, 엄청난 거리까지 모든 곳에 작용하며 항상 거리의 제곱에 따라 약해진다. (…) 나는 아직 현상들로부터 중력의 특징들이 발생하는 원인을 이끌어낼 수 없다. 그리고 나는 가설을 '꾸며내지' 않는다.

뉴턴의 책은 그 내용과 아주 잘 어울리는 핼리의 시를 포함하고 있다. 그 시의 마지막 절은 다음과 같다.

그리고 이제 하늘의 음료를 맛보며
나와 함께 뉴턴의 이름을 축복하라.
뮤즈의 이름으로
그는 숨겨져 있던 진리의 보물 창고를 열었고,

그의 위대한 정신을 통해 포에보스Phoebus(아폴론)가 신성함을 발한다.

어느 누구도 그보다 신에게 가까이 다가가지 못할 것이다.

《프린키피아》는 운동의 법칙과 보편적인 중력의 원리를 확립했지만 그것만으로 이 책의 중요성을 말하기에는 부족하다. 뉴턴은 물리학 이론의 미래에 하나의 모델을 제시했다. 수많은 영역의 서로 다른 현상들을 정확하게 설명하는 간단한 수학적인 원리들을 발견한 것이다. 뉴턴은 중력이 유일한 물리적 힘이 아니라는 것을 잘 알고 있었지만, 그의 이론은 보편적이었다. 우주의 모든 입자는 그들의 질량에 비례하고 거리의 제곱에 반비례하는 힘으로 서로 다른 입자를 끌어당긴다.

《프린키피아》는 케플러의 행성 운동의 법칙들을 단순화된 문제의 정확한 해답으로 유도하고, 질량이 큰 하나의 구의 중력으로 움직이는 입자들의 운동을 구했다. 뿐만 아니라 일부는 정량적인 증거를 제시하지 못했더라도 분점의 세차 운동, 근일점의 이동, 행성의 경로, 달의 운동, 조수 간만 현상, 그리고 사과의 낙하와 같은 많은 다른 현상들을 설명하기도 했다.[16] 여기에 비하면 지금까지의 모든 물리학 이론은 지엽적으로만 성공했을 뿐이었다.

1686년경, 《프린키피아》를 출판한 뉴턴은 유명 인사가 되었다. 그는 1689년에 케임브리지대학 의회의 의원으로 선출되었고 1701년에 재선되었다. 1694년에는 루커스 석좌교수 자리를 유지하면서 조폐국의 관리가 되어 영국의 화폐 제도를 관리했다. 1698년에 영국을 방문한 표트르 대제Czar Peter the Great는 조폐국을 방문하여 뉴턴과 대화를 하고 싶어 했는데, 그 만남이 실제로 이루어졌는지는 알아내지 못했다. 1699

년에 뉴턴은 보수가 훨씬 더 좋은 조폐국장으로 임명되었다. 그는 교수 자리를 그만두었지만 부자가 되었다. 그의 오랜 적인 훅이 죽은 후인 1703년 뉴턴은 왕립학회의 회장이 되었다. 1705년에는 기사 작위를 받았다. 1727년 뉴턴은 신장결석으로 사망했는데, 그의 장례는 그가 영국 교회의 서품을 거부했음에도 불구하고 국장으로 웨스트민스터 사원에서 치러졌다. 볼테르는 뉴턴이 "백성들을 잘 다스린 왕처럼 묻혔다"고 기록했다.[17]

뉴턴의 이론이 모두에게 받아들여지지는 않았다.[18] 뉴턴이 유니테리언 기독교사상(삼위일체설을 부정하는 기독교사상-옮긴이)에 헌신했음에도 불구하고 신학자 존 허친슨John Hutchinson이나 버클리 주교와 같은 영국의 몇몇 사람들은 뉴턴 이론의 비인간적인 자연주의를 극도로 싫어했다. 독실한 신자였던 뉴턴에게는 불공정한 평가였다. 그는 심지어 '성스러운 개입'만이 서로 끌어당기는 중력으로 태양계를 불안정하게 만들지 않을 수 있고,* 행성과 위성들은 스스로 빛을 내지 않는 것에 반해 태양과 별들과 같은 일부 천체들만 스스로 빛을 내는 이유를 설명할 수 있다고 주장했다. 지금의 우리는 태양과 별들이 스스로 빛을 내는 이유를 잘 이해하고 있다. 중심에서의 핵융합 반응에 의한 열 때문에 빛나는 것이다.

---

*《광학》의 3부에서 뉴턴은 태양계는 불안정하며 때때로 재조정을 해주어야 한다는 관점을 표현했다. 태양계의 안정성에 대한 의문은 수 세기 동안 논란으로 남아 있었다. 1980년대 말 자크 라스카르Jacques Laskar는 태양계는 무질서하며, 수성, 금성, 지구, 화성의 운동을 앞으로 500만 년 이상 예측하는 것은 불가능하다고 주장했다. 어떤 초기 조건에서는 수십억 년 후에 행성들이 충돌하거나 태양계에서 튀어나가게 되지만, 거의 비슷한 다른 조건에서는 그렇지 않다. 자세한 내용은 라스카르의 논문 "태양계는 안정되어 있는가 Is the Solar System Stable?"(2012)를 보라. www.arxiv.org/1209.5996

뉴턴에게는 불공평했지만 허친슨과 버클리가 뉴턴주의에 대해서 완전히 틀린 것은 아니었다. 뉴턴의 연구에서 알 수 있듯이, 18세기 말의 물리학은 종교와 완전히 결별했다.

뉴턴의 연구를 받아들이는 과정에서 발생하는 또 하나의 장애물은 8장에서 인용된 게미노스의 말에서 볼 수 있는, 수학과 물리학 사이의 잘못된 반목이었다. 뉴턴은 양과 질이라는 아리스토텔레스의 용어를 사용하지 않았고 중력의 원인을 설명하려고 시도하지 않았다. 성직자 니콜라 드 말브랑슈Nicolas de Malebranche는 《프린키피아》에 대한 서평에서 이것은 물리학자가 아니라 기하학자의 연구라고 말했다. 말브랑슈는 분명하게 아리스토텔레스의 관점에서 물리학을 생각하고 있었다. 그가 깨닫지 못했던 것은 뉴턴의 예가 물리학의 정의를 새롭게 했다는 것이었다.

뉴턴의 중력 이론에 대한 가장 만만치 않은 비판은 크리스티안 하위헌스에게서 나왔다.[19] 그는 뉴턴의 저작을 무척 존중했고 행성들의 운동이 거리의 제곱에 따라 감소하는 힘에 의해 지배를 받는다는 것을 의심하지 않았다. 하지만 하위헌스는 모든 입자가 모든 다른 입자를 그들의 질량의 곱에 비례하는 힘으로 끌어당기는 것이 사실인지에 대해서는 판단을 유보했다. 여기에서 하위헌스는 여러 위도에서 진자의 속도를 잘못 측정한 결과에 영향을 받은 것으로 보인다. 이 결과는 적도 근처에서 진자가 느려지는 것이 순전히 지구의 자전에 의한 원심력의 효과로 설명되는 것처럼 보인다. 이것이 사실이라면 지구는 가로로 길쭉하지 않다는 것을 의미하는데, 뉴턴이 설명한 방식으로 지구의 입자들이 서로 끌어당기면 나타나야 하는 결과와 맞지 않다.

뉴턴이 살아 있는 동안에 이미 그의 중력 이론은 프랑스와 독일에서 데카르트와 라이프니츠를 추종하는 사람들의 반대에 부딪혔다. 그들은 수백만 킬로미터가 넘는 텅 빈 공간에서 작용하는 끌어당기는 힘은 자연철학에서 초자연적인 요소로 보아야 한다고 주장했다. 그리고 더 나아가서 중력의 작용에 대해 단순한 가정이 아닌 이성적인 설명이 주어져야 한다고 주장했다.

여기에서 자연철학자들은 과학 이론이 궁극적으로 오직 이성에 기초해야 한다는, 헬레니즘 시대까지 거슬러 올라가는 오래된 이상에 매달리고 있었다. 우리는 이미 앞에서 이것을 포기해야 한다는 사실을 배웠다. 전자와 빛에 대한 이론은 기본 입자들에 대한 현대의 표준 모형에서 유도될 수 있고, 그것은 결과적으로 더욱 심오한 이론에서 유도될 수 있지만(또는 있기를 희망하지만), 아무리 멀리 가더라도 순수한 이성의 기반에 도달하지는 않을 것이다. 나와 같은 오늘날의 대부분의 물리학자들은 왜 우리의 가장 심오한 이론이 뭔가 다른 형태로 나타나지 않는지 언제나 의심해야 한다고 믿는다.

뉴턴주의에 대한 반대는 1715년과 1716년에 새뮤얼 클라크Samuel Clarke가 라이프니츠와 주고받은 유명한 편지들에서 찾을 수 있다. 클라크는 뉴턴의 제자였는데, 뉴턴의 《광학》을 라틴어로 번역한 바 있었다. 그들이 주장한 내용의 상당 부분은 신의 본성에 초점을 맞추고 있다. 신은 뉴턴이 생각한 것처럼 세상이 돌아가는 데 관여를 하는 것인가, 아니면 처음부터 스스로 돌아가도록 만들었는가?[20] 이 논쟁은 그 주제가 그들에게 아무리 중요한 것이었다 하더라도 나에게는 완전히 헛된 일로 보인다. 이것은 클라크도 라이프니츠도 도저히 알 수 있는 것이 아니기 때문이다.

결국에는 뉴턴의 이론에 누가 반대하든 문제가 되지 않았다. 뉴턴의 물리학은 성공에 성공을 거듭했기 때문이다. 핼리는 1531년과 1607년, 그리고 1682년에 관측된 혜성의 관측 자료로 하나의 포물선에 가까운 타원 궤도를 찾아서, 이들이 하나의 혜성이 반복해서 나타난 것이라는 사실을 보였다. 1758년 11월, 목성과 토성의 질량에 의한 중력 섭동을 고려한 뉴턴의 이론을 이용하여 프랑스의 수학자 알렉시스-클로드 클레로와 그의 동료들은 이 혜성이 1759년 4월 중순에 근일점으로 돌아올 것이라고 예측했다. 이 혜성은 핼리가 죽은 지 15년 후인 1758년 크리스마스에 관측이 되었고, 1759년 3월 13일에 근일점에 도착했다.

뉴턴의 이론은 18세기 중반 클레로와 에밀리 뒤 샤틀레Emilie du Chatelet가 프랑스어로 번역한 판본, 그리고 뒤 샤틀레의 연인 볼테르의 영향력을 통해 더 지위가 높아졌다. 1749년에 뉴턴의 아이디어에 기초하여 분점의 이동을 더욱 정확하게 계산한 결과를 출판한 사람도 또 다른 프랑스인인 장 달랑베르Jean d'Alembert였다. 결국 뉴턴은 모든 곳에서 승리를 거둔 것이다.

이것은 뉴턴의 이론이 이전에 존재하던 과학 이론의 형이상학적인 기준을 만족시켰기 때문이 아니다. 실제로 만족시키지도 않았다. 그의 이론은 아리스토텔레스 물리학의 중심인 '목적'에 대한 의문에 답을 하지도 않았다. 하지만 이전에는 미스터리로 보였던 많은 것을 성공적으로 계산할 수 있는 보편적인 원리들을 제공했다. 이런 방법으로 이것은 물리학 이론이 어때야 하며, 어떨 수 있는지에 대한 저항할 수 없는 모델을 제공해주었다.

이것은 과학의 역사에서 일종의 다원주의적인 선택이 작용한 예라고 볼 수 있다. 뉴턴이 다른 많은 것들과 함께 케플러의 행성 운동 법칙들을 설명했을 때처럼, 우리는 무언가가 성공적으로 설명되면 매우 즐거워한다. 그런 즐거움을 제공해주는 과학 이론이나 방법들이 살아남는다. 그것이 "과학은 이렇게 수행되어야 한다"는 선입견에 잘 맞느냐의 여부와는 상관이 없다.

데카르트와 라이프니츠의 추종자들이 뉴턴의 이론을 거부한 것은 하나의 교훈을 준다. 뉴턴의 경우처럼 관측 결과를 설명하는 데 그렇게 대단한 성공을 거둔 이론을 그냥 거부하는 것은 매우 위험하다. 성공적인 이론들은 그것을 만들어낸 사람들이 이해하지 못하는 이유로 잘 작동하고, 더 성공적인 이론에 대한 근사치로 판명이 나더라도 단순한 실수로 간주되지는 않는다.

이 교훈은 20세기에도 가끔 무시되곤 했다. 1920년대에 물리학에서 새로운 이론인 양자역학이 크게 발전했는데, 행성이나 입자의 보편적인 궤도를 계산하는 대신 우리는 특정한 위치와 시간에서의 진폭이 그 시간에 그곳에서 행성이나 입자를 찾을 수 있는 확률을 알려주는 확률 파동의 변화를 계산했다. 막스 플랑크Max Planck, 에어빈 슈뢰딩거, 루이 드 브로이Louis de Broglie, 알베르트 아인슈타인 같은 양자역학의 창시자들조차도 이렇게 절대성을 향한 연구가 포기된 것에 당황했다. 그러나 이들은 이 이론의 받아들이기 힘든 부분을 지적했을 뿐, 양자역학 이론을 더 깊이 연구하는 데에는 아무 역할도 하지 않았다. 양자역학에 대한 슈뢰딩거와 아인슈타인의 비판은 만만치가 않아서 오늘날까지도 우리를 괴롭히고 있다. 하지만 1920년대 말이 되었을 때의 양자역학은 원자나, 분자, 그리고 광자의 성질을 설명하는 데 너무나 큰 성공을 거두었기 때문에 진지하게 받아들여지지 않을 수 없었다. 이와 같이 물리학자들이 양자역학 이론을 거부했다는 사실은 이들이 1930년대와 1940년대에 고체, 핵, 그리고 기본 입자에 대한 물리학의 위대한 발전에 참여하지 못했다는 것을 의미한다.

양자역학과 마찬가지로 태양계에 대한 뉴턴의 이론도 나중에 '표준 모형'이라고 불리게 된 모형을 제공했다. 나는 1971년에 팽창하는 우주의 구조와 진화에 대해 그때까지 개발된 이론을 설명하기 위해서 표준 모형이라는 용어를 도입하며 다음과 같이 설명했다.[21]

당연히 표준 모형은 일부가 혹은 완전히 틀릴 수도 있다. 하지만 이것의 중요성은 이것이 특정한 부분에서 옳으냐에 있는 것이 아니라 누구나 동의할 수 있는 지점에서 엄청나게 다양한 우주론의 자료를 제공해준다는데 있다. 이 자료를 표준 우주론 모형의 문맥 안에서 논의하면서, 우리는 그 모형이 궁극적으로 옳다고 증명될 수 있는 우주론에서의 타당성을 검토하기 시작할 수 있는 것이다.

얼마 후 나와 몇몇 물리학자들은 기본 입자들과 그 입자들의 다양한 상호작용에 대한 새로운 이론을 언급할 때에도 표준 모형이라는 용어를 사용하기 시작했다. 물론 뉴턴의 계승자들이 태양계에 대한 뉴턴의 이론을 언급할 때 이 용어를 사용하지는 않았지만, 그들이 그랬다고 해도 이상하지는 않을 것이다. 뉴턴의 이론은 천문학자들이 케플러의 법칙들을 넘어서는 관측 결과를 설명할 때 누구나 동의할 수 있는 이론적 기반을 제공해주었기 때문이다.

뉴턴의 이론을 둘 이상의 물체에 적용하는 문제에 대한 방법은 18세기 말과 19세기 초에 많은 과학자들이 개발해냈다. 특히 19세기 초, 피에르-시몬 라플라스Pierre-Simon Laplace에 의해 미래에 너무나 큰 중요성을 가질 혁신이 일어났다. 태양계와 같이 그 속에 있는 모든 물체들에 의해 만들어지는 중력을 모두 합치는 대신, 특정한 지점에서 모든 물체의 질량의 합에 의해 만들어지는 가속도의 크기와 방향의 상태인 '장field'을 계산한 것이다. 장을 계산하기 위해서는 특정한 미분방정식들을 풀면 된다(이 방정식들은 측정되는 지점이 세 개의 수직한 방향의 좌표 안에서 움직일 때 장이 달라지는 상태를 만들어주는 방정식이다). 이런 접근법은 구형의 질량 밖으로 미치는 중력이 구의 중심에서의 거리의 제곱에 반비례한다는 뉴턴의 정리를 너무나 쉽게 증명할 수 있게 해준다. 더 중요한 것은, 15장에서 보겠지만 장의 개념이 전기, 자기, 그리고 빛을 이해하는 데 핵심적인 역할을 했다는 것이다.

이런 수학적인 도구들을 가장 극적으로 사용한 사례는 1846년에 존 카우치 애덤스John Couch Adams와 장-조제프 르베리에Jean-Joseph Leverrier가 불규칙한 천왕성의 궤도를 통해서 해왕성의 존재와 위치를 각각 예측한 것이다. 해왕성은 얼마 후 실제로 예측한 곳에서 발견되었다.

이론과 관측 사이에 약간의 불일치는 여전히 남아 있었다. 달, 핼리혜성, 엥케 혜성의 운동이 있었고, 43초로 관측되는 수성 궤도 근일점의 이동은 다른 행성들의 중력에 의해 만들어지는 것으로 설명할 수 있는 것보다 더 큰 값이었다. 달과 혜성들의 운동이 일치하지 않는 문제는 결과적으로 중력이 아닌 힘으로 설명되었다. 하지만 수성 궤도 근일점의 운동은 1915년 아인슈타인의 일반상대성이론이 나올 때까지 설명되지 않았다.

뉴턴의 이론에서 특정한 지점에서 특정한 시간의 중력은 같은 시간에 있는 모든 질량의 위치에 의존한다. 그러므로 태양 폭발과 같이 위치의 갑작스러운 변화가 일어나면 모든 곳에서 중력이 즉각적으로 변화한다. 이것은 어떤 영향도 빛보다 빠르게 이동할 수 없다는 1905년의 아인슈타인의 특수상대성이론에 위배된다. 이 문제 때문에 개선된 중력 이론을 찾아야 할 필요성이 명확해졌다. 아인슈타인의 일반상대성이론에서는 질량이 있는 위치의 갑작스러운 변화가 질량 바로 근처에서의 중력장의 변화를 만들고 이것은 빛의 속도로 더 먼 곳으로 전달된다.

일반상대성이론은 뉴턴의 절대적인 시간과 공간을 부정한다. 이 이론의 방정식은 가속도나 회전에 상관없이 모든 좌표계에서 똑같다. 여기까지는 뉴턴의 오랜 적이었던 라이프니츠가 좋아할 만한 것이다. 하지만 사실 일반상대성이론은 뉴턴 역학을 정당화한다. 일반상대성이론의 수학적인 공식은 특정한 지점에서의 모든 물체가 중력에 의해 똑같은 가속도를 받는다는 뉴턴 이론의 성질을 공유한다. 이것은 같은 가속도를 가지는 '관성좌표계'라고 불리는 좌표계를 이용하면 특정한 지점에서 중력의 효과를 제거할 수 있다는 것을 의미한다. 예를 들어 자유 낙하하는 엘리베이터 안에서는 지구 중력의 효과를 느낄 수 없다. 물체의 속도가 빛의 속도에 가까울 정도가 아니라면 뉴턴의 법칙들이 적용되는 곳은 바로 이런 관성좌표계이다.

행성과 혜성 들의 운동을 다루는 데 있어 뉴턴이 성공한 것은, 태양계 근처의 관성좌표계가 지구가 아니라 태양이 정지해 있는(혹은 등속으로 움직이고 있는) 좌표계라는 것을 보여준다. 일반상대성이론에 따르면 이것은 멀리 있는 은하들이 태양계의 주위를 회전하지 않는 좌표계이기 때문이다. 이런 면에서 볼 때 뉴턴의 이론이 티코 브라헤보다 코페르니쿠스의 이론을 선호하는 것에는 분명한 근거가 있다. 하지만 일반상대성이론은 관성좌표계뿐만 아니라 원하는 어떤 좌표계도 이용할 수 있다. 만일 지구가 정지해 있다는 티코 브라헤의 좌표계를 받아들인다면 멀리 있는 은하들이 일 년에 한 바퀴씩 지구 주위를 돌게 되고, 일반상대성이론에서 이 엄청난 운동은 태양과 행성들에 중력과 같은 종류의 힘을 주어 티코 브라헤의 이론에 따른 운동을 만들어낼 것이다.

뉴턴도 이 사실을 인지하고 있었던 것으로 보인다. 《프린키피아》에 포함되지 않는 바람에 출판되지 못한 명제 43에서 뉴턴은 보통의 중력 이외에 다른 힘이 태양과 행성에 미치고 있다면 티코 브라헤의 이론이 맞을 수도 있다고 언급하고 있다.[22] 1919년 태양의 중력장에 의해 빛이 휘어진 것이 관측되면서 아인슈타인의 이론이 검증되자 런던의 〈타임스Times〉는 뉴턴이 틀린 것으로 밝혀졌다고 선언했다.

이것은 잘못된 것이다. 뉴턴의 이론은 빛의 속도보다 느리게 움직이는 물체일수록 점점 더 잘 맞는, 아인슈타인 이론의 근사치로 간주될 수 있다. 아인슈타인의 이론은 뉴턴의 이론을 반증하지 않았을 뿐만 아니라 뉴턴의 이론이 왜 대체로 잘 맞는지도 설명해준다. 일반상대성이론 역시 더 만족스러운 이론의 근사치라는 것은 의심의 여지가 없다.

일반상대성이론에 의하면 중력의 효과가 없는 관성좌표계에서 모든 시간과 공간을 지정하여 중력장에 대해 충분히 서술할 수 있다. 이것은 어떤 도시의 지도와 같이 지구의 휘어진 표면에서 편평하게 보이는 지점 주변 작은 영역의 지도를 만들 수 있는 것과 수학적으로 유사하다. 전체 표면이 휘어진 것은 작은 영역의 지도를 모으는 것으로 서술할 수 있다. 실제로 이런 수학적인 유사성은 중력장을 시간과 공간의 휘어짐으로 서술할 수 있게 해준다.

그러므로 일반상대성이론의 개념적인 바탕은 뉴턴의 이론과 다르다. 중력이라는 개념은 일반상대성이론에서는 시공간의 휘어짐이라는 개념으로 크게 바뀐다. 이것은 어떤 사람에게는 받아들이기 힘든 일이었다. 1730년 알렉산더 포프Alexander Pope는 뉴턴을 기리는 비문을 이렇게 썼다.

자연과 자연의 법칙은 밤의 어둠 속에 묻혀 있었다.
신이 말했다. "뉴턴이여, 나오라!"
그리고 모든 것이 밝아졌다.

20세기 영국의 풍자시인 스콰이어John Collings Squire는 여기에 몇 행을 더했다.[23]

여기서 끝나지 않았다. 악마가 소리쳤다.
"아인슈타인이여, 나오라!"
그리고 모든 것이 다시 원래대로 돌아갔다.

이것은 믿지 마라. 일반상대성이론은 바로 뉴턴의 운동과 중력 이론의 형태를 가지고 있다. 이것은 수학 방정식으로 표현될 수 있는 일반적인 원리에 기초하여 더 넓은 영역의 현상들을 수학적으로 유도할 수 있고, 관측과 비교하여 이론을 검증할 수 있도록 되어 있다. 아인슈타인 이론과 뉴턴 이론의 차이는 뉴턴 이론과 그 이전 어떤 이론의 차이보다도 훨씬 더 작다.

의문은 여전히 남아 있다. 16세기와 17세기의 과학 혁명은 왜 그때 그곳에서 일어났는가? 가능한 설명은 얼마든지 있다. 과학 혁명의 기반이 되는 많은 변화들이 15세기 유럽에서 일어났다. 프랑스에서는 찰스 7세와 루이 11세, 영국에서는 헨리 12세에 의해 정권의 통합이 이루어졌고, 1453년 콘스탄티노플이 함락되면서 그리스 학자들이 이탈리아와 그 너머의 서쪽으로 이동했다. 르네상스로 인해 자연 세계에 대한 관심이 높아지고 고대 문헌과 그 번역의 정확성에 대한 더 높은 기준이 생겼다. 움직일 수 있는 인쇄술의 발명 덕분에 학문의 소통은 훨씬 더 빠르고 쉬워졌다. 아메리카 대륙의 발견과 탐험은 고대인들이 몰랐던 것이 많았다는 교훈을 주었다. 더구나 '머튼 명제Merton thesis'에 따르면 16세기의 종교 개혁도 17세기 영국의 과학에 위대한 돌파구를 마련했다. 이것은 사회학자 로버트 머튼Robert K. Merton이 주장한 명제로, 프로테스탄트주의가 이성주의와 경험주의를 결합시키고 자연에 이해할 수 있는 질서가 있다는 믿음을 만들었으며 프로테스탄트 과학자들의 실제 행동에서도 이런 태도와 믿음이 보인다는 생각이다.[24]

이런 다양한 외부의 영향이 과학 혁명에 얼마나 중요한 역할을 했는지 판단하는 것은 쉽지 않다. 왜 17세기 후반 영국의 아이작 뉴턴이 운동과 중력에 대한 고전적인 법칙들을 발견했는지 말할 수는 없지만, 나는 이 법칙들이 어떻게 그런 형태를 가지게 되었는지는 안다고 생각한다. 그것은 아주 단순하지만, 아주 좋은 근사치로 세상이 정말로 뉴턴의 법칙을 따르기 때문이다.

탈레스부터 뉴턴까지 물리학의 역사를 살펴보면서 나는 이제 뉴턴과 그의 계승자들에 의해 달성된 현대 과학의 개념을 만든 것이 무엇인지에 대해 내가 내린 잠정적인 결론을 말하고 싶다. 현대 과학은 고대나 중세 세계에서 생각하던 목표와는 전혀 비슷하지 않다. 사실 우리의 선조들이 오늘날의 과학의 모습을 상상할 수 있었다 하더라도 그들은 이것을 별로 좋아하지 않았을 것이다. 현대 과학은 비인격적이고, 초자연적인 개입이나 행동주의 과학의 바깥에 있는 인간의 가치를 고려할 여지가 없다. 이것은 목적이 없고 확실성에 대한 어떤 희망도 제공해주지 않는다. 그렇다면 우리는 어떻게 여기에 도달하게 되었을까?

혼란스러운 세상을 보면서 모든 문화의 사람들은 그 혼란을 이해할 수 있게 해줄 설명을 찾아왔다. 신화를 포기한 곳에서도 세상을 설명하려는 대부분의 시도는 전혀 만족스럽지 못했다. 탈레스는 모든 것이 물로 이루어져 있다고 가정하여 세상을 이해하려고 했다. 하지만 이 아이디어로 그가 무엇을 할 수 있었을까? 이것이 그에게 어떤 새로운 정보를 주었을까? 밀레투스 혹은 그 어디에서도 모든 것이 물로 되어 있다는 개념으로 뭔가를 할 수 있는 사람은 없었다.

하지만 가끔은 누군가가 어떤 현상을 너무나 잘 설명하고 너무나 많은 것을 명확하게 해주는 방법을 찾아내어, 발견한 사람에게 엄청난 만족감을 주는 경우가 있다. 특히 그런 새로운 이해 방법이 정량적인 것이어서, 관측 결과와 세부적으로 잘 맞을 때는 더욱 그렇다. 아폴로니오스와 히파르코스의 주전원과 편심에 동시심을 추가하면 특정한 행성이 특정한 시간에 어디에서 발견될지 상당히 정확하게 예측할 수 있는 행성 운동 이론을 만들 수 있다는 사실을 깨달았을 때 프톨레마이오스가 어떤 느낌이었을지 상상해보라. 그의 기쁨은 내가 앞에 인용한 글에서 찾아볼 수 있다. "별들이 회전하는 거대한 원을 연구할 때 나의 발은 더 이상 지구 위에 있지 않고, 제우스와 나란히 서서 신들의 음식인 암브로시아를 먹는다."

이 즐거움에는 흠이 있다. 언제나 그렇다. 당신이 아리스토텔레스의 추종자가 아니더라도 프톨레마이오스 이론의 주전원을 따라 움직이는 행성의 이상한 운동은 불편하게 느껴질 것이다. 거기에다가 미세 조정까지 있다. 수성과 금성의 주전원의 중심이 지구 주위를 도는 시간과 화성, 목성, 토성이 자신들의 주전원을 도는 데 걸리는 시간은 정확하게 일 년이 되어야 한다. 1,000년이 넘도록 철학자들은 프톨레마이오스와 같은 천문학자들의 적절한 역할에 대해 논쟁해왔다. 그들이 정말 하늘을 이해한 것인지, 아니면 그냥 자료를 맞추기만 한 것인지 말이다.

프톨레마이오스 체계의 미세 조정이나 이상한 궤도가 우리가 움직이는 지구에서 태양계를 보기 때문에 생기는 것이라고 설명할 수 있었을 때 코페르니쿠스는 또 얼마나 기뻤겠는가. 여전히 흠은 있었다. 코페르니쿠스의 이론도 불편한 조정이 없이는 자료와 잘 맞지 않았다. 그렇다면 수학적 재능을 가진 케플러가 자신의 세 가지 법칙을 따르는 타원 궤도로 코페르니쿠스 체계를 대신했을 때 그는 대체 얼마나 기뻤겠는가.

결국 세상은 좋은 아이디어를 발견했을 때 얻는 만족의 기쁨을 더 강하게 만들기 위한 기계와 같이 작용한다. 오랜 시간 동안 우리는 세상에 대해 어떤 종류의 해석이 가능하며 그것을 어떻게 찾는지 배워왔다. 우리는 인공적인 조작을 걱정하지 않으면서 실험하는 법을 배웠다. 우리는 어떤 이론들이 잘 맞을지 단서를 찾고, 그것이 실제로 잘 맞을 때 즐거움을 얻는 미적 감각을 발달시켰다.

우리의 이해는 축적되고 있다. 계획하지 않았고 예측할 수도 없었지만 점차 그럴듯한 지식을 얻었고, 그 과정에서 기쁨을 누렸다.

15장
거대한 단순화

뉴턴의 위대한 성과에는 그래도 여전히 설명해야 할 부분이 많이 남아 있다. 물질의 본질, 중력을 포함한 물질에 작용하는 힘들의 성질, 그리고 생명의 놀라운 능력 등은 모두 여전히 의문으로 남아 있다.

뉴턴 이후, 책의 일부에 담을 수 없을 정도가 아니라 하나의 책으로도 다 설명하기 힘들 정도로 많은 발전이 이루어졌다.[1] 15장은 단 한 가지를 강조하기 위해 쓰인 것이다. 뉴턴 이후에 이루어진 과학 발전으로 놀랄 만한 그림이 모양을 갖추기 시작했다는 것이다. 세상은 뉴턴 시대에 상상했던 것보다 훨씬 더 단순하고 통일적인 자연 법칙들의 지배를 받고 있는 것으로 밝혀졌다.

뉴턴 자신도 그의 《광학》 3부에 적어도 광학과 화학에는 적용될 수 있는 물질의 이론에 대한 밑그림을 그렸다.

가장 작은 물질 입자들은 가장 강한 힘으로 뭉쳐 조금 더 약한 힘으로 뭉쳐진 조금 더 큰 입자들을 만들고, 이 입자들은 더 약한 힘으로 뭉쳐진 더 큰 입자들을 만든다. 이 과정은 가장 큰 입자들이 화학 작용을 할 수 있

고 자연의 색을 만들고 감지할 수 있는 규모의 물체가 될 때까지 계속 이어진다.[2]

그는 이 입자들에 작용하는 힘에도 관심을 가졌다.

우리는 자연으로부터 끌어당기는 현상이 일어나는 원인에 대한 질문을 하기 전에 어떤 물체들이 서로 끌어당기는 힘의 법칙과 성질을 배워야 한다. 중력, 자력, 그리고 전기력이 끌어당기는 힘은 꽤 먼 곳까지 미치기 때문에 우리의 평범한 눈으로도 관찰할 수 있다. 그렇다면 너무나 작은 거리에만 미치기 때문에 우리가 관측할 수 없는 다른 힘들도 있을 수 있다.[3]

여기에서 보여주는 것처럼 뉴턴은 자연에는 중력 외에도 다른 힘들이 있다는 사실을 잘 알고 있었다. 정전기는 오래된 이야기다. 플라톤은 《티마이오스》에서 호박을 문지르면 작은 물질을 가져온다고 언급했다. 자기력은 자연의 자철석을 통해 알려졌고, 중국에서 흙점에 사용되었으며, 엘리자베스 여왕의 의사였던 윌리엄 길버트에 의해 자세히 연구되었다. 여기에서 뉴턴은 적용되는 범위가 너무 작아서 아직 알려지지 않은 힘, 20세기에 발견된 약력과 강력의 전조가 되는 힘에 대해서도 언급하고 있다.

19세기 초 알레산드로 볼타Alessandro Volta에 의해 전지가 발명되면서 전기와 자기에 대해 자세하고 정량적인 실험이 가능해졌고, 곧 이 둘이 서로 완전히 분리된 현상이 아니라는 것이 알려졌다. 먼저, 1820년 코펜하겐의 크리스티안 외르스테드Christian Ørsted는 자석과 전류를 흘리는 전선이 서로 힘을 주고받는다는 것을 발견했다. 그 결과를 들은 파리의 앙드레-마리 앙페르André-Marie Ampère는 전류를 흘리는 전선도 서로 힘을 주고받는다는 것을 발견했다. 앙페르는 이 다양한 현상들이 모두 거의 같은 것이라고 추측했다. 자화된 철에서 나오거나 여기에 미치는 힘은 철 내부에 흐르고 있는 전류에 의한 것으로 보았다.

중력의 경우와 마찬가지로 전류와 자석이 서로에게 미치는 힘에 대한 개념은 장, 여기서는 자기장에 대한 개념으로 바뀌었다. 각각의 자석과 전류가 흐르는 전선은 그 근처 특정한 지점에서의 전체 자기장에 영향을 미치고, 이 자기장이 그 지점에서의 자석이나 전선에 힘을 가한다. 마이클 패러데이Michael Faraday는 전류가 만들어내는 자기력을 전선을 둘러싼 자기장의 선들로 표시했다. 그는 마찰된 호박에서 만들어지는 전기력도 전기장으로 설명하고, 대전된 호박에서 방사상으로 나오는 선들로 그렸다.

그중 가장 중요한 것은 패러데이가 1830년대에 전기와 자기 사이의 연관성을 보인 것이었다. 전선의 코일을 흐르며 회전하는 전류에서 만들어내는 것과 같은 자기장은 다른 전선에서 전류를 만들어낼 수 있는 전기장을 만들어낸다. 현대의 발전소에서 전기를 만드는 데 사용되는 것이 바로 이 현상이다.

전기와 자기의 완전한 통합은 수십 년 후 제임스 클러크 맥스웰에 의해 이루어졌다. 맥스웰은 전기장과 자기장이 넓게 퍼져 있는 매질인 에테르의 장력이라고 생각했고, 전기와 자기에 대해 알려진 내용을 장과 그 장의 변화율을 연결시킨 방정식들로 표현했다. 맥스웰이 덧붙인 내용은 자기장의 변화가 전기장을 만들어내는 것과 마찬가지로 전기장의 변화도 자기장을 만들어낸다는 것이었다. 물리학에서 흔히 그렇듯이 에테르에 기반을 둔 맥스웰의 방정식 개념은 포기되었지만, 그 방정식들만은 아직도 살아남아 물리학과 학생들의 단체 티셔츠에까지 등장한다.*

맥스웰의 이론은 놀라운 결과를 가져왔다. 진동하는 전기장은 진동하는 자기장을 만들기 때문에 전기장과 자기장이 에테르 속에서, 혹은 현재의 관점에서는 진공 속에서 스스로 진동할 수가 있다. 따라서 맥스웰은 1862년경에 그의 방정식에 따르면 이 전자기 진동이 측정된 빛의 속도와 거의 똑같은 값을 가지며 나아간다는 것을 발견했다. 따라서 맥스웰이 빛이 상호작용으로 스스로 진동하는 전기장과 자기장이라는 결론에 이르게 된 것은 너무나 당연하다. 가시광선은 진동수가 너무 높아서 평범한 전류에서 만들어지기가 어렵다. 하지만 1880년대에 하인리히 헤르츠Heinrich Hertz가 맥스웰 방정식을 따르는 파동을 만들어냈다. 가시광선보다 진동수만 훨씬 더 낮은 전파였다. 전기와 자기는 서로 통합되었을 뿐만 아니라 광학과도 통합되었다.

전기, 자기와 함께 물질의 본성에 대한 이해가 발전하면서 정량적인 측정이 시작되었다. 화학 반응에 참가하는 재료들의 무게에 대한 측정이었다. 이 화학 혁명에서 핵심적인 인물은 부유한 프랑스인인 앙투안 라부아지에Antoine Lavoisier였다. 18세기 말에 그는 수소와 산소가 원소임을 밝히고, 물이 수소와 산소의 화합물이라는 것을 보였으며, 공기가

---

*오늘날 '맥스웰 방정식'으로 알려진 전기장과 자기장을 설명하는 방정식들은 맥스웰이 만든 것이 아니다. 그의 방정식들은 시간과 위치의 변화율이 전기장과 자기장이 되는 '포텐셜'이라는 또 다른 장을 포함하고 있었다. 우리에게 익숙한 현대적인 형태의 맥스웰 방정식은 1881년경에 올리버 헤비사이드Oliver Heaviside가 만든 것이다.

여러 원소들의 혼합물이고 불은 다른 원소들과 산소가 결합하기 때문에 생긴다는 것을 알아냈다.

이런 측정에 기초하여 얼마 후 존 돌턴John Dalton은 화학 반응에서 결합하는 원소들의 무게는 꽤 단순한 가정으로 이해할 수 있다는 사실을 발견했다. 그것은 물이나 소금과 같은 순수한 화합물은 나중에 분자라고 불리게 된 많은 수의 입자들로 이루어져 있고, 이 입자들은 순수한 원소들로 이루어진 정해진 수의 원자들로 이루어져 있다는 가정이었다. 예를 들어 물 분자는 두 개의 수소 원자와 한 개의 산소 원자로 이루어져 있다.

이후 수십 년 동안 화학자들은 많은 원소들을 발견했다. 어떤 것은 탄소, 황, 그리고 흔한 금속들처럼 익숙한 것이었고, 어떤 것은 염소, 칼슘, 소듐같이 새로운 것이었다. 흙, 공기, 불, 물은 그 목록에 오르지 못했다. 19세기 초반 물이나 소금과 같은 분자들의 정확한 화학식이 드디어 알려져, 화학 반응에 참가하는 재료들의 무게를 측정하여 서로 다른 원소들의 무게의 비를 계산하는 것이 가능해졌다.

물질에 대한 원자 이론은 맥스웰과 루트비히 볼츠만Ludwig Boltzmann이 열을 어떻게 수많은 원자나 분자들 사이의 에너지 분포로 이해할 수 있는지를 보이면서 엄청난 성공을 거뒀다. 통합을 향한 이 발걸음은 원자의 존재를 의심하고, 열에 대한 이론인 열역학이 적어도 뉴턴 역학이나 맥스웰의 전자기학만큼 기본적인 분야라고 생각한 피에르 뒤앙Pierre Duhem을 포함한 일부 물리학자들의 저항을 받았다. 하지만 20세기가 시작된 직후 몇 가지 새로운 실험들을 통해서 거의 모든 사람들이 원자가 존재한다는 것을 확신하게 되었다.

조지프 톰슨Joseph John Thomson, 로버트 밀리컨Robert Millikan을 비롯한 과

학자들의 여러 실험들은 우리가 전하를 기본 전하의 배수로만 얻거나 잃는다는 사실을 입증했다. 그 기본 전하는 1897년에 톰슨에 의해 발견된 전자의 전하였다. 액체 표면에서 작은 입자들이 보이는 무작위적인 운동인 '브라운 운동Brownian'은 1905년 아인슈타인에 의해 입자들이 액체 분자들과 충돌하여 생기는 것으로 설명되었고, 장 페랭Jean Perrin의 실험으로 확인되었다. 톰슨과 페랭의 실험 결과가 알려지자, 이전에는 원자의 존재에 회의적이었던 화학자 빌헬름 오스트발트Wilhelm Ostwald는 한참 과거의 데모크리토스와 레우키포스를 연상시키는 말로 1908년에 자신의 바뀐 생각을 표현했다. "나는 이제 우리가 과거 수백 년, 수천 년 동안 찾는 데 실패했던, 원자 가설에 해당하는 물질의 조각 혹은 알갱이가 존재한다는 실험적인 증거를 가지게 되었다고 확신한다."[4]

그렇다면 원자란 무엇인가? 그 해답에 대한 커다란 발걸음은 1911년 맨체스터의 실험실에서 이루어졌다. 어니스트 러더퍼드Ernest Rutherford는 금 원자의 질량이 양으로 대전된 작고 무거운 핵에 집중되어 있고 그 주위를 음으로 대전된 가벼운 전자들이 돌고 있다는 것을 보였다. 전자들은 보통의 화학적인 현상을 결정하는 반면 핵의 변화는 방사능 물질에서 보는 큰 에너지를 방출한다.

이것은 새로운 의문을 제기했다. 원자 속의 전자가 복사를 통해 에너지를 잃고 나서도 핵을 향해 나선형으로 끌려들어가지 않고 계속 궤도를 돌게 하는 것은 무엇인가? 이렇게 되면 안정적인 원자가 존재할 수 없을 뿐만 아니라 이 작은 원자의 파국에서 방출되는 복사는 연속적인 형태가 될 것이다. 이것은 원자가 방출하거나 흡수하는 복사가 기체의 밝거나 어두운 스펙트럼선에서 보이는 것처럼 특정한 불연속적인 진동수를 가진다는 관측과 배치된다. 이 특정한 진동수를 결정하는 것은 무엇인가?

여기에 대한 해답은 20세기의 첫 30년 동안 뉴턴의 연구 이후 가장 급진적이고 혁신적인 물리학 이론인 양자역학의 발전과 함께 이루어졌다. 그 이름에서 암시하듯이 양자역학에서는 여러 물리적인 계의 에너지가 양자화(불연속화)되어 있어야 한다. 1913년 닐스 보어Niels Bohr는 원자가 특정한 에너지 상태로만 존재할 수 있다고 제안하고, 가장 단순한 원자들에서 이 에너지들을 계산할 수 있는 규칙을 제공했다.

막스 플랑크의 연구를 따라, 아인슈타인은 1905년에 이미 빛의 에너지가 나중에 광자라고 불리게 될 입자의 덩어리로 이루어져 있고, 광자는 빛의 진동수에 비례하는 에너지를 가진다고 제안했다. 보어가 설명한 대로 원자가 하나의 광자를 방출하면서 에너지를 잃어버릴 때 그 광자의 에너지는 원자의 처음과 나중 에너지 상태의 차이와 같아야 하고 이것으로 진동수가 결정된다. 복사를 방출할 수 없기 때문에 안정적인 가장 낮은 에너지 상태도 항상 존재한다.

이 초기의 발걸음은 1920년대에 모든 물리적 계에 적용될 수 있는 규칙인 양자역학의 일반적인 규칙들로 발전되었다. 여기에 주요 역할을 한 사람들은 루이 드 브로이, 베르너 하이젠베르크Werner Heisenberg, 볼프강 파울리Wolfgang Pauli, 파스쿠알 요르단Pascual Jordan, 에어빈 슈뢰딩거, 폴 디랙Paul Dirac, 막스 보른Max Born 등이다. 허용되는 원자 상태의 에너지는 슈뢰딩거 방정식을 풀어서 계산할 수 있다. 당시 이 방정식은 소리와 빛의 파동을 연구하며 이미 잘 알려져 있었다. 줄을 사용하는 악기가 만들 수 있는 소리는 반파장의 정수배가 줄의 길이와 같아지는 파장의 소리뿐이다. 이것과 비슷하게, 슈뢰딩거는 허용되는 원자의 에너지 준위가 슈뢰딩거 방정식에서 나오는 파동이 원자의 주위를 연속적으로 회전하는 경우와 같다는 것을 발견했다. 하지만 막스 보른이 처음 알아냈던 것처럼 이 파동은 압력이나 전자기장의 파동이 아니라 확률 파동이었고, 파동함수가 가장 큰 곳에서 입자가 존재할 확률이 가장 높다.

양자역학은 원자의 안정성과 스펙트럼선의 본질에 대한 문제를 해결했을 뿐만 아니라 화학을 물리학의 범주로 가져오기도 했다. 전자와 원자핵 사이의 전기력이 이미 알려져 있기 때문에 슈뢰딩거 방정식은 원자뿐만 아니라 분자에도 적용될 수 있고, 분자들의 여러 상태의 에너지도 계산할 수 있게 해준다. 이런 방법으로 원리적으로는 어떤 분자가 안정적이며 어떤 화학반응이 활동적으로 일어날 수 있는지 결정하는 것이 가능하다. 1929년 폴 디랙은 자신 있게 말했다. "대부분의 물리학과 모든 화학에 대한 수학적 이론에 필요한 물리 법칙들은 이제 완벽하게 밝혀졌다."[5]

이것은 화학자들이 자신들의 문제를 물리학자들에게 넘겨주고 떠나게 되었다는 의미가 아니다. 폴 디랙이 잘 이해했듯이 가장 작은 분자들을 제외한 모든 분자는 슈뢰딩거 방정식이 너무 복잡해서 풀 수가 없기 때문에 화학의 특별한 도구들과 통찰이 여전히 필요하다. 하지만 1920년대 이후 염소와 같은 할로겐 원소와 금속이 안정적인 화합물을 만드는 것과 같은 모든 일반적인 화학 원리들은 전자기력에 의해 핵과 전자에 미치는 양자역학 때문이라는 것이 이해되었다.

이런 엄청난 성공에도 불구하고 물리학과 화학의 기초가 만족스럽게 통합되지는 않았다. 전자와 원자핵을 구성하는 양성자, 중성자와 같은 입자들이 있다. 그리고 장들이 있다. 여기에는 전자기장과 당시에는 알지 못했던, 원자핵을 묶어두는 강력과 중성자를 양성자로 혹은 양성자를 중성자로 바꾸는 약력에 관련된 것으로 여겨지는 좁은 영역의 장이 있다. 입자와 장 사이의 이 구별은 1930년대 양자장 이론의 등장과 함께 사라지기 시작했다. 에너지와 운동량이 광자라고 불리는 입자에 묶여 있는 전자기장이 있는 것과 마찬가지로, 에너지와 운동량이 전자에 묶여 있는 전자장이 있고, 다른 기본 입자들도 마찬가지라는 이론이다.

이것은 전혀 확실하지 않았다. 우리는 중력장과 전자기장의 효과를 직접 느낄 수 있다. 이 장들의 양자는 질량이 0이고 많은 수가 같은 상태를 가질 수 있는 형태의 입자(보손boson)이기 때문이다. 이 성질은 많은 수의 광자가 우리가 관측하는, 고전역학(양자역학이 아닌)의 규칙을 따르는 것처럼 보이는 전기장과 자기장의 상태를 만들 수 있게 해준다. 반면 전자는 질량을 가지고 있고, 두 개가 같은 상태를 가질 수 없는 형태의 입자(페르미온fermion)이기 때문에 전자장은 거시적인 관측으로는 절대 볼 수 없다.

1940년대 후반 양자 전기역학, 광자, 전자, 그리고 반전자의 양자장 이론이 엄청난 성공을 거두어 많은 곳에서 전자의 자기장의 세기와 같은 양들을 계산하고 실험으로 확인했다.* 이 성공에 이어 우주선cosmic ray과 가속기에서 발견되고 있는 다른 입자들, 그리고 여기에 미치는 약력과 강력을 포함하는 양자장 이론을 만들려고 시도한 것은 당연한 순서였다.

---

*여기 이후로 나는 개별적인 물리학자들을 거론하지 않을 것이다. 너무 많은 사람들이 관여하고 있어서 너무 많은 공간이 필요하고, 그중 많은 사람들이 아직 생존해 있기 때문에 어떤 사람은 거론하고 어떤 사람은 빠뜨리는 위험을 감수하지 않겠다.

그리고 이제 우리는 표준 모형이라고 하는 양자장 이론을 가지게 되었다. 표준 모형은 양자 전기역학이 확장된 것이다. 전자장과 함께 양자가 전자와 같은 페르미온이지만 전하가 0이고 질량이 거의 0인 뉴트리노장이 있다. 양자가 원자핵을 구성하는 양성자와 중성자의 구성원인 쿼크장들도 있다. 아무도 이해하지 못하는 이유로 이 메뉴는 훨씬 더 무거운 쿼크, 훨씬 더 무거운 전자와 유사한 입자들, 그리고 그 입자들의 뉴트리노 짝으로 다시 반복된다. 전자기장은 약한 핵반응에 관계되는 또 다른 장과 함께 통일된 '전기약electroweak'으로 나타난다. 이 핵반응은 방사성 붕괴에서 양성자와 중성자가 서로 바뀌게 한다. 이 장들의 양자는 무거운 보손인 W^+와 W^-, 그리고 전기적으로 중성인 Z^0이다. 그리고 양성자와 중성자 안에서 쿼크들을 붙잡아두는 강한 핵반응에 관계되는, 수학적으로 유사한 여덟 개의 '글루온gluon장'도 있다. 2012년, 표준 모형의 마지막 잃어버린 조각이 발견되었다. 표준 모형의 전기약력 분야에서 예측되었고 전기적으로 중성인 무거운 보손이다(힉스 입자를 말한다-옮긴이).

표준 모형은 이야기의 끝이 아니다. 이것은 중력을 다루지 않았고, 천문학자들이 우주 질량의 6분의 5를 차지하고 있다고 이야기하는 '암흑 물질'을 설명하지 못한다. 그리고 이것은 여러 쿼크나 전자와 유사한 입자들의 질량비와 같이 설명하지 못한 양들을 너무나 많이 포함하고 있다. 하지만 그렇다 하더라도 표준 모형은 한 장의 종이에 들어갈 수 있는 방정식들로 우리가 실험실에서 만나는 모든 종류의 물질과 힘(중력은 제외한다)에 대해 놀랍도록 통합적인 관점을 제공한다. 우리는 표준 모형이 적어도 더 나은 미래의 이론에 대한 근사는 될 것이라고 확신할 수 있다.

표준 모형은 탈레스부터 뉴턴까지의 많은 자연철학자들에게는 불만족스럽게 보일 것이다. 표준 모형은 비인격적이다. 여기에는 사랑이나 정의와 같은 어떠한 인간적인 관심사의 흔적도 없다. 누가 표준 모형을 공부한다고 해서, 플라톤이 천문학을 공부하는 사람에게 기대했던 것처럼 더 나은 사람이 되는 것은 아니다. 더구나 아리스토텔레스가 물리학 이론에서 기대했던 것과는 달리 표준 모형에는 어떤 목적도 없다. 우리는 표준 모형이 지배하는 우주에 살고 있고, 전자와 두 개의 가벼운 쿼크가 우리의 존재를 가능하게 했다고 상상할 수도 있다. 그렇다면 우리의 삶과 상관이 없는, 더 무거운 대응 입자들은 어떻게 이해할 수 있을까?

표준 모형은 다양한 장들을 설명하는 방정식들로 표현되지만 이것은 수학만으로는 유도될 수 없다. 그리고 자연에 대한 관측을 그대로 따르지도 않는다. 실제로 쿼크와 글루온은 거리에 따라 커지는 힘으로 서로 끌어당기기 때문에 절대 독립적으로 발견될 수 없다. 표준 모형은 철학적인 예측으로도 유도될 수 없다. 표준 모형은 그보다는 미학적인 기준으로 방향을 잡고 그 많은 예측이 성공하면서 검증된 추론의 결과물이다. 표준 모형에는 설명되지 않은 많은 부분이 있지만, 우리는 적어도 그중 일부는 이것을 계승한 더 깊이 있는 이론으로 설명될 것이라고 기대한다.

물리학과 천문학 사이의 오래된 친분은 계속되고 있다. 우리는 이제 핵반응을 태양과 별이 어떻게 빛나고 진화하는지 계산하는 데 사용할 뿐만 아니라, 팽창하는 우주의 처음 몇 분 동안 가장 가벼운 원소들이 어떻게 만들어졌는지도 알 수 있다. 과거와 마찬가지로 천문학은 이제 물리학에게 만만찮은 도전 과제를 제시한다. 아마도 입자의 질량이나 운동량이 아니라 공간 자체에 포함되어 있는 암흑에너지로 인해 가속되고 있을 우주의 팽창에 관해서이다.

그러나 처음 보기에는 표준 모형처럼 목적성 없는 물리학 이론으로는 설명할 수 없는 것처럼 보이는 한 가지 분야가 있다. 생명체를 이야기할 때는 목적론을 피할 수 없다. 우리는 심장, 허파, 뿌리, 꽃에 대해 그들이 수행하는 목적으로 설명한다. 뉴턴 이후 칼 폰 린네Carl von Linné나 조르주 퀴비에Georges Cuvier와 같은 자연주의자들에 의해 동물과 식물에 대한 정보가 엄청나게 증가하면서 이런 경향은 커져만 갔다. 신학자들뿐만 아니라 보일과 뉴턴을 포함한 과학자들도 동물과 식물의 놀라운 능력들을 자비로운 창조주의 증거로 보았다. 동물과 식물의 능력들에 대한 초자연주의적인 설명을 피할 수 있다 하더라도, 생명에 대한 이해는 오랫동안 물리학 이론들과는 매우 달리 목적론적인 원리에 근거하고 있는 것처럼 보인다는 사실은 피할 수 없었다.

다른 과학과 생물학의 통합은 찰스 다윈과 앨프리드 러셀 월리스가 독립적으로 제안한 자연 선택을 통한 진화론과 함께 19세기 중반에 처음으로 시작될 수 있었다. 진화는 화석 기록을 통해 이미 익숙한 아이디어였다. 진화를 현실로 받아들인 많은 사람들은 진화를 '생명체가 더 나아지려는 선천적인 경향'이라는 생물학의 기본 원리로 설명했다. 바로 이 원리가 생물학이 물리학과 통합되지 못하게 만들었다. 그 대신 다윈과 월리스는 유리한 변이뿐만 아니라 그렇지 않은 변이도 포함하는, 하지만 생명체가 살아남아 재생산을 할 기회를 증가시켜 더 널리 퍼질 수 있도록 하는 유전되는 변이를 통해 진화가 작용한다고 제안했다.*

자연선택론이 진화의 메커니즘으로 받아들여지기까지는 오랜 시간이 걸렸다. 다윈의 시대에는 아무도 진화나 유전되는 변이의 메커니즘을 몰랐기 때문에 생물학자들이 좀 더 목적론적인 이론을 기대할 수 있는 여지가 있었다. 인간이 수백만 년 동안 무작위적으로 유전되는 변이의 과정에서 자연 선택된 결과물이라는 생각은 매우 불쾌한 것이었다. 궁극적으로 유전과 돌연변이 발생의 규칙은 20세기에 자연 선택을 통한 진화론을 더 튼튼한 기반 위에 올려놓은 '신다윈주의적 통합' 이론이 되었다. 그리고 이 이론은 유전 정보가 이중나선 분자인 DNA에 의해 전달된다는 깨달음을 통해 화학, 그리고 그에 이은 물리학의 기반 위에 올라섰다.

그래서 생물학은 물리학의 기반 위에서 자연에 대한 통합적인 관점으로 화학과 결합되었다. 하지만 이 통합의 한계를 지적하는 것은 매우 중요하다. 아무도 생물학의 용어나 방법을 쿼크나 전자는 고사하고 개별 분자들의 관점에서 설명하는 것으로 대체하려고 하지 않는다. 무엇보다 생명체는 그렇게 설명하기에는 웬만한 유기화학 분자보다 훨씬 더 복잡하다. 설사 우리가 동물이나 식물의 모든 원자들의 움직임을 추적할 수 있다 하더라도 그 거대한 자료들 속에서 사자가 영양을 사냥하

---

*여기서 나는 성 선택과 자연 선택을 묶어서 이야기하고 평형과 점진적인 진화를 강조했다. 그리고 유전되는 변이의 원인으로 돌연변이와 유전적 부동을 구별하지 않고 있다. 이 구별은 생물학자들에게는 매우 중요하지만, 여기서 내가 관심 있는 지점에는 영향을 미치지 않는다. 유전되는 변이를 진보로 볼 수 있게 하는 어떤 독립적인 생물학 법칙도 존재하지 않는다는 것이다.

거나 꽃이 벌을 유혹하는 것과 같은, 우리가 실제로 관심 있는 현상은 잊어버리게 될 것이다.

생물학은 지질학과 마찬가지로, 하지만 화학과는 달리 또 다른 문제가 있다. 생명체는 물리학적인 원리뿐만 아니라 수많은 역사적인 사건 때문에 그런 모습이 된 것이다. 이런 사건은 6,500만 년 전 공룡을 멸종시킬 정도로 엄청난 충격을 준 혜성이나 운석의 충돌, 그리고 지구가 태양과 특정한 거리에서 특정한 초기 화합물들로 만들어졌다는 사실까지 거슬러 올라간다. 우리는 이 사건들의 일부를 통계적으로 이해할 수는 있지만 개별적으로는 이해하지 못한다.

케플러는 틀렸다. 어느 누구도 태양에서 지구까지의 거리를 오직 물리학의 원리만으로 계산할 수는 없을 것이다. 생물학이 다른 과학과 통합되었다는 것의 의미는 단지 생물학이 지질학만큼이나 그 자체의 독자적인 원리를 가지고 있지 않다는 것이다. 생물학의 모든 일반적인 원리는 물리학의 기본 원리와 절대 설명될 수 없는 역사적인 사건과의 결합으로 이루어진 것이다.

여기서 설명된 관점(다양한 현상을 하나의 원리나 요인으로 설명하려는 관점-옮긴이)은 흔히 부정적인 의미로 '환원주의reductionism'라고 불린다. 물리학 내부에서도 환원주의에 대한 우려가 있다. 유체나 고체를 연구하는 물리학자들은 종종 '창발emergence'의 예를 인용한다. 이것은 열이나 상변이와 같은 거시적인 현상이 기본 입자물리학과 대응되는 부분이 없고, 기본 입자들의 세부적인 것에 의존하지 않은 채 발생하는 것을 설명하는 말이다. 예를 들어 열의 과학인 열역학은 맥스웰이나 볼츠만이 고려했던 많은 수의 분자들뿐만 아니라 거대 블랙홀의 표면까지,

아주 넓은 범위의 다양한 계에 적용된다. 하지만 모든 곳에 적용되지는 않는다. 우리는 열역학이 어떤 주어진 계에 적용될 수 있는지, 그리고 왜 그런지 알기 위해서 더 깊고 근본적인 물리학 원리를 알아야만 한다. 이런 측면에서 환원주의는 과학을 새롭게 하는 프로그램이 아니라 세상이 왜 이런 방식으로 존재하는지 보는 하나의 관점이다.

우리는 과학이 얼마나 오랫동안 이런 환원적인 경로로 갈지 모른다. 우리는 우리 종족의 능력으로는 더 이상 진전이 불가능한 지점에 이를 수도 있다. 사실 우리는 이미 비슷한 문제에 직면해 있다. 중력과 아직 발견되지 않은 다른 힘들이 표준 모형의 힘들과 통합되는, 수소 원자의 질량보다 수백만조 배 더 큰 규모의 질량이 있는 것으로 보이는데(이것은 중력이 끌어당기는 힘이 같은 거리에 있는 두 개의 전자가 서로 밀어내는 힘만큼 강하게 되는 질량으로 '플랑크 질량planck mass'이라고 한다), 설사 인류 전체의 경제적 능력을 모두 물리학자들에게 주더라도 우리는 지금 그런 엄청난 질량의 입자를 실험실에서 만들 수 있는 방법을 찾아낼 수 없을 것이기 때문이다.

그보다 우리의 지적 능력이 고갈될 수도 있다. 인간이 물리학의 가장 기본적인 법칙들을 이해할 수 있을 정도로 똑똑하지 않을 수도 있다. 혹은 원리적으로 모든 과학이 통합된 구조로 끌어들일 수 없는 현상에 맞닥뜨릴 수도 있다. 예를 들어 우리가 의식을 관장하는 뇌에서의 과정을 이해하게 된다 하더라도 의식의 느낌 그 자체를 물리학적인 용어로 어떻게 설명할지 생각하기는 어렵다.

그래도 우리는 이 길을 따라 먼 길을 왔고, 그 길은 아직 끝나지 않았을 수도 있다.[6] 이것은 거대한 이야기다. 천상과 지상의 물리학이 뉴턴에 의해 어떻게 통합되었는지, 통합된 전기와 자기 이론이 어떻게 만들어져서 빛을 설명할 수 있게 되었는지, 전자기의 양자 이론이 어떻게 약한 핵력과 강한 핵력을 포함하도록 확장되었는지, 화학과 생물학이 자연에 대한 불완전한 관점이긴 하지만 어떻게 물리학에 기반을 두고 통합되었는지에 대한 이야기다. 이것은 단순화되어 왔고 단순화되고 있는, 우리가 발견한 넓은 범위의 과학 원리인 더 기본적인 물리 이론을 향한 것이다.

감사의 글

내가 고전학자 짐 행킨슨Jim Hankinson, 역사학자 브루스 헌트Bruce Hunt, 조지 스미스George Smith와 같은 훌륭한 학자들의 도움을 받을 수 있었던 것은 행운이었다. 그들이 나의 책 대부분을 읽어준 덕분에, 그들의 제안에 기초해서 많은 수정을 할 수 있었다. 이 도움에 깊이 감사한다.

소중한 비평을 해주고 이 책의 도입부를 멋지게 장식한 존 던의 시를 제안해준 루이즈 와인버그Louise Weinberg에게도 감사한다. 세부적인 주제에 도움을 준 피터 디어Peter Dear, 오웬 진저리치Owen Gingerich, 알베르토 마르티네스Alberto Martinez, 샘 슈웨버Sam Schweber, 폴 우드러프Paul Woodruff에게도 감사한다.

마지막으로 격려와 훌륭한 충고를 해준 나의 현명한 에이전트 모턴 잔코Morton Jankow, 훌륭한 편집자 하퍼콜린스Harper Collins, 팀 더건Tim Duggan, 에밀리 커닝엄Emily Cunningham에게 특별한 감사를 전한다.

이 책의 번역을 제안받고 한동안 망설일 수밖에 없었다. 이 책이 출간되자마자 미국과 영국에서 상당한 논란이 되었다는 사실을 잘 알고 있었기 때문이다. 더구나 과학이 아니라 과학의 역사에 대한 책이었다. 나의 전문 분야가 아닌 내용을 제대로 번역할 수 있을지에 대한 두려움도 있었고, 번역이 얼마나 힘든 작업인지 경험을 통해 잘 알고 있기도 했다. 이런 망설임을 이기고 이 책을 번역하기로 한 것은 순전히 '스티븐 와인버그'라는 이름 때문이었다. 그는 현존하는 최고의 과학자 중 한 명이며, 내가 대학생 시절에 너무나 재미있게 읽었던 《최초의 3분》의 저자다. 이런 대가의 책을 번역하는 것은 내가 한 번쯤 꼭 해보고 싶던 일이었다.

이 책이 왜 논란이 될 수밖에 없었는지는 번역을 시작하자마자 쉽게 이해할 수 있었다. 저자는 첫머리부터 역사학자들이 가장 위험하게 여기고 피하는 방법을 사용하겠다고 선언한다. 바로 과거를 현재의 기준으로 판단하는 방법이다. 그는 과거 자연철학자들의 오류를 거침없이 지적할 뿐만 아니라, 위대한 철학자들의 업적이 과장되었다고 주장하는

가 하면 과학과 종교 사이의 관계에 대해 언급하는 데도 거침이 없었다.

처음에는 저자의 이런 관점을 어떻게 받아들여야 할지 고민이 되기도 했다. 하지만 그건 문제가 되지 않는다는 사실을 금방 깨달았다. 번역자의 역할은 저자의 의도가 잘못 전달되지 않도록 정확하게 번역하는 것일 뿐이다. 번역자가 저자의 의견에 동의하고 말고는 아무런 상관이 없다. 그래서 저자의 의도를 정확하게 이해하고, 오해 없이 전달하도록 최선을 다했다. 그래도 혹시 번역에 문제가 있다면, 그것은 전적으로 역자의 책임이며 그 부분에 대해서는 독자들의 지적을 기다리겠다.

내가 동의하는지와 관계없이, 저자의 관점 자체는 충분히 이해할 수 있었다. 그가 현재의 기준으로 과거를 판단하고자 한 것은 더 유리할 수밖에 없는 후세대 사람의 위치에서 과거를 내려다보기 위해서가 아니라, 현재의 과학 개념이 과거와 얼마나 다른지를 분명하게 비교함으로써 이것이 얼마나 어렵게 완성되었는지를 보여주기 위해서였다. 과거의 설명이 틀렸다는 점이 문제가 아니라 그런 결론에 이르게 된 과정을 이해할 수 없다는 점이 문제였던 것이다.

저자가 보기에 현대 과학은 현재와 같은 형태를 목표로 하고 발전된 것이 아니라, 현실을 더 정확하게 설명하기 위한 노력의 결과로 자연스럽게 나온 것이다. 현대 과학은 과학자들이 세상을 설명하려고 노력하는 과정에서 만들어진 것이지, 데카르트나 베이컨과 같은 철학자들이 생각해낸 '과학 하는 방법'을 통해 만들어지지는 않았다는 말이다. 그리고 이렇게 만들어진 현대 과학은 아직 결함이 있긴 하나 세상을 그럴 듯하게 이해할 수 있도록 해준다. 여기에서 현대 과학에 대한 저자의 분명한 자신감을 볼 수 있다.

하지만 저자의 자신감은 현대 과학의 현재 모습이 아니라 현대 과학이 사용하고 있는 과학적 방법에서 나온다. 그는 현재의 과학이 최종 형태가 아닐 수도 있다는 사실을 인정하고, 그것을 인정하는 것이 과학의 가장 강력한 힘이라고 강조한다. 적어도 이 지점에서는 아마 거의 모든 과학자의 견해가 일치하지 않을까 생각한다.

전문 분야가 아닌 주제를 번역하는 데 대한 걱정은 여전했지만, 책에 소개된 수많은 과학 내용, 특히 천문학에 대한 내용을 번역할 때는 내가 천문학자가 아니었다면 어쩔 뻔했을까 하는 안도감도 느꼈다. 저자는 현재의 지식을 이용하면 고대 천문학자들이 제안했던 이론들을 더 쉽게 이해할 수 있다는 사실을 알려주기 위해서 천문학에 대해 자세히 설명하고 있다. 이 내용은 고대 천문학을 이해하는 데 큰 도움이 된다. 책 전체의 4분의 1에 달하는 전문 해설에서는 과학 내용을 명쾌하게 설명하는 대가의 풍모도 느낄 수 있다. 하지만 자세한 설명은 그렇게 쉬운 수준이 아니므로 이 부분을 이해하지 못한다고 해서 포기할 필요는 없다고 말해주고 싶다.

이 책은 세부적인 내용을 이해하는 것보다는, 전반적인 흐름을 따라가며 저자가 어떤 이야기를 하려고 하는지 파악하는 것에 집중해서 읽기를 권한다. 평생을 과학자로 살아오며 과학적 방법에 대한 확실한 믿음을 가진, 뛰어난 과학자의 관점에서 보는 과학의 역사는 그 자체만으로도 충분히 읽어볼 만한 가치가 있다고 생각한다.

이강환

전문 해설

TO
EXPLAIN
THE
WORLD:
The Discovery of
Modern Science

Before history there was science, of a sort. At any moment nature presents us with a variety of puzzling phenomena: fire, thunderstorms, plagues, planetary motion, light, tides, and so on. Observation of the world led to useful generalizations: fires are hot; thunder presages rain; tides are highest when the Moon is full or new, and so on. These became part of the common sense of mankind. But here and there, some people wanted more than just a collection of facts. They wanted to explain the world.

It was not easy. It is not only that our predecessors did not know what we know about the world—more important, they did not have anything like our ideas of what there was to know about the world, and how to learn it. Again and again in preparing the lectures for my course I have been impressed with how different the work of science in past centuries was from the science of my own times. As the much quoted lines of a novel of L. P. Hartley put it, "The past is a foreign country; they do things differently there." I hope that in this book I have been able to give the reader not only an idea of what happened in the history of the exact sciences, but also a sense of how hard it has all been.

전문 해설에서는 이 책에서 다루는 역사적인 발견들의 수학적, 과학적 배경지식을 설명한다. 고등학교에서 대수학과 기하학을 배우고 아직 잊어버리지 않은 독자라면 여기에 있는 수학을 따라가는 데 어려움이 없을 것이다. 하지만 나는 이 부분을 보지 않고도 본문을 이해하는 데 문제가 없도록 이 책을 구성했다.

여기에서 사용된 논증은 역사적으로 사용된 것과 꼭 동일하지는 않다. 탈레스에서 뉴턴에 이르기까지의 물리 문제에 적용되었던 수학적인 방법은 오늘날과는 달리 대수학보다는 기하학이 더 많다. 이 문제들을 기하학적으로 분석하는 것은 나에게는 어렵고 독자들에게는 지루할 것이다. 여기에서는 과거의 자연철학자들이 얻은 결과가 그들이 관측하고 가정했던 사실들을 어떻게 잘 따라가는지(혹은 잘 따라가지 못하는지) 보여줄 것이다. 하지만 그들의 논증을 그대로 충실히 따라가지는 않을 것이다.

전문 해설 차례

1. 탈레스의 정리

탈레스의 정리는 원과 삼각형에 대한 결과들을 유도하기 위해 간단한 기하학적 논증을 사용한다. 탈레스가 이 결과를 실제로 증명했는지는 알 수 없지만, 이 정리는 유클리드 이전 시대의 기하학에 대한 그리스인들의 지식 범위를 보여주는 좋은 예로 살펴볼 가치가 있다.

임의의 지름을 가지는 원을 생각해보자. 원 위의 점 A와 B가 이 원의 지름과 만나는 점이라고 하자. 점 A와 B에서 원 위의 다른 임의의 점 P를 연결하는 두 개의 선을 그리자. 점 A와 B를 연결하는 지름과 점 A와 P, B와 P를 연결하는 선들은 삼각형 ABP를 만든다(삼각형은 세 개의 점을 연속하여 부른다). 탈레스의 정리는 이 삼각형이 직각삼각형이라는 것이다. 삼각형 ABP에서 P의 각이 직각, 즉 90도가 된다는 말이다.

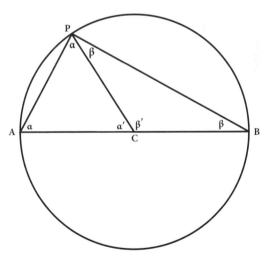

그림 1 탈레스의 정리 증명
점 P가 원 위의 어디에 있더라도 지름의 양쪽 끝에서 점 P까지 그은 두 선은 서로 직각이 된다.

이 정리를 증명하는 방법은 원의 중심 C에서 점 P까지 선을 긋는 것이다. 이 선은 삼각형 ABP를 두 개의 삼각형 ACP와 BCP로 나눈다(그림 1 참조). 두 삼각형은 모두 두 변의 길이가 같은 이등변삼각형이다. 삼각형 ACP에서 변 CA와 CP는 둘 다 원의 반지름이고, 원의 정의에 따라 그 길이가 같다(삼각형의 변은 양 끝점의 이름을 연속하여 부른다).

마찬가지로 삼각형 BCP의 두 변 CB와 CP의 길이는 같다. 이등변삼각형에서 변의 길이가 같은 양쪽 끝의 각은 같다. 그러므로 변 AP와 AC 사이의 각 α(알파)와 변 AP와 CP 사이의 각은 같고, 변 BP와 BC 사이의 각 β(베타)와 변 BP와 CP 사이의 각은 같다. 삼각형을 이루는 세 각의 합은 두 개의 직각,* 즉 180°이다. 그러므로 삼각형 ACP의 변 AC와 CP 사이의 세 번째 각을 α', 변 BC와 CP 사이의 각을 β'라고 하면, 다음 식이 성립한다.

$$2\alpha + \alpha' = 180°, \ 2\beta + \beta' = 180°$$

이 두 방정식의 양변을 서로 합쳐서 다시 묶으면 다음 식이 된다.

$$2(\alpha + \beta) + (\alpha' + \beta') = 360°$$

여기서 $\alpha' + \beta'$는 변 AC와 BC 사이의 각으로 합쳐서 직선이 되므로 180°가 된다. 그러므로 아래와 같은 식이 된다.

$$2(\alpha + \beta) = 360° - 180° = 180°$$

---

*이것은 탈레스의 시대에는 알려져 있지 않았고, 나중에 증명된 것으로 보인다.

따라서 $\alpha + \beta$는 90°이다. 그림 1에서 $\alpha + \beta$는 우리가 처음 구하려고 했던, 삼각형 ABP에서 변 AP와 BP 사이의 각이 되므로 이 삼각형이 직각삼각형이라는 사실이 증명된다.

2. 플라톤 입체

물질의 본성에 대한 플라톤의 사상에서 중심적인 역할을 하는 것은 '플라톤 입체'라고 알려진 정다면체들이다. 정다면체는 기하학에서 정 다각형으로 이루어진 3차원 입체이다. 정다각형은 n개의 직선과 n개 의 꼭짓점으로 이루어진 다각형에서 직선의 길이가 모두 같고, 각의 크 기가 모두 같은 것을 말한다. 정다각형의 예로는 정삼각형(세 변의 길이 가 모두 같은 삼각형)과 정사각형 등이 있다. 정다면체는 모두 똑같은 정 다각형으로 둘러싸인 입체이며, 각 꼭짓점에서는 N개의 정다각형이 같은 각으로 만난다.

가장 익숙한 정다면체의 예는 정육면체이다. 정육면체는 여섯 개의 똑같은 정사각형으로 이루어져 있고 세 개의 정사각형이 만나는 꼭짓 점이 여덟 개가 있다(이 경우 $n=4$, $N=3$이다-옮긴이). 더 단순한 정다면 체로는 네 개의 정삼각형으로 이루어져 있고, 세 개의 정삼각형이 만 나는 꼭짓점이 네 개가 있는 피라미드 모양의 정사면체가 있다(이 경우 $n=3$, $N=3$이다-옮긴이). 여기서는 정육면체나 정사면체처럼 모든 꼭짓 점이 바깥으로 향하는 볼록한 정다면체들만 다룰 것이다.

《티마이오스》에서 본 것처럼 플라톤은 단 다섯 가지의 정다면체만 가능하다고 알고 있었고, 이것이 모든 물질들을 이루는 원소들의 모양이라고 생각했다. 이 정다면체들은 정사면체, 정육면체, 정팔면체, 정십이면체, 그리고 정이십면체이다. 정다면체가 고대부터 알려진 단 다섯 가지밖에 존재하지 않는다는 것을 증명하려는 최초의 시도는 유클리드가 쓴《기하학원론》에서 가장 중요한 마지막 문단이다.

유클리드는《기하학원론》13부의 명제 13부터 17까지에서 각각 정사면체, 정팔면체, 정육면체, 정이십면체, 정십이면체의 기하학적 구조를 소개하고 있다. 그리고 이렇게 말한다.* "이제 방금 소개한 다섯 가지를 제외하고는 길이와 각이 모두 같은 어떤 입체도 만들어질 수 없다는 것을 보일 것이다." 사실, 각 꼭짓점에서 N개의 다각형이 만나고 모서리가 n개인 다각형 면으로 이루어지는 조합은 다섯 가지밖에 없다는 이 말 이후의 설명은 조금 약한 편이다. 아래의 증명은 유클리드가 했던 것과 똑같은 방법을 현대적인 기호들로 표현한 것이다.

첫 번째 단계는 n개의 꼭짓점과 n개의 변을 가지는 정다각형의 내각 θ(세타)를 구하는 것이다. 정다각형의 중심에서 각 꼭짓점까지 직선을 그린다. 이렇게 하면 정다각형은 n개의 삼각형으로 나누어진다. 삼각형의 내각의 합은 180도이므로 각각의 삼각형들은 각이 $\theta/2$인 꼭짓점을 두 개씩 가지고, 세 번째 꼭짓점(다각형의 중앙에 있는 꼭짓점)의 각은 $180° - \theta$가 되어야 한다. 그런데 중앙에 있는 n개의 각을 모두 더하면 360도가 되어야 하므로 $n(180° - \theta) = 360°$가 된다. 여기서 θ를 구하면 다음 값이 된다.

---

*이것은 히스Thomas Little Heath가 번역한《유클리드의 원소들Euclid's Elements》(New Mexico: Green Lion Press, 2002) 480쪽에서 인용해온 것이다.

$$\theta = 180° - \frac{360°}{n}$$

예를 들어, 정삼각형은 $n=3$이므로 $\theta = 180° - 120° = 60°$가 되고, 정사각형은 $n=4$이므로 $\theta = 180° - 90° = 90°$가 된다.

다음 단계는 정다면체에서 하나의 꼭짓점을 제외한 모든 경계와 꼭짓점들을 잘라서 평면 위에 펼쳐 놓는 것이다. 그러면 하나의 꼭짓점에서 만나는 N개의 다각형들이 한 평면 위에 놓이게 되고, 그 다각형들 사이에는 빈틈이 생기게 된다. 그러므로 $N\theta \langle 360°$가 된다. 앞에서 구한 식의 θ값을 이 식에 대입하고 양변을 $360°$로 나누면 아래와 같이 된다.

$$N\left(\frac{1}{2} - \frac{1}{n}\right) \langle 1$$

이 식의 양변을 다시 N으로 나누면 아래와 같다.

$$\frac{1}{2} \langle \frac{1}{n} + \frac{1}{N}$$

다각형이 되기 위해서는 $n \geq 3$이 되어야 하고, 다면체가 되기 위해서는 $N \geq 3$이 되어야 한다(예를 들어, 정육면체는 면이 사각형이기 때문에 $n=4$이고 $N=3$이 된다. N은 한 꼭짓점에서 만나는 다각형의 수다-옮긴이). 그러므로 위의 부등식은 $\frac{1}{n}$이나 $\frac{1}{N}$이 $\frac{1}{6}$보다 작아서는 안 된다는 사실을 알려준다(위 식에서 $\frac{1}{n} \rangle \frac{1}{2} - \frac{1}{N}$이 되고, N이 가장 작을 때 우변이 가장 작은 값이 된다. 가장 작은 N은 3이므로 N에 3을 대입하면 $\frac{1}{n} \rangle \frac{1}{6}$이 된다. $\frac{1}{n}$ 대신 $\frac{1}{N}$을 좌변으로 옮겨도 같은 결과가 나온다-옮긴이). 즉, n과 N 모두 6보다 작아야 한다. 그러면 부등식 $5 \geq N \geq 3$, $5 \geq n \geq 3$을 만족하는 모든 정수의 쌍을 쉽게 확인해볼 수 있다. 이 범위의 수들 중에서 위의 부등식을 만족하는 조합은 다음의 다섯 쌍밖에 존재하지 않는다.

a)	$N=3$,	$n=3$
b)	$N=4$,	$n=3$
c)	$N=5$,	$n=3$
d)	$N=3$,	$n=4$
e)	$N=3$,	$n=5$

정다면체의 면들은 $n=3$일 때는 정삼각형, $n=4$일 때는 정사각형, $n=5$일 때는 정오각형이 된다. 여기서 구한 N과 n은 각각 정사면체, 정팔면체, 정이십면체, 정육면체, 정십이면체가 된다.

여기까지가 유클리드가 증명한 것이다. 그런데 유클리드는 각각의 n과 N의 조합을 만족하는 정다면체가 오직 하나씩이라는 명제를 증명하지 않았다. 지금부터 우리는 유클리드를 넘어서, 각각의 n과 N의 조합을 만족하는 정다면체의 성분들의 조합이 오직 하나씩이라는 것을 보일 것이다. 그 성분들은 면의 수 F, 선의 수 E, 그리고 꼭짓점의 수 V이다.

모르는 성분이 세 개이므로 우리는 세 개의 방정식이 필요하다. 첫 번째 방정식은 다음과 같은 방법으로 유도된다. 모든 다면체의 표면을 이루는 모든 경계선의 수는 nF이다. 하지만 각 선들은 두 면의 경계가 되므로 아래와 같은 식이 된다.

$$2E=nF$$

V개의 꼭짓점에 각각 N개의 면이 만나고, E개의 선은 각각 두 개의 꼭짓점을 연결하므로 아래와 같은 식이 된다.

$$2E = NV$$

마지막으로 F와 E, V 사이에는 좀 더 미묘한 관계가 있다. 이 관계를 유도하기 위해서는 가정을 추가해야 한다. 표면 위의 두 점 사이의 경로가 이 두 점 사이를 연결하는 다른 어떤 경로로도 연속적으로 변형될 수 있도록 다면체가 단순하게 연결되어 있다는 가정이다. 이것은 정육면체나 정사면체 같은 경우에는 해당이 되지만, 모서리와 면이 도넛의 표면에 그려진 다면체는 정다면체이든 아니든 해당이 되지 않는다.

심화된 정리에 따르면 단순연결다면체는 정사면체에 모서리와 면, 꼭짓점을 추가하여 만들 수 있고, 필요하다면 연속적으로 압축하여 원하는 모양으로 만들 수 있다. 이 사실을 이용하여 이제 단순연결다면체는 정다면체이든 아니든 다음의 관계를 만족한다는 것을 보일 것이다.

$$F - E + V = 2$$

정사면체가 이 식을 만족한다는 것은 쉽게 확인할 수 있다. 정사면체는 $F=4$, $E=6$, $V=4$이므로 좌변이 $4-6+4=2$가 된다. 이제 다면체의 한 면에 한쪽 모서리에서 다른 모서리로 가로지르는 모서리를 하나 추가하면, 하나의 면 F와 두 개의 꼭짓점 V가 추가된다. 그러면 원래 있던 모서리는 각각 둘로 나누어지고 여기에 또 하나의 모서리가 추가되었으므로 모서리 E는 $2+1=3$만큼 증가한다. 그러므로 $F-E+V$ 값은 변하지 않는다. 마찬가지로 꼭짓점 하나를 추가하여 원래 있던 꼭짓점으로 연결하는 모서리를 추가하면 F와 V는 하나씩 추가되고 E는 두 개가 추가되므로 $F-E+V$ 값은 여전히 변하지 않는다. 마지막으로 한 꼭짓점에서 다른 꼭짓점을 연결하는 모서리를 추가하면 F와 E는 하나씩 추가되고 V는 변하지 않으므로 역시 $F-E+V$ 값은 변하지 않는다. 모든 단순연결다면체는 이런 방법으로 만들 수 있으므로 모든 다면체는 이것과 같은 값을 가져야 하고, 결국 정사면체가 가지는 $F-E+V=2$와 같은 값을 가져야 한다(이것은 수학의 한 분야인 위상학의 간단한 예로, $F-E+V$ 값은 다면체의 '오일러 지표Euler characteristic'라고 불린다).

이제 E, F, V에 대한 세 개의 방정식을 풀 수 있다. 가장 간단한 방법은 앞의 두 공식을 F와 V에 대해서 풀어서 $F=2E/n$, $V=2E/N$을 세 번째 방정식에 대입하여 $2E/n-E+2E/N=2$로 만든 다음 E에 대해서 푸는 것이다.

$$E = \frac{2}{2/n - 1 + 2/N}$$

그러면 다시 앞의 두 식에서 F와 V를 구할 수 있다.

$$F = \frac{4}{2 - n + 2n/N} \qquad V = \frac{4}{2N/n - N + 2}$$

결국 앞의 다섯 개 목록의 면, 꼭짓점, 모서리의 수는 다음과 같다. 이것이 플라톤 입체이다.

	F	V	E	
$N=3, n=3$	4	4	6	정사면체
$N=4, n=3$	8	6	12	정팔면체
$N=5, n=3$	20	12	30	정이십면체
$N=3, n=4$	6	8	12	정육면체
$N=3, n=5$	12	20	30	정십이면체

3. 화음

피타고라스학파는 장력, 두께, 재료가 같은 악기의 두 줄이 길이의 비가 1/2, 2/3, 1/4, 3/4와 같이 작은 정수의 비가 될 때 튕기면 밝은 소리가 난다는 것을 발견했다. 왜 그런지 이해하기 위해서는 먼저 파동의 진동수, 파장, 속도 사이의 일반적인 관계를 알아야 한다.

모든 파동은 일종의 진동하는 진폭으로 특징지을 수 있다. 음파의 진폭은 파동을 전달하는 공기의 압력, 파도의 진폭은 물의 높이, 특정한 방향으로 편광된 광파의 진폭은 그 방향의 전기장, 그리고 악기의 줄을 따라 움직이는 파동의 진폭은 줄이 정상 위치에서 줄의 수직 방향으로 벗어난 정도가 된다.

이 중에서 사인파라고 하는 특히 단순한 종류의 파동이 있다. 어떤 순간의 사인파의 모양을 포착하면 파동이 이동하는 방향을 따라 여러 지점에서 진폭이 0이 되는 것을 볼 수 있다. 어느 한 지점에서 시작하여 파동이 이동하는 방향으로 따라가면 진폭이 올라갔다가 다시 0으로 떨어지고, 더 멀리 가면 음의 방향으로 떨어졌다가 다시 0으로 올라가고, 더 따라가면 이 주기가 계속해서 반복되는 것을 볼 수 있다. 시작한 지점에서 한 주기가 완전히 끝나는 지점까지의 거리는 파장이라고 하는 파동의 길이 특성이 되고, 관습적으로 λ(람다)로 표시한다. 파동의 진폭은 주기가 시작하고 끝나는 지점뿐만이 아니라 그 중간에서도 0이 되므로, 진폭이 0이 되는 연속된 두 지점 사이의 거리는 파장의 절반(반파장)인 $\lambda/2$가 된다. 그러므로 진폭이 0이 되는 모든 두 지점 사이의 거리는 반파장의 정수배만큼 떨어져 있게 된다.

사실상 모든 요동(파동에 의해 거리가 자연스럽게 늘어나는 모든 요동)은 다양한 파장의 사인파의 합으로 표현될 수 있다는 기본적인 수학 정리를 '푸리에 분석Fourier analysis'이라고 한다. 이것은 19세기 초 이전까지는 명확하게 만들어지지 않았다.

각각의 개별적인 사인파는 파동이 움직이는 방향으로의 거리뿐만 아니라 시간에 따른 진동의 특성을 나타낸다. 파동이 v의 속도로 움직인다면 t시간 동안 거리 vt만큼 움직인다. 그러면 t시간 동안 한 지점을 지나가는 파장의 수는 vt/λ가 되고, 주어진 지점에서 1초 동안의 주기의 수, 즉 진폭과 변화율이 모두 같은 값으로 돌아오는 수는 v/λ가 된다. 이것을 진동수라고 하고 v(누)로 표시하므로 $v=v/\lambda$가 된다. 진동하는 줄의 파동의 속도는 거의 일정하고 줄의 장력과 질량에 의존하지만 파장과 진폭에는 독립적이므로 이 파동의 진동수는 빛과 마찬가지로 단순히 파장에 반비례한다.

이제 길이 L을 가지는 어떤 악기의 줄을 생각해보자. 파동의 진폭은 줄이 묶여 있는 양 끝에서 0이 되어야 한다. 이 조건 때문에 줄이 진동하는 전체 진폭을 구성하는 개별적인 사인파의 파장이 제한된다. 우리는 모든 사인파의 진폭이 0이 되는 지점들 사이의 거리는 모든 반파장의 정수배가 될 수 있다는 것을 보았다. 그러므로 양쪽 끝이 묶인 줄의 파동은 반파장과 정수 N의 곱이 되어 $L=N\lambda/2$가 되어야 한다. 따라서 파장이 될 수 있는 것은 $\lambda=2L/N$, $N=1$, 2, 3, …이므로, 진동수가 될 수 있는 것은 다음의 값이다.*

---

*피아노 줄의 경우에는 줄의 경직도 때문에 작은 보정이 있다. 이 보정은 v가 $1/L^3$에 비례하는 항을 포함한다. 여기서는 이것을 무시할 것이다.

$$\nu = vN/2L$$

가장 낮은 진동수는 $N=1$일 때이고 $v/2L$이 된다. 이보다 높은 모든 진동수, 즉 $N=2$, $N=3$, …인 것은 '배음^{overtones}'이라고 한다. 예를 들어 모든 악기의 중간 C현의 가장 낮은 진동수는 261.63이지만 523.26, 784.89 등의 진동수도 가진다. 서로 다른 배음들의 세기가 서로 다른 악기에서 나오는 소리의 질을 결정한다.

이제 길이는 L_1과 L_2로 서로 다르지만 다른 것은 모두 같고, 특히 파동의 속도가 v로 같은 두 개의 진동하는 줄을 생각해보자. t시간 동안 두 줄의 진동수가 가장 낮은 진동 모드는 각각 $n_1 = \nu_1 t = vt/2L_1$, $n_2 = \nu_2 t = vt/2L_2$의 주기 혹은 주기의 비로 진행될 것이다. 그 비율은 아래와 같다.

$$n_1/n_2 = L_2/L_1$$

두 줄의 가장 낮은 진동이 같은 시간 동안 주기의 정수배로 진행되기 위해서는 L_2/L_1은 정수의 비, 즉 유리수가 되어야 한다(이 경우에 같은 시간 동안 각 줄의 배음도 주기의 정수배로 진행된다). 그러므로 이 두 줄에서 만들어지는 소리는 마치 하나의 줄만 튕긴 것처럼 서로 반복된다. 이것이 밝은 소리를 만드는 데 중요한 역할을 하는 것으로 보인다.

예를 들어 $L_2/L_1 = 1/2$이면 줄 2의 가장 낮은 진동은 줄 1의 진동이 한 주기를 진행할 때마다 두 주기를 진행한다. 이 경우에 우리는 두 줄이 만드는 음이 한 옥타브 차이라고 말한다. 피아노 건반의 모든 C키는 옥타브 차이만큼의 진동수들을 만든다. $L_2/L_1 = 2/3$이면 두 줄은 5도 화음을 만든다. 예를 들어 하나의 줄이 진동수 261.63의 중간 C음을 만든다면 줄의 길이가 2/3인 다른 줄은 진동수 $3/2 \times 261.63 = 392.45$의 중간 G음을 만든다.* $L_2L_1 = 3/4$이면 4도 화음이 된다.

이 화음들이 밝은 소리를 내는 또 다른 이유는 배음들과 관계가 있다. 줄 1의 N_1번째 배음이 줄 2의 N_2번째 배음과 같은 진동수를 가지게 하기 위해서는 $vN_1/2L_1 = vN_2/2L_2$가 되어야 하므로 다음의 식이 된다.

$$L_2/L_1 = N_2/N_1$$

이유는 다르지만 역시 길이의 비는 유리수가 된다. 하지만 이 비율이 π나 $\sqrt{2}$와 같은 무리수가 되면 두 줄의 배음은 높은 배음의 주파수에서는 어느 정도 비슷해지지만 절대 일치하지 않는다. 이럴 때는 끔찍한 소리가 난다.

4. 피타고라스의 정리

피타고라스의 정리는 평면 기하학의 결과 중에서 가장 유명한 것이다. 이 정리를 발견한 사람은 아마도 피타고라스학파의 일원인 아르키타스로 여겨지지만 자세한 기원은 알려지지 않았다. 아래에 보인 것은 그리스 수학에서 흔히 사용되던 비례의 개념을 사용한 가장 단순한 증명이다.

---

*일부 음계에서는 중간 G음이 이 음을 포함하는 다른 화음들을 만들기 위해서 약간 다른 진동수로 주어진다. 최대한 많은 화음을 만들기 위해서 진동수를 조정하는 것을 음계 '템퍼링tempering'이라고 한다.

각 P가 직각인 삼각형 ABP를 생각하자. 피타고라스의 정리는 변 AB(삼각형의 빗변)를 한 변으로 하는 사각형의 면적이 삼각형의 다른 두 변 AP와 BP를 한 변으로 하는 두 개의 사각형의 면적의 합과 같다는 것이다. 현대 대수학의 방법으로 우리는 AB, AP, BP를 이 변의 길이와 같은 수로 생각할 수 있다. 그러면 피타고라스의 정리는 다음의 식이 된다.

$$AB^2 = AP^2 + BP^2$$

증명을 하는 방법은 점 P에서 빗변 AB로 수직인 선을 긋고 만나는 점을 C라고 하는 것이다(그림 2 참조). 이 선은 삼각형 ABP를 두 개의 더 작은 직각삼각형 APC와 BPC로 나눈다.

이 두 작은 삼각형이 삼각형 ABP와 대응되는 각의 크기가 같은 닮은 삼각형이라는 것은 쉽게 알 수 있다. 꼭짓점 A와 B에서의 각을 α, β라고 하면 삼각형 ABP의 각은 α, β, $90°$가 되므로 $\alpha + \beta + 90° = 180°$가 된다. 삼각형 APC는 두 각 α와 $90°$를 가지므로 세 각의 합이 $180°$가 되기

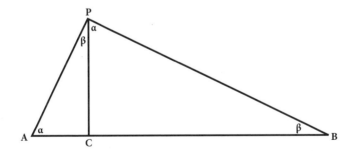

그림 2 피타고라스의 정리 증명
이 정리는 한 변의 길이가 각각 AP와 BP인 두 사각형의 면적의 합이 한 변의 길이가 빗변 AB인 사각형의 면적과 같다는 것이다. 이 정리를 증명하기 위해서 P에서 AB와 수직으로 C에서 만나는 선을 그렸다.

위해서는 세 번째 각이 β가 되어야 한다. 마찬가지로 삼각형 BPC는 두 각 β와 $90°$를 가지므로 세 번째 각은 α가 되어야 한다.

이 삼각형들은 모두 닮은 삼각형이므로 대응하는 변의 길이도 서로 비례해야 한다. 즉 AC와 삼각형 ACP의 빗변 AP의 비는 AP와 원래의 삼각형 ABP의 빗변 AB의 비와 같아야 하고, BC와 BP의 비는 BP와 AB 의 비와 같아야 한다. 우리는 이것을 좀 더 편리한 대수학 방법으로 다음과 같이 쓸 수 있다.

$$\frac{AC}{AP} = \frac{AP}{AB} \qquad \frac{BC}{BP} = \frac{BP}{AB}$$

여기에서 바로 $AP^2 = AC \times AB$, $BP^2 = BC \times AB$가 나온다. 이 두 방정식을 서로 더하면 아래의 식이 된다.

$$AP^2 + BP^2 = (AC + BC) \times AB$$

여기서 $AC + BC = AB$이므로 정리가 증명되었다.

5. 무리수

초기 그리스 수학자들에게 유일하게 익숙했던 수는 유리수였다. 이 것은 1, 2, 3··· 과 같은 정수이거나 $\frac{1}{2}$, $\frac{2}{3}$··· 과 같이 정수의 비로 된 수이다. 두 선의 길이의 비가 유리수이면 이 선들은 '통약이 가능하다 commensurable'고 한다. 예를 들어, 그 비가 3/5라면 한 선의 다섯 배는 다른 선의 세 배와 길이가 같다.

모든 선들이 통약 가능한 것은 아니라는 사실은 충격이었다. 특히 직각 이등변삼각형의 경우 빗변의 길이와 나머지 두 변 중 한 변의 길이는 통약 가능하지 않다. 현대적인 방법으로 보면 피타고라스의 정리에 따라 직각 이등변삼각형의 빗변의 제곱은 다른 변의 제곱의 두 배와 같으므로, 빗변의 길이는 다른 변의 길이에 2의 제곱근을 곱한 것과 같고, 2의 제곱근은 유리수가 아니다. 유클리드는 《기하학원론》 10부에서 그 반대를 가정하여 이것을 증명했다. 현대적인 방법으로 보면 제곱해서 2가 되는 유리수가 있다고 가정을 하고 그것이 불합리함을 보이는 것이다.

유리수 p/q(p와 q는 정수)의 제곱이 2가 된다고 해보자.

$$(p/q)^2 = 2$$

그러면 특정한 p와 q에 같은 수를 곱해서 만들어지는 무수히 많은 수가 있을 것이다. 하지만 여기서는 p와 q를 $(p/q)^2 = 2$를 만족하는 가장 작은 수로 생각하자. 그러면 이 식은 다음과 같은 식이 된다.

$$p^2 = 2q^2$$

이것은 p^2이 짝수라는 것을 보여주는데, 두 홀수의 곱은 홀수이므로 p는 짝수가 되어야 한다. 즉, 우리는 $p = 2p'$로 쓸 수 있고 p'는 정수가 된다.

$$q^2 = 2p'^2$$

그러면 위와 같은 식이 되므로 앞과 같은 이유로 q도 짝수가 되어 $q = 2q'$로 쓸 수 있고 q'는 정수가 된다. 그러면 $p/q = p'/q'$가 되어 아래의 식이 된다.

$$(p'/q')^2 = 2$$

이렇게 하면 p'와 q'는 각각 p와 q의 절반 값을 가지는 정수가 된다. 이것은 p와 q가 $(p/q)^2 = 2$를 만족하는 가장 작은 수라는 정의에 어긋난다. 그러므로 p와 q가 $(p/q)^2 = 2$를 만족하는 정수라는 최초의 가정이 어긋나게 되므로 이것은 불가능하다.

이 정리는 확장성이 명확하다. 3, 5, 6, …처럼 정수의 제곱이 될 수 없는 수는 유리수의 제곱이 될 수 없다. 예를 들어, $3 = (p/q)^2$이고 p와 q가 이것을 만족하는 가장 작은 수라면 $p^2 = 3q^2$이 되는데, 이렇게 되려면 $p = 3p'$가 되는 정수 p'가 있어야 한다. 그러면 $q^2 = 3p'^2$이 되어야 하고, 이렇게 되려면 $q = 3q'$가 되는 정수 q'가 있어야 한다. 그렇게 되면 $3 = (p'/q')^2$이 되어야 하는데 이것은 p와 q가 $p^2 = 3q^2$을 만족하는 가장 작은 정수라는 가정에 어긋난다. 그러므로 3, 5, 6, …의 제곱근은 모두 무리수이다.

현대 수학에서는 제곱이 2가 되는 $\sqrt{2}$와 같은 무리수의 존재를 인정한다. 이런 수의 소수점 아래의 수는 끝나거나 반복되지 않고 $\sqrt{2}$ $= 1.414215562\cdots$와 같이 영원히 계속된다. 유리수와 무리수의 개수는 모두 무한하다. 하지만 실질적으로 유리수보다 무리수가 더 많다. 유리수는 특정한 유리수의 조합으로 순서대로 무한히 계속되는 다음과 같은 목록을 만들 수 있기 때문이다.

$$1, 2, 1/2, 3, 1/3, 2/3, 3/2, 4, 1/4, 3/4, 4/3, \cdots$$

반면에 이와 같은 모든 무리수의 목록을 만드는 것은 불가능하다.

6. 최종 속도

낙하하는 물체를 관측한 것이 어떻게 운동에 대한 아리스토텔레스의 아이디어를 이끌었는지 이해하기 위해서, 우리는 아리스토텔레스는 알지 못했던 물리학 원리인 뉴턴의 운동의 제2법칙을 이용할 수 있다. 이 법칙은 물체의 가속도(속도가 증가하는 비율) a가 이 물체에 작용하는 힘 F를 물체의 질량 m으로 나눈 것이라고 알려준다.

$$a = F/m$$

공기 중으로 낙하하는 물체에 미치는 주요한 힘은 두 가지가 있다. 하나는 물체의 질량에 비례하는 중력 F_{grav}이다.

$$F_{grav} = mg$$

여기서 g는 낙하하는 물체의 성질과는 무관한 상수다. 이것은 오직 중력 때문에만 생기는 낙하하는 물체의 가속도이고 지구 표면 근처에서는 9.8미터/초^{2}의 값을 가진다. 또 다른 힘은 공기의 저항력 F_{air}이다. 이것은 공기의 밀도에 비례하고 속도에 따라 증가하며 물체의 모양과 크기에도 관련이 있지만 물체의 질량에는 무관하다.

$$F_{air} = -f(v)$$

공기의 저항력을 나타내는 이 식에는 마이너스 부호가 붙어 있는데, 물체의 가속도를 아래 방향으로 생각한다면 낙하하는 물체에 미치는 공기의 저항력은 위 방향이므로 마이너스 부호를 붙여야 $f(v)$가 +가 된다. 예를 들어 충분한 점성을 가진 유체 속으로 낙하하는 물체에서, 공기의 저항력은 속도에 비례한다.

$$f(v) = kv$$

여기서 k는 물체의 크기와 모양에 의존하는 양의 상수이다. 상층 대기의 얇은 공기로 들어오는 운석이나 미사일에서는 다음 식이 쓰인다.

$$f(v) = Kv^2$$

여기서 K는 또 다른 양의 상수이다. 이 공식을 이용하여 전체 힘 $F = F_{grav} + F_{air}$를 구하고 뉴턴의 법칙을 사용하면 다음과 같은 식이 된다.

$$a = g - f(v)/m$$

물체를 처음 놓았을 때의 속도는 0이므로 공기의 저항은 없고 아래 방향의 가속도는 그냥 g가 된다. 시간이 지날수록 물체의 속도는 증가하므로 공기의 저항이 가속도를 줄이기 시작한다. 결국 속도는 가속도 공식에서 $-f(v)/m$항이 g항을 거의 상쇄하게 되는 값에 이르게 되고 가속도는 무시할 정도가 된다. 이 속도를 최종 속도$v_{terminal}$라고 하면 위 방정식에서 다음과 같이 정의된다.

$$f(v_{terminal}) = gm$$

아리스토텔레스는 최종 속도에 대해 언급한 적이 없지만 이 공식에서 주어지는 속도는 그가 낙하하는 물체의 속도에 대해 이야기한 것과 어느 정도 같은 성질을 가지고 있다. $f(v)$는 v에 따라 증가하는 함수이기 때문에 최종 속도는 질량 m에 따라 증가한다. $f(v)=kv$인 특별한 경우에 최종 속도는 단순히 질량에 비례하고 공기의 저항에 반비례한다.

$$v_{terminal}=gm/k$$

하지만 이것은 낙하하는 물체 속도의 일반적인 성질은 아니다. 무거운 물체는 떨어지는 한참 동안 최종 속도에 도달하지 않는다.

7. 낙하하는 물방울

스트라톤은 낙하하는 물방울이 낙하하면서 같은 시간에 점점 더 먼 거리를 떨어지는 것을 관측하고 이 물방울이 아래 방향으로 가속된다고 결론을 내렸다. 하나의 물방울이 다른 물방울보다 더 멀리 떨어졌다면 이것은 더 오래 떨어진 것이다. 그리고 물방울들이 분리되고 있다면 더 오래 떨어진 물방울이 더 빨리 떨어진 것이고 이것은 가속되고 있다는 것을 보여준다. 스트라톤은 몰랐지만 가속도는 일정하고, 앞으로 보겠지만 떨어지는 물방울의 간격은 시간 간격에 비례한다.

전문 해설 6에서 언급한 것처럼 공기의 저항을 무시한다면 모든 낙하하는 물체의 아래 방향의 가속도는 상수 g이고, 지구 표면 근처에서 9.8미터/초^{2}의 값을 가진다. 물체가 정지한 상태에서 낙하하면 시간 간격 τ(타우) 후의 이 물체의 속도는 $g\tau$가 된다. 물방울 1과 2가 같은 지점에서 정지한 상태에서 시간 t_1과 t_2에 떨어지면 t시간에서 아래 방향으로의 속도는 각각 $v_1 = g(t-t_1)$, $v_2 = g(t-t_2)$가 된다. 그러면 그 두 속도의 차이는 다음과 같다.

$$v_1 - v_2 = g(t-t_1) - g(t-t_2) = g(t_2 - t_1)$$

v_1과 v_2는 모두 시간에 따라 증가하지만 그 차이는 시간 t와 무관하다. 그러면 두 물방울 사이의 거리 s는 단순히 시간에 비례하여 증가한다.

$$s = (v_1 - v_2)t = gt(t_1 - t_2)$$

예를 들어 두 번째 물방울이 같은 지점에서 첫 번째 물방울보다 0.1초 늦게 떨어진다면 0.5초 후에 두 물방울 사이의 거리는 $9.8 \times 0.1 \times 0.5 = 0.49$미터가 된다.

8. 반사

알렉산드리아의 헤론이 반사의 법칙을 유도한 것은 더 깊고 일반적인 원리에서 물리적인 원리를 수학적으로 유도해낸 가장 초기의 예다.

A지점에 있는 관측자가 거울에 반사된 B지점에 있는 물체를 보는 경우를 생각하자. 관측자가 거울의 P지점에서 물체를 본다면 빛은 B에서 P를 거친 다음 A로 이동을 해야 한다(헤론은 눈의 빛이 물체로 나아가듯이 빛이 A에 있는 관측자에서 거울을 거쳐 B로 이동한다고 말했을 수도 있다. 하지

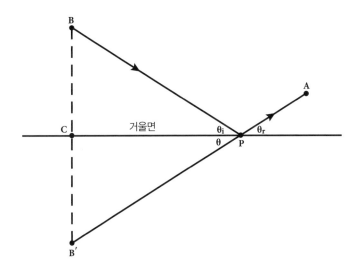

그림 3 헤론의 정리 증명

이 정리는 B에 있는 물체에서 거울을 거쳐 A에 있는 눈에 이르는 가장 짧은 경로는 각 θ_i와 각 θ_r이 같을 때라는 것이다. 화살표로 된 선은 빛의 경로, 수평선은 거울, 점선은 B에서 거울 반대편으로 같은 거리에 있는 B'까지 거울에 수직으로 그은 선이다.

만 이것은 아래의 논의에서는 차이가 없다). 반사에서의 문제는 이것이다. 거울에서 P지점은 어떻게 결정되는가?

이 질문에 답하기 위해서 헤론은 빛이 항상 가능한 한 가장 짧은 경로를 택한다고 가정했다. 반사의 경우에 이것은 B에서 P를 거쳐 A로 가는 경로의 전체 거리가 B에서 거울을 거쳐 A로 가는 경로들 중 가장 짧은 경로에 P가 있어야 한다는 것을 의미한다. 여기에서부터 그는 거울면과 거울로 들어오는 빛(B에서 거울로 가는 선) 사이의 각 θ_i가 거울면과 거울에서 반사된 빛(거울에서 A로 가는 선) 사이의 각 θ_r과 같아야 한다는 결론을 내렸다.

등각 규칙의 증명은 다음과 같다. 거울에서 B와 같은 거리만큼 반대편으로 떨어져 있는 B´까지 거울에 수직인 선을 긋는다(그림 3 참조). 이 선이 C에서 거울과 만난다고 하자. 직각삼각형 B´CP의 직각을 이루는 두 변 B´C와 CP는 직각삼각형 BCP의 두 변 BC, CP와 길이가 같으므로, 두 삼각형의 빗변 B´P와 BP 역시 길이가 같아야 한다. 그러므로 B에서 P를 거쳐 A로 가는 빛이 이동하는 전체 거리는 빛이 B´에서 P를 거쳐 A로 갔을 때 이동했을 거리와 같아야 한다.

B´에서 A로 가는 가장 짧은 거리는 직선이므로 물체에서 관측자에 이르는 거리가 최소가 되는 경로는 P가 B´와 A 사이를 연결하는 직선 위에 있을 때가 된다. 두 직선이 서로 만나면 만나는 점의 반대편에 있는 각들의 크기는 같으므로, B´P와 거울 사이의 각 θ는 반사되는 빛과 거울 사이의 각 θr과 같다. 그리고 두 직각삼각형 B´CP와 BCP는 같은 변을 가지기 때문에 각 θ는 들어오는 빛 BP와 거울 사이의 각 θi와도 같아야 한다. 결국 각 θi와 각 θr이 모두 각 θ와 같으므로 두 각은 같다. 이것이 거울에서 물체의 상이 맺히는 위치 P를 결정하는 기본적인 등각 규칙이다.

9. 뜨거나 잠긴 물체들

아르키메데스는 그의 위대한 저작 《부체에 관하여》에서 물 속 물체가 같은 깊이에서 같은 면적이 다른 무게로 아래로 눌리는 방식으로 떠 있다면, 같은 깊이에서 같은 면적이 모두 같은 무게로 눌릴 때까지 물과 물체가 움직일 것이라고 가정했다. 이 가정에서부터 그는 떠 있거나 잠긴 물체들에 대한 일반적인 결론을 유도했는데, 그중 일부는 실용적인 면에서도 중요하다.

먼저, 같은 부피의 물보다 무게가 가벼운 배와 같은 물체를 생각해보자. 그 물체는 물 위에 뜨면서 일정량의 물을 밀어낼 것이다. 수면 바로 아래 적당한 깊이에 수면 위에 떠 있는 물체의 면적과 같은 면적을 가지도록 수평한 선을 그어보자. 그러면 이 표면에서 아래로 누르는 무게는 떠 있는 물체의 무게에 그 선보다 위에 있는 물의 무게를 더한 것이 된다. 하지만 물체에 의해 밀려난 물은 포함되지 않는다. 그 물은 더 이상 그 선 위에 있지 않기 때문이다.

이 무게를 떠 있는 물체가 있는 곳에서 멀리 떨어진 곳의 같은 깊이, 같은 면적에서 아래로 누르는 무게와 비교할 수 있다. 이것은 당연히 떠 있는 물체의 무게는 포함하지 않을 것이고, 대신 표시한 선에서 수면까지 물이 밀려나기 전의 모든 물의 무게를 포함할 것이다. 두 표시선이 아래로 같은 무게를 받으려면 떠 있는 물체에 의해 밀려난 물의 무게와 떠 있는 물체의 무게가 같아야만 한다. 이것이 배의 무게를 '배수량'이라고 부르는 이유다.

다음으로는 같은 부피의 물보다 무게가 무거운 물체를 생각해보자. 이런 물체는 물에 뜨지 않지만 물 속에서 줄에 매달려 있을 수도 있다. 그 줄이 막대의 한쪽에 매달려 균형을 이루고 있다면 물체가 물에 잠겨 있을 때의 무게인 겉보기 무게 $W_{apparent}$ 를 측정할 수 있다. 물체가 잠겨 있는 수면 바로 아래 적당한 깊이에서 수평으로 그은 선을 누르는 무게는 잠겨 있는 물체의 실제 무게 W_{true} 에서 줄의 장력으로 지탱해주는 겉보기 무게 $W_{apparent}$ 를 뺀 다음, 그 선보다 위에 있는 물의 무게를 더한 것이 된다.

당연히 물체에 의해 밀려난 물은 포함되지 않는다. 이 무게를 같은 깊이, 같은 면적에서 아래로 누르는 무게와 비교할 수 있다. 여기에는 W_{true}나 $-W_{apparent}$는 포함되지 않고, 표시한 선에서 수면까지 물이 밀려나기 전의 물의 무게는 포함된다. 두 표시선이 아래로 같은 무게를 받으려면 다음 관계가 성립해야 한다.

$$W_{true} - W_{apparent} = W_{displaced}$$

여기서 $W_{displaced}$는 잠겨 있는 물체에 의해 밀려난 물의 무게가 된다. 그러므로 물체가 물에 잠겨 있을 때와 물 밖에 있을 때의 무게를 측정하여 $W_{apparent}$와 W_{true}를 측정할 수 있고, 이것을 이용하여 $W_{displaced}$를 알아낼 수 있다. 물체의 부피가 V라면 아래와 같다.

$$W_{displaced} = \rho_{water} V$$

여기서 ρ_{water}는 물의 밀도(부피당 무게[정확하게는 부피당 질량이지만 여기서는 무게를 질량과 구별하지 않고 썼다. 실제로 무게는 질량에 비례하긴 하지만 같은 양은 아니다-옮긴이])가 되며, 1세제곱센티미터당 약 1그램이된다. 육면체와 같은 단순한 형태의 물체는 길이를 측정하여 부피를 구할 수 있지만 왕관과 같은 불규칙한 형태의 물체는 이렇게 하기가 어렵다. 물체의 실제 무게는 아래와 같다.

$$W_{true} = \rho_{body} V$$

여기서 ρ_{body}는 물체의 밀도이다. 두 식을 서로 나누면 부피는 소거되고, $W_{apparent}$와 W_{true}를 측정하여 물과 물체의 밀도의 비를 구할 수 있다.

$$\frac{\rho_{body}}{\rho_{water}} = \frac{W_{true}}{W_{displaced}} = \frac{W_{true}}{W_{true} - W_{displaced}}$$

이 비를 물체를 구성하고 있는 물질의 '비중'이라고 한다. 예를 들어 어떤 물체의 무게가 물 밖에서보다 물 속에서 20퍼센트 더 작다면, $W_{true} - W_{apparent} = 0.20 \times W_{true}$가 되고, 그 밀도는 물의 $1/0.2$이므로 다섯 배가 되어야 한다. 즉, 비중이 5이다.

이 분석에서 물이 특별한 것은 아무것도 없다. 물이 아닌 다른 액체에 잠긴 물체에 대해서 똑같은 측정을 하더라도, 물체의 실제 무게와 액체에 잠겨 줄어든 무게의 비는 그 액체의 밀도에 대한 물체의 밀도의 비를 줄 것이다. 이 관계는 가끔씩 무게와 부피를 알고 있는 물체를 이용하여 그 물체가 잠겨 있는 여러 가지 액체의 밀도를 측정하는 데 사용되기도 한다.

10. 원의 면적

원의 면적을 구하기 위해서 아르키메데스는 원에 외접하는 많은 수의 다각형을 상상했다. 단순하게 하기 위해서 모든 변의 길이와 각이 같은 정다각형을 생각하자. 이 정다각형의 면적은 원의 중심에서 다각형의 꼭짓점으로 그은 선과 원의 중심에서 다각형 변의 중심으로 그은 선이 만드는 모든 직각삼각형의 합과 같다(그림 4 참조. 여기서 다각형은 정팔각형으로 했다).

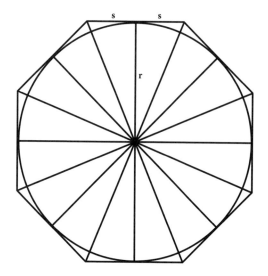

그림 4 원의 면적 계산

이 경우에는 많은 변을 가진 다각형이 원에 외접하고 있다. 여기서는 다각형의 변이 여덟 개이고 그 면적은 이미 원의 면적과 비슷하다. 다각형에 변이 추가될수록 그 면적은 원의 면적에 점점 가까워진다.

직각삼각형의 면적은 직각을 이루는 두 변의 곱의 절반과 같다. 이런 두 삼각형은 빗변을 서로 마주하면 면적이 두 변의 곱이 되는 직사각형이 되기 때문이다. 이 경우에서 각 삼각형의 면적은 원의 중심에서 다각형의 변의 중심까지의 거리 r(원의 반지름)과 다각형의 변의 중심에서 가장 가까운 꼭짓점까지의 거리 s의 곱의 절반과 같고, 거리 s는 다각형의 변의 길이의 절반이다.

이 면적을 모두 더하여 구한 전체 다각형의 면적은 r의 절반과 다각형 전체 둘레를 곱한 값과 같다는 것을 알 수 있다. 이 다각형 변의 수를 무한하게 만든다면 그 면적은 원의 면적에 접근하고, 그 둘레는 원의 둘레에 접근한다. 그러므로 원의 면적은 원의 둘레와 반지름의 곱의 절반이다.

현대의 방법으로 보면, 우리는 반지름 r인 원의 둘레가 $2\pi r$($\pi =$ 3.14159…)이라고 정의한다. 그러면 원의 면적은 아래와 같다.

$$1/2 \times r \times 2\pi r = \pi r^2$$

다각형을 그림 4에서처럼 외접시키지 않고 원의 안쪽에 내접을 시켜도 결과는 같다. 원은 언제나 외접하는 다각형과 내접하는 다각형 사이에 있으므로 어떤 다각형을 사용해도 아르키메데스는 원의 반지름에 대한 원의 둘레의 비의 상한선과 하한선을 구할 수 있었다. 그 값은 2π였다.

11. 태양과 달의 크기와 거리

아리스타르코스는 지구에서 태양과 달까지의 거리와 태양과 달의 지름을 지구의 지름의 단위로 구하기 위해서 네 개의 관측을 이용했다. 네 개의 관측을 차례로 살펴보자. 그림 5에서 d_s, d_m은 각각 지구에서 태양과 달까지의 거리이고, D_s, D_m, D_e는 각각 태양, 달, 지구의 지름을 의미한다. 지름은 거리에 비해서 무시할 수 있는 수치라고 가정할 것이므로 지구에서 태양이나 달까지의 거리를 이야기할 때 지구, 달, 태양의 어느 지점에서부터의 거리를 말하는 것인지 생각할 필요는 없다.

관측 1: 반달일 때 지구에서 달, 지구에서 태양을 연결하는 두 개의 선

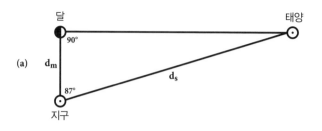

(a)

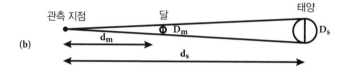

(b)

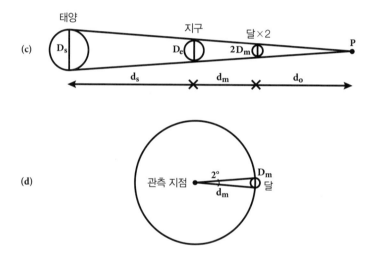

(c)

(d)

그림 5 태양과 달의 크기와 거리를 계산하기 위해서 아리스타르코스가 사용한 네 가지 관측

(a) 반달일 때 지구, 달, 태양이 만드는 삼각형.

(b) 개기일식 때 태양을 정확하게 가리는 달.

(c) 월식 때 지구 그림자를 지나가는 달. 그림자에 꼭 맞는 구는 달 지름의 두 배가 되고, P는 지구 그림자가 끝나는 지점이다.

(d) 각크기 2°인 달의 시야. 실제 각은 0.5°에 가깝다.

사이의 각은 87°이다.

반달일 때 지구와 달을 연결하는 선과 달과 태양을 연결하는 선의 각은 정확하게 90°이다(그림 5a 참조). 그러므로 달 – 태양, 달 – 지구, 지구 – 태양을 연결하는 삼각형은 직각삼각형이 되고 지구 – 태양을 연결하는 선이 빗변이 된다. 한 변을 빗변으로 나눈 값은 두 변 사이의 각 θ의 코사인 값이 되고 $\cos\theta$로 표시한다. 이 값은 삼각함수표에서 찾거나 계산기로 쉽게 계산할 수 있으므로 우리는 다음과 같은 값을 얻는다.

$$d_m/d_s = \cos 87° = 0.05234 = 1/19.11$$

즉, 이 관측은 태양이 지구에서 달보다 19.11배 더 멀리 있다는 것을 알려준다. 당시에는 삼각함수가 없었으므로 아리스타르코스는 이 수가 19에서 20 사이라고만 결론을 내릴 수 있었다. 이 각은 실제로는 87°가 아니라 89.853°이므로 실제 태양은 지구에서 달보다 389.77배 더 멀리 있다.

관측 2: 달은 일식 때 눈에 보이는 태양을 꼭 맞게 덮는다.

이것은 태양과 달의 겉보기 크기가 같다는 것을 보여준다. 지구에서 태양면의 양쪽 끝을 연결한 선 사이의 각이 달의 경우와 같다는 말이다(그림 5b 참조). 이것은 두 선과 태양과 달의 지름이 각각 만드는 두 삼각형이 모양이 같은 '닮은 삼각형'이라는 의미이다. 그러므로 두 삼각형의 대응되는 변의 길이의 비는 같으므로 다음과 같은 관계가 있다.

$$D_s/D_m = d_s/d_m$$

관측 1의 결과를 이용하면 $D_s/D_m = 19.11$이 된다. 실제 반지름의 비는 약 390이다.

관측 3: 달이 월식 위치에 있을 때 지구의 그림자는 달 지름의 두 배 크기이다.

P를 지구의 그림자가 끝나는 점이라고 하자. 그러면 우리는 세 개의 닮은 삼각형을 얻게 된다. 태양의 지름과 태양의 양쪽 끝에서 P까지 연결한 선들로 이루어진 삼각형, 지구의 지름과 지구의 양쪽 끝에서 P까지 연결한 선들로 이루어진 삼각형, 그리고 월식 때 달이 있는 위치에서 달 지름의 두 배가 되는 원의 양쪽 끝에서 P까지 연결한 선들로 이루어진 삼각형이다(그림 5c 참조). 세 삼각형의 대응되는 변의 길이의 비는 같다. 점 P가 달에서 d_0의 거리에 있다고 가정하자. 그러면 태양은 P에서 $d_s + d_m + d_0$의 거리에 있고, 지구는 P에서 $d_m + d_0$의 거리에 있다. 그러므로 다음 관계가 성립한다.

$$\frac{d_s + d_m + d_0}{D_s} = \frac{d_m + d_0}{D_e} = \frac{d_0}{2D_m}$$

나머지는 대수학이다. 위 식의 오른쪽 부분을 d_0에 대해서 풀면 다음 식이 된다.

$$d_0 = \frac{2D_m d_m}{D_e - 2D_m}$$

이 결과를 첫 번째 방정식에 대입하고 $D_e D_s (D_e - 2D_m)$을 곱하면 다음 식이 된다.

$$(d_s + d_m)D_e(D_e - 2D_m) = d_m D_s(D_e - 2D_m) + 2D_m d_m(D_s - D_e)$$

우변의 $d_m D_s \times (-2D_m)$ 항과 $2D_m d_m D_s$ 항은 서로 소멸된다. 우변의 남은 항에는 좌변의 D_e와 상쇄되는 D_e를 가지고 있다. 그러면 나머지는 D_e에 대한 식으로 정리된다.

$$D_e = 2D_m + \frac{d_m(D_s - 2D_m)}{d_s + d_m} = \frac{2D_m d_s + d_m D_s}{d_s + d_m}$$

이제 관측 2의 결과 $D_s/D_m = d_s/d_m$를 사용하면 이것을 모두 지름으로만 쓸 수 있다.

$$D_e = \frac{3D_m D_s}{D_s + D_m}$$

앞에서의 결과 $D_s/D_m = 19.1$을 사용하면 $D_e/D_m = 2.85$가 된다. 아리스타르코스는 $108/43 = 2.51$과 $60/19 = 3.16$의 범위를 주었는데, 이것은 2.85를 포함하고 있다. 실제 값은 3.67이다. 크게 잘못된 D_s/D_m 값에도 불구하고 아리스타르코스의 결과가 실제 값과 상당히 가까운 이유는 $D_s \gg D_m$일 경우에는 결과가 D_s의 정확한 값에 크게 좌우되지 않기 때문이다. 실제로 분모에서 모두 D_s와 비교하여 D_m을 무시한다면 D_s는 모두 소거되고 단순히 $D_e = 3D_m$이라는 결과를 얻게 되는데, 이것도 역시 실제 값에서 멀지 않다.

역사적으로 훨씬 더 중요한 사실은 $D_s/D_m = 19.1$과 $D_e/D_m = 2.85$라는 결과를 이용하여 $D_s/D_e = 19.1/2.85 = 6.70$을 구했다는 것이다. 실제 값은 $D_s/D_e = 109.1$이지만 중요한 것은 태양이 지구보다 훨씬 더 크다는 것이다. 아리스타르코스는 지름이 아니라 부피를 비교하면서 이 점을 강조했다. 지름의 비가 6.7이라면 부피의 비는 6.7^3인 301이다. 우리가 아르키메데스의 말을 믿는다면, 아리스타르코스가 태양이 지구의 주위를 도는 것이 아니라 지구가 태양의 주위를 돈다고 결론을 내리게 만든 것은 바로 이 비교였다.

지금까지 살펴본 아리스타르코스의 결과는 태양, 달, 지구의 모든 지름의 비와 태양과 달까지의 거리의 비를 알려주었다. 하지만 아직은 지름과 거리의 비를 주지는 않았다. 이것은 네 번째 관측이 제공해주었다.

관측 4: 달의 각지름은 2°이다.

원은 360°이고 반지름이 d_m인 원의 둘레는 $2\pi d_m$이므로 달의 지름은 다음과 같다(그림 5d 참조).

$$D_m = \left(\frac{2}{360}\right) \times 2\pi d_m = 0.035 d_m$$

아리스타르코스는 D_m/d_m값을 2/45 = 0.044와 1/30 = 0.033 사이로 계산했다. 알 수 없는 이유로, 아리스타르코스의 남아 있는 저작에는 달의 각크기가 실제보다 훨씬 크게 측정되어 있다. 실제 값은 0.519°로 D_m/d_m = 0.0090이 된다. 8장에서 보았듯이 아르키메데스는《모래알 계산법》에서 달의 각크기를 0.5°로 주었다. 이것은 실제 값과 아주 가까워 달의 거리와 지름의 비를 정확한 값으로 줄 수 있었다.

관측 2와 관측 3에서 지구와 달의 지름의 비 D_e/D_m을 구하고 이제 관측 4에서 달의 지름과 거리의 비 D_m/d_m를 구했으므로 아리스타르코스는 달까지의 거리와 지구 지름의 비를 구할 수 있었다. 예를 들어 D_e/D_m = 2.85, D_m/d_m = 0.035라고 하면 그 값은 다음과 같다.

$$d_m/D_e = \frac{1}{D_e/D_m \times D_m/d_m} = \frac{1}{2.85 \times 0.035} = 10.0$$

실제 값은 30이다. 위 값이 태양과 달까지의 거리의 비인 관측 1의 결과 $d_s/d_m = 19.1$과 결합되면 지구의 반지름과 태양까지의 거리의 비 $d_s/D_e = 19.1 \times 10.0 = 191$이라는 결과가 나온다(실제 값은 약 11,600이 다). 지구의 지름을 측정하는 것은 다음 일이었다.

12. 지구의 크기

에라토스테네스는 하짓날 정오에 태양이 알렉산드리아에서는 머리 바로 위에서 원의 1/50 만큼(즉, $360°/50 = 7.2°$) 떨어져 있고, 알렉산드 리아에서 정남쪽에 있는 시에네에서는 바로 머리 위에 있다는 관측 결과를 이용했다. 태양은 너무나 멀리 있기 때문에 알렉산드리아와 시에 네로 들어오는 태양빛은 실질적으로 평행하다. 두 도시에서 머리 바로 위 방향은 지구의 중심에서 그 도시로 향하는 선의 연장선 위에 있으므로, 지구의 중심에서 시에네와 알렉산드리아를 연결하는 선 사이의 각은 $7.2°$, 즉 원의 1/50이 되어야 한다(그림 6 참조). 그러면 에라토스테 네스의 가정에 기초하여 지구의 둘레는 알렉산드리아와 시에네 사이 거리의 50배가 되어야 한다.

그림에서 보는 것처럼 시에네는 지구의 적도 위에 있는 것이 아니라 위도 $23.5°$ 선인 북회귀선에 가까이 있다. 지구의 중심에서 북회귀선 으로 그은 선과 적도로 그은 선 사이의 각이 $23.5°$이다. 하짓날 정오에

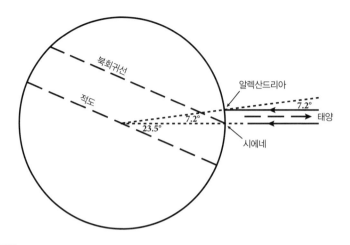

그림 6 지구의 크기를 구하기 위하여 에라토스테네스가 사용한 관측
화살표로 된 수평한 선은 하짓날 태양빛을 나타낸다. 지구 중심에서 알렉산드리아와 시에네로 나가는 점선은
그 지점에서 머리 바로 위 방향을 나타낸다.

태양은 적도가 아니라 북회귀선에서 머리 바로 위에 있다. 지구의 자전
축이 공전 궤도면에 수직이 아니라 23.5°만큼 기울어져 있기 때문이다.

13. 내행성과 외행성의 주전원

프톨레마이오스는 《알마게스트》에서, 가장 단순한 형태로 표현하면
각 행성들이 우주 공간의 한 점을 중심으로 하는 주전원을 따라 돌고,
이 주전원의 중심이 행성의 이심원을 따라 지구 주위를 돈다는 행성 이
론을 발표했다. 우리의 의문은 이 이론이 지구에서 보는 행성들의 겉보
기 운동을 왜 그렇게 잘 설명하느냐는 것이다. 그 답은 내행성인 수성
과 금성, 그리고 외행성인 화성, 목성, 토성이 서로 다르다.

먼저 내행성인 수성과 금성을 생각해보자. 지금은 지구와 각 행성들이 태양 주위를 태양에서 거의 일정한 거리에서 거의 일정한 속도로 돌고 있다고 이해하고 있다. 물리학 법칙들을 잠시 무시한다면 우리는 지구를 중심으로 우리의 관점을 바꾸어볼 수 있다. 이 관점에서는 태양이 지구 주위를 돌고 각 행성들은 태양의 주위를 돌며 모두 일정한 거리와 속도를 가진다.

　이것은 티코 브라헤 이론의 단순한 형태이고 아마 헤라클레이데스도 이런 이론을 제안했을 것이다. 이것은 행성들이 실제로는 원운동이 아니라 거의 원에 가까운 타원 운동을 하며, 태양은 이 타원의 중심이 아니라 중심에서 약간 떨어져 있고, 행성들이 궤도를 도는 속도가 약간 변하기 때문에 생기는 작은 차이만 제외하면 행성들의 겉보기 운동을 정확하게 만들어낸다. 이것은 프톨레마이오스 자신은 한 번도 생각한 적이 없지만, 프톨레마이오스 이론의 특별한 경우이기도 하다. 이심원이 태양의 궤도와 같고 수성과 금성이 태양 주위를 도는 궤도가 주전원이면 된다.

　이제 하늘에서 보이는 태양과 행성들의 위치만 고려하면, 우리는 상수를 곱하여 행성들의 겉보기 모습은 변화시키지 않으면서 행성과 지구 사이의 거리를 변화시킬 수 있다. 주전원과 이심원의 반지름에 같은 비율을 곱하면 된다. 수성과 금성에는 서로 독립적인 값을 적용한다. 예를 들어 금성 이심원의 반지름을 태양과 지구 사이 거리의 절반으로, 그리고 주전원의 반지름을 금성이 태양 주위를 도는 궤도 반지름의 절반으로 정할 수 있다. 이것은 행성들의 주전원의 중심이 언제나 지구와 태양을 연결하는 선 위에 머무른다는 사실을 변화시키지 않는다(그림

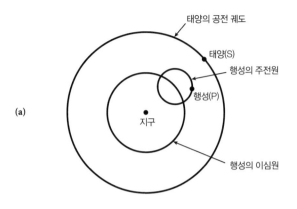

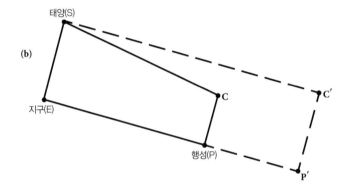

그림 7 프톨레마이오스 주전원 이론의 단순한 형태
(a) 내행성인 수성이나 금성 중 하나의 가상 운동.
(b) 외행성인 화성, 목성, 토성 중 하나의 가상 운동.
행성 P는 점 C를 중심으로 하는 주전원을 따라 일 년에 한 바퀴 돈다. C와 P 사이의 선은 지구와 태양 사이의
선과 항상 평행하다. 점 C는 지구를 중심으로 이심원을 따라 더 긴 시간 동안 돈다. 점선은 코페르니쿠스 이론
과 같아지는, 프톨레마이오스 이론의 특별한 경우다.

7a은 내행성의 주전원과 이심원을 보여준다. 크기는 맞지 않다). 하늘에서 금
성과 수성의 겉보기 운동은 각 행성들의 이심원과 주전원의 반지름의
비율을 변화시키지 않는 한 이렇게 바꾼다고 해서 달라지지 않는다.

이것은 프톨레마이오스가 내행성에 대해 제안한 이론의 단순한 형태다. 이 이론에 따르면 행성들은 실제 태양 주위를 한 바퀴 도는 것과 같은 시간에 주전원을 한 바퀴 돈다. 수성은 88일이고 금성은 225일이다. 그동안 주전원의 중심은 지구 주위를 도는 태양을 따라 이심원 위를 일 년에 한 바퀴 돈다.

특히, 우리는 이심원과 주전원의 반지름의 비율을 바꾸지 않았기 때문에 다음의 식을 만족해야 한다.

$$r_{\mathrm{EPI}}/r_{\mathrm{DEF}} = r_{\mathrm{P}}/r_{\mathrm{E}}$$

여기서 r_{EPI}와 r_{DEF}는 프톨레마이오스 구조에서 주전원과 이심원의 반지름이고, r_{P}와 r_{E}는 코페르니쿠스 이론에서 행성과 지구의 궤도 반지름이다. 또는 티코 브라헤의 이론에서 행성이 태양을 도는 궤도와 태양이 지구 주위를 도는 궤도 반지름과 같다. 당연히 프톨레마이오스가 티코 브라헤나 코페르니쿠스의 이론을 알았을 리는 없고, 자신의 이론도 이런 방법으로 구하지 않았다. 위의 논의는 프톨레마이오스가 이 이론을 어떻게 끌어냈느냐가 아니라 단지 그의 이론이 왜 그렇게 잘 맞는지를 보여주기 위한 것이다.

이제 외행성인 화성, 목성, 토성을 생각해보자. 코페르니쿠스(혹은 티코 브라헤) 이론의 가장 단순한 형태에서, 각 행성들은 태양으로부터뿐만 아니라 지구로부터도 일정한 거리를 유지하는 공간의 움직이는 한 점 C′로부터도 일정한 거리를 유지한다. 이 점을 찾기 위해서는 태양의 위치인 S, 지구의 위치인 E, 그리고 행성들 중 하나의 위치인 P′를 꼭짓점으로 하는 평행사변형을 그린다(그림 7b 참조). 움직이는 점 C′는 이 평행사변형의 비어 있는 네 번째 꼭짓점이 된다. E와 S 사이의 길이가 일정하므로 평행사변형의 반대편에 있는 P′와 C′ 사이도 같은 길이를 가진다. 그러므로 C′에서 일정한 거리에 있는 행성은 지구와 태양으로부터 일정한 거리에 있다.

같은 방법으로, S와 P′ 사이의 길이가 일정하므로 평행사변형의 대칭적인 선인 E와 C′ 사이도 같은 길이를 가진다. 그러므로 점 C′는 지구에서 일정한 거리에 있고 그 거리는 태양과 행성 사이의 거리와 같다. 이것은 프톨레마이오스가 생각한 방법은 아니지만 그의 이론의 특별한 경우다. 여기에서 이심원은 바로 지구 주위를 도는 점 C′의 궤도가 되고, 주전원은 화성, 목성, 토성이 점 C′ 주위를 도는 궤도가 된다.

다시 한 번, 하늘에서 보이는 태양과 행성들의 위치만 고려하면 우리는 상수를 곱하여 보이는 모습은 변화시키지 않으면서 행성과 지구 사이의 거리를 변화시킬 수 있다. 주전원과 이심원의 반지름에 같은 비율을 곱하면 되고, 각 행성들에는 독립적인 값을 적용한다. 평행사변형은 아니지만 행성과 C 사이의 선은 지구와 태양 사이의 선과 평행을 유지한다. 하늘에서 외행성들의 겉보기 운동은 각 행성들의 이심원과 주전원의 반지름의 비율을 변화시키지 않는 한 이렇게 바꾼다고 해서 달라지지 않는다.

이것은 프톨레마이오스가 외행성에 대해 제안한 이론의 단순한 형태다. 이 이론에 따르면 행성들은 C를 중심으로 하는 주전원을 따라 일 년에 한 바퀴를 돈다. C는 행성들이 실제 태양 주위를 한 바퀴 도는 것과 같은 시간에 이심원을 한 바퀴 돈다. 화성은 1.9년, 목성은 12년, 토성은 29년이다.

14. 달의 시차

지구 표면의 한 점 O에서 달이 있는 방향과 O에서의 천정 사이의 각이 ζ'로 관측되었다고 하자. 달은 지구의 중심을 일정한 속도로 움직이므로 달을 반복해서 관측하면 ζ'가 관측된 시간에 지구의 중심 C에서 달 M의 방향을 계산할 수 있고, 특히 C에서 M을 연결하는 선과 C와 O를 연결하는 선 사이의 각 ζ(제타)를 계산할 수 있다. 지구의 반지름 r_e가 지구의 중심에서 달까지의 거리 d에 비하여 완전히 무시할 정도로 작지는 않기 때문에 ζ와 ζ'는 약간 다르고, 이것을 이용하여 프톨레마이오스는 d/r_e를 구할 수 있었다.

점 C, O, M은 삼각형을 이루고, C의 각은 ζ, O는 $180° - \zeta'$, 그리고 삼각형의 세 각의 합은 $180°$이므로 M의 각은 $180° - \zeta - (180° - \zeta') = \zeta' - \zeta$가 된다(그림 8 참조). 삼각형의 변의 길이는 반대편 각의 사인sine에 비례한다는 현대의 삼각법 이론을 이용하면 우리는 이 각들로부터 d/r_e를 프톨레마이오스가 구했던 것보다 훨씬 더 쉽게 구할 수 있다(사인은 전문해설 15에 설명되어 있다). C와 O 사이의 길이 r_e의 반대편 각은 $\zeta' - \zeta$, C와 M 사이의 길이 d의 반대편 각은 $180° - \zeta'$이므로 다음 식이 성립된다.

$$\frac{d}{r_e} = \frac{\sin(180° - \zeta')}{\sin(\zeta' - \zeta)} = \frac{\sin(\zeta')}{\sin(\zeta' - \zeta)}$$

서기 135년 10월 1일에 프톨레마이오스는 알렉산드리아에서 보이는 달의 천정 각을 $\zeta' = 50°55'$로 관측했고, 같은 시각에 지구의 중심에서 관측되었다면 그 각이 $\zeta = 49°48'$일 것이라고 계산했다. 여기에 해당되는 사인은 아래 값이다.

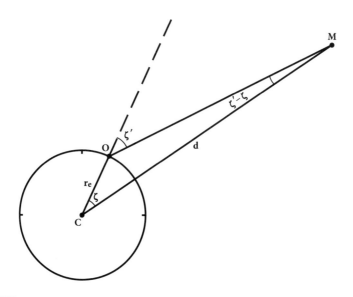

그림 8 시차를 이용하여 달까지의 거리 구하기

ζ'는 수직 방향에서 달이 보이는 방향 사이의 관측된 각이고, ζ는 달이 지구의 중심에서 관측되었을 때 이 각이 가질 값이다.

$$\sin\zeta' = 0.776, \sin(\zeta'-\zeta) = 0.0195$$

이 결과로부터 프톨레마이오스는 지구 중심에서 태양 사이의 거리를 지구 반지름의 단위를 이용해 다음과 같은 값으로 결론을 내릴 수 있었다.

$$\frac{d}{r_e} = \frac{0.776}{0.0195} = 39.8$$

이것은 약 60이 넘는 실제 값보다 훨씬 작다. $\zeta'-\zeta$ 값을 프톨레마이오스가 정확하게 알아내지 못했기 때문이다. 하지만 이것은 적어도 달까지의 거리가 어느 정도의 규모인지는 알 수 있게 해주었다.

어쨌든 프톨레마이오스는 지구와 달의 지름의 비와, 달의 거리와 달의 지름의 비율로 d/r_e이 $215/9 = 23.9$와 $57/4 = 14.3$ 사이의 값일 것으로 계산한 아리스타르코스보다는 더 나은 결과를 얻었다. 하지만 아리스타르코스가 달의 각지름을 그가 사용한 $2°$대신 정확한 값인 $0.5°$를 사용했다면 d/r_e는 더 큰 값인 57.2와 95.6사이의 값으로 계산되었을 것이다. 이것은 실제 값을 포함하는 범위다.

15. 사인과 현

고대의 수학자들과 천문학자들은 오늘날 고등학교에서 가르치는 수학의 한 분야인 삼각법을 아주 잘 사용했다. 직각삼각형의 직각이 아닌 다른 각들 중 하나만 알면 삼각법으로 모든 변의 길이의 비를 계산할 수 있다. 특히 그 각의 반대편 변을 빗변으로 나눈 값을 그 각의 '사인'이라고 한다. 이 값은 수학책의 표에서 찾거나 소형 계산기에 각도를 입력한 다음 'sin' 버튼을 누르면 알아낼 수 있다. 그 각의 인접한 변을 빗변으로 나눈 값을 그 각의 '코사인cosine'이라고 하고, 반대편 변을 인접한 변으로 나눈 값을 그 각의 '탄젠트tangent'라고 하지만, 여기서는 사인만 다루는 것으로 충분할 것이다.

헬레니즘 시대의 수학 어디에도 사인의 개념은 보이지 않지만, 프톨레마이오스의《알마게스트》에서는 각의 '현chord'이라는, 사인과 관련이 있는 값을 사용하고 있다.

각 θ의 현을 정의하기 위해서는 반지름이 1(단위는 어떤 것을 사용해도

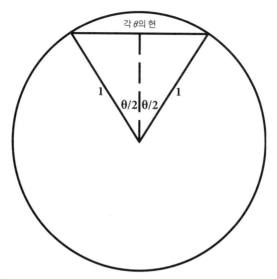

그림 9 각 θ의 현
원의 반지름은 1이다. 두 개의 반지름이 원의 중심에서 각 θ를 만들고, 이 선들이 원과 만나는 점 사이를 연결한 수평선의 길이가 이 각의 현이 된다.

상관없다)인 원을 그리고, 원의 중심에서 각 θ를 이루는 두 개의 반지름을 그린다. 각의 현은 두 개의 반지름이 원주와 만나는 두 점을 연결한 직선의 길이가 된다(그림 9 참조). 《알마게스트》는 1/2°에서 180°까지 각에 대한 현의 값의 목록을 바빌로니아의 60분수 방법으로 제공하고 있다.* 예를 들어 45°의 현은 '45 55 19'로 주어졌는데 현대적인 방법으로 표시하면 아래와 같다. 실제 값은 0.7653669…이다.

$$\frac{45}{60} + \frac{55}{60^2} + \frac{19}{60^3} = 0.7653658\ldots$$

---

*이 목록은 투머Gerald James Toomer의 《알마게스트 번역본》에 나온다. -G. J. Toomer, Ptolemy's Almagest (London: Duckworth, 1984), 57-60.

현은 천문학에 자연스럽게 적용이 된다. 지구의 중심을 원의 중심으로 하는 반지름 1인 구 위에 별들이 놓여 있고 두 별이 각 θ만큼 떨어져 있다면 두 별 사이의 겉보기 직선거리는 θ의 현이 된다.

이 현이 삼각법과 무슨 관계가 있는지 살펴보기 위해서 각 θ의 현을 정의한 그림으로 돌아가, 원의 중심에서 현을 이등분하는 선을 그려 보자(그림 9에서의 점선). 그러면 원의 중심에서의 각이 똑같이 $\theta/2$이고 반대편 변이 현의 길이의 절반인 두 개의 직각삼각형이 만들어진다. 이 삼각형들의 빗변은 원의 반지름인데 여기서는 1로 잡았으므로 $\theta/2$의 사인, 즉 $\sin(\theta/2)$는 현의 절반이 되어 아래 값이 된다.

$$\theta\text{의 현} = 2\sin(\theta/2)$$

그러므로 대부분의 경우, 사인으로 계산할 수 있는 것은 더 어렵긴 하지만 현으로도 계산할 수 있다.

16. 지평선

일반적으로 야외에서는 가까이 있는 나무나 집 혹은 다른 장애물들이 우리의 시야를 방해한다. 맑은 날 언덕 위에 올라가면 훨씬 더 멀리 볼 수 있지만 우리의 시야는 여전히 지평선에서 끝난다. 그 선 너머는 지구 자체에 의해 가려진다. 아랍의 천문학자 알 비루니는 이 익숙한 현상을 이용하여 산의 높이 이외에는 어떤 거리도 알 필요 없이 지구의 반지름을 측정할 수 있는 기발한 방법을 제시했다.

언덕 위에 있는 관측자 O는 지구 표면의 지점인 H까지 볼 수 있다. 관측자의 시선은 표면에 대한 접선이 된다(그림 10 참조). 시선은 지구 중심 C와 H를 연결하는 선과 수직이 되므로 삼각형 OCH는 직각삼각형이다. 시선은 수평 방향이 아니고 수평 방향에서 각 θ만큼 기울어져 있는데, 지구는 아주 크고 지평선은 멀리 있기 때문에 이 각은 아주 작다. 그러면 지평선을 보는 시선과 언덕에서 수직으로 아래 방향 사이의 각은 $90° - \theta$가 되고 삼각형의 세 각의 합은 항상 $180°$가 되어야 하므로,

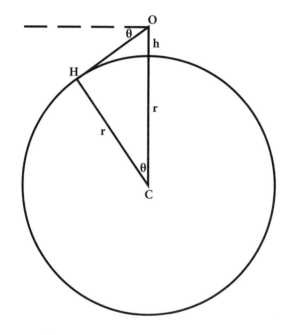

그림 10 알 비루니가 지평선을 이용하여 지구의 크기를 측정한 방법
O는 높이 h인 언덕 위에 있는 관측자이고, H는 이 관측자가 본 지평선. H와 O를 연결하는 선은 H에서 지구 표면의 접선이 되므로 지구 중심 C와 H를 연결하는 선과 직각이 된다.

지구 중심에서의 삼각형 예각은 $180° - 90° - (90° - \theta) = \theta$가 된다. 삼각형의 밑변인 C와 H를 연결하는 선의 길이는 지구의 반지름 r이고, 삼각형의 빗변인 C와 O를 연결하는 선의 길이는 $r + h$가 된다. 여기서 h는 산의 높이이다. 코사인의 정의에 따르면 어떤 각의 코사인은 밑변과 빗변의 비가 되므로 여기서는 아래와 같이 된다.

$$\cos\theta = \frac{r}{r+h}$$

이 식을 r에 대해서 풀기 위해서 역수를 취하면 $1 + h/r = 1/\cos\theta$가 되므로, 이 식에서 1을 빼고 다시 역수를 취하면 아래의 식이 된다.

$$r = \frac{h}{1/\cos\theta - 1}$$

인도의 산에서 알 비루니는 $\theta = 34'$로 측정했으므로 $\cos\theta = 0.999$ 951092, 그리고 $1/\cos\theta - 1 = 0.0000489$가 된다. 그러므로 $r = h/$ $0.0000489 = 20,450h$가 된다.

알 비루니는 산의 높이가 652.055큐빗이라고 했으므로(그가 알아낼 수 있는 것보다 훨씬 더 정밀한 값이다) r은 1,330만 큐빗이 되는데 그가 구한 결과는 1,280만 큐빗이다. 알 비루니가 어디에서 실수를 했는지는 알 수 없다.

17. 평균 속도 이론의 기하학적인 증명

속도를 수직축, 시간을 수평축으로 하여 일정하게 가속되는 동안의 속도와 시간의 그래프를 그려보자. 이 그래프는 0인 시간에 0의 속도에서 최종 시간에 최종 속도가 되도록 증가하는 직선이 될 것이다. 각각의 짧은 시간 동안 이동한 거리는 그 시간의 속도(시간 간격이 충분히 짧으면 그 시간 동안 속도의 변화는 무시할 정도다) 곱하기 시간 간격이다. 즉, 이동한 거리는 높이가 그 시간에서의 속도이고, 넓이는 작은 시간 간격인 얇은 직사각형의 면적과 같다(그림 11a 참조). 우리는 시작 시간부터 끝나는 시간까지 그래프 아래의 면적을 그런 얇은 직사각형들로 채울 수 있다. 그러면 총 이동 거리는 이 모든 직사각형들의 면적, 즉 그래프 아래의 면적과 같다(그림 11b 참조).

물론 직사각형들을 아무리 작게 만들어도 그래프 아래쪽의 면적과 직사각형들의 면적의 합이 같다는 것은 가정일 뿐이다. 하지만 우리는 직사각형들을 원하는 만큼 얇게 만들 수 있기 때문에 그 가정을 원하는 만큼 정확하게 만들 수 있다. 무한히 얇은 직사각형들이 무한히 많은 경우를 상상하여 우리는 이동한 거리가 속도와 시간 사이의 그래프의 아래쪽 면적과 같다고 결론내릴 수 있다.

이 주장은 가속도가 일정하지 않은 경우에도 변하지 않는다. 이 경우에는 그래프가 직선이 아닐 것이다. 사실 우리는 방금 적분의 기본 원리를 유도한 것이다. 시간에 대해서 변화하는 어떤 양의 그래프를 그리면 어떤 시간 동안의 그것의 변화량은 그래프 아래쪽의 면적과 같다. 일정한 가속도와 같이 변화가 일정하게 증가하는 경우에는 이 면적이 간단한 기하학 이론으로 주어진다.

피타고라스의 이론에 따르면 직각삼각형의 면적은 직각을 이루는 두 변, 즉 빗변이 아닌 두 변의 곱의 절반이 된다. 이 사실로부터 우리

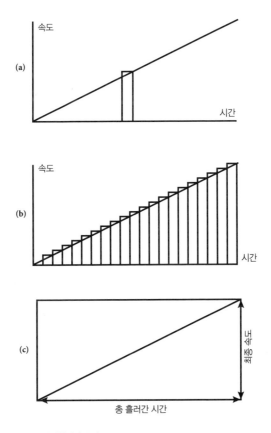

그림 11 평균 속도 이론의 기하학적인 증명

기울어진 선은 정지해 있다가 일정하게 가속되는 어떤 물체의 속도와 시간 사이의 그래프이다.

(a) 작은 직사각형의 넓이는 짧은 시간 간격이고, 면적은 그 시간 간격 동안 이동한 거리와 거의 같다.

(b) 일정하게 가속되는 동안의 시간을 작은 시간 간격으로 나누었다. 직사각형들의 수가 증가할수록 사각형 면적의 합은 기울어진 직선 아래쪽의 면적과 점점 가까워진다.

(c) 기울어진 선 아래쪽의 면적은 흘러간 시간과 최종 속도의 곱의 절반이다.

는 이 두 개의 직각삼각형으로 면적이 두 변의 곱인 직사각형을 만들 수 있다(그림 11c 참조). 이 경우에 직각을 이루는 두 변은 최종 속도와 총 흐른 시간이 된다. 이동한 거리는 직각삼각형의 면적 혹은 최종 속도와 총 흐른 시간의 곱의 절반이 된다. 하지만 속도는 0에서부터 일정한 비율로 증가했기 때문에 평균 속도는 최종 속도의 절반이 된다. 그러므로 이동한 거리＝평균 속도×흘러간 시간이 된다. 이것이 평균 속도 이론이다.

18. 타원

타원은 평면상의 특수한 폐곡선이다. 이것을 정확하게 정의하는 방법에는 최소한 세 가지가 있다.

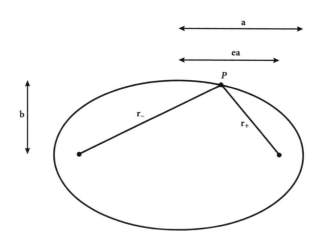

그림 12 타원의 성분들
타원 내부의 두 점은 두 개의 초점이다. a는 타원의 장반경, b는 타원의 단반경이며, 각 초점에서 타원 중심까지의 거리는 ea이다. 초점에서 타원 위에 있는 임의의 점 P까지의 두 선의 거리 r_+와 r_-의 합은 $2a$와 같다. 여기에서 보인 타원의 이심률은 $e \approx 0.80$이다.

첫 번째 정의: 타원은 아래의 방정식을 만족하는 평면 위에서의 점들의 집합이다.

$$❶ \quad \frac{x^2}{a^2} + \frac{y^2}{b^2} = 1$$

x는 한 축을 따라 타원의 중심에서 타원 위의 임의의 점까지의 거리이며, y는 그 축에 수직인 축을 따라 타원의 중심에서 같은 점까지의 거리이다. a와 b는 타원의 모양과 크기를 결정하는 양수이며 관습적으로 $a \geq b$로 정의된다. 두 개의 축은 수직이기만 하면 어떻게 되어도 상관없지만 x축은 수평축, y축은 수직축으로 생각하는 것이 편리하다. 식 ❶에서 타원의 중심 $x = 0$, $y = 0$에서 타원 위의 임의의 점까지의 거리 $r = \sqrt{x^2 + y^2}$ 은 다음 식을 만족한다.

$$\frac{r^2}{a^2} \leq \frac{x^2}{a^2} + \frac{y^2}{b^2} = 1, \ \frac{r^2}{b^2} \geq \frac{x^2}{a^2} + \frac{y^2}{b^2} = 1$$

그러므로 타원 위의 모든 점에서 ❷ $b \leq r \leq a$가 된다.

타원이 수평축과 만나는 곳에서는 $y = 0$이 되므로 $x^2 = a^2$이 되어 $x = \pm a$가 된다. 그러므로 식 ❶은 긴 쪽의 지름이 수평 방향으로 $-a$에서 $+a$까지 이어지는 타원을 나타낸다. 마찬가지로 타원이 수평축과 만나는 곳에서는 $x = 0$이 되므로 $y^2 = b^2$이 되어 $y = \pm b$가 된다. 그러므로 식 ❶은 짧은 쪽의 지름이 수직 방향으로 $-b$에서 $+b$까지 이어지는 타원을 나타낸다(그림 12 참조). 변수 a는 타원의 '장반경(긴 반지름)'이라고 불린다. 타원의 이심률은 관습적으로 다음과 같이 정의된다.

$$❸ \quad e \equiv \sqrt{1 - \frac{b^2}{a^2}}$$

이심률은 일반적으로 0과 1 사이가 된다. $e=0$인 타원은 반지름이 $a=b$인 원이 된다. $e=1$인 타원은 편평하게 되어 $y=0$인 수평축을 따라가는 성분으로만 이루어진다.

두 번째 정의: 타원의 또 다른 정의는 평면상의 두 개의 고정된 점(타원의 초점)에서 거리의 합이 일정한 점들의 집합이다. 식 ❶로 정의된 타원에서 두 점은 $x=\pm ea$, $y=0$이고 e는 식 ❸에서 정의된 이심률이다. 식 ❶을 만족하는 x와 y에서 이 두 점까지의 거리는 다음과 같다.

$$❹ \quad r_\pm = \sqrt{(x \mp ea)^2 + y^2} = \sqrt{(x \mp ea)^2 + (1-e^2)(a^2 - x^2)}$$
$$= \sqrt{e^2 x^2 \mp 2eax + a^2} = a \mp ex$$

그러므로 그 합은 실제로 일정한 값 ❺ $r_+ + r_- = 2a$ 를 가진다. 이것은 '한 점에서 거리가 모두 같은 점들의 집합'이라는 고전적인 정의의 일반화로 간주될 수 있다. 타원의 두 초점은 완벽한 대칭 관계에 있기 때문에 두 초점에서 타원 위의 점들까지의 평균 거리 $\bar{r}_+$와 $\bar{r}_-$(타원 위의 점들까지의 모든 거리는 평균에서 같은 비중으로 기여한다)는 반드시 같아야 한다. 즉 $\bar{r}_+ = \bar{r}_-$가 되므로 식 ❺에서 다음과 같이 된다.

$$❻ \quad \bar{r}_+ = \bar{r}_- = \frac{1}{2} (\bar{r}_+ + \bar{r}_-) = a$$

이것은 또한 어느 한 초점에서 타원 위의 점까지의 최대 거리와 최소 거리의 평균이 된다.

$$❼ \quad \frac{1}{2} [(a+ea) + (a-ea)] = a$$

세 번째 정의: 페르게의 아폴로니오스가 처음으로 타원을 정의할 때, 타원은 원뿔의 단면, 즉 원뿔을 원뿔의 축에 비스듬히 자른 평면이라고 했다. 현대의 용어로 정리하면, 축이 수직인 방향의 원뿔은 원형인 단면의 반지름이 수직 방향의 거리에 비례한다는 조건을 만족시키는 3차원 점들의 집합이다. 즉 다음과 같다.

$$❽ \quad \sqrt{u^2+y^2} = az$$

u와 y는 편평한 방향으로 수직인 두 축을 따라 측정한 거리, z는 수직 방향의 거리, a는 원뿔의 모양을 결정하는 양수이다(평면 좌표의 변수를 x가 아니라 u를 사용한 이유는 곧 알게 될 것이다). $u=y=0$인 이 원뿔의 꼭대기는 $z=0$인 곳이다. 원뿔을 비스듬한 각도로 자른 단면은 아래 조건을 만족하는 점들의 집합이다.

$$❾ \quad z=\beta u+\gamma$$

β와 γ(감마)는 평면의 각도와 높이를 결정하는 수이다. 우리는 평면이 y축에 평행하도록 좌표를 정의하고 있다. 식 ❾와 식 ❽의 제곱을 결합하면 아래의 식이 된다.

$$u^2+y^2=a^2(\beta u+\gamma)^2$$

이 식은 다시 아래의 식이 된다.

$$(1-a^2\beta^2)\left(u-\frac{a^2\beta\gamma}{1-a^2\beta^2}\right)^2+y^2=a^2\gamma^2\left(\frac{1}{1-a^2\beta^2}\right)$$

이것을 아래처럼 놓으면 식 ❶과 같다.

$$ ⑩ \quad x = u - \frac{a^2 \beta \gamma}{1 - a^2 \beta^2} \qquad a = \frac{a \gamma}{1 - a^2 \beta^2} \qquad b = \frac{a \gamma}{\sqrt{1 - a^2 \beta^2}} $$

여기에서 $e = a\beta$이므로 타원율은 원뿔의 모양과 원뿔을 자르는 평면의 각도에 의존하고 평면의 높이와는 관계가 없다는 사실을 알아야 한다.

19. 이각과 내행성의 궤도

코페르니쿠스의 가장 위대한 성과들 중 하나는 행성들의 궤도의 상대적인 크기를 분명하게 결정했다는 것이다. 특히 간단한 예는 내행성들의 태양에서의 겉보기 거리로부터 행성 궤도의 반지름을 계산한 것이다.

내행성인 수성 혹은 금성 중 하나의 궤도를 생각하고 이 궤도와 지구의 궤도가 모두 태양을 중심으로 하는 원이라고 가정해보자. '최대 이각'이라고 불리는 곳에서 이 행성은 태양으로부터 가장 큰 각거리 θ_{max}에 있는 것으로 보인다. 이때 지구와 이 행성을 연결하는 선은 행성 궤도의 접선이므로 이 선과 태양과 행성을 연결하는 선 사이의 각도는 직각이 된다. 그러므로 이 두 선과 태양과 지구를 연결하는 선은 직각삼각형을 이룬다(그림 13 참조).

표 6 수성과 금성의 최대 이각과 사인값, 그리고 궤도 반지름

	최대 이각 θ_{max}	θ_{max}의 사인값	r_P/r_E
수성	24°	0.41	0.39
금성	45°	0.71	0.72

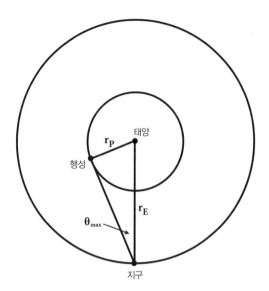

그림 13 행성이 태양에서 가장 먼 거리에서 보일 때 지구와 내행성(수성 또는 금성)의 위치 원들은 행성과 지구의 궤도이다.

이 직각삼각형의 빗변은 태양과 지구를 연결하는 선이고 행성과 태양 사이의 거리 r_P와 지구와 태양 사이의 거리 r_E의 비는 θ_{max}의 사인값이 된다. 표 6은 수성과 금성의 최대 이각, 그 각의 사인값, 그리고 궤도 반지름 r_P를 지구 궤도 반지름 r_E의 단위로 나타낸 것이다.

θ_{max}의 사인값과 관측된 내행성과 지구의 궤도 반지름의 비율 r_P/r_E 사이에 약간의 차이가 생기는 것은, 궤도들이 태양을 중심으로 하는 완벽한 원이 아닐 뿐 아니라 궤도들이 정확하게 같은 평면에 있지 않기 때문에 생긴 것이다.

20. 일주 시차

새로운 별(여기서는 주로 혜성을 말한다-옮긴이)이나 어떤 천체가 하루 동안에 고정된 별들에 대해서 움직이지 않거나 아주 조금만 움직이는 경우를 생각해보자. 이 천체는 고정된 별들에 비해서 지구에 훨씬 더 가까이 있다고 가정한다. 지구가 스스로의 축으로 하루에 한 번씩 서쪽에서 동쪽으로 회전을 하거나, 이 천체와 별들이 지구 주위를 하루에 한 번씩 동쪽에서 서쪽으로 회전한다고 가정할 수 있다. 두 경우 모두 그 천체를 밤새 시간에 따라 다른 위치에서 보기 때문에 밤 동안에 그 천체의 위치가 배경 별들에 대해서 상대적으로 이동하는 것처럼 보여야 한다. 이것을 이 천체의 '일주 시차'라고 한다. 일주 시차를 측정하면 그 천체까지의 거리를 알 수 있고, 일주 시차가 너무 작아서 측정되지 않는다면 그 거리의 최솟값을 알 수 있다.

이 각도 변화를 측정하기 위해서 이 천체의 별들에 대한 상대적인 겉보기 위치를 지구 위의 고정된 관측소에서 이 별이 하늘의 가장 높은

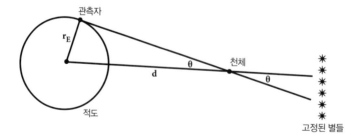

그림 14 일주 시차를 이용하여 지구에서 어떤 물체까지의 거리 d 구하기
이것은 지구의 북극 위에서 본 모습이다. 간단하게 하기 위해서 관측자는 적도 위에 있고 천체는 적도와 같은 평면에 있다고 가정한다. 각 θ만큼 떨어진 두 선은 이 천체가 관측자의 머리 바로 위에 있을 때와 여섯 시간 후에 수평선 아래로 지기 직전에 천체를 관측한 선이다.

곳에 있을 때와 지평선 아래로 막 질 때 관측했다고 하자. 계산을 쉽게 하기 위해서 관측소는 적도 위에 있고 천체는 적도와 같은 평면에 있는, 기하학적으로 가장 단순한 경우를 생각한다. 물론 이것이 티코 브라헤가 관측한 새로운 별의 일주 시차의 정확한 값을 주지는 않는다. 하지만 그 시차의 대략적인 값은 줄 수 있다.

이 천체가 지평선 아래로 막 사라질 때 이 천체와 관측소를 연결하는 선은 지구 표면에서의 접선이다. 그러므로 이 선과 지구 중심에서 관측소를 연결하는 선 사이의 각은 직각이 된다. 이 두 선은 이 천체와 지구의 중심을 연결하는 선과 함께 직각삼각형을 이룬다(그림 14 참조). 이 삼각형의 각 θ의 사인값은 반대편 변인 지구의 반지름 r_E를 빗변인 지구 중심과 천체 사이의 거리 d로 나눈 값이다. 그림에서 보듯이 이 각은 이 천체가 하늘의 가장 높은 곳에 있을 때부터 지평선으로 막 질 때까지의 시간 동안 고정된 별들에 대해서 상대적으로 움직인 겉보기 각도와 같다. 이 천체가 지평선에 떠오를 때부터 지평선 아래로 질 때까지 움직인 전체 위치 변화는 2θ이다.

예를 들어 이 천체의 거리를 달까지의 거리로 잡으면 d≃380,000km, r_E≃6,000km이고, 그러면 $\sin\theta$≃6/380이 되어 θ≃0.9°가 되고, 일주 시차는 1.8°가 된다. 벤 섬과 같이 지구의 특정한 지점에서 1572년의 새로운 별과 같은 천체가 하늘에서 특정한 위치에 있을 때 관측할 수 있는 일주 시차는 이것보다 더 작지만 그 차이는 그렇게 크지 않아서 대략 1°정도는 된다.

이것은 티코 브라헤같이 맨눈으로 관측하는 천문학자에게는 충분히 큰 값이다. 하지만 티코 브라헤는 일주 시차를 전혀 관측하지 못했기 때문에 1572년의 새로운 별이 달보다 멀리 있다고 결론을 내린 것이다. 반면 달의 일주 시차를 측정하는 것은 전혀 어려운 일이 아니었기 때문에 이 방법으로 지구와 달 사이의 거리를 구할 수 있었다.

21. 같은 면적 규칙과 동시심

케플러 제1법칙에 따르면 지구를 포함한 행성들은 태양 주위를 타원 궤도로 돌지만 태양은 타원의 중심에 있지 않고, 중심에서 벗어난 긴 축 위에 있는 점인 두 개의 초점 중의 하나에 있다(전문 해설 18 참조). 타원의 이심률 e는 타원 중심에서 초점까지의 거리가 ea가 되도록 정의된다. 여기서 a는 타원의 장반경이다. 그리고 케플러 제2법칙에 따르면 행성의 궤도 속도는 일정하지 않고 태양과 행성을 연결한 선이 같은 시간에 같은 면적을 쓸고 가도록 변한다.

케플러 제2법칙을 설명하는 다른 비슷한 방법이 있는데, 프톨레마이오스 천문학에서 사용한 오래된 아이디어인 동시심과 밀접하게 연관되어 있다. 태양과 행성을 연결하는 선을 생각하는 대신 타원의 '또 다른 초점'인 빈 초점과 행성을 연결하는 선을 생각하는 것이다. 몇 몇 행성의 이심률 e는 무시할 수 없지만 e^2은 모든 행성에서 아주 작다 (가장 찌그러진 궤도를 가지고 있는 수성의 $e=0.206$, $e^2=0.042$이고, 지구의 $e^2=0.00028$이다). 그러므로 행성의 움직임을 계산할 때 이심률 e와 독립적이거나 e에 비례하는 항만 고려하고, e^2이나 이보다 높은 차수의 모든 항을 무시하는 것은 좋은 가정이다. 이 가정에서는 케플러 제2법칙이 빈 초점과 행성을 연결하는 선이 같은 시간에 '같은 각'을 쓸고 지나간다는 말과 동일하다.

구체적으로, Ȧ가 태양과 지구를 연결하는 선이 쓸고 지나가는 면적의 변화율이고, ϕ가 타원의 긴 축과 빈 초점에서 행성으로 연결하는 선 사이의 각의 변화율이라고 하면 다음 식이 된다.

❶ $\phi^{\cdot} = 2R\dot{A}/a^2 + O(e^2)$

여기서 $O(e^2)$은 e^2이나 이보다 더 높은 차수에 비례하는 항을 나타내고, R은 각을 측정하는 단위에 의존하는 수다. 각도로 측정한다면 $R = 360°/2\pi = 57.293\cdots°$가 되고 이것을 '라디안radian'이라고 한다. 각을 라디안으로 측정한다면 $R = 1$이 된다. 케플러 제2법칙은 일정한 시간에 태양과 행성을 연결하는 선이 지나가는 면적이 항상 같다는 것이므로 Ȧ가 일정하다는 의미이고, 따라서 Ȧ가 e^2에 비례하는 항까지 일정하게 된다. 그러므로 일정한 시간 동안 타원의 빈 초점과 행성을 연결하는 선이 지나가는 각도 항상 같다고 생각할 수 있다.

프톨레마이오스의 이론에서는 각 행성들의 주전원의 중심이 지구 주위의 원 궤도인 이심원을 따라 돌지만 지구는 이 원의 중심에 있지 않다. 그 대신 지구는 중심에서 약간 떨어진 편심에 있다. 더구나 주전원의 중심이 지구 주위를 도는 속도는 일정하지 않고, 지구와 이 중심을 연결하는 선이 회전하는 속도도 일정하지 않다. 행성들의 겉보기 운동을 올바르게 설명하기 위하여 동시심이 도입되었다. 이것은 지구 주위의 원의 중심에서 지구 사이의 거리만큼 지구와 반대편에 있는 점이다. 지구가 아니라 동시심과 주전원의 중심을 연결하는 선은 같은 시간에 같은 각을 지나가는 것으로 가정되었다.

여러분은 이것이 케플러 법칙에 따라 일어나는 것과 아주 유사하다는 사실을 알아차렸을 것이다. 물론 태양과 지구의 역할은 프톨레마이오스와 코페르니쿠스 천문학 사이에서 서로 뒤바뀌지만 케플러 이론에서 타원의 빈 초점은 프톨레마이오스 천문학에서의 동시심과 같은 역할을 한다. 그러므로 케플러 제2법칙은 동시심을 도입하면 왜 행성들의 겉보기 운동이 잘 설명되는지를 말해준다.

어떤 이유에서인지 프톨레마이오스는 지구 주위를 도는 태양의 운동을 설명하기 위해서 편심을 도입하지만 이 경우에는 동시심을 사용하지 않았다. 이 마지막 동시심을 포함시킴으로써, 그리고 원에서 크게 빗나가는 수성의 궤도를 설명하기 위해서 추가적인 주전원들을 도입함으로써 프톨레마이오스의 이론은 행성들의 겉보기 운동을 아주

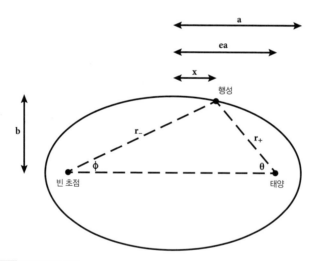

그림 15 행성의 타원 운동
여기서의 타원 궤도는 그림 12에 있는 것처럼 이심률이 0.8로, 태양계의 어떤 행성의 궤도보다 더 큰 값이다. r_+와 r_-로 표시된 선은 각각 태양과 타원의 빈 초점을 행성과 연결한 선이다.

잘 설명할 수 있다.

식 ❶의 증명은 다음과 같다. θ는 타원의 긴 축과 태양과 행성을 연결하는 선 사이의 각으로 정의하고, ϕ는 긴 축과 빈 초점에서 행성으로 연결되는 선 사이의 각으로 정의되었다. 전문 해설 18과 같이 r_+와 r_-는 이 선들의 길이, 즉 태양과 행성을 연결하는 거리와 빈 초점에서 행성으로 연결되는 거리로 정의하면 전문 해설 18에 따라 다음 식이 된다.

$$❷ \quad r_\pm = a \mp ex$$

여기서 x는 타원 위의 점의 수평 좌표, 즉 이 점에서 타원의 짧은 축을 지나가는 선까지의 거리이다. 어떤 각의 코사인은 그 각을 하나의 꼭짓점으로 가지는 직각삼각형에서 정의된다. 그 각의 코사인은 그 각에 가까운 변과 빗변 사이의 비가 된다. 그러므로 그림 15에서 아래의 방정식이 나온다.

$$❸ \quad \cos\theta = \frac{ea-x}{r_+} = \frac{ea-x}{a-ex} \qquad \cos\phi = \frac{ea+x}{r_-} = \frac{ea+x}{a+ex}$$

이 방정식을 x에 대해서 풀면 아래와 같다.

$$❹ \quad x = a\,\frac{e-\cos\theta}{1-e\cos\theta}$$

이 결과를 $\cos\phi$ 식에 대입하면 θ와 ϕ 사이의 관계를 구할 수 있다.

$$❺ \quad \cos\theta = \frac{2e-(1+e^2)\cos\theta}{1+e^2-2e\cos\theta}$$

이 식은 θ의 값에 관계없이 성립하므로 θ를 변화시켰을 때 좌변의 변화는 우변의 변화와 같아야 한다. θ를 아주 작은 값인 $\delta\theta$만큼 변화시켰다고 가정하자. ϕ의 변화량을 계산하기 위해서 미적분의 원리를 이용한다. θ나 ϕ와 같은 어떤 각 a가 δa만큼 변하면 $\cos a$의 변화량은 $-(\delta a/R)\sin a$가 된다. 그리고 식 ❺에서의 분모와 같은 어떤 양 f가 아주 작은 양 δf만큼 변하면 $1/f$의 변화량은 $-\delta f/f^2$이 된다. 그러므로 식 ❺의 양변의 변화량은 아래와 같다.

$$❻ \quad \delta\phi \, \sin\phi \; = -\delta\theta \, \sin\theta \, \frac{(1-e^2)^2}{(1+e^2-2e\cos\theta)^2}$$

이제 $\sin\phi$와 $\sin\theta$의 비가 필요하다. 그림 15에서 타원 위의 한 점의 수직축 y는 $y=r_+\sin\theta$, 그리고 $y=r_-\sin\phi$가 되므로 y를 소거하면 아래와 같다.

$$❼ \quad \frac{\sin\theta}{\sin\phi} = \frac{r_-}{r_+} = \frac{a+ex}{a-ex} = \frac{1-2e\cos\theta+e^2}{1-e^2}$$

이것을 식 ❻에 대입하면 아래처럼 된다.

$$❽ \quad \delta\phi = -\delta\theta \, \frac{1-e^2}{1+e^2-2e\cos\theta}$$

그러면 각 θ가 $\delta\theta$만큼 변할 때 태양과 행성을 연결하는 선이 지나가는 면적은 얼마일까? 각을 도로 측정한다면 이것은 길이가 같은 두 변이 r_+이고 다른 한 변은 반지름 r_+인 원의 원주 $2\pi r_+$의 $2\pi r_+ \times \delta\theta/360°$인 이등변삼각형의 면적이 된다. 이 면적은

$$❾ \quad \delta A = -\frac{1}{2} \times r_+ \times 2\pi r_+ \times \delta\theta/360° = -\frac{1}{2R}r_+^2\delta\theta$$
$$= -\frac{a^2}{2R}\left(\frac{1-e^2}{1-e\cos\theta}\right)^2 \delta\theta$$

마이너스 부호는 ϕ가 증가할 때 δA가 양이 되게 하기 위해 삽입되었다. 앞서 정의한 대로 θ가 감소할 때 ϕ는 증가하므로 $\delta\phi$가 양이 되면 $\delta\theta$는 음이 된다. 그래서 식 ❽은 이렇게 쓰일 수 있다.

$$❿ \quad \delta\phi = \frac{2R}{a^2} \delta A \frac{(1-e\cos\theta)^2}{(1-e^2)(1+e^2-2e\cos\theta)}$$

δA와 $\delta\phi$를 무한히 짧은 시간 δt동안 지나간 면적과 각이라고 하면 식 ❿을 δt로 나누어 지나가는 면적과 각의 비율 사이의 관계를 구할 수 있다.

$$⓫ \quad \dot{\phi} = \frac{2R}{a^2} \dot{A} \frac{(1-e\cos\theta)^2}{(1-e^2)(1+e^2-2e\cos\theta)}$$

지금까지 모든 것은 정확하다. 이제 e가 아주 작을 때 이것이 어떻게 보일지 생각해보자. 식 ⓫ 뒷부분의 분자는 $(1-e\cos\theta)^2 = 1-2e\cos\theta + e^2\cos^2\theta$이므로 분자와 분모의 첫 번째 항과 두 번째 항은 서로 같고, e^2항부터만 차이가 나타난다. 그러므로 식 ⓫은 곧바로 원하는 결과인 식 ❶이 된다. 좀 더 명확하게 하기 위해서 식 ⓫의 e^2은 유지할 수 있다. 여기서 $O(e^3)$은 e^3과 이보다 더 높은 차수의 항을 의미한다.

$$⓬ \quad \dot{\phi} = \frac{2R\dot{A}}{a^2}[1 + e^2\cos^2\theta + O(e^3)]$$

22. 초점 거리

수직으로 서 있는 유리 렌즈를 생각해보자. 갈릴레이와 케플러가 자

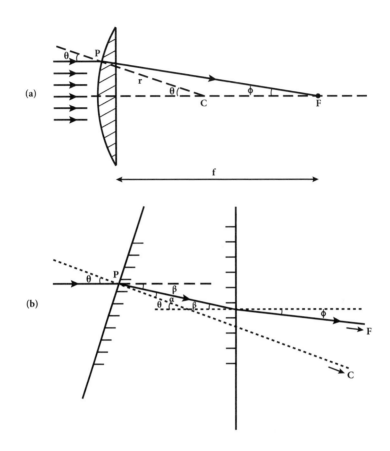

그림 16 초점 거리

(a) 초점 거리의 정의. 수평 방향의 점선은 렌즈의 축이다. 화살표로 표시된 수평 방향의 선들은 이 축에 평행하게 렌즈로 들어오는 빛이다. 점 P에서 렌즈로 들어오는 빛은 볼록한 구면과 수직이 되는, 렌즈 곡면의 중심 C와 P를 연결하는 선과 작은 각 θ를 만든다. 이 빛은 렌즈에 의해 구부러져 렌즈의 축과 각 ϕ를 만들고 렌즈에서 f만큼의 거리에 있는 초점 F에서 렌즈의 축과 만난다. 이 거리가 초점 거리다. ϕ는 θ에 비례하여 모든 평행한 빛은 이 점에 모인다.

(b) 초점 거리의 계산. 렌즈의 일부만 나타낸 그림으로, 비스듬한 빗살무늬의 선들은 렌즈의 볼록한 표면의 작은 부분을 나타낸다. 화살표로 나타낸 선들은 점 P에서 볼록한 표면에 수직인 선과 작은 각 θ를 만들며 렌즈로 들어오는 빛의 경로를 나타낸 것이다. 이 수직선은 기울어진 점선으로 표현되어 있고, 점 P에서 이 그림 밖에 있는 렌즈 곡면의 중심을 연결하는 선의 일부이다. 렌즈 속에서 이 선은 굴절되어 이 수직선과 각 α를 만들고, 다시 굴절되어 렌즈를 벗어날 때는 렌즈의 편평한 뒷면과 수직인 선과 각 ϕ를 만든다. 이 수직선은 렌즈의 축과 평행한 점선으로 표시되었다.

신들의 망원경 앞쪽에 사용했던 렌즈와 같은, 앞쪽은 볼록하고 뒤쪽은 평면인 렌즈이다. 만들기 가장 좋은 곡면은 구면이므로 우리는 렌즈의 볼록한 면을 반지름 r인 구면의 일부로 가정할 것이다. 그리고 렌즈는 매우 얇아서 가장 두꺼운 부분도 r보다 훨씬 더 작다고 가정할 것이다.

렌즈의 축과 평행한 수평 방향으로 이동하는 빛이 점 P에서 렌즈와 만나고, 렌즈 뒤쪽에 있는 렌즈 곡면의 중심 C와 P를 연결하는 선이 렌즈의 중심선과 이루는 각을 θ라고 하자. 렌즈가 빛을 휘어지게 하므로 빛이 렌즈의 뒤로 나갈 때는 렌즈의 중심선과 다른 각인 ϕ를 만든다. 이 선은 렌즈의 중심선과 어떤 점 F에서 만난다(그림 16a 참조). 우리는 이 점에서 렌즈까지의 거리 f를 계산하여 이것이 θ와 무관하고, 그래서 렌즈와 만나는 모든 수평 방향의 빛이 중심선의 같은 점 F에서 만나는 것을 보일 것이다. 그러므로 우리는 렌즈와 만나는 빛이 점 F에서 초점이 맺힌다고 말할 수 있고, 렌즈에서 이 점까지의 거리 f를 렌즈의 '초점 거리'라고 한다.

우선, 중심선과 P 사이의 렌즈 앞부분의 원호는 반지름 r인 원의 전체 원주 길이 $2\pi r$의 $\theta/360°$이다. 그리고 그 원호는 반지름 f인 원의 전체 원주 길이 $2\pi f$의 $\phi/360°$이기도 하다. 두 값이 같으므로 아래와 같이 된다.

$$\frac{\theta}{360} \times 2\pi r = \frac{\phi}{360} \times 2\pi f$$

여기에서 $360°$와 2π를 소거하면 아래와 같다.

$$\frac{f}{r} = \frac{\theta}{\phi}$$

그러므로 초점 거리를 구하기 위해서는 ϕ와 θ의 비를 구해야 한다. 이를 위해서는 렌즈 속에서 빛에게 어떤 일이 일어나는지 좀 더 자세히 들여다 볼 필요가 있다(그림 16b 참조). 렌즈 곡면의 중심 C와 빛이 렌즈와 평행하게 만나는 점 P를 연결하는 선은 렌즈의 볼록한 구면과 점 P에서 수직으로 만나므로 이 수직선과 빛이 이루는 각(빛의 입사각)은 θ가 된다. 프톨레마이오스가 알아낸 것처럼 θ가 아주 작다면, 얇은 렌즈이므로 유리 속에서의 빛의 방향과 앞에서의 수직선 사이의 각(빛의 굴절각) a는 입사각에 비례하기 때문에 아래의 식과 같이 된다.

$$a = \theta/n$$

여기서 n은 '굴절률'이라고 하고, $n > 1$이며 유리와 주로 공기인 주변 매질의 성질에 의존한다(n은 공기에서의 빛의 속도를 유리 속에서의 빛의 속도로 나눈 값이라는 사실을 페르마가 보였지만 여기에서는 그 정보가 굳이 필요가 없다). 그러면 유리 속에서의 빛과 렌즈의 중심선의 각 β는 아래와 같다.

$$\beta = \theta - a = (1 - 1/n)\theta$$

이것은 빛이 렌즈의 편평한 뒷면에 도착할 때 이 면에 수직인 선과 빛이 만드는 각이다. 그런데 빛이 렌즈 뒤로 나갈 때는 이 수직선과 빛은 다른 각 ϕ를 만든다. ϕ와 β 사이의 관계는 빛이 반대 방향으로 들어올 때, 즉 ϕ가 입사각이고 β가 굴절각일 때와 같으므로 $\beta = \phi/n$이 되고 결국 아래와 같이 된다.

$$\phi = n\beta = (n-1)\theta$$

이제 우리는 φ가 단순히 θ에 비례한다는 것을 알 수 있으므로 f/r에 대한 앞의 공식에서 다음과 같은 식을 만들 수 있다.

$$f = \frac{r}{n-1}$$

이것은 θ와 무관하므로, 약속한 대로 렌즈로 들어오는 모든 평행한 빛은 렌즈 중심선의 같은 점에서 모인다는 것을 보이고 있다.

곡면의 반지름이 아주 크다면 렌즈 표면의 곡률은 아주 작아지고 렌즈는 평평한 유리판과 거의 같아진다. 그러면 렌즈로 들어오는 빛이 휘어지는 것은 렌즈를 벗어나면서 휘어지는 것에 의해 거의 상쇄된다. 마찬가지로 렌즈가 어떤 모양이든 굴절률 n이 1에 가까우면 렌즈는 빛을 아주 조금만 휘어지게 한다. 이때 두 경우 모두 초점 거리가 아주 커지는데 이런 렌즈를 '약한 렌즈'라고 한다. '강한 렌즈'는 곡면의 반지름이 적당하고 굴절률이 1보다 어느 정도 큰 값을 가지는 렌즈를 말한다. 한 예로 유리의 굴절률 $n \simeq 1.5$이다.

렌즈의 뒷면이 평면이 아니고 반지름 r'인 곡면의 일부일 때에도 비슷한 결과가 나온다. 이 경우에는 초점 거리가 다음과 같다.

$$f = \frac{rr'}{(r+r')(n-1)}$$

r'가 r보다 훨씬 크면 뒷면이 평면에 가깝게 되는데 이렇게 되면 앞의 결과와 같아진다. 초점 거리의 개념은 갈릴레이가 자신의 망원경의 접안렌즈로 사용한 오목렌즈로도 확장될 수 있다. 오목렌즈는 모이고 있는 빛을 평행하게 만들거나 심지어는 흩어지게 만들 수도 있다. 이런 렌즈의 초점 거리는 모이고 있던 빛이 이 렌즈에 의해 평행하게 되

는 경우를 생각하여 정의할 수 있다. 초점 거리는 빛을 평행하게 만드는 렌즈가 없었을 경우 빛이 모였을 점과 렌즈 사이의 거리가 된다. 비록 그 의미는 다르지만 오목렌즈의 초점 거리는 볼록렌즈에서 유도한 공식과 비슷한 형태로 주어진다.

23. 망원경

전문 해설 22에서 우리는 얇은 볼록렌즈의 경우 렌즈의 중심축에 평행하게 들어오는 빛은 렌즈 뒤에서 렌즈의 초점 거리 f만큼 떨어진 곳에 있는 중심축 위의 점 F에 모인다는 것을 보았다. 중심축과 작은 각 γ로 렌즈로 들어오는 빛도 역시 렌즈에 의해 모이지만, 모이는 점은 렌즈의 중심축에서 살짝 벗어난다. 얼마나 벗어나는지 보기 위해서는 그림 16a의 빛의 경로를 γ만큼 회전시키는 경우를 생각해보면 된다. 그러면 렌즈의 중심축에서 모이는 점까지의 거리 d와 반지름 f인 원의 원주 사이의 비는 γ와 $360°$ 사이의 비와 같다.

$$\frac{d}{2\pi f} = \frac{\gamma}{360°}$$

그러므로 아래와 같은 식이 된다.

$$d = \frac{2\pi f \gamma}{360°}$$

이것은 얇은 렌즈일 때에만 성립한다. 그렇지 않은 경우에 d는 전문 해설 22에서 소개한 각 θ에도 의존한다. 어떤 거리에 있는 물체에서 나온 빛이 △γ(γ의 변화량)의 범위 내에서 렌즈와 만나면 △d의 범위 내에서 모이고, 아래와 같이 된다.

$$\Delta d = \frac{2\pi f \Delta \gamma}{360°}$$

여기에서도 이 공식은 △γ가 각도가 아니라 360°/2π와 같은 라디안으로 측정되면 더 간단해지므로, 이 경우에는 단순히 △d=f△γ가 된다. 이 모이는 점의 범위를 '허상virtual image'이라고 한다(그림 17a 참조).

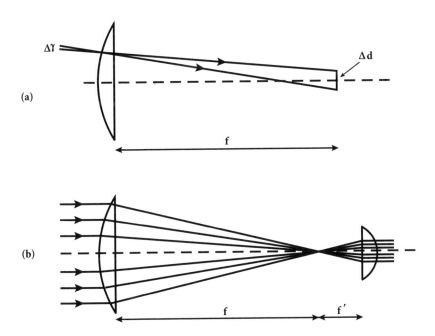

그림 17 망원경

(a) 허상의 형성. 두 개의 화살표로 된 선은 작은 각 △γ만큼 떨어져서 렌즈로 들어오는 빛이다. 이 선들은, 그리고 여기에 평행한 모든 선들은 렌즈에서 f만큼 떨어진 위치에서 수직으로는 △γ에 비례하는 △d만큼의 범위에 모인다.

(b) 케플러식 망원경의 렌즈들. 화살표로 된 선들은 멀리 있는 물체에서 평행한 방향으로 약한 볼록렌즈로 들어오는 빛의 경로이다. 이 빛은 렌즈에 의해 렌즈에서 f만큼 떨어진 곳에 모였다가 이 점에서 다시 흩어진 다음 강한 볼록렌즈에 의해 구부러져 눈으로 평행하게 들어간다.

우리는 이 허상을 직접 볼 수 없다. 여기에 도착하는 빛은 다시 흩어지기 때문이다. 사람 눈의 망막의 한 점에 모이기 위해서는 빛이 어느 정도 평행한 방향으로 눈의 렌즈로 들어와야 한다. 케플러식 망원경에는 접안렌즈라고 하는 두 번째 볼록렌즈가 있다. 이 렌즈는 허상에서 흩어지는 빛을 모아서 빛이 망원경을 벗어날 때 평행한 방향으로 나가게 만든다. 빛의 방향을 반대로 하여 이 과정을 반복하면, 광원의 한 점에서 나오는 빛이 망원경에서 평행한 방향으로 나가기 위해서는 접안렌즈가 허상에서 f'의 거리에 놓여야 한다는 것을 알 수 있다. 여기서 f'는 접안렌즈의 초점 거리다(그림 17b 참조). 즉, 망원경의 길이 L은 두 초점 거리의 합이 되어야 한다.

$$L = f + f'$$

광원의 다른 점에서 나오는 빛이 눈으로 들어오는 방향의 범위인 $\triangle\gamma'$는 허상의 크기와 다음과 같은 관계가 있다.

$$\Delta d = \frac{2\pi f' \Delta \gamma'}{360°}$$

물체의 겉보기 크기는 물체에서 나오는 빛에 대응하는 각의 크기에 비례하므로 망원경의 배율은 빛이 눈으로 들어가는 각과 망원경이 없었다면 빛이 흩어졌을 각의 비가 된다.

$$배율 = \frac{\Delta\gamma'}{\Delta\gamma}$$

허상의 크기 $\triangle$d를 유도한 위 두 개의 식을 이용하면 배율은 아래와 같다.

$$\frac{\Delta\gamma'}{\Delta\gamma} = \frac{f}{f'}$$

높은 배율을 얻기 위해서는 망원경의 앞쪽에 접안렌즈보다 훨씬 더 약한 렌즈를 사용하여 $f \gg f'$가 되게 해야 한다. 이것은 그렇게 쉽지 않다. 전문 해설 22에서 주어진 초점 거리의 공식에 따라 짧은 초점 거리 f'을 가지는 강한 접안렌즈를 얻기 위해서는 곡률 반지름이 작아야 하는데, 이것은 렌즈가 아주 작거나 혹은 렌즈의 두께가 곡률 반지름보다 훨씬 더 작은 상태에서 너무 얇지 않아야 한다는 것을 의미한다. 이런 경우에는 빛이 한 점으로 잘 모이지 않는다. 그 대신 앞쪽의 렌즈를 초점 거리가 긴 약한 렌즈로 만들 수 있다. 하지만 이 경우에는 망원경의 길이 $L = f + f' \simeq f$가 너무 길어진다. 그래서 갈릴레이가 자신의 망원경을 천문학적인 목적에 사용하기에 충분한 배율로 만드는 데에는 시간이 좀 걸렸다.

갈릴레이는 오목렌즈로 자신의 망원경을 조금 다르게 디자인했다. 전문 해설 22에서 본 것처럼 오목렌즈가 적절하게 배치되면 모이던 빛이 들어와서 평행한 방향으로 나간다. 초점 거리는 렌즈가 없었다면 렌즈 뒤쪽으로 빛이 모였을 지점까지의 거리가 된다. 갈릴레이의 망원경은 앞쪽에 초점 거리 f의 약한 볼록렌즈를 놓고, 뒤쪽에는 오목렌즈가 없었다면 허상이 있었을 위치의 앞쪽 f' 거리에 초점 거리 f'의 강한 오목렌즈를 놓았다. 이런 망원경의 배율은 여전히 f/f'이지만 길이는 $f + f'$이 아니라 $f - f'$이 된다.

24. 달의 산

　달의 밝은 부분과 어두운 부분은 태양빛이 달의 표면에 정확하게 수직이 되는 경계선으로 나뉜다. 망원경으로 달을 관측하던 갈릴레이는 달의 경계선 근처 어두운 부분에서 밝은 점들을 발견하고, 그것이 경계선의 다른 부분에서 오는 태양빛을 받을 수 있을 정도로 충분히 높은 산에서 반사된 빛이라고 해석했다. 그는 알 비루니가 지구의 크기를 측정할 때 사용했던 것과 유사한 방법으로 이 산들의 높이를 추정할 수 있었다. 달의 중심 C, 달의 어두운 부분에서 태양빛을 막 받은 산의 꼭대기 M, 그리고 태양빛이 달을 비춰 생기는 경계선 위의 점 T를 꼭짓점으로 하는 삼각형을 그린다(그림 18 참조).

　이 삼각형은 직각삼각형이다. 선분 TM이 달 표면 T에서의 접선이므로 선분 CT와 수직이어야 한다. CT의 길이는 달의 반지름 r과 같고,

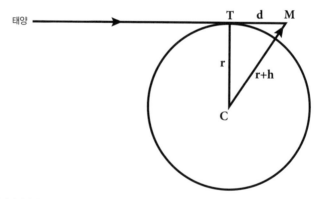

그림 18 갈릴레이가 달에 있는 산의 높이를 측정한 방법
화살표로 표시된 수평한 선은 달을 밝은 부분과 어두운 부분으로 나누는 경계선 위의 T로 들어와, 경계선에서 d만큼 떨어져 있고 높이는 h인 산꼭대기 M에 닿는 태양빛을 나타낸다.

TM의 길이는 산에서 경계선까지의 거리 d가 된다. 산의 높이가 h라면 CM의 길이(삼각형의 빗변)는 $r+h$이다. 피타고라스의 정리에 따르면 아래의 식이 된다.

$$(r+h)^2 = r^2 + d^2$$

그러므로 이것은 곧 아래와 같다.

$$d^2 = (r+h)^2 - r^2 = 2rh + h^2$$

산의 높이는 달의 크기에 비하면 훨씬 더 작기 때문에 $2rh$와 비교하면 h^2은 무시할 수 있다. 위 식의 양변을 $2r^2$으로 나누면 아래와 같다.

$$\frac{h}{r} = \frac{1}{2}\left(\frac{d}{r}\right)^2$$

그러므로 갈릴레이는 달의 겉보기 지름에 대한 경계선에서 산꼭대기까지의 거리의 비를 측정하여 달의 반지름에 대한 산의 높이의 비를 구할 수 있었다.

갈릴레이는 《별의 전령》에 경계선에서의 겉보기 거리가 달의 겉보기 지름의 1/20보다 멀리 있는 달의 어두운 부분에서 밝은 점들을 보았다고 적었다. 그러면 이 산들의 d/r 〉 1/10이고 앞의 공식에 따르면 h/r 〉 $(1/10)^2/2 = 1/200$이 된다. 갈릴레이는 달의 반지름을 1,000마일로 측정했으므로,* 이 산들의 높이는 최소 5마일이 된다(확실하지 않은 이유로 갈릴레이는 4마일이라는 값을 주었다. 그는 산의 높이의 최솟값을 정하는 것

---

*갈릴레이는 '마일'의 정의를 현대 영어에서의 마일과 크게 다르지 않게 사용했다. 현대의 단위로 달의 반지름은 1,080마일이다.

이 목적이었기 때문에 아마도 조금 보수적이었던 것으로 보인다). 갈릴레이는 이것이 지구에 있는 어떤 산보다 높다고 생각했지만, 우리는 이제 지구에 약 6마일 높이의 산들이 있다는 것을 알고 있다. 어쨌든 갈릴레이의 관측은 달에 있는 산들의 높이가 지구에 있는 산들의 높이와 크게 다르지 않다는 사실을 알려준다.

25. 중력가속도

갈릴레이는 낙하하는 물체가 등가속도 운동을 한다는 것을 증명했다. 즉, 물체의 속도가 같은 시간 간격 동안 같은 양만큼 증가한다는 것이다. 현대적인 용어로 쓰면 정지 상태에서 낙하하는 물체는 t시간 후에 t에 비례하는 속도 v를 가진다.

$$v = gt$$

여기서 g는 지구 표면에서의 중력장을 표현하는 상수이다. g는 지구 표면에서 장소에 따라 조금씩 달라지긴 하지만 9.8미터/초^{2}과 크게 다르지 않다.

평균 속도 정리에 따르면 이 물체가 정지 상태에서 t시간 동안 낙하한 거리는 $v_{mean}t$가 되고, v_{mean}은 gt와 0의 평균값이므로 $v_{mean} = gt/2$가 된다. 그러므로 낙하한 거리 d는 아래의 값이 된다.

$$d = v_{mean}t = \frac{1}{2}gt^2$$

특히, 처음 1초 동안 낙하한 거리는 $g/2 = 4.9$미터가 된다. 또한 거리 d만큼 낙하하기 위해서 필요한 시간은 아래와 같다.

$$t = \sqrt{\frac{2d}{g}}$$

이 결과를 좀 더 현대적으로 보는 다른 방법이 있다. 낙하하는 물체는 운동에너지와 위치에너지의 합과 같은 에너지를 가진다. 운동에너지는 아래와 같고, 여기서 m은 물체의 질량이다.

$$E_{kinetic} = \frac{mv^2}{2} = \frac{mg^2t^2}{2}$$

위치에너지는 어떤 임의의 기준으로부터 측정된 높이의 mg배로, 어떤 정지 상태의 물체가 처음 높이 h_0에서 떨어져 거리 d만큼 낙하했다면 위치에너지 $E_{potential}$은 아래와 같이 된다.

$$E_{potential} = mgh = mg(h_0 - d)$$

그러므로 거리 $d = gt^2/2$에서의 전체 에너지는 상수가 된다.

$$E = E_{kinetic} + E_{potential} = mgh_0$$

이제 관점을 바꾸어서 에너지가 보존된다고 가정하면 속도와 낙하한 거리 사이의 관계를 유도할 수 있다. $t = 0$, $v = 0$, $h = h_0$일 때의 에너지 E를 mgh_0로 놓으면, 에너지 보존 법칙에 따라 언제나 $\frac{mv^2}{2} + mg(h_0 - d) = mgh_0$가 되어 $v^2/2 = gd$가 된다.

v는 d가 증가하는 비율이므로 이것은 d와 t 사이의 관계를 결정하는 미분방정식이 된다. 물론 우리는 이 방정식의 해를 알고 있다. 그것은 $v=gt$일 때 $d=gt^2/2$이다. 그러므로 에너지 보존 법칙을 이용하면 가속도가 일정하다는 것을 미리 알지 않고도 이 결과들을 얻을 수 있다 ($v^2/2=gd$라는 미분방정식을 풀면 $v=gt$일 때 $d=gt^2/2$라는 해를 얻을 수 있다는 말이다. 여기서는 그 해를 미리 알고 있기 때문에 구하는 과정을 설명하지 않았다. $v=gt$는 속도가 시간에 따라 일정하게 증가하므로 가속도가 일정하다는 의미이고, $d=gt^2/2$는 이때 낙하 거리가 시간의 제곱에 비례한다는 의미이다 – 옮긴이).

이것은 에너지 보존 법칙의 기초적인 예로, 에너지 개념이 여러 분야에서 유용하게 사용될 수 있다는 것을 보여준다. 특히 에너지 보존 법칙은 갈릴레이가 자신의 주장에 이용하지는 않았지만, 경사면을 구르는 공에 대한 갈릴레이의 실험과 자유 낙하 문제의 연관성을 보여준다. 경사면을 굴러 내려가는 질량 m의 공이 있다면 운동에너지는 $mv^2/2$이 되고, v는 경사면을 따라 움직이는 속도가 된다. 위치에너지는 mgh이고 h는 수직 방향의 높이가 된다. 여기에 더하여 공이 회전하는 에너지가 있는데, 그 형태는 아래의 식으로 표현할 수 있다.

$$E_{\text{rotation}} = \frac{\zeta}{2}mr^2(2\pi v)^2$$

r은 공의 반지름, v는 1초에 공이 회전하는 수, ζ는 공의 모양과 질량 분포에 의해 결정되는 수이다. 아마도 갈릴레이의 실험과 연관된 것은 단단하고 균일한 공일 것이므로 $\zeta=2/5$가 된다(속이 빈 공이라면 $\zeta=2/3$가 된다). 공이 한 바퀴를 구른다면 이동한 거리는 공의 원주인 $2\pi r$과 같

으므로, t시간 동안 공이 vt번 회전하면 이동한 거리는 $d=2\pi r vt$가 되어 공의 속도는 $d/t=2\pi vr$이 된다. 이것을 회전 에너지 공식에 대입하면 아래와 같다.

$$E_{\text{rotation}} = \frac{\zeta}{2}mv^2 = \zeta E_{\text{kinetic}}$$

에너지 보존 공식을 m과 $1+\zeta$로 나누면 아래의 식이 된다.

$$\frac{v^2}{2} + \frac{gh}{1+\zeta} = \frac{gh_0}{1+\zeta}$$

($E=E_{\text{kinetic}}+E_{\text{potential}}+E_{\text{rotation}}=(1+\zeta)E_{\text{kinetic}}+E_{\text{potnetial}}$이므로 $\frac{1}{2}(1+\zeta)mv^2 + mgh = mgh_0$가 되고 이것을 m과 $1+\zeta$로 나눈 것이다 - 옮긴이)

이것은 g가 $g/(1+\zeta)$로 바뀐 것만 제외하고는 거리 $d=h_0-h$만큼 자유 낙하한 물체의 속도와 거리 사이의 관계와 같다. 이 변화만 제외하면 경사면을 굴러 내려가는 공의 속도가 이동한 수직 거리에 의존하는 것은 자유 낙하하는 물체와 같다. 그러므로 경사면을 굴러 내려가는 공에 대한 연구는 자유 낙하하는 물체가 등가속도 운동을 한다는 것을 증명하는 데 이용될 수 있다. 하지만 $1/(1+\zeta)$를 고려하지 않으면 가속도를 측정할 수는 없다.

복잡한 계산으로 하위헌스는 길이 L의 진자가 작은 각으로 한쪽에서 다른 쪽으로 흔들리는 데 걸리는 시간이 다음과 같음을 보였다.

$$t = \pi\sqrt{\frac{L}{g}}$$

이것은 물체가 거리 $d=L/2$만큼 낙하하기 위해 걸리는 시간의 π배와 같고, 그 결과는 하위헌스에 의해 언급되었다.

26. 포물선 궤적

수평 방향으로 속도 v로 발사된 투사체를 생각해보자. 공기의 저항을 무시하면 이 투사체는 수평 방향으로는 이 속도로 계속 날아가지만 아래 방향으로는 가속 운동을 한다. 그러므로 이 투사체는 t시간이 흐른 후 수평 방향으로 거리 $x=vt$만큼 이동했을 것이다. 아래 방향으로의 거리 z는 거리의 제곱에 비례하며 전통적으로 $z=gt^2/2$로 쓴다. $g=9.8m/s^2$으로 갈릴레이가 죽은 후 하위헌스에 의해 측정되었다. $t=x/v$이므로 결국 투사체가 이동한 거리는 아래와 같다. 한 좌표가 다른 좌표의 제곱에 비례하는 이 방정식은 포물선의 정의가 된다.

$$z=gx^2/2v^2$$

어떤 투사체가 바닥에서 높이 h에 있는 총에서 발사되었다면, 그 투사체가 거리 $z=h$만큼 낙하하여 바닥에 닿을 때까지 수평 방향으로 이동한 거리 x는 $\sqrt{2v^2h/g}$가 된다($z=h=gt^2/2$에서 $t=\sqrt{2h/g}$를 $x=vt$에 대입하면 $x=\sqrt{2v^2h/g}$가 된다 - 옮긴이).

v와 g를 모르더라도 갈릴레이는 여러 낙하 높이 h에서 이동한 거리 d를 측정하고 d가 h의 제곱근에 비례한다는 것을 확인하여 투사체의 경로가 포물선이라는 것을 증명할 수 있었을 것이다. 갈릴레이가 이 실험을 실제로 했는지는 확실하지 않지만, 12장에 간략하게 언급한 대로

1608년에 이와 밀접하게 연관된 실험을 했다는 증거는 있다.

공 하나가 여러 높이 H의 경사면을 굴러 내려와서 테이블의 편평한 면을 따라 구른 다음 테이블의 끝에서 공중으로 날아간다. 전문 해설 25에서 보였듯이 경사면 바닥에서의 공의 속도는 다음과 같다.

$$v = \sqrt{\frac{2gH}{1+\zeta}}$$

여기서 $g=9.8\text{m/s}^2$이고 ζ는 공의 운동에너지에 대한 회전 비율로, 구르는 공 내부의 질량 분포에 따라 결정되는 수이다. 밀도가 균일한 단단한 공은 $\zeta=2/5$이다. 이 속도는 테이블 끝에서 공중으로 수평 방향으로 날아갈 때의 속도이기도 하므로, 공이 높이 b를 낙하하는 동안 수평으로 날아가는 거리는 아래와 같다.

$$\text{d} = \sqrt{2v^2 b/g} = 2\sqrt{\frac{Hb}{1+\zeta}}$$

갈릴레이는 ζ로 표현된 회전 운동에 대한 보정을 언급하지는 않았다. 하지만 어떤 보정이 수평으로 이동하는 거리를 감소시킬 수 있다는 생각은 했던 것으로 보인다. 왜냐하면 이동한 거리를 ζ가 없을 때의 값인 $\text{d} = 2\sqrt{Hb}$와 비교하는 대신, 그는 고정된 테이블 높이 b에서 거리 d가 실제로 $\sqrt{H}$에 비례하는지만 몇 퍼센트의 정확도로 확인했기 때문이다. 어떤 이유에서인지 갈릴레이는 이 실험 결과를 전혀 출판하지 않았다.

천문학과 수학에서는 많은 이유로 포물선을 하나의 초점이 다른 초점에서 아주 멀리 움직이는, 타원의 특별한 경우로 정의하는 것이 편리하다. 긴 축이 $2a$이고 짧은 축이 $2b$인 타원의 방정식은 전문 해설 18에서 주어진 대로 아래와 같다.

$$\frac{(z-z_0)^2}{a^2} + \frac{x^2}{b^2} = 1$$

이후의 편의를 위해서 우리는 전문 해설 18의 좌표 x와 y를 $z-z_0$와 x로 바꾸었다. z_0는 우리가 임의로 선택할 수 있는 상수다. 이 타원의 중심은 $z=z_0$, $x=0$이다. 전문 해설 18에서 본 대로 $z-z_0=-ae$, $x=0$에 하나의 초점이 있고 e는 $e^2 \equiv 1-b^2/a^2$인 이심률이며, 곡선에서 이 초점에 가장 가까운 점은 $z-z_0=-a$, $x=0$이다. $z_0=a$로 선택하여 이 가까운 점의 좌표를 $z=0$, $x=0$으로 하고 가까운 초점을 $z=z_0-ea=(1-e)a$로 만들면 편리하다. 우리는 a와 b가 무한히 커져서, 또 다른 초점이 무한대로 가 곡선이 x좌표의 최댓값을 갖지 않으면서 초점에서 가장 가까이 있는 거리는 유한한 값인 $(1-e)a$를 유지하기를 원한다.

$$1-e=\ell/a$$

그래서 위와 같은 식으로 놓고 a가 무한대로 갈 때 ℓ은 고정시킨다. 이 극한에서 e는 1에 접근하므로 짧은 축 b는 다음과 같이 주어진다.

$$b^2=a^2(1-e^2)=a^2(1-e)(1+e) \simeq 2a^2(1-e)=2\ell a$$

$z_0=a$와 이 식의 b^2을 이용하면 타원 방정식은 아래와 같다.

$$\frac{z^2-2za+a^2}{a^2} + \frac{x^2}{2\ell a} = 1$$

좌변의 a^2/a^2 항은 우변의 1과 상쇄된다. 남은 방정식 양변에 a를 곱하면 아래와 같이 된다.

$$\frac{z^2}{a} - 2z + \frac{x^2}{2\ell} = 0$$

a가 x, z, ℓ보다 훨씬 더 크면 첫 번째 항은 없어지고 이 식은 다음과 같이 된다.

$$z = \frac{x^2}{4\ell}$$

이것을 아래와 같이 놓으면, 위 식은 앞에서 유도했던 수평으로 발사된 투사체의 방정식과 같아진다.

$$\frac{1}{4\ell} = \frac{g}{2v^2}$$

그러면 포물선의 초점 F는 투사체의 초기 위치보다 거리 $\ell = v^2/2g$만큼 아래에 있다(그림 19 참조).

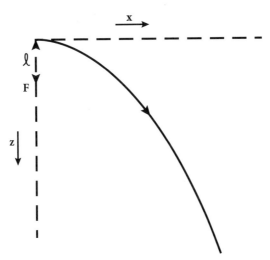

그림 19 언덕에서 수평 방향으로 발사된 투사체의 포물선 궤적
점 F는 이 포물선의 초점이다.

포물선은 타원과 마찬가지로 원뿔을 자른 곡선으로 간주될 수 있다. 하지만 포물선을 만들기 위해서는 원뿔의 표면과 평행한 평면으로 원뿔을 잘라야 한다. z축에 중심이 있는 원뿔의 방정식을 $\sqrt{x^2+y^2} = a(z+z_0)$라 하고, 원뿔과 평행한 평면의 방정식을 간단하게 $y=a(z-z_0)$로 하고 z_0를 임의의 수로 놓으면, 원뿔을 자른 선과 평면 사이에는 다음의 관계가 성립한다.

$$x^2 + a^2(z^2 - 2zz_0 + z_0^2) = a^2(z^2 + 2zz_0 + z_0^2)$$

양 변에서 a^2z^2과 $a^2z_0^2$을 소거하면 아래와 같이 되고, $z_0 = 1/a^2$로 놓으면 앞의 결과와도 같다.

$$z = \frac{x^2}{4a^2z_0}$$

어떤 모양의 포물선은 임의의 각도 변수 a를 갖는 어떤 원뿔로도 만들 수 있다. 포물선의 모양은 위치와 방향에는 상관없이 순전히 길이의 단위를 가지는 변수 ℓ에 의해서만 결정되기 때문이다. 그러므로 a나 타원의 이심률과 같은 단위 없는 변수를 별도로 알아야 할 필요가 없다.

27. 테니스공을 이용한 굴절 법칙의 유도

데카르트는 빛이 하나의 매질에서 다른 매질로 들어갈 때, 테니스공의 궤적이 얇은 천을 통과할 때 휘어지는 것과 같은 방법으로 휘어진다는 가정에 기초하여 굴절의 법칙을 유도하려고 시도했다. 테니스공이

v_A의 속도로 얇은 천을 비스듬히 때린다고 생각하자. 테니스공의 속도가 줄어들 것이기 때문에 천을 통과한 후의 속도는 $v_B < v_A$가 된다. 하지만 천을 통과할 때 천과 '나란한' 방향의 테니스공의 속도는 변하지 않는다고 생각할 수 있다.

우리는 천에 수직한 방향과 나란한 방향의 테니스공의 초기 속도 성분을 두 변으로 하고 빗변을 v_A로 하는 직각삼각형을 그릴 수 있다. 테니스공의 처음 궤적이 천에 수직한 방향과 i의 각을 이루고 있다고 하

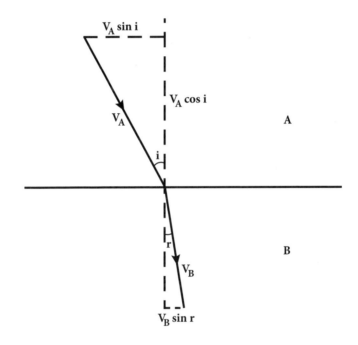

그림 20 테니스공의 속도

수평선은 테니스공이 초기 속도 v_A, 나중 속도 v_B로 뚫고 지나가는 천이다. 화살표로 된 실선은 테니스공이 천을 통과하기 전과 후의 속도의 크기와 방향을 나타낸 것이다. 이 그림에서 테니스공의 경로는 빛이 밀도가 더 높은 매질로 들어갈 때처럼 천의 수직 방향으로 휘어진다. 공이 천을 통과한 후 천에 나란한 방향의 속도 성분이 데카르트의 가정과는 반대로 크게 줄어드는 것을 보여준다.

면, 천과 나란한 방향의 속도 성분은 $v_A \sin i$가 된다(그림 20 참조). 마찬가지로 천을 통과한 후 테니스공의 궤적이 천에 수직한 방향과 r의 각을 이루고 있다고 하면 천과 나란한 방향의 속도 성분은 $v_B \sin r$이 된다. 테니스공이 천을 통과할 때 수직 방향의 성분만 변하고 나란한 방향의 성분은 변하지 않는다는 데카르트의 가정을 사용하면 아래의 식을 만들 수 있다.

$$v_A \sin i = v_B \sin r$$

따라서 아래와 같다.

❶ $\quad \dfrac{\sin i}{\sin r} = n$

n은 아래의 식으로 구할 수 있다.

❷ $\quad n = v_B / v_A$

식 ❶은 스넬의 법칙으로 알려져 있고 빛에 대한 정확한 굴절의 법칙이다. 하지만 불행히도 빛을 테니스공에 비유하는 것은 n에 대한 식 ❷에서 깨져버린다. 테니스공에서는 v_B가 v_A보다 작으므로 식 ❷는 $n < 1$이 되지만, 빛이 공기에서 유리나 물로 진행할 때에는 $n > 1$이 되기 때문이다. 그것뿐만이 아니다. 테니스공의 경우에는 v_B / v_A가 각 i와 r에 실제로 무관하다고 가정할 아무런 이유가 없다. 그러므로 식 ❶도 사실상 쓸모가 없다(천과 나란한 방향의 테니스공의 속도가 변하지 않는다는 잘못된 가정을 사용했기 때문에 잘못된 결과가 나온 것이다 – 옮긴이).

페르마가 보인 것처럼, 빛이 속도가 v_A인 매질에서 v_B인 매질로 지나갈 때 굴절률 n은 v_B/v_A가 아니라 v_A/v_B이다. 데카르트는 빛이 유한한 속도로 움직인다는 것을 모른 채 A가 공기이고 B가 물일 때 왜 n이 1보다 큰지를 설명하기 위해 엉뚱한 주장을 하였다. 하지만 데카르트의 무지개에 대한 이론처럼, 17세기의 응용에서는 이것이 문제가 되지 않았다. n은 각의 크기에 무관하다는 가정이 테니스공에서는 맞지 않을지 모르지만 빛에서는 맞았고, 그 값은 여러 매질에서 빛의 속도를 측정하여 구한 것이 아니라 굴절 현상을 관측하여 구했기 때문이다.

28. 최소 시간을 이용한 굴절 법칙의 유도

알렉산드리아의 헤론은 어떤 물체에서 나와 거울에 반사된 후 눈에 이르는 빛의 경로가 최대한 짧은 거리를 이동한다는 가정하에 입사하는 각과 반사되는 각의 크기가 같다는 반사의 법칙을 유도하였다. 그는 마찬가지로 시간도 가장 짧다는 가정을 했을 것이다. 빛이 어떤 거리를 이동하는 시간은 이동하는 거리를 빛의 속도로 나눈 것이고 반사에서 빛의 속도는 변하지 않기 때문이다.

반면에 굴절에서는 공기나 유리와 같은 매질 사이의 경계를 지나가는 빛은 속도가 달라지기 때문에 최소 거리와 최소 시간의 원리를 구별해야 한다. 빛이 한 매질에서 다른 매질로 진행할 때 휘어진다는 바로 그 사실에서 우리는 빛이 굴절할 때 직선인 최소 거리 경로를 택하지 않는다는 사실을 알 수 있다. 그러므로 페르마가 보인 것처럼 정확한 굴절의 법칙은 빛이 최소 시간 경로를 택한다고 가정하여 유도할 수 있다.

이것을 유도하기 위해서 빛이 속도가 v_A인 매질 A의 점 P_A에서 속도가 v_B인 매질 B의 점 P_B로 진행한다고 생각하자. 설명을 쉽게 하기 위해서 두 매질을 나누는 표면은 수평이라고 가정한다. 매질 A와 B에서 수직 방향과 빛이 이루는 각은 각각 i와 r이라고 한다. 점 P_A와 P_B에서 경계면까지의 수직 거리가 d_A와 d_B라면, 빛이 이 경계면을 통과하는 지점에서 이 점들까지의 수평 거리는 각각 $d_A \tan i$와 $d_B \tan r$이 된다. 여기서 tan은 각의 탄젠트값으로, 직각의 반대편에 있는 변을 가까이 있는 변으로 나눈 것이다(그림 21 참조). 이 거리들은 미리 결정되어 있지 않지만 그 합은 점 P_A와 P_B 사이의 수평 거리 L로 결정되어 있다.

$$L = d_A \tan i + d_B \tan r$$

빛이 P_A에서 P_B까지 이동하는 데 걸린 시간 t를 계산하기 위해서 매질 A와 B에서 빛이 이동한 거리는 각각 $d_A / \cos i$와 $d_B / \cos r$이라는 것을 알아야 한다. 여기서 cos는 각의 코사인값으로 직각삼각형에서 한 예각에 가까이 있는 변을 빗변으로 나눈 것이다. 걸린 시간은 이동한 거리를 속도로 나눈 것이므로 여기서 총 걸린 시간은 아래와 같다.

$$t = \frac{d_A}{v_A \cos i} + \frac{d_B}{v_B \cos r}$$

우리는 L이 변하지 않는 조건으로 r이 i에 의존할 때 시간 t를 최소로 만드는 각 i에 대해 L, d_A, d_B에 무관한 각 i와 r 사이의 일반적인 관계를 찾아야 한다. 이를 위해 입사하는 각 i가 아주 작게 변하는 δi를 고려한다. P_A와 P_B 사이의 수평 거리는 고정되어 있으므로 i가 δi만큼 변하면 굴절각 r도 δr만큼 변하면서 L은 변하지 않아야 한다.

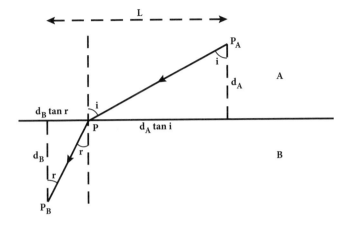

그림 21 굴절하는 빛의 경로

수평선은 투명한 두 매질 A와 B 사이의 경계면이고, 각 매질에서 서로 다른 속도 v_A와 v_B를 가지며, 각 i와 r은 경계면에 수직인 점선과 빛이 이루는 각이다. 화살표로 표시된 실선은 매질 A의 점 P_A에서 나온 빛이 경계면 위의 점 P를 거쳐 매질 B의 점 P_B로 지나가는 경로를 나타낸다.

그리고 t의 최솟값에서 t와 i의 그래프는 편평해야 한다. 이것은 작은 변화 δi에 의해 생기는 t의 변화가 적어도 δi의 첫 번째 지수에서는 사라져야 한다는 것을 의미한다. 그러므로 최소 시간 경로를 찾기 위해서는 i와 r이 모두 변할 때 변화량 δL과 δt가 적어도 δi와 δr의 첫 번째 지수에서는 모두 사라져야 한다는 조건을 적용할 수 있다.

이 조건을 설명하기 위해서는 미분에서 각 θ가 미세한 양 $\delta \theta$만큼 변할 때 변화량 $\delta \tan\theta$와 $\delta(1/\cos\theta)$의 표준 공식이 필요하다.

$$\delta \tan\theta = \frac{\delta\theta/R}{\cos^2\theta}$$

$$\delta(1/\cos\theta) = \frac{\sin\theta\ \delta\theta/R}{\cos^2\theta}$$

여기서 θ가 각도로 측정되면 $R = 360°/2\pi = 57.293\cdots°$이다(이런 각을

라디안이라고 한다. 만일 θ가 라디안으로 측정되면 R $=1$이 된다). 이 공식을 이용하여 각 i와 r이 δi와 δr만큼 미세하게 변할 때 L과 t의 변화량을 구할 수 있다.

$$\delta L = \frac{1}{R}\left(\frac{d_A}{\cos^2 i}\delta i + \frac{d_B}{\cos^2 r}\delta r\right)$$

$$\delta t = \frac{1}{R}\left(\frac{d_A \sin i}{v_A \cos^2 i}\delta i + \frac{d_B \sin r}{v_B \cos^2 r}\delta r\right)$$

$\delta L = 0$이 되기 위해서는 아래와 같은 식이 된다.

$$\delta r = -\frac{d_A/\cos^2 i}{d_B/\cos^2 r}\delta i$$

이것은 곧 아래의 식이 된다.

$$\delta t = \left[\frac{d_A \sin i}{v_A \cos^2 i} - \frac{d_B \sin r}{v_B \cos^2 r}\frac{d_A/\cos^2 i}{d_B/\cos^2 r}\right]\frac{\delta i}{R} = \left[\frac{\sin i}{v_A} - \frac{\sin r}{v_B}\right]\frac{d_A}{\cos^2 i}\frac{\delta i}{R}$$

이것이 0이 되려면 다음처럼 되어야 한다.

$$\frac{\sin i}{v_A} = \frac{\sin r}{v_B}$$

다시 쓰면 다음과 같이 쓸 수 있다.

$$\frac{\sin i}{\sin r} = n$$

굴절률 n은 각의 크기에 무관한 속도의 비로 표현할 수 있다. 따라서 이것이 n에 대한 공식을 주는 정확한 굴절의 법칙이다.

$$n = v_A/v_B$$

29. 무지개 이론

구형의 빗방울 표면 위의 점 P로 빗방울의 표면에서 수직한 방향과 각 i를 이루면서 들어오는 빛을 생각하자. 굴절을 하지 않는다면 이 빛은 빗방울을 곧바로 통과할 것이다. 이럴 경우에 빗방울의 중심 C에서 빛이 이 중심에 가장 가까이 접근했을 때의 점 Q를 연결하는 선은 빛이 지나가는 선과 수직을 이루게 되므로 삼각형 PCQ는 빗변이 빗방울의 반지름 R이고, P에서의 각이 i인 직각삼각형이 된다(그림 22a 참조). 입사 변수 b는 굴절하지 않은 빛이 중심에서 가장 가까이 있을 때의 거리로 정의되므로, 여기서는 삼각형의 변 CQ의 길이가 되고 기본적인 삼각함수로 다음과 같이 표현된다.

$$b = R \sin i$$

우리는 각각의 빛들을 데카르트가 했던 것처럼 b/R값을 사용하거나 입사각 i를 사용하여 표현할 수 있다.

빛은 실제로는 굴절 때문에 수직한 방향과 r의 각을 이루며 빗방울로 들어가고 이것은 굴절의 법칙에 의해 다음과 같이 주어진다.

$$\sin r = \frac{\sin i}{n}$$

여기서 $n \simeq 4/3$은 공기에서 빛의 속도를 물에서의 속도로 나눈 값이다. 이 빛은 빗방울을 통과하여 점 P′에서 뒤쪽 표면을 때린다. 빗방울의 중심 C에서 P와 P′까지의 거리는 모두 빗방울의 반지름 R과 같기 때문에 삼각형 CPP′는 이등변삼각형이 된다. 그러므로 빛이 P와 P′에

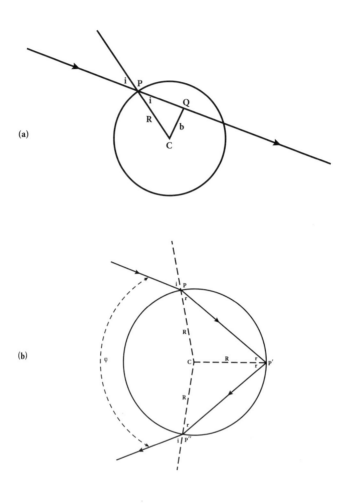

그림 22 구형의 빗방울에서 태양빛의 경로

빛은 실선으로 표시되었고, 표면에서 수직한 방향과 i의 각을 이루며 P에서 물방울로 들어간다.

(a) 굴절이 없을 경우의 빛의 경로. Q는 이 경우에 빛이 빗방울의 중심 C에 가장 가까이 갔을 때의 위치다.

(b) P에서 빗방울로 들어가는 빛이 굴절되었다가 빗방울의 뒤쪽 표면 P′에서 반사된 다음 P″에서 굴절되어 빗방울 밖으로 나온다. 점선들은 빗방울의 중심 C에서 빛이 빗방울의 표면과 만나는 점들을 연결한 것이다.

서 수직한 방향과 이루는 각은 똑같이 r이 된다.

빛의 일부는 뒤쪽 표면에서 반사되는데, 반사의 법칙에 따라 P'에서 표면에 수직 방향과 반사된 빛이 이루는 각은 역시 r이 된다. 반사된 빛은 빗방울을 가로질러 점 P''에서 앞쪽 표면을 때리는데, 여기에서도 P''에서 표면에 수직한 방향과 이루는 각은 r이 된다. 빛의 일부는 빗방울에서 빠져나온다. 굴절의 법칙에 따라, 나오는 빛과 P''에서 표면에 수직한 방향이 이루는 각은 처음 입사각 i와 같다(그림 22b 참조. 이 그림은 빛이 처음 출발한 방향과 평행한 평면을 통한 빛의 경로와 빗방울의 중심, 그리고 관측자의 위치를 보여준다. 이 평면을 가로지르는 곳에서 빗방울의 표면과 충돌한 빛만 관측자에게 도착할 수 있다).

이 모든 과정 동안 빛은 빗방울의 중심 방향으로 각 $i-r$만큼 빗방울로 들어갈 때와 나올 때 두 번 휘어지고, 빗방울의 뒤쪽 표면에서 반사될 때 $180°-2r$만큼 휘어진다. 그러므로 전체 휘어진 각은 다음과 같다.

$$2(i-r)+180°-2r=180°-4r+2i$$

만일 빛이 빗방울로 들어간 그대로 나온다면, 즉 $i=r=0$이라면 이 각은 $180°$가 되고 들어간 빛과 나온 빛은 동일선상에 있게 된다. 그러므로 들어간 빛과 나온 빛 사이의 실제 각 φ는 다음과 같다.

$$\varphi=4r-2i$$

우리는 r을 다음과 같이 i로 표현할 수 있다.

$$r = \arcsin\left(\frac{\sin i}{n}\right)$$

어떤 값 x에 대하여 arcsin x는 사인값이 x인, 주로 $-90°$에서 $+90°$ 사이의 값을 가지는 각이다. 13장에서 $n=4/3$에 대하여 계산한 값은 φ가 $i=0$에서부터 커져서 $42°$ 근처에서 최대가 된 다음 $i=90°$에서 약 $14°$로 떨어지는 것을 보여준다. φ와 i의 그래프는 최대에서 편평하므로, 빛은 빗방울에서 나올 때 휘어지는 각 φ가 $42°$에 가까워지는 경향을 보인다.

태양을 뒤로 하고 안개 긴 하늘을 올려다보면 우리의 시선 방향과 태양빛의 각이 약 $42°$가 되는 방향의 하늘에서 주로 빛이 반사되어 돌아온다. 이 방향은 보통 지구의 표면에서 하늘로 올라갔다가 다시 지구 표면으로 돌아오는 활 모양이 된다. n은 빛의 색에 다소 의존하기 때문에 휘어지는 각 φ의 최댓값도 색에 따라 달라져서 활 모양이 여러 색으로 퍼지게 된다. 이것이 바로 무지개다.

굴절률 n에 대해 φ의 최댓값을 주는 분석적인 공식을 유도하는 것은 어렵지 않다. φ의 최댓값을 찾기 위해서는 φ와 입사각 i의 그래프가 편평해지는 i에서 φ가 최댓값이 된다는 사실을 이용하면 된다. 그러니까 i의 작은 변화 δi에 의해 만들어지는 φ의 변화 $\delta\varphi$가 δi의 첫 번째 차수에서 상쇄되는 곳을 찾으면 된다. 이 조건을 이용하기 위해서 우리는 미분의 표준 공식을 이용할 것이다. x를 δx만큼 변화시킬 때 arcsin x의 변화량은 다음과 같다.

$$\delta \mathrm{arcsin}\, x = R\frac{\delta x}{\sqrt{1-x^2}}$$

여기서 arcsin x가 각도로 측정되면 $R = 360°/2\pi$가 된다. 그러므로 입사하는 각이 δi만큼 변하면 휘어지는 각은 다음의 값만큼 변한다.

$$\delta\varphi = 4R\frac{\delta\sin i}{n\sqrt{1-(\sin^2 i)/n^2}} - 2\delta i$$

$\delta\sin i = \cos i\delta i/R$이므로 아래와 같이 쓸 수 있다.

$$\delta\varphi = \left[4\frac{\cos i}{n\sqrt{1-(\sin^2 i)/n^2}} - 2\right]\delta i$$

그러므로 φ가 최댓값이 되는 조건은 아래와 같다.

$$4\frac{\cos i}{n\sqrt{1-(\sin^2 i)/n^2}} = 2$$

양변을 제곱하고 $\cos^2 i = 1 - \sin^2 i$(피타고라스 정리에서 나온 공식)을 이용하면 이 식을 $\sin i$에 대해서 풀 수 있다.

$$\sin i = \sqrt{\frac{1}{3}(4-n^2)}$$

이 각에서 φ는 다음과 같은 최댓값을 갖는다.

$$\varphi_{max} = 4\arcsin\left(\frac{1}{n}\sqrt{\frac{1}{3}(4-n^2)}\right) - 2\arcsin\left(\sqrt{\frac{1}{3}(4-n^2)}\right)$$

$n = 4/3$에서 φ는 $b/R = \sin i = 0.86$일 때 최대가 되고, 그때 $i = 59.4°$, $r = 40.2°$, $\varphi_{max} = 42.0°$가 된다.

30. 파동 이론을 이용한 굴절 법칙의 유도

전문 해설 28에 설명된 것처럼, 빛이 최소 시간 경로를 취한다는 가정으로 유도될 수 있는 굴절의 법칙은 빛의 파동 이론으로도 유도될 수

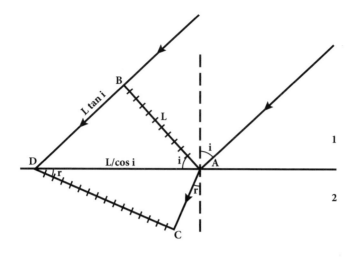

그림 23 빛 파동의 굴절
수평선은 빛이 다른 속도를 가지는 두 투명한 매질 사이의 경계면이다. 십자 표시가 된 선은 서로 다른 두 시간의 파동의 앞면을 표시한 것이다. 파동의 가장 앞부분과 따라오는 파동의 앞면의 끝이 경계면에 도착할 때이다. 화살표로 된 실선은 파동 앞면의 가장 앞부분과 따라오는 파동의 앞면이 따라가는 경로를 표시한 것이다.

있다. 하위헌스에 따르면 빛은 투명한 물질이나 텅 빈 것처럼 보이는 공간 속에 있는 매질의 진동이다(현재의 이론에서는 빛은 매질이 필요하지 않다―옮긴이). 진동의 앞면은 선이고, 매질의 성질에 따른 속도로 선에 수직 방향으로 나아간다.

매질 1에서 길이 L의 진동 앞면이 매질 2와의 경계면을 향해 움직이고 있다고 하자. 이 앞면과 수직 방향인 진동의 진행 방향이 경계면에 수직인 선과 i의 각을 이룬다고 하자. 진동의 가장 앞부분이 점 A에서 경계면과 만날 때 따라 오는 앞면의 끝 B는 아직 진동이 움직이는 방향을 따라 L tan i의 거리에 있다(그림 23 참조).

그러므로 따라오는 앞면의 끝이 경계면 위의 점 D까지 도착하는 데 걸리는 시간은 $\dfrac{L \tan i}{v_1}$이고, v_1은 매질 1에서의 진동의 속도다. 이 시간 동안 가장 앞부분은 수직인 선과 r의 각도로 매질 2 속을 이동하여 A에서 $\dfrac{v_2 L \tan i}{v_1}$ 거리에 있는 C에 도착했고, 여기서 v_2는 매질 2에서의 진동의 속도다.

이 시간 동안 매질 2에서 진행 방향과 수직인 파동의 앞면은 C에서 D까지로 늘어나고, 꼭짓점이 A, C, D인 삼각형은 C가 $90°$인 직각삼각형이 된다. A에서 C까지의 거리 $\dfrac{v_2 L \tan i}{v_1}$ 는 이 직각삼각형에서 각 r의 반대편 변이 되고 빗변 AD의 길이는 L/cos i이다(그림 23 참조). 그러므로 다음과 같이 쓸 수 있다.

$$\sin r = \frac{v_2 L \tan i / v_1}{L / \cos i}$$

tan i=sin i/cos i이므로 cos i와 L항은 상쇄되어 결국 다음의 식이 된다.

$$\sin r = \frac{v_2 \sin i}{v_1}$$

이것을 다시 쓰면 아래와 같다.

$$\frac{\sin i}{\sin r} = \frac{v_1}{v_2}$$

이것이 정확한 굴절의 법칙이다. 하위헌스가 정리한 파동 이론이 페르마의 최소 시간 원리와 굴절에 대한 같은 결과를 주는 것은 우연이 아니다. 심지어 빛의 속도가 경계면에서 갑자기 변하지 않고 여러 방향으로 계속해서 변하는 복잡한 매질을 파동이 통과할 때에도 하위헌스의 이론은 언제나 어떤 두 점 사이를 가장 짧은 시간에 이동하는 경로를 준다는 것을 보일 수 있다.

31. 빛의 속도 측정

멀리 떨어진 곳에서 일어나는 어떤 주기적인 현상을 관측하고 있다고 하자. 명확하게 하기 위해서 멀리 있는 행성의 주위를 도는 위성을 고려하겠지만, 아래의 분석은 주기적으로 움직이는 모든 과정에 적용할 수 있다.

우선 위성이 연속되는 두 시간 t_1, t_2에 궤도의 같은 위치에 도착한다고 하자. 예를 들어 이것을 위성이 행성 뒤에 연속해서 나타나는 두 시간으로 할 수 있다. 위성의 실제 공전 주기를 T라고 한다면 $t_2 - t_1 = $ T가 된다. 이것은 우리와 행성 사이의 거리가 고정되어 있을 때 우리가 관측할 주기가 된다. 하지만 이 거리가 변한다면 주기는 빛의 속도에 따라 T에서 벗어나게 된다.

위성이 궤도에서 같은 위치에 있을 때 우리와 행성 사이의 거리를 d_1, d_2라고 하자. 그러면 궤도에서 같은 위치에 있을 때 우리가 관측하는 시간은 아래와 같다.

$$t'_1 = t_1 + d_1/c, \ t'_2 = t_2 + d_2/c$$

여기서 c는 빛의 속도다(행성과 그 위성 사이의 거리는 무시할 수 있다고 가정한다). 우리와 행성 사이의 거리가 v의 속도로 변한다면, 이 행성이나 우리의 움직임 때문, 혹은 둘 다 움직이기 때문에 $d_2 - d_1 = v$T가 되고 우리가 관측하는 주기는 아래와 같이 된다.

$$T' \equiv t'_2 - t'_1 = T + \frac{Tv}{c} = T\left[1 + \frac{v}{c}\right]$$

이것은 v가 T시간 동안 아주 작게 변해야 한다는 가정으로 유도된다. 태양계에서는 대체로 사실이지만 긴 시간 동안에는 v가 꽤 변할 수도 있다. v는 행성이 우리에게로 다가올 때는 음의 값을 가지며 겉보기 주기를 줄어들게 하고, 멀어질 때는 양의 값을 가지며 겉보기 주기를 늘어나게 한다. $v=0$일 때 행성을 관측하여 T를 얻고, v가 0이 아닌 특정한 값을 가질 때 주기를 관측하면 빛의 속도를 구할 수 있다.

이것이 목성의 위성 이오의 겉보기 궤도 주기가 변하는 것에 대한 뢰머의 관측에 기초하여 하위헌스가 빛의 속도를 결정한 방법이다. 만일 빛의 속도를 알고 있다면 같은 계산으로 멀리 있는 물체의 상대적인 속도를 알 수 있다. 특히, 멀리 있는 은하의 스펙트럼에서 나오는 빛의 파동은 특정한 주기 T로 진동을 하고, 이 값은 진동수 v, 파장 λ와 $T=1/v=\lambda/c$의 관계를 가진다. 이 고유 진동은 지상의 실험실에서 스펙트럼을 관측하여 알 수 있다. 20세기 초에는 아주 멀리 있는 은하에서 관측한 스펙트럼이 더 긴 파장을 가진다는 사실이 발견되었다. 그것은 주기가 더 길다는 의미가 되고, 곧 이 은하들이 우리에게서 멀어지고 있다는 사실을 알려준다.

32. 구심가속도

가속도는 속도의 변화율이다. 그런데 속도는 속력이라고 하는 크기와 방향을 가진다. 원운동을 하는 물체의 속도는 원의 중심 방향을 향해 계속해서 방향이 변한다. 그러므로 일정한 속력으로 원운동을 하는 물체도 중심 방향으로 지속적인 가속도를 가지는데, 이것을 구심가속도라고 한다.

반지름 r인 원을 일정한 속력 v로 움직이는 물체의 구심가속도를 계산해보자. t_1에서 t_2 사이의 아주 짧은 시간 동안 물체는 원을 따라 작은 거리 $v\triangle t$만큼 움직일 것이다. 여기서 $\triangle t = t_2 - t_1$이며, 방사 벡터(원의 중심에서 물체까지의 화살표)는 작은 각 $\triangle\theta$만큼 변한다. 속도 벡터(물체가 움직이는 방향으로 크기 v인 화살표)는 언제나 원의 접선 방향으로 방사 벡터와는 수직이므로, 방사 벡터의 방향이 $\triangle\theta$만큼 변하는 동안 속도 벡터의 방향도 같은 크기만큼 변한다.

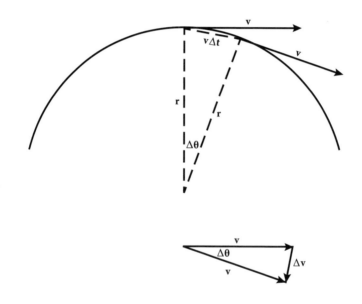

그림 24 구심가속도의 계산

위: 짧은 시간 간격 $\triangle t$ 동안 원 위를 움직이는 물체의 속도.

아래: 이 두 속도를 한 곳에 모아서 삼각형을 만들면 짧은 변은 이 시간 간격 동안 변화한 속도가 된다.

그러면 우리는 두 개의 삼각형을 갖게 된다. 하나는 두 변이 각각 시간 t_1과 t_2에서의 방사 벡터이고, 다른 한 변이 그 두 시간에서의 물체의 위치를 연결한 현인 삼각형이다. 다른 하나는 두 변이 각각 시간 t_1과 t_2에서의 속도 벡터이고, 다른 한 변이 그 두 시간 사이의 속도의 변화 $\triangle v$인 삼각형이다(그림 24 참조). 작은 각 $\triangle\theta$에 대해서 시간 t_1과 t_2에서의 두 물체를 연결하는 현과 원호의 길이 차이는 무시할 수 있으므로 현의 길이를 $v\triangle t$로 할 수 있다.

이 두 삼각형은 모두 두 변의 길이가 같은 이등변 삼각형이고, 길이가 같은 두 변 사이의 각의 크기가 $\triangle\theta$로 같으므로 크기는 다르지만 모양은 같은 '닮은 삼각형'이다. 그러므로 각 삼각형의 긴 변과 짧은 변의 비율은 같아야 한다. 즉, 아래의 식이 된다.

$$\frac{v\Delta t}{r} = \frac{\Delta v}{v}$$

따라서 아래와 같이 쓸 수 있고, 이것이 구심가속도에 대한 하위헌스의 공식이다.

$$\frac{\Delta v}{\Delta t} = \frac{v^2}{r}$$

33. 달과 자유 낙하하는 물체의 비교

천상과 지상의 현상을 구별해오던 오래된 생각은 뉴턴이 달 궤도에서의 구심가속도와 지구 표면 근처에서 낙하하는 물체의 낙하가속도를 비교하면서부터 강력한 도전을 받았다.

뉴턴의 시대에는 달의 일주 시차 측정을 통해 지구에서 달까지의 평균 거리가 지구 반지름의 60배로 비교적 정확하게 알려져 있었다(실제로는 60.27배이다). 지구의 반지름을 구하기 위해서 뉴턴은 적도에서의 1′을 5,000피트(1,524미터)로 잡았다. 1°를 60′으로 하여 360°에 적용시키면 지구의 반지름은 아래와 같이 쓸 수 있다(이후의 식에서는 원문의 피트 단위를 미터로 바꾸어 계산했다 – 옮긴이).

$$\frac{360 \times 60 \times 1{,}524미터}{2\pi} = 5{,}241{,}783미터$$

실제 지구의 평균 반지름은 6,378,000미터이다. 이것이 뉴턴의 계산에서 가장 큰 오차의 원인이었다. 달의 공전 주기(항성월)은 정확하게 27.3일, 즉 2,360,000초이다. 그러면 달의 궤도 속도는 아래와 같다.

$$\frac{60 \times 2\pi \times 5{,}241{,}783미터}{2{,}360{,}000초} = 837미터/초$$

이 값으로 구심가속도를 계산하면 아래와 같다.

$$\frac{(837미터/초)^2}{60 \times 5{,}241{,}783미터} = 0.0022미터/초^2$$

역제곱의 법칙에 따르면 이 값은 지구 표면에서 낙하하는 물체의 가속도 9.8미터/초^{2}을 달의 궤도 반지름에서 지구의 반지름을 나눈 값의 제곱으로 나눈 값과 같아야 한다.

$$\frac{9.8미터/초^2}{60^2} = 0.0027미터/초^2$$

뉴턴이 "그 답이 꽤 잘 맞다"고 한 것은 이 '관측된' 달의 구심가속도인 0.0022미터/초²과 역제곱의 법칙으로 계산된 0.0027미터/초²을 비교한 것이다. 나중에는 더 정확한 값을 구하였다.

34. 운동량 보존

질량 m_1, m_2인 두 개의 움직이는 물체가 정면으로 충돌한다고 하자. 아주 짧은 시간인 δt 동안 물체 1이 물체 2에 F의 힘을 준다면 물체 2는 뉴턴의 제2법칙 $m_2 a_2 =$ F를 만족하는 가속도 a_2를 얻는다. 그러면 이 물체 2의 속도는 다음과 같이 변한다.

$$\delta v_2 = a_2 \delta t = \text{F} \delta t / m_2$$

뉴턴의 제3법칙에 따르면 물체 2는 물체 1에 크기는 같지만 방향은 반대인(그래서 -로 표시된다) -F의 힘을 준다. 그러므로 같은 시간 동안 물체 1의 속도 v_1은 δv_2와 반대 방향으로 다음과 같이 변한다.

$$\delta v_1 = a_1 \delta t = -\text{F} \delta t / m_1$$

그러면 전체 운동량 $m_1 v_1 + m_2 v_2$의 변화는 다음과 같다.

$$m_1 \delta v_1 + m_2 \delta v_2 = 0$$

물론 두 물체가 좀 더 긴 시간 동안 충돌하여 힘이 일정하지 않을 수도 있다. 하지만 운동량은 나누어진 모든 짧은 시간 간격 동안 보존되므로 전체 시간에 걸쳐서도 보존된다.

35. 행성의 질량

  뉴턴의 시대에는 태양계의 네 개의 천체가 자신의 주위를 도는 천체를 가지고 있다는 것이 알려져 있었다. 지구 이외에 목성과 토성이 위성을 가지고 있었고 모든 행성들이 태양의 주위를 돌고 있었다. 뉴턴의 중력 법칙에 따르면 질량 M인 천체는 r만큼의 거리에 있는 질량 m의 천체에 $F = GMm/r^2$의 힘을 미친다(여기서 G는 자연의 상수다). 그러므로 뉴턴의 운동의 제2법칙에 따라 주위를 도는 천체의 구심 가속도는 $a = F/m = GM/r^2$이 된다.

  상수 G의 값과 태양계의 전체적인 크기가 뉴턴 시대에는 알려져 있지 않았지만, 거리의 비와 구심가속도의 비로 계산되는 '질량의 비'에는 이런 모르는 값들이 나타나지 않는다. 질량 m_1, m_2를 가지고 주위를 도는 두 천체의 거리의 비가 r_1/r_2이고 구심가속도의 비가 a_1/a_2이면, 두 천체의 질량의 비는 공식에 따라 다음과 같이 계산된다.

$$\frac{m_1}{m_2} = \left(\frac{r_1}{r_2}\right)^2 \frac{a_1}{a_2}$$

  특히 반지름 r의 궤도를 일정한 속도 v로 움직이는 천체의 공전 주기 $T = 2\pi r/v$이므로, 구심가속도 v^2/r은 $a = 4\pi^2 r/T^2$이 되어 가속도의 비가 $a_1/a_2 = (r_1/r_2)/(T_2/T_1)^2$이 된다. 그러면 질량의 비는 공전 주기와 거리의 비로 다음과 같이 나타낼 수 있다.

$$\frac{m_1}{m_2} = \left(\frac{r_1}{r_2}\right)^3 \left(\frac{T_2}{T_1}\right)^2$$

  1687년까지 각 행성에서 태양까지의 '거리의 비'는 잘 알려져 있었고, 목성의 위성 칼리스토와 토성의 위성 타이탄(뉴턴은 이 위성을 '하위헌스의 위성'이라고 불렀다)에서 각 행성까지의 각거리를 관측하여 목성과 태양 사이의 거리에 대한 목성과 칼리스토 사이의 거리의 비와 토성과 태양 사이의 거리에 대한 토성과 타이탄 사이의 거리의 비도 알 수 있었다.

달과 지구 사이의 거리는 지구 크기에 대한 비율로는 잘 알려져 있었지만, 당시에는 지구와 태양 사이의 거리를 몰랐기 때문에 지구와 태양 사이의 거리의 비로는 알 수 없었다. 뉴턴은 지구와 태양 사이의 거리에 대한 달과 지구 사이의 거리의 비를 대략적인 값으로 사용했지만 이것은 크게 틀린 값이었다.

이 문제를 제쳐둔다면 속도와 구심가속도의 비는 행성과 위성들의 공전 주기의 비로 계산될 수 있다. 뉴턴은 사실 목성과 토성보다는 금성의 공전 주기를 사용했지만 금성, 목성, 토성과 태양 사이의 거리의 비는 모두 잘 알려져 있었기 때문에 아무런 문제가 없었다. 14장에 설명되어 있는 것처럼, 뉴턴의 결과는 태양의 질량에 대한 목성과 토성의 질량의 비에 대해서는 꽤 잘 맞지만 태양의 질량에 대한 지구의 질량의 비에 대해서는 크게 틀렸다.

주

1부 그리스의 물리학

1장 물질과 시

1) Aristotle, *Metaphysics*, Book I, Chapter 3, 983b 6, 20 (trans. Oxford). 이후 아리
스토텔레스의 저작에서 인용해올 때는 I. Bekker의 1831년 그리스어 판본 기
준으로 위치를 표시함으로써 표준 관례를 따랐다. "trans. Oxford"라고 기재
된 것은 영문을 인용해온 경우 같은 관례를 따르고 있는 다음 책을 인용했음
을 나타낸다. *The Complete Works of Aristotle-The Revised Oxford Translation*, ed. J.
Barnes (Princeton, N.J.: Princeton University Press, 1984).

2) Diogenes Laertius, *Lives of the Eminent Philosophers*, Book I, trans. R. D. Hicks
(Cambridge: Loeb Classical Library, Harvard University Press, Mass., 1972), 27.

3) From J. Barnes, *The Presocratic Philosophers*, rev. ed. (London: Routledge and Kegan
Paul, 1982), 29. 이후 *Presocratic Philosophers*로 표기했으며, 이 책 안의 인용문은
다음 책에서 일부 발췌하여 영어로 번역한 것이다. Hermann Diels and Walter
Kranz, *Die Fragmente der Vorsokratiker*, 10th ed. (Berlin: 1952).

4) *Presocratic Philosophers*, 53.

5) From J. Barnes, Early Greek Philosophy (London: Penguin, 1987), 97. 이후 *Early
Greek Philosophy*로 표기했다. *Presocratic Philosophers*의 경우와 같이, 이 인용문
들도 Diels과 Kranz의 책에서 가져온 것이다.

6) From K. Freeman, *The Ancilla to the Pre-Socratic Philosophers* (Cambridge: Harvard

University Press, Mass., 1966), 26. 이후 *Ancilla*로 표기했다. 이 책의 인용문은 다음 책의 문구를 영문으로 번역한 것이다. Diels, *Fragmente der Vorsokratiker*, 5th ed.

7) *Ancilla*, 59.

8) *Early Greek Philosophy*, 166.

9) 위의 책, 243.

10) *Ancilla*, 93.

11) Aristotle, *Physics*, Book VI, Chapter 9, 239b 5 (trans. Oxford).

12) Plato, *Phaedo*, 97C-98C. 이후 아리스토텔레스의 저작에서 인용해올 때는 Stephanos의 1578년 그리스어 판본 기준으로 쪽수를 표시함으로써 표준 관례를 따랐다.

13) Plato, *Timaeus*, 54 A-B, from trans. Desmond Lee, *Timaeus and Critias* (London : Penguin Books, 1965).

14) 이것의 사례는 다음 책의 Oxford 번역본을 참조하라. Aristotle, Physics, Book IV, Chapter 6, 213b 1-2.

15) *Ancilla*, 24.

16) *Early Greek Philosophy*, 253.

17) 이 주제에 대해서는 다음 책의 "Beautiful Theories" 챕터에서 더 자세히 설명했다. *Dreams of a Final Theory*, (New York : Pantheon, 1992). 이 책은 후기를 추가하여 Vintage(New York)에서 1994년 다시 출간하였다.

2장 음악과 수학

1) 이 이야기들의 유래에 대해서는 다음을 참고하라. Alberto A. Martínez, *The Cult of Pythagoras-Man and Myth* (Pittsburgh, Pa. : University of Pittsburgh Press, 2012).

2) Aristotle, *Metaphysics*, Book I, Chapter 5, 985b 23-26 (trans. Oxford).

3) 위의 책, 986a 2 (trans. Oxford).

4) Aristotle, *Prior Analytics*, Book I, Chapter 23, 41a 23-30.

5) Plato, *Theaetetus*, 147 D-E (trans. Oxford).

6) Aristotle, *Physics*, 215p 1-5 (trans. Oxford).

7) Plato, *The Republic*, 529E, trans. Robin Wakefield (Oxford : Oxford University

Press, 1993), 261.

8) E. P. Wigner, "The Unreasonable Effectiveness of Mathematics", *Communications in Pure and Applied Mathematics 13* (1960), 1-14.

3장 운동과 철학

1) J. Barnes, *The Complete Works of Aristotle-The Revised Oxford Translation* (Princeton, N.J.: Princeton University Press, 1984).

2) R. J. Hankinson, *The Cambridge Companion to Aristotle*, ed. J. Barnes (Cambridge: Cambridge University Press, 1995), 165.

3) Aristotle, *Physics*, Book II, Chapter 2, 194a 29-31 (trans. Oxford, 331).

4) 위의 책, Chapter 1, 192a 9 (trans. Oxford, 329).

5) Aristotle, *Meteorology*, Book II, Chapter 9, 396b 7-11 (trans. Oxford, 596).

6) Aristotle, *On the Heavens*, Book I, Chapter 6, 273b 30-31, 274a, 1 (trans. Oxford, 455).

7) Aristotle, *Physics*, Book IV, Chapter 8, 214b 12-13 (trans. Oxford, 365).

8) 위의 책, 214b 32-34 (trans. Oxford, 365).

9) 위의 책, Book VII, Chapter 1, 242a 50-54 (trans. Oxford, 408).

10) Aristotle, *On the Heavens*, Book III, Chapter 3, 301b 25-26 (trans. Oxford, 494).

11) Thomas Kuhn, "Remarks on Receiving the Laurea," *L'Anno Galileiano* (Trieste: Edizioni LINT, 1995).

12) David C. Lindberg, *The Beginnings of Western Science* (Chicago, Ill.: University of Chicago Press, 1992), 53-54.

13) David C. Lindberg, *The Beginnings of Western Science*, 2nd ed. (Chicago, Ill.: University of Chicago Press, 2007), 65.

14) Michael R. Matthews, *Introduction to The Scientific Background to Modern Philosophy* (Indianapolis, Ind.: Hackett, 1989).

4장 헬레니즘 시대의 물리학과 기술

1) 이것은 이 시대의 가장 중요한 논문 중 하나의 제목을 빌려온 것이다. Peter Green, *Alexander to Actium* (Berkeley: University of California Press, 1990).

2) 나는 이 말을 가장 먼저 한 사람이 조지 사턴George Sarton이라고 생각한다.

3) 심플리키오스가 스트라톤의 연구를 묘사한 것이 다음 책에 영어로 번역되어 실려 있다. M. R. Cohen and I. E. Drabkin, *A Source Book in Greek Science* (Cambridge, Mass.: Harvard University Press, 1948), 211-212.

4) H. Floris Cohen, *How Modern Science Came into the World* (Amsterdam: Amsterdam University Press, 2010), 17.

5) 현대 기술과 물리 연구가 어떻게 상호작용하는지에 관해서는 다음 책을 참조하라. Bruce J. Hunt, *Pursuing Power and Light: Technology and Physics from James Watt to Albert Einstein* (Baltimore, Md.: Johns Hopkins University Press, 2010).

6) 필론의 연구는 다음 책에 인용된 편지에 묘사되어 있다. G. I. Ibry-Massie and P. T. Keyser, *Greek Science of the Hellenistic Era* (London: Routledge, 2002), 216-219.

7) 기하학원론의 표준 번역본은 다음 책이다. Euclid, *The Thirteen Books of the Elements*, 2nd ed., trans. Thomas L. Heath (Cambridge: Cambridge University Press, 1925).

8) 이것은 6세기 그리스어 필사본에 인용되었고, 다음 책에서 영어로 번역되었다. Ibry-Massie and Keyser, *Greek Science of the Hellenistic Era*.

9) 프톨레마이오스의 《광학》 영문 번역은 다음 책을 참조하라. A. Mark Smith "Ptolemy's Theory of Visual Perception", *Transactions of the American Philosophical Society 86*, Part 2 (1996), 233, Table V.1.

10) 이 인용문은 다음 책에서 발췌한 것이다. *The Works of Archimedes*, trans. T. L. Heath, (Cambridge: Cambridge University Press, 1897).

5장 고대의 과학과 종교

1) Plato, *Timaeus*, 30A, trans. R. G. Bury, in Plato, Volume 9 (Cambridge: Mass., Loeb Classical Library, Harvard University Press, 1929), 55.

2) Erwin Schrödinger, Shearman Lectures at University College London (May 1948). 이 강의는 다음의 책으로 출간되었다. *Nature and the Greeks* (Cambridge: Cambridge University Press, 1954).

3) Alexandre Koyré, *From the Closed World to the Infinite Universe* (Baltimore, Md.: Johns Hopkins University Press, 1957), 159.

4) *Ancilla*, 22.

5) Thucydides, *History of the Peloponnesian War*, trans. Rex Warner (New York: Penguin, 1954, 1972), 511.

6) S. Greenblatt, "The Answer Man: An Ancient Poem Was Rediscovered and the World Swerved," *New Yorker* (August 8, 2011), 28–33.

7) Edward Gibbon, *The Decline and Fall of the Roman Empire*, Chapter 23 (New York, Everyman's Library, 1991), 412. 이후에는 Gibbon, *Decline and Fall*로 표기했다.

8) 위의 책, Chapter 2, 34.

9) Nicolaus Copernicus, *On the Revolutions of Heavenly Spheres*, trans. Charles Glenn Wallis (Amherst, N.Y.: Prometheus, 1995), 7.

10) Lactantius, *Divine Institutes*, Book 3, Section 24, trans. A. Bowen and P. Garnsey (Liverpool: Liverpool University Press, 2003).

11) Paul, *Epistle to the Colossians 2:8*, trans. King James.

12) Augustine, *Confessions*, Book IV, trans. A. C. Outler (New York: Dover, 2002), 63.

13) Augustine, *Retractions*, Book I, Chapter 1, trans. M. I. Bogan (Washington, D.C.: Catholic University of America Press, 1968), 10.

14) Gibbon, *Decline and Fall*, Chapter XL, 231.

2부 그리스의 천문학

6장 천문학의 이용

1) 이 장의 내용은 나의 다음 논문을 기반으로 하고 있다. "The Missions of Astronomy", *New York Review of Books* 56, 16 (October 22, 2009), 19–22. 이 논문은 다음 두 권의 책에 삽입되었다. *The Best American Science and Nature Writing*, ed. Freeman Dyson (Boston, Mass.: Houghton Mifflin Harcourt, 2010), 23–31; *The Best American Science Writing*, ed. Jerome Groopman (New York: HarperCollins, 2010), 272–281.

2) Homer, *Iliad*, Book 22, 26–29. 인용된 부분은 다음 책에서 빌려왔다. *The Iliad of Homer*, trans. Richmond Lattimore (Chicago, Ill.: University of Chicago Press, 1951), 458.

3) Homer, *Odyssey*, Book V, 280-287. 인용된 부분은 다음 책에서 빌려왔다. *The Odyssey*, trans. Robert Fitzgerald (New York: Farrar, Straus and Giroux, 1961), 89.

4) Diogenes Laertius, *Lives of the Eminent Philosophers*, Book I, 23.

5) 다음 책에 나오는 헤라클레이토스의 논쟁 일부를 해석했다. D. R. Dicks, *Early Greek Astronomy to Aristotle* (Ithaca, N.Y.: Cornell University Press, 1970).

6) Plato, *Republic*, 527 D-E, trans. Robin Wakefield (Oxford University Press, Oxford, 1993).

7) Philo, *On the Eternity of the World*, I (1). 인용된 부분은 다음 책에서 빌려왔다. *The Works of Philo*, trans. C. D. Yonge (Mass.: Hendrickson Peabody, 1993), 707.

7장 태양, 달, 지구 측정하기

1) 그리스 천문학의 창시자로서 파르메니데스와 아낙사고라스의 중요성은 다음 책에서 강조되었다. Daniel W. Graham, *Science Before Socrates-Parmenides, Anaxagoras, and the New Astronomy* (Oxford: Oxford University Press, 2013).

2) *Ancilla*, 18.

3) Aristotle, *On the Heavens*, Book II, Chapter 14, 297b 26-298a 5 (trans. Oxford, 488-489).

4) *Ancilla*, p. 23.

5) Aristotle, *On the Heavens*, Book II, Chapter 11.

6) Archimedes, *On Floating Bodies*. 번역은 다음을 참고하라. T. L. Heath, *The Works of Archimedes* (Cambridge: Cambridge University Press, 1897), 254. 이후에는 Archimedes, trans. Heath로 표기했다.

7) 번역은 다음 책을 참고했다. Thomas Heath, *Aristarchus of Samos* (Oxford: Clarendon, 1923).

8) Archimedes, *The Sand Reckoner*, trans. Heath, 222.

9) Aristotle, *On the Heavens*, Book II, 14, 296b 4-6 (trans. Oxford).

10) Aristotle, *On the Heavens*, Book II, 14, 296b 23-24 (trans. Oxford).

11) Cicero, *De Re Publica*, 1.xiv §21-22. 번역은 다음을 참고하라. *On the Republic and On the Laws*, trans. Clinton W. Keys (Cambridge, Mass.: Loeb Classical Library, Harvard University Press, 1928), 41-43.

12) 그의 저작은 현대 학자들에 의해 재구성되었다. 다음을 참조하라. Albert

van Helden, *Measuring the Universe-Cosmic Dimensions from Aristarchus to Halley* (Chicago, Ill.: University of Chicago Press, 1983), 10-13.

13) *Ptolemy's Almagest*, trans. and annotated G. J. Toomer (London: Duckworth, 1984). 프톨레마이오스의 별 목록은 341쪽~399쪽에 있다.

14) 이와 대조되는 의견은 다음 책을 참조하라. O. Neugebauer, *A History of Ancient Mathematical Astronomy* (New York: Springer-Verlag, 1975), 288; 577.

15) Ptolemy, *Almagest*, Book VII, Chapter 2.

16) Cleomedes, *Lectures on Astronomy*, ed. and trans. A. C. Bowen and R. B. Todd (Berkeley and Los Angeles: University of California Press, 2004).

8장 행성들의 문제

1) G. W. Burch, "The Counter-Earth," *Osiris 11*, 267 (1954).

2) Aristotle, *Metaphysics*, Book I, Part 5, 986a 1 (trans. Oxford). 그러나 아리스토텔레스는 다음에서는 반지구가 월식이 왜 일식보다 자주 보이는지를 설명하기 위한 것이었다고 말했다. *On the Heavens*, Book II, 293b 23-25.

3) 여기에 인용된 문단은 다음 책에 있는 피에르 뒤엠의 말을 따온 것이다. *To Save the Phenomena-An Essay on the Idea of Physical Theory from Plato to Galileo*, trans. E. Dolan and C. Machler (Chicago, Ill.: University of Chicago Press, 1969), 5. 이후에는 Duhem, *To Save the Phenomena*로 표기하였다. 심플리키오스의 이 말에 대한 최근 번역은 다음 책에서 볼 수 있다. Simplicius, *On Aristotle's "On the Heavens 2.10-14"*, trans. I. Mueller (Ithaca, N.Y.: Cornell University Press, 2005), 492.31-493.4, 33. 플라톤이 실제로 이 문제를 제기했는지는 알 수 없다. 심플리키오스는 2세기 철학자인 소시게네스의 말을 인용하고 있을 뿐이다.

4) 에우독소스의 모델을 자세히 밝히는 그림은 다음 책에서 볼 수 있다. James Evans, *The History and Practice of Ancient Astronomy* (Oxford: Oxford University Press, 1998), 307-309.

5) Aristotle, *Metaphysics*, Book XII, Chapter 8, 1073b 1-1074a 1.

6) I. Mueller의 번역은 다음을 참고하라. Simplicius, *On Aristotle "On the Heavens 3.1-7"* (Ithaca, N.Y.: Cornell University Press, 2005), 493.1-497.8, 33-36.

7) 이것은 1956년 물리학자 리 정다오Tsung-Dao Lee와 양 전닝Chen-Ning Yang이 연구한 결과이다.

8) Aristotle, *Metaphysics*, Book XII, Section 8, 1073b 18–1074a 14 (trans. Oxford).

9) D. R. Dicks, *Early Greek Astronomy to Aristotle* (Ithaca, N.Y.: Cornell University Press, 1970), 202. 딕스Dicks는 아리스토텔레스가 성취하려던 것에 대해 다른 의견을 제시한다.

10) Mueller, *Simplicius, On Aristotle's "On the Heavens 2.10-14,"* 519.9–11, 59.

11) 위의 책, 504.19–30, 43.

12) 다음을 참고하라. Book I of Otto Neugebauer, *A History of Ancient Mathematical Astronomy* (New York: Springer–Verlag, 1975).

13) G. Smith, private communication.

14) Ptolemy, *Almagest*, trans. G. J. Toomer (London: Duckworth, 1984), Book V, Chapter 13, 247–251; O. Neugebauer, *A History of Ancient Mathematical Astronomy*, Part One (Berlin: Springer–Verlag, 1975), 100–103.

15) *Simplicius on Aristotle "Physics 2"*, trans. Barrie Fleet, (London: Duckworth, 1997), 291.23–292.29, 47–48.

16) Duhem, *To Save the Phenomena*, 20–21.

17) 위의 책.

18) 과학에서 '설명한다'는 의미에 대한 나의 자세한 의견, 그리고 다른 논문에서 이 주제를 다룬 내용을 찾으려면 다음을 참고하라. S. Weinberg, "Can Science Explain Everything? Anything?", *New York Review of Books 48*, 9 (May 31, 2001), 47–50. 이 글은 다음에도 삽입되었다. *Australian Review* (2001), in Portuguese, *Folha da S. Paolo* (2001); in French, *La Recherche* (2001); *The Best American Science Writing*, ed. M. Ridley and A. Lightman (New York: HarperCollins, 2002); *The Norton Reader* (New York: W. W. Norton, December 2003); Explanations–Styles of Explanation in Science, ed. John Cornwell (London: Oxford University Press, 2004), 23–38; in Hungarian, *Akadeemia 176*, No.8: 1734-1749 (2005); S. Weinberg, *Lake Views-This World and the Universe* (Cambridge, Mass.: Harvard University Press, 2009).

19) 이 문구는 《알마게스트》가 아니라 900년 비잔틴 제국의 시를 모은 그리스어 문집에서 나온 것이다. 영문 번역은 다음 책을 참고했다. Thomas L. Heath, *Greek Astronomy* (Mineola, N.Y.: Dover, 1991), lvii.

3부 중세 시대

9장 아랍인들

1) 이 편지는 알렉산드리아의 원로였던 유티키우스Eutychius가 인용했다. 영문 번역은 다음 책을 참고했다. E. M. Forster, *Pharos and Pharillon* (New York: Knopf, 1962), 21-22. 더 짧은 번역은 다음을 참고하라. Gibbon, *Decline and Fall*, Chapter 51.

2) P. K. Hitti, *History of the Arabs* (London: Macmillan, 1937), 315.

3) D. Gutas, *Greek Thought, Arabic Culture-The Graeco-Arabic Translation Movement in Baghdad and Early 'Abbasid Society* (London: Routledge, 1998), 53-60.

4) Al-Biruni, *Book of the Determination at Coordinates of Localities*, Chapter 5, excerpted and trans. J. Lennart Berggren, in *The Mathematics of Egypt, Mesopotamia, China, India, and Islam*, ed. Victor Katz (Princeton, N.J.: Princeton University Press, 2007).

5) P. Duhem, *To Save the Phenomena*, 29.

6) R. Arnaldez and A. Z. Iskandar, *The Dictionary of Scientific Biography*, Volume 12 (New York: Scribner, 1975), 3.

7) G. J. Toomer, *Centaurus 14*, 306 (1969).

8) Moses ben Maimon, *Guide to the Perplexed*, Part 2, Chapter 24, trans. M. Friedlander, 2nd ed. (London: Routledge, 1919), 196; 198.

9) 이곳의 마이모니데스의 말은 다음을 인용하고 있다. Psalms 115:16.

10) 다음을 참조하라. E. Masood, *Science and Islam* (London: Icon, 2009).

11) N. M. Swerdlow, *Proceedings of the American Philosophical Society 117*, 423 (1973).

12) 코페르니쿠스가 아랍에서 알게 된 이 구조를 사용한 경우는 다음에 제시되어 있다. F. J. Ragep, *History of Science 14*, 65 (2007).

13) 이것은 다음에 문서화되어 있다. Toby E. Huff, *Intellectual Curiosity and the Scientific Revolution* (Cambridge: Cambridge University Press, 2011), Chapter 5.

14) 이것은 피츠제럴드의 두 번째 번역 중 13쪽, 29쪽, 30쪽의 구절에서 따온 것이다.

15) 다음에 재인용되었다. Jim al-Khalili, *The House of Wisdom* (New York: Penguin, 2011), 188.

16) *Al-Ghazali's Tahafut al-Falasifah*, trans. Sabih Ahmad Kamali (Lahore: Pakistan

Philosophical Congress, 1958).

17) Al-Ghazali, *Fatihat al-'Ulum*, trans. I. Goldheizer, in Studies on Islam, ed. Merlin L. Swartz (Oxford University Press, 1981), quotation, 195.

10장 중세의 유럽

1) 다음을 참조하라. Lynn White Jr., *Medieval Technology and Social Change* (Oxford: Oxford University Press, 1962), Chapter 2.

2) Peter Dear, *Revolutionizing the Sciences-European Knowledge and Its Ambitions*, 1500-1700, 2nd ed. (Princeton, N.J. and Oxford: Princeton University Press, 2009), 15.

3) 이 비난에 대한 글은 다음의 책에 영문으로 번역되어 있다. *A Source Book in Medieval Science*, trans. Edward Grant, ed. E. Grant (Cambridge, Mass.: Harvard University Press, 1974), 48-50.

4) 위의 책, 47.

5) David C. Lindberg, *The Beginnings of Western Science* (Chicago, Ill.: University of Chicago Press, 1992), 241.

6) 위의 책.

7) Nicole Oresme, *Le livre du ciel et du monde*, 프랑스어로 기록됨, trans. A. D. Menut and A. J. Denomy (Madison: University of Wisconsin Press, 1968), 369.

8) 다음에 인용. "Buridan", *Dictionary of Scientific Biography*, ed. Charles Coulston Gillespie, Volume 2 (New York: Scribner, 1973), 604-605.

9) Piaget, *The Voices of Time*, ed. J. T. Fraser (New York: Braziller, 1966).

10) Oresme, *Le livre*.

11) 위의 책, 537-539.

12) A. C. Crombie, *Robert Grosseteste and the Origins of Experimental Science: 1100-1700* (Oxford: Clarendon, 1953).

13) 한 예로 다음을 참조하라. T. C. R. McLeish, *Nature* 507, 161-63 (March 13, 2014).

14) 다음에 인용. A. C. Crombie, *Medieval and Early Modern Science*, Volume 1 (Garden City, N.Y.: Doubleday Anchor, 1959), 53.

15) *A Source Book in Medieval Science*, trans. Ernest A. Moody, ed. E. Grant, 239.

16) W. A. Wallace, *Isis* 59, 384 (1968).

17) Duhem, *To Save the Phenomena*, 49–50.

4부 과학 혁명

1) Herbert Butterfield, *The Origins of Modern Science*, rev. ed. (New York: Free Press, 1957), 7.
2) 이 주제에 대한 다양한 글을 모아 보려면 다음을 참고하라. *Reappraisals of the Scientific Revolution*, ed. D. C. Lindberg and R. S. Westfall (Cambridge: Cambridge University Press, 1990); *Rethinking the Scientific Revolution*, ed. M. J. Osler (Cambridge: Cambridge University Press, 2000).
3) Steven Shapin, *The Scientific Revolution* (Chicago, Ill.: University of Chicago Press, 1996), 1.
4) Pierre Duhem, *The System of the World: A History of Cosmological Doctrines from Plato to Copernicus* (Paris: Hermann, 1913).

11장 태양계를 풀다

1) 영문 번역은 다음을 보라. Edward Rosen, *Three Copernican Treatises* (New York: Farrar, Straus and Giroux, 1939); Noel M. Swerdlow, "The Derivation and First Draft of Copernicus's Planetary Theory: A Translation of the *Commentariolus* with Commentary", *Proceedings of the American Philosophical Society 117*, 423 (1973).
2) 이것에 대한 리뷰는 다음을 참고하라. N. Jardine, *Journal of the History of Astronomy 13*, 168 (1982).
3) O. Neugebauer, Astronomy and History–Selected Essays, essay 40 (New York: Springer–Verlag, 1983).
4) 코페르니쿠스가 이 연관성을 중요하게 여겼다는 사실은 다음 문서에서 강조되어 있다. Bernard R. Goldstein, *Journal of the History of Astronomy 33*, 219 (2002).
5) 영문 번역은 다음을 보라. *Nicolas Copernicus On the Revolutions*, trans. Edward Rosen (Warsaw: Polish Scientific Publishers, 1978; 재출간, Baltimore, Md.: Johns Hopkins University Press, 1978); *Copernicus–On the Revolutions of the Heavenly Spheres*,

trans. A. M. Duncan (Barnes and Noble, New York, 1976). 이 문단의 인용은 로 슨Rosen의 책에서 따온 것이다.

6) A. D. White, *A History of the Warfare of Science with Theology in Christendom*, Volume 1 (New York: Appleton, 1895), 126–128; D. C. Lindberg and R. L. Numbers, "Beyond War and Peace: A Reappraisal of the Encounter Between Christianity and Science", *Church History* 58, 3 (September 1986), 338.

7) 이 문단은 다음에 다시 인용되었다. Lindberg and Numbers, "Beyond War and Peace"; T. Kuhn, *The Copernican Revolution* (Cambridge, Mass.: Harvard University Press, 1957), 191. 쿤은 다음 책을 기반으로 했다. White, *A History of the Warfare of Science with Theology*. 독일어 원문은 다음 책에서 볼 수 있다. Sämtliche Schriften, ed. J. G. Walch, Volume 22 (Halle: J. J. Gebauer, 1743), 2260.

8) Joshua 10:12.

9) 오시안더의 서문을 영문으로 번역한 것은 다음 책에서 따온 것이다. *Nicolas Copernicus On the Revolutions*, trans. Rosen.

10) 다음에 인용. R. Christianson, *Tycho's Island* (Cambridge: Cambridge University Press, 2000), 17.

11) 단단한 구에 대한 생각의 역사는 다음을 참고하라. Edward Rosen, "The Dissolution of the Solid Celestial Spheres", *Journal of the History of Ideas* 46, 13 (1985). 로슨은 티코가 그의 시대 이전에 받아들여졌던 생각을 지나치게 과장했다고 주장한다.

12) 티코가 주장한 구조와 그 변형은 다음을 참고하라. C. Schofield, "The Tychonic and Semi-Tychonic World Systems", *Planetary Astronomy from the Renaissance to the Rise of Astrophysics- Part A: Tycho Brahe to Newton*, ed. R. Taton and C. Wilson (Cambridge: Cambridge University Press, 1989).

13) 오웬 진저리치Owen Gingerich가 찍은 이 동상의 사진은 나의 에세이 모음집인 다음 책에서 볼 수 있다. *Facing Up-Science and Its Cultural Adversaries* (Cambridge, Mass.: Harvard University Press, 2001).

14) S. Weinberg, "Anthropic Bound on the Cosmological Constant", *Physical Review Letters* 59, 2607 (1987); H. Martel, P. Shapiro and S. Weinberg, "Likely Values of the Cosmological Constant", *Astrophysical Journal* 492, 29 (1998).

15) J. R. Voelkel and O. Gingerich, "Giovanni Antonio Magini's Keplerian Tables of 1614 and Their Implications for the Reception of Keplerian Astronomy in the Seventeenth Century", *Journal for the History of Astronomy* 32, 237 (2001).

16) 이것은 다음에 인용되었다. Robert S. Westfall, *The Construction of Modern Science - Mechanism and Mechanics* (Cambridge: Cambridge University Press, 1977), 10.

17) 이것은 다음 책의 문구를 번역한 것이다. William H. Donahue, *Johannes Kepler-New Astronomy* (Cambridge University Press, Cambridge, 1992), 65.

18) Johannes Kepler, *Epitome of Copernican Astronomy and Harmonies of the World*, trans. Charles Glenn Wallis (Amherst, N.Y.: Prometheus, 1995), 180.

19) 다음에 인용. Owen Gingerich, *Tribute to Galileo in Padua, International Symposium a cura dell'Universita di Padova, 2-6 dicembre 1992*, Volume 4 (Trieste: Edizioni LINT, 1995).

20) 인용구는 다음에서 가져왔다. Galileo Galilei, *Siderius Nuncius; The Sidereal Messenger*, trans. Albert van Helden (Chicago, Ill.: University of Chicago Press, 1989).

21) Galileo Galilei, *Discorse e Dimostrazione Matematiche*. 토머스 설루스버리Thomas Salusbury가 1663년 번역한 사본을 보려면 다음을 참고하라. Galileo Galilei, *Discourse on Bodies in Water*, with introduction and notes by Stillman Drake (Urbana: University of Illinois Press, 1960).

22) 17세기 번역을 현대 판본으로 보려면, 다음 책을 참조하라. Galileo, *Discourse on Bodies in Water*, trans. Thomas Salusbury, intro. and notes by Stillman Drake.

23. 갈등의 상세한 내용은 다음 책을 보라. J. L. Heilbron, *Galileo* (Oxford: Oxford University Press, 2010).

24) 이 편지는 널리 인용되었다. 이곳에 인용된 문구의 번역은 다음 책에서 따 왔다. Duhem, *To Save the Phenomena*, 107. 더 완전한 번역은 다음을 보라. Stillman Drake, *Discoveries and Opinions of Galileo* (New York: Anchor, 1957), 162-164.

25) 전체 편지의 번역은 다음 책에 나와 있다. Drake, *Discoveries and Opinions of Galileo*, 175-216.

26) 다음에 인용. Stillman Drake, *Galileo* (Oxford: Oxford University Press, 1980),

64.

27) 마리아 첼레스테가 자신의 아버지에게 보낸 편지들은 다행히도 살아남았다. 많은 부분은 다음에 인용되었다. Dava Sobel, *Galileo's Daughter* (New York : Walker, 1999). 안타깝게도 갈릴레이가 딸들에게 보낸 편지는 사라지고 없다.

28) Annibale Fantoli, *Galileo-For Copernicanism and for the Church*, 2nd ed., trans. G. V. Coyne (South Bend, Ind. : University of Notre Dame Press, 1996) ; Maurice A. Finocchiaro, *Retrying Galileo*, 1633–1992 (Berkeley and Los Angeles : University of California Press, 2005).

29) 다음에 인용. Drake, *Galileo*, 90.

30) 다음에 인용. Gingerich, *Tribute to Galileo*, 343.

31) S. Weinberg, *L'Anno Galileiano* (Trieste : Edizioni LINT, 1995), 129.

12장 실험의 시작

1) G. E. R. Lloyd, *Proceedings of the Cambridge Philosophical Society*, N.S. 10, 50 (1972). 다음에 삽입됨. *Methods and Problems in Greek Science* (Cambridge : Cambridge University Press, 1991).

2) Galileo Galilei, *Two New Sciences*, trans. Stillman Drake (Madison : University of Wisconsin Press, 1974), 68.

3) Stillman Drake, *Galileo* (Oxford : Oxford University Press, 1980), 33.

4) T. B. Settle, "An Experiment in the History of Science", *Science* 133, 19 (1961).

5) 이것은 드레이크가 다음의 책 주석에서 내린 결론이다. Galileo Galilei, *Dialogue Concerning the Two Chief World Systems: Ptolemaic and Copernican*, trans. Stillman Drake (New York : Modern Library, 2001), 259.

6) 이 실험에 대해 우리가 알고 있는 것은 모두 다음 문서에 기초한 것이다. 미출간 문서, folio 116v, Biblioteca Nazionale Centrale, Florence. 다음을 참고하라. Stillman Drake, *Galileo at Work-His Scientific Biography* (Chicago, Ill. : University of Chicago Press, 1978), 128–132 ; A. J. Hahn, "The Pendulum Swings Again : A Mathematical Reassessment of Galileo's Experiments with Inclined Planes", *Archive for the History of the Exact Sciences* 56, 339 (2002).

7) Carlo M. Cipolla, *Clocks and Culture 1300-1700* (New York : W. W. Norton, 1978), 59 ; 138.

8) Christiaan Huygens, *The Pendulum Clock or Geometrical Demonstrations Concerning the Motion of Pendula as Applied to Clocks*, trans. Richard J. Blackwell (Ames: Iowa State University Press, 1986), 171.

9) 이 측정은 알렉상드르 쿠아레가 다음 책에서 상세히 묘사했다. Alexandre Koyré, *Proceedings of the American Philosophical Society* 97, 222 (1953); 45, 329 (1955). 또한 다음을 참고하라. Christopher M. Graney, "Anatomy of a Fall: Giovanni Battista Riccioli and the Story of g", *Physics Today* (September 2012), 36-40.

10) 이 보존의 법칙과 관련된 논쟁은 다음을 참고하라. G. E. Smith, "The Vis-Viva Dispute: A Controversy at the Dawn of Mathematics", *Physics Today* (October 2006), 31.

11) Christiaan Huygens, *Treatise on Light*, trans. Silvanus P. Thompson (Chicago, Ill., University of Chicago Press, 1945), vi.

12) 다음에 인용. Steven Shapin, *The Scientific Revolution* (Chicago, Ill.: University of Chicago Press, 1996), 105.

13) 위의 책, 185.

13장 다시 고려되는 방법

1) 다빈치에 관해서는 다음의 글을 참고하라. *Dictionary of Scientific Biography*, ed. Charles Coulston Gillespie (New York: Scribner, 1970), Volume 8, 192-245.

2) 인용구는 다음에서 따온 것이다. René Descartes, *Principles of Philosophy*, trans. V. R. Miller and R. P. Miller (Dordrecht: D. Reidel, 1983), 15.

3) Voltaire, *Philosophical Letters*, trans. E. Dilworth (Indianapolis, Ind.: Bobbs-Merrill Educational Publishing, 1961), 64.

4) 《방법서설》의 많은 현대 영어 판본들이 대부분 이 부록을 누락하고 있다는 것은 참 이상한 일이다. 마치 철학자들 자체에는 관심이 없는 것처럼 말이다. 부록이 포함된 판본을 보려면 다음을 참고하라. René Descartes, *Discourse on Method, Optics, Geometry, and Meteorology*, trans. Paul J. Olscamp (Indianapolis, Ind.: Bobbs-Merrill, 1965). 이하 데카르트의 말과 연구 결과를 인용한 부분은 이 판본을 따랐다.

5) John A. Schuster, "Descartes *Opticien*-The Construction of the Law of Refraction

and the Manufacture of Its Physical Rationales, 1618–1629", *Descartes' Natural Philosophy*, ed. S. Graukroger, J. Schuster, and J. Sutton (London and New York: Routledge, 2000), 258–312.

6) Aristotle, *Meteorology*, Book III, Chapter 4, 374a, 30–31 (trans. Oxford, 603).

7) Descartes, *Principles of Philosophy*, trans. V. R. Miller and R. P. Miller, 60; 114.

8) Peter Dear, *Revolutionizing the Sciences-European Knowledge and Its Ambitions*, 1500–1700, 2nd ed. (Princeton, N.J., and Oxford: Princeton University Press, 2009), Chapter 8.

9) L. Laudan, "The Clock Metaphor and Probabilism: The Impact of Descartes on English Methodological Thought", *Annals of Science* 22, 73 (1966). 이것과 반대되는 결론은 다음에서 볼 수 있다. G. A. J. Rogers, "Descartes and the Method of English Science", *Annals of Science* 29, 237 (1972).

10) Richard Watson, *Cogito Ergo Sum-The Life of René Descartes* (Boston, Mass.: David R. Godine, 2002).

14장 뉴턴의 통합

1) 이것은 다음 책에 묘사되어 있다. General Introduction to Volume 20, ed. D. T. Whiteside, *The Mathematical Papers of Isaac Newton* (Cambridge: Cambridge University Press, 1968), xi-xii.

2) 위의 책, Volume 2, footnote, 206–7; Volume 3, 6–7.

3) 한 예를 들자면 다음 글을 보라. Richard S. Westfall, *Never at Rest-A Biography of Isaac Newton* (Cambridge: Cambridge University Press, 1980), Chapter 14.

4) Peter Galison, *How Experiments End* (Chicago, Ill.: University of Chicago Press, 1987).

5) 다음에 인용. Westfall, *Never at Rest*, 143.

6) 다음에 인용. *Dictionary of Scientific Biography*, ed. Charles Coulston Gillespie (New York: Scribner, 1970), Volume 6, 485.

7) 다음에 인용. James Gleick, *Isaac Newton* (New York: Pantheon, 2003), 120.

8) 인용구는 다음에서 가져온 것이다. *Isaac Newton-The Principia*, trans. I. Bernard Cohen and Anne Whitman, 3rd ed. (Berkeley and Los Angeles: University of California Press, 1999). 이것 이전에 표준 번역으로 인정받던 것은 다음 책이다.

The Principia - Mathematical Principles of Natural Philosophy, trans. Florian Cajori (Berkeley and Los Angeles: University of California Press, 1962); rev. trans. Andrew Motte (1792).

9) G. E. Smith, "Newton's Study of Fluid Mechanics", *International Journal of Engineering Science* 36, 1377 (1998).

10) 이 장의 현대 천문 자료는 다음을 참고했다. C. W. Allen, *Astrophysical Quantities*, 2nd ed. (London: Athlone, 1963).

11) 태양계 크기 측정의 역사에 대한 표준 작업은 다음에서 볼 수 있다. Albert van Helden, *Measuring the Universe - Cosmic Dimensions from Aristarchus to Halley* (Chicago, Ill.: University of Chicago Press, 1985).

12) Robert P. Crease, *World in the Balance - The Historic Quest for an Absolute System of Measurement* (New York: W. W. Norton, 2011).

13) J. Z. Buchwald and M. Feingold, *Newton and the Origin of Civilization* (Princeton, N.J.: Princeton University Press, 2014).

14) S. Chandrasekhar, *Newton's Principia for the Common Reader* (Oxford: Clarendon, 1995), 472-476; Westfall, *Never at Rest*, 736-739.

15) R. S. Westfall, "Newton and the Fudge Factor", *Science* 179, 751 (1973).

16) G. E. Smith, "How Newton's *Principia* Changed Physics", *Interpreting Newton: Critical Essays*, ed. A. Janiak and E. Schliesser (Cambridge: Cambridge University Press, 2012), 360-395.

17) Voltaire, *Philosophical Letters*, trans. E. Dilworth (Indianapolis, Ind.: Bobbs-Merrill Educational Publishing, 1961), 61.

18) 뉴턴의 이론에 반대한 사람들은 다음 글에 묘사되어 있다. A. B. Hall, E. A. Fellmann, and P. Casini in "*Newton's Principia*: A Discussion Organized and Edited by D. G. King-Hele and A. R. Hall", *Monthly Notices of the Royal Astronomical Society* 42, 1 (1988).

19) Christiaan Huygens, *Discours de la Cause de la Pesanteur* (1690), trans. Karen Bailey, with annotations by Karen Bailey and G. E. Smith, available from Smith at Tufts University (1997).

20) 섀핀은 이 갈등이 정치적인 의미를 가지고 있다고 주장했다. Steven Shapin, "Of Gods and Kings: Natural Philosophy and Politics in the Leibniz-Clarke

Disputes", *Isis* 72, 187 (1981).

21) S. Weinberg, *Gravitation and Cosmology* (New York: Wiley, 1972), Chapter 15.

22) G. E. Smith, 미출간.

23) 다음에 인용. *A Random Walk in Science*, ed. R. L. Weber and E. Mendoza (London: Taylor and Francis, 2000).

24) Robert K. Merton, "Motive Forces of the New Science", *Osiris* 4, Part 2 (1938); 다음에 삽입됨. *Science, Technology, and Society in Seventeenth-Century England* (New York: Howard Fertig, 1970); *On Social Structure and Science, ed. Piotry Sztompka* (Chicago, Ill.: University of Chicago Press, 1996), 223–240.

15장 거대한 단순화

1) 이 발전에 대해서는 다음에 더 상세히 기술했다. *The Discovery of Subatomic Particles*, rev. ed. (Cambridge: Cambridge University Press, 2003).

2) Isaac Newton, *Opticks, or A Treatise of the Reflections, Refractions, Inflections, and Colours of Light* (New York: Dover, 1952, based on 4th ed., London, 1730), 394.

3) 위의 책, 376.

4) Ostwald, *Outlines of General Chemistry*. 다음에 재인용. G. Holton, *Historical Studies in the Physical Sciences* 9, 161 (1979); I. B. Cohen, *Critical Problems in the History of Science*, ed. M. Clagett (Madison: University of Wisconsin Press, 1959).

5) P. A. M. Dirac, "Quantum Mechanics of Many-Electron Systems", *Proceedings of the Royal Society A123*, 713 (1929).

6) 표절 의혹을 미리 방지하고자 알린다. 이 마지막 문단은 찰스 다윈의 《종의 기원On the Origin of Species》의 마지막 문단을 변형한 것이다.

이 참고문헌 목록은 소크라테스 시대 이전의 짧은 글부터 뉴턴의 《프린키피아》까지 이어지는 과거 과학자들의 저작물 원본뿐만 아니라, 내가 이 책을 쓰면서 의지했던 현대의 2차 출처까지 기재한 것이다. 이곳에 나열한 저작물들은 모두 영문 번역본이거나 영문 원서이다. 불행히도, 나는 그리스어는 물론 라틴어도 전혀 하지 못한다. 아랍어는 말할 것도 없다. 이것은 특정 출처의 가장 권위 있거나 최고의 수준을 자랑하는 판본을 나열한 것이 아니다. 이것들은 그저 내가 이 책을 쓸 때 가장 가까이 있었고, 그렇기 때문에 가장 자주 참고했던 책들을 적은 것일 뿐이다.

1차 출처

Archimedes, *The Works of Archimedes*, trans. T. L. Heath (Cambridge: Cambridge University Press, 1897).

Aristarchus, *Aristarchus of Samos*, trans. T. L. Heath (Oxford: Clarendon, 1923).

Aristotle, *The Complete Works of Aristotle-The Revised Oxford Translation*, ed. J. Barnes (Princeton, N.J.: Princeton University Press, 1984).

Augustine, *Confessions*, trans. Albert Cook Outler (Philadelphia, Pa.: Westminster, 1955).

Retractions, trans. M. I. Bogan (Washington, D.C.: Catholic University of America Press, 1968).

Cicero, *On the Republic and On the Laws*, trans. Clinton W. Keys (Cambridge, Mass.:

Loeb Classical Library, Harvard University Press, 1928).

Cleomedes, *Lectures on Astronomy*, ed. and trans. A. C. Bowen and R. B. Todd (Berkeley and Los Angeles: University of California Press, 2004).

Copernicus, *Nicolas Copernicus On the Revolutions*, trans. Edward Rosen (Warsaw: Polish Scientific Publishers, 1978; reprint, Baltimore, Md.: Johns Hopkins University Press, 1978).

Copernicus-On the Revolutions of the Heavenly Spheres, trans. A. M. Duncan (New York: Barnes and Noble, 1976).

Three Copernican Treatises, trans. E. Rosen (New York: Farrar, Straus and Giroux, 1939). Consists of *Commentariolus, Letter Against Werner, and Narratio prima of Rheticus*.

Charles Darwin, *On the Origin of Species by Means of Natural Selection*, 6th ed. (London: John Murray, 1885).

René Descartes, *Discourse on Method, Optics, Geometry, and Meteorology*, trans. Paul J. Olscamp (Indianapolis, Ind.: Bobbs-Merrill, 1965).

Principles of Philosophy, trans. V. R. Miller and R. P. Miller (Dordrecht: D. Reidel, 1983).

Diogenes Laertius, *Lives of the Eminent Philosophers*, trans. R. D. Hicks (Cambridge, Mass.: Loeb Classical Library, Harvard University Press, 1972).

Euclid, *The Thirteen Books of the Elements*, 2nd ed., trans. Thomas L. Heath (Cambridge: Cambridge University Press, 1925).

Galileo Galilei, *Dialogue Concerning the Two Chief World Systems: Ptolemaic and Copernican*, trans. Stillman Drake (New York: Modern Library, 2001).

Discourse on Bodies in Water, trans. Thomas Salusbury (Urbana: University of Illinois Press, 1960).

Discoveries and Opinions of Galileo, trans. Stillman Drake (New York: Anchor, 1957). Contains *The Starry Messenger, Letter to Christina, and excerpts from Letters on Sunspots and The Assayer*.

The Essential Galileo, trans. Maurice A. Finocchiaro (Indianapolis, Ind.: Hackett, 2008). Includes *The Sidereal Messenger, Letter to Castelli, Letter to Christina, Reply to Cardinal Bellarmine*, etc.

Siderius Nuncius, or The Sidereal Messenger, trans. Albert van Helden (Chicago, Ill.: University of Chicago Press, 1989).

Two New Sciences, Including Centers of Gravity and Force of Percussion, trans. Stillman Drake (Madison: University of Wisconsin Press, 1974).

Galileo Galilei and Christoph Scheiner, *On Sunspots*, trans. and ed. Albert van Helden and Eileen Reeves (Chicago, Ill.: University of Chicago Press, 1010).

Abu Hamid al-Ghazali, *The Beginnings of Sciences*, trans. I. Goldheizer, in *Studies on Islam*, ed. Merlin L. Swartz (Oxford: Oxford University Press, 1981).

The Incoherence of the Philosophers, trans. Sabih Ahmad Kamali (Lahore: Pakistan Philosophical Congress, 1958).

Herodotus, *The Histories*, trans. Aubery de Selincourt, rev. ed. (London: Penguin Classics, 2003).

Homer, *The Iliad*, trans. Richmond Lattimore (Chicago, Ill.: University of Chicago Press, 1951).

The Odyssey, trans. Robert Fitzgerald (New York: Farrar, Straus and Giroux, 1961).

Horace, *Odes and Epodes*, trans. Niall Rudd (Cambridge, Mass.: Loeb Classical Library, Harvard University Press, 2004).

Christiaan Huygens, *The Pendulum Clock or Geometrical Demonstrations Concerning the Motion of Pendula as Applied to Clocks*, trans. Richard J. Blackwell (Ames: Iowa State University Press, 1986).

Treatise on Light, trans. Silvanus P. Thompson (Chicago, Ill.: University of Chicago Press, 1945).

Johannes Kepler, *Epitome of Copernican Astronomy and Harmonies of the World*, trans. C. G. Wallis (Amherst, N.Y.: Prometheus, 1995).

New Astronomy (Astronomia Nova), trans. W. H. Donahue (Cambridge: Cambridge University Press, 1992).

Omar Khayyam, *The Rubaiyat, the Five Authorized Editions*, trans. Edward Fitzgerald (New York: Walter J. Black, 1942).

The Rubaiyat, a Paraphrase from Several Literal Translations, by Richard Le Gallienne (London: John Lan, 1928).

Lactantius, *Divine Institutes*, trans. A. Bowen and P. Garnsey (Liverpool: Liverpool

University Press, 2003).

Gottfried Wilhelm Leibniz, *The Leibniz-Clarke Correspondence*, ed. H. G. Alexander (Manchester: Manchester University Press, 1956).

Martin Luther, *Table Talk*, trans. W. Hazlitt (London: H. G. Bohn, 1857).

Moses ben Maimon, *Guide to the Perplexed*, trans. M. Friedlander, 2nd ed. (London: Routledge, 1919).

Isaac Newton, *The Mathematical Papers of Isaac Newton*, ed. D. Thomas Whiteside (Cambridge: Cambridge University Press, 1968).

Mathematical Principles of Natural Philosophy, trans. Florian Cajori, rev. trans. Andrew Motte (Berkeley and Los Angeles: University of California Press, 1962).

Opticks, or a Treatise of the Reflections, Refractions, Inflections, and Colours of Light (New York: Dover, 1952, based on 4th ed., London, 1730).

The Principia-Mathematical Principles of Natural Philosophy, trans. I. Bernard Cohen and Anne Whitman, with "A Guide to Newton's Principia," by I. Bernard Cohen (Berkeley and Los Angeles: University of California Press, 1999).

Nicole Oresme, *The Book of the Heavens and the Earth*, trans. A. D. Menut and A. J. Denomy (Madison: University of Wisconsin Press, 1968).

Philo, *The Works of Philo*, trans. C. D. Yonge (Peabody, Mass.: Hendrickson, 1993).

Plato, *Phaedo*, trans. Alexander Nehamas and Paul Woodruff (Indianapolis, Ind.: Hackett, 1995).

Plato, Volume 9 (Cambridge, Mass.: Loeb Classical Library, Harvard University Press, 1929). Includes Phaedo, etc.

Republic, trans. Robin Wakefield (Oxford: Oxford University Press, 1993).

Timaeus and Critias, trans. Desmond Lee (New York: Penguin, 1965).

The Works of Plato, trans. Benjamin Jowett (New York: Modern Library, 1928). Includes *Phaedo, Republic, Theaetetus*, etc.

Ptolemy, *Almagest*, trans. G. J. Toomer (London: Duckworth, 1984).

Optics, trans. A. Mark Smith, in "Ptolemy's Theory of Visual Perception-An English Translation of the *Optics* with Commentary," *Transactions of the American Philosophical Society* 86, Part 2 (1996).

Simplicius, *On Aristotle "On the Heavens 2.10-14,"* trans. I. Mueller (Ithaca, N.Y.:

Cornell University Press, 2005).

On Aristotle "On the Heavens 3.1-7," trans. I. Mueller (Ithaca, N.Y.: Cornell University Press, 2005).

On Aristotle "Physics 2," trans. Barrie Fleet (London: Duckworth, 1997).

Thucydides, History of the Peloponnesian War, trans. Rex Warner (New York: Penguin, 1954, 1972).

1차 출처 모음

J. Barnes, Early Greek Philosophy (London: Penguin, 1987).

The Presocratic Philosophers, rev. ed. (London: Routledge and Kegan Paul, 1982).

J. Lennart Berggren, "Mathematics in Medieval Islam," in The Mathematics of Egypt, Mesopotamia, China, India, and Islam, ed. Victor Katz (Princeton, N.J.: Princeton University Press, 2007).

Marshall Clagett, The Science of Mechanics in the Middle Ages (Madison: University of Wisconsin Press, 1959).

M. R. Cohen and I. E. Drabkin, A Source Book in Greek Science (Cambridge, Mass.: Harvard University Press, 1948).

Stillman Drake and I. E. Drabkin, Mechanics in Sixteenth-Century Italy (Madison: University of Wisconsin Press, 1969).

Stillman Drake and C. D. O'Malley, The Controversy on the Comets of 1618 (Philadelphia: University of Pennsylvania Press, 1960). Translations of works of Galileo, Grassi, and Kepler.

K. Freeman, The Ancilla to the Pre-Socratic Philosophers (Cambridge, Mass.: Harvard University Press, 1966).

D. W. Graham, The Texts of Early Greek Philosophy-The Complete Fragments and Selected Testimonies of the Major Presocratics (New York: Cambridge University Press, 2010).

E. Grant, ed., A Source Book in Medieval Science (Cambridge, Mass.: Harvard University Press, 1974).

T. L. Heath, Greek Astronomy (J. M. Dent and Sons, London, 1932).

G. L. Ibry-Massie and P. T. Keyser, Greek Science of the Hellenistic Era (London: Routledge, 2002).

William Francis Magie, *A Source Book in Physics* (New York: McGraw-Hill, 1935).

Michael Matthews, *The Scientific Background to Modern Philosophy* (Indianapolis, Ind.: Hackett, 1989).

Merlin L. Swartz, *Studies in Islam* (Oxford: Oxford University Press, 1981).

2차 출처

L'Anno Galileiano, International Symposium a cura dell'Universita di Padova, 2-6 dicembre 1992, Volume 1 (Trieste: Edizioni LINT, 1995). Speeches in English by T. Kuhn and S. Weinberg. 다음도 참고하라. *Tribute to Galileo.*

J. Barnes, ed., *The Cambridge Companion to Aristotle* (Cambridge: Cambridge University Press, 1995). Articles by J. Barnes, R. J. Hankinson, and others.

Herbert Butterfield, *The Origins of Modern Science*, rev. ed. (New York: Free Press, 1957).

S. Chandrasekhar, *Newton's Principia for the Common Reader* (Oxford: Clarendon, 1995).

R. Christianson, *Tycho's Island* (Cambridge: Cambridge University Press, 2000).

Carlo M. Cipolla, *Clocks and Culture 1300-1700* (New York: W. W. Norton, 1978).

Marshall Clagett, ed., *Critical Studies in the History of Science* (Madison: University of Wisconsin Press, 1959). Articles by I. B. Cohen and others.

H. Floris Cohen, *How Modern Science Came into the World-Four Civilizations, One 17th-Century Breakthrough* (Amsterdam: Amsterdam University Press, 2010).

John Craig, *Newton at the Mint* (Cambridge: Cambridge University Press, 1946).

Robert P. Crease, *World in the Balance-The Historic Quest for an Absolute System of Measurement* (New York: W. W. Norton, 2011).

A. C. Crombie, *Medieval and Early Modern Science* (Garden City, N.Y.: Doubleday Anchor, 1959).
Robert Grosseteste and the Origins of Experimental Science: 1100-1700 (Oxford: Clarendon, 1953).

Olivier Darrigol, *A History of Optics from Greek Antiquity to the Nineteenth Century* (Oxford: Oxford University Press, 2012).

Peter Dear, *Revolutionizing the Sciences-European Knowledge and Its Ambitions, 1500-1700*, 2nd ed. (Princeton, N.J., and Oxford: Princeton University Press, 2009).

D. R. Dicks, *Early Greek Astronomy to Aristotle* (Ithaca, N.Y.: Cornell University Press, 1970).

The Dictionary of Scientific Biography, ed. Charles Coulston Gillespie (New York: Scribner, 1970).

Stillman Drake, *Galileo at Work-His Scientific Biography* (Chicago, Ill.: University of Chicago Press, 1978).

Pierre Duhem, *The Aim and Structure of Physical Theory*, trans. Philip K. Weiner (New York: Athenaeum, 1982).

Medieval Cosmology-Theories of Infinity, Place, Time, Void, and the Plurality of Worlds, trans. Roger Ariew (Chicago, Ill.: University of Chicago Press, 1985).

To Save the Phenomena-An Essay on the Idea of Physical Theory from Plato to Galileo, trans. E. Dolan and C. Machler (Chicago, Ill.: University of Chicago Press, 1969).

James Evans, *The History and Practice of Ancient Astronomy* (Oxford: Oxford University Press, 1998).

Annibale Fantoli, *Galileo-For Copernicanism and for the Church*, 2nd ed., trans. G. V. Coyne (South Bend, Ind.: University of Notre Dame Press, 1996).

Maurice A. Finocchiaro, *Retrying Galileo, 1633-1992* (Berkeley and Los Angeles: University of California Press, 2005).

E. M. Forster, *Pharos and Pharillon* (New York: Knopf, 1962).

Kathleen Freeman, *The Pre-Socratic Philosophers*, 3rd ed. (Oxford: Basil Blackwell, 1953).

Peter Galison, *How Experiments End* (Chicago, Ill.: University of Chicago Press, 1987).

Edward Gibbon, *The Decline and Fall of the Roman Empire* (New York: Everyman's Library, 1991).

James Gleick, *Isaac Newton* (Pantheon, New York, 2003).

Daniel W. Graham, *Science Before Socrates-Parmenides, Anaxagoras, and the New Astronomy* (Oxford: Oxford University Press, 2013).

Edward Grant, *The Foundations of Modern Science in the Middle Ages* (Cambridge: Cambridge University Press, 1996).

Planets, Stars, and Orbs-The Medieval Cosmos, 1200-1687 (Cambridge: Cambridge University Press, 1994).

Stephen Graukroger, ed. *Descartes-Philosophy, Mathematics, and Physics* (Brighton: Harvester, 1980).

Stephen Graukroger, John Schuster, and John Sutton, eds., *Descartes' Natural Philosophy* (London and New York: Routledge, 2000).

Peter Green, *Alexander to Actium* (Berkeley: University of California Press, 1990).

Dimitri Gutas, *Greek Thought, Arabic Culture-The Graeco-Arabic Translation Movement in Baghdad and Early 'Abbasid Society* (London: Routledge, 1998).

Rupert Hall, *Philosophers at War: The Quarrel Between Newton and Leibniz* (Cambridge: Cambridge University Press, 1980).

Charles Homer Haskins, *The Rise of Universities* (Ithaca, N.Y.: Cornell University Press, 1957).

J. L. Heilbron, *Galileo* (Oxford: Oxford University Press, 2010).

Albert van Helden, *Measuring the Universe-Cosmic Dimensions from Aristarchus to Halley* (Chicago, Ill.: University of Chicago Press, 1983).

P. K. Hitti, *History of the Arabs* (London: Macmillan, 1937).

J. P. Hogendijk and A. I. Sabra, eds., *The Enterprise of Science in Islam: New Perspectives* (Cambridge, Mass.: MIT Press, 2003).

Toby E. Huff, *Intellectual Curiosity and the Scientific Revolution* (Cambridge: Cambridge University Press, 2011).

Jim al-Khalifi, *The House of Wisdom* (New York: Penguin, 2011).

Henry C. King, *The History of the Telescope* (Toronto: Charles Griffin, 1955; reprint, New York: Dover, 1979).

D. G. King-Hele and A. R. Hale, eds., "Newton's Principia and His Legacy", *Notes and Records of the Royal Society of London* 42, 1-122 (1988).

Alexandre Koyré, *From the Closed World to the Infinite Universe* (Baltimore, Md.: Johns Hopkins University Press, 1957).

Thomas S. Kuhn, *The Copernican Revolution* (Cambridge, Mass.: Harvard University Press, 1957).

The Structure of Scientific Revolutions (Chicago, Ill.: University of Chicago Press, 1962; 2nd ed. 1970).

David C. Lindberg, *The Beginnings of Western Science* (Chicago, Ill.: University of Chicago

Press, 1992; 2nd ed. 2007).

D. C. Lindberg and R. S. Westfall, eds., *Reappraisals of the Scientific Revolution* (Cambridge: Cambridge University Press, 2000).

G. E. R. Lloyd, *Methods and Problems in Greek Science* (Cambridge: Cambridge University Press, 1991).

Peter Machamer, ed., *The Cambridge Companion to Galileo* (Cambridge: Cambridge University Press, 1998).

Alberto A. Martínez, *The Cult of Pythagoras-Man and Myth* (Pittsburgh, Pa.: University of Pittsburgh Press, 2012).

E. Masood, *Science and Islam* (London: Icon, 2009).

Robert K. Merton, "Motive Forces of the New Science," *Osiris* 4, Part 2 (1938); reprinted in *Science, Technology, and Society in Seventeenth-Century England* (New York: Howard Fertig, 1970), and *On Social Structure and Science*, ed. Piotry Sztompka (Chicago, Ill.: University of Chicago Press, 1996), 223–240.

Otto Neugebauer, *Astronomy and History-Selected Essays* (New York: Springer-Verlag, 1983).

A History of Ancient Mathematical Astronomy (New York: Springer-Verlag, 1975).

M. J. Osler, ed., *Rethinking the Scientific Revolution* (Cambridge: Cambridge University Press, 2000). Articles by M. J. Osler, B. J. T. Dobbs, R. S. Westfall, and others.

Ingrid D. Rowland, *Giordano Bruno-Philosopher and Heretic* (New York: Farrar, Straus and Giroux, 2008).

George Sarton, *Introduction to the History of Science*, Volume 1, *From Homer to Omar Khayyam* (Washington, D.C.: Carnegie Institution of Washington, 1927).

Erwin Schrodinger, *Nature and the Greeks* (Cambridge: Cambridge University Press, 1954).

Steven Shapin, *The Scientific Revolution* (Chicago, Ill.: University of Chicago Press, 1996).

Dava Sobel, *Galileo's Daughter* (New York: Walker, 1999).

Merlin L. Swartz, *Studies in Islam* (Oxford: Oxford University Press, 1981).

N. M. Swerdlow and O. Neugebauer, *Mathematical Astronomy in Copernicus's De Revolutionibus* (New York: Springer-Verlag, 1984).

R. Taton and C. Wilson, eds., *Planetary Astronomy from the Renaissance to the Rise of*

Astrophysics-Part A: Tycho Brahe to Newton (Cambridge: Cambridge University Press, 1989).

Tribute to Galileo in Padua, International Symposium a cura dell'Universita di Padova, 2-6 dicembre 1992, Volume 4 (Trieste: Edizioni LINT, 1995). Articles in English by J. MacLachlan, I. B. Cohen, O. Gingerich, G. A. Tammann, L. M. Lederman, C. Rubbia, and Steven Weinberg; see also *L'Anno Galileiano.*

Gregory Vlastos, *Plato's Universe* (Seattle: University of Washington Press, 1975).

Voltaire, *Philosophical Letters*, trans. E. Dilworth (Indianapolis, Ind.: Bobbs-Merrill Educational Publishing, 1961).

Richard Watson, *Cogito Ergo Sum-The Life of René Descartes* (Boston, Mass.: David R. Godine, 2002).

Steven Weinberg, *Discovery of Subatomic Particles*, rev. ed. (Cambridge: Cambridge University Press, 2003).

Dreams of a Final Theory (Pantheon, New York, 1992; reprinted with a new afterword, New York: Vintage, 1994).

Facing Up-Science and Its Cultural Adversaries (Cambridge, Mass.: Harvard University Press, 2001).

Lake Views-This World and the Universe (Cambridge, Mass.: Harvard University Press, 2009).

Richard S. Westfall, *The Construction of Modern Science-Mechanism and Mechanics* (Cambridge: Cambridge University Press, 1977).

Never at Rest-A Biography of Isaac Newton (Cambridge: Cambridge University Press, 1980).

Andrew Dickson White, *A History of the Warfare of Science with Theology in Christendom* (New York: Appleton, 1895).

Lynn White, *Medieval Technology and Social Change* (Oxford: Oxford University Press, 1962).

찾아보기

지은이 **스티븐 와인버그**Steven Weinberg
1979년 노벨물리학상을 수상한 저명한 이론물리학자. 국가 과학 메달과 루이스 토머스상을 비롯한 수많은 명예 학위를 받은 바 있다. 국가 과학 아카데미, 런던 왕립학회, 미국 철학학회를 포함한 여러 학회의 회원이고 〈뉴욕 북 리뷰The New York Review of Books〉에서 오랫동안 서평을 써왔으며, 최고의 이론물리학 논문들도 썼다. 뿐만 아니라 《최초의 3분The First Three Minutes》, 《최종 이론의 꿈Dreams of a Final Theory》, 《고개를 들라Facing up》, 《호수 풍경Lake Views》 등의 저자이기도 하다. 현재 텍사스 대학교에서 조시 리젠털Josey Regental 석좌교수로 재직 중이다.

옮긴이 **이강환**
서울대학교 천문학과를 졸업하고 동대학원에서 천문학 박사 학위를 받은 뒤, 영국 켄트대학에서 로열 소사이어티 펠로로 연구를 수행했다. 국립과천과학관에 재직하면서 천문 분야와 관련된 시설 운영과 프로그램 개발을 담당했고, 현재는 서대문자연사박물관 관장으로 재직 중이다. 저서 《우주의 끝을 찾아서》로 제55회 한국출판문화상을 수상했으며, 옮긴 책으로 《신기한 스쿨버스》 시리즈와 《우리 안의 우주》, 《세상은 어떻게 시작되었는가》, 《우리는 모두 외계인이다》(공역) 등이 있다.

스티븐 와인버그의 세상을 설명하는 과학

초판 1쇄 발행일 2016년 8월 29일
초판 3쇄 발행일 2021년 12월 10일

지은이 스티븐 와인버그
옮긴이 이강환

발행인 박헌용, 윤호권
편집 최안나 **디자인** 박지은
발행처 ㈜시공사 **주소** 서울시 성동구 상원1길 22, 6-8층 (우편번호 04779)
대표전화 02-3486-6877 **팩스(주문)** 02-585-1755
홈페이지 www.sigongsa.com / www.sigongjunior.com

ISBN 978-89-527-7682-2 03400

*시공사는 시공간을 넘는 무한한 콘텐츠 세상을 만듭니다.
*시공사는 더 나은 내일을 함께 만들 여러분의 소중한 의견을 기다립니다.
*잘못 만들어진 책은 구입하신 곳에서 바꾸어 드립니다.